水はいのちの源

水の「大切さ・不思議さ・美しさ」を考える

山下 詔康

本の泉社

〈まえがき〉　水は「みんなのもの」

水のことは誰でも「五感や常識」で知っている。「子どもと大人」――みんなが飲んだり見たり使っている。水は、いつでもどこでも「こんにちは」だ。忘れやすいが、水は空気とともに、「健康と生命」の大もとである。どんな生物も、「安全な水」が欠かせない。また美しい自然は、水とともに作られている。そして水は緑の山々、田や畑、川や湖、広い海に洋々と広がる。その中には、多種多様な動植物が共生する。四季折々の水、その詩歌や書画、写真も多い。地球は「水惑星」「水の星」「生命の星」とよばれる。その通りであろう。水は、天地を巡り、万物を潤し、地球を「生きいき」と特徴づけている。

ところで、今世紀は、「水の世紀」「環境の世紀」といわれる。また「水や環境」への関心が高くなっている。しかし「地球温暖化」とともに、「水と食糧」の危機が世界的に広がってきた。河川や海の汚染、異常気象、干ばつや洪水など「水の異常」が目立ってきた。これは、人間をはじめ全生物の危機になる。この水の変化は「大きく小さく」、複雑多様。「水の危機」とはどんな内容か、どう乗り越えるのか？「生命と安全」の水を守るにはどうするか？ そもそも、水とは何だろう？ 改めて考えさせられる。

このような状況の中で、本書は、水と生命の関係を重視して、「水はいのちの源」を主題とした。具体的には、身近な水の特徴「大切さ・不思議さ・美しさ」に注目して、水の「性質と働き」「生命との関係」を考えた。水の性質は独特で、多様性がある。特にこの本は、水の「不思議な水素結合」を重視した。この化学結合は、「水

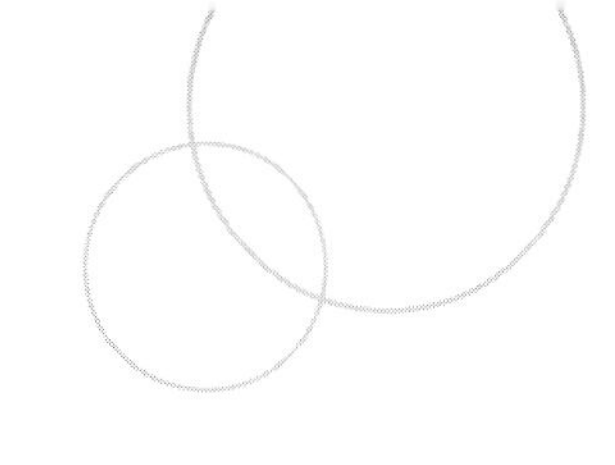

の連結」「三態変化」「水の多様性」「生命の水」の「大もと」ながら、教科書には扱われておらず、一般には知られていない。この状態では、水の理解も進みにくい。そこで本書では、水素結合の働きを具体例で各所に示した。

この本は、まず「パラパラ」と、気楽に一見してほしい。日常生活の経験や常識のまま「出入り自由」に。特別の予備知識は想定していません。水は身近ながら奥が深く、一度に多くはつかみにくい。しかし水は、「生命と健康のもと」「いのちの源」で、日常使っている。また水は他物質との相互作用が強く、多様な変化で環境を変え生物を支えている。この日常生活での経験や知識は貴重で、そのまま本書の一読を望みたい。

水は万国共通である。どこでも大切。ともかく、水は「みんなのもの」。また「一人ひとり」に必要不可欠だ。また水を理解する「水の科学」も、本来は「万人のもの」。「子どもと大人」「文科と理科」共通に大切だろう。水の性質は、「大きく小さく」、自由自在で「強固で柔軟」、変幻自在である。これは「世界の不思議」「世界の謎」とされ、大もとは「水素結合」とされる。

この本は、水の生きた活動を辿り、その中で水素結合の役割を重視した。そして水が「いのちの源」であることを具体的に考え「水の科学」を、分かり易くするように努めた。水の物語は、どこでもいつでも「こんにちは」「こんばんは」で広がらせ、「水の危機」「人間の危機」を乗り越えたいと思っている。今後「水と環境」の理解、平和と健康、生活の向上に、どこか何かに役立つとありがたい。

水はいのちの源

水の「大切さ・不思議さ・美しさ」を考える

第Ⅰ部　水は「万物を潤す」
——原始から現代へ　地球「水惑星」の「科学と文明」

第1話〜第8話

あらまし

安全な水と食物、緑の自然は、人間生活に欠かせない。動物も植物も水で「生き生き」となる。水は、全地球を循環、環境緩和で万物を潤している。大気の温度・湿度の調整など、特に地球環境緩和で果たす役割は大きい。そこで、水は「万物の根源」、地球は「水惑星」ともいわれる。水は緑の自然を作り、いのちと健康、生命を支えている。文明は水とともに、原始から現代へと発展、科学も誕生した。第Ⅰ部は、特に自然科学（理科）の発展を辿りながら、水とは何か？…を考えたい。

水は誰でも知っている。身近な物質で、大切で役立つものだ。しかし、水は奥が深く、影に隠れている場合も多く、科学では「世界の不思議」「世界の謎」とされる。水の性質は特異で、変化や振舞は多様・多彩だ。また水は万物にかかわり、相互に変化する。この変化や相互関係を知ることで、水とは何か？…水の理解も深まる。まず水は光、音や熱とは、どんな関係なのだろう？ 水の運動、川の流れや海の波はどうだろう？ 人間はまず五感で自然を感知し行動する。文化・文明も水・自然を土台にして築かれたであろう。

水物語「こんにちは」：この言葉は、人間では「あいさつ」、物質では相互作用になる。全体としては、情報交流と新しい活動を意味する。水は、「生命と健康」の大もと、大切で不思議で美しい。いつも身近に「こんにちは」だ。しかも奥が深く、昔は「万物の根源」とも考えられた。水は「大きく小さく」自由自在である。さらに熱による「三態の変化」で、変幻自在である。

三態とは、「気体（水蒸気）－液体（水）－固体（氷）」である。この状態変化で水の物性（体積、密度、分子運動など）は激変する。水はこの変化をくり返し地球を循環、自然を緑に整え生命も支えている。水蒸気は、気体で見えないが、高速で飛び交う水分子の集団で、天気・天候に大きく影響している。この三態変化は、細かく見ると、水素結合の切換えによる。また水分子は、水の最小単位で「一粒の水」である。

地球は「水惑星」、地球は「生命の星」：画像はNASAによる「水惑星」。上はアフリカ大陸、右は太平洋、左は大西洋。渦巻き状は白い雲。地球は「生命の星」

である。

太陽中心の太陽系で、地球は約46億年前に誕生、太古から水は豊かでほぼ一定である。しかし淡水は、わずか１％程度で、海水が地表の２／３に洋々と広がる。この水は「三態の変化」で地球を巡り、自然を整え生物の活動も支えている。水の状態で、「天気や天候」「緑の自然」「生物の活動」も大きく変化する。水は万物を潤し、「森羅万象」に影響するだろう。自然での「交流と共生」では、水は情報源にもなっている。海では太古に生物が誕生、多種・多様に進化、活動してきたとされる。

第１話

水とともに生きる人間　生命と健康を守る水「いのちの源」

1-1　食べものは「水たっぷり」…野菜・果物・鮮魚・肉類の水

水は空気とともに日常欠かせない。大切な水である。「飲む水」「食べる水」、どちらも毎日の健康のもとだ。「子どもと大人」も、毎日飲んだり食べたりしている。その水は体全体に行き渡り、血液などで酸素、栄養や老廃物も運んでいる。食物の含む水は多量。この量は分かりにくいが、料理の食品分析表にまとめられている。

食品の水は、全重量から栄養素（糖分・脂肪・タンパク質）を引くと求められる。またその値を全重量で割ると、水の割合（パーセント、％）になる。食品は塩分やミネラル分もわずかに含むが、食品の水は驚くほど多い。水みずしい新鮮野菜は95～90％。根菜類は90～70％。肉類や鮮魚類は70％程度。牛乳は90％、卵は75％程度とされる。

野菜や果物は「水たっぷり」：キャベツ、ダイコン、カブ、ハクサイ、ナス、ホウレンソウ、ネギ、トマト、キュウリなどは、重さの95％以上が水である。タマネギ、ニンジン、ピーマン、ナスなども90～95％は水だ。身体をリフレッシュしてくれる果物も、リンゴやナシなどは、90％程度が水。ミカン、イチゴ、ブドウ、カキなどは、85％程度は水である。「海の野菜」のコンブ、ワカメ、モズクなどは、95％程度は水である。

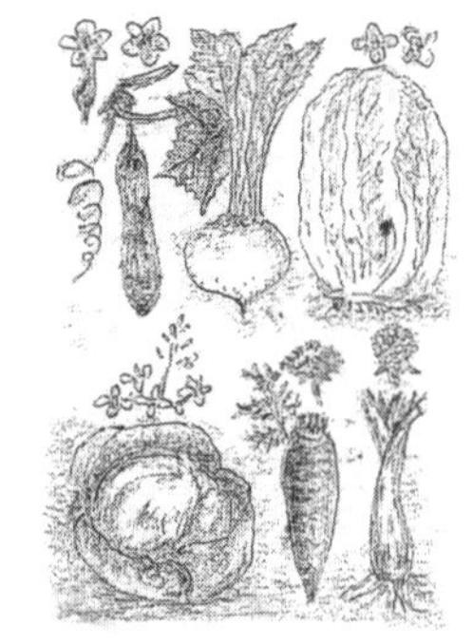

「水と食の安全」：「食品の水」は多量。そう分かると、栄養やおいしさが薄まる感じもする。しかし同時に、毎日取りこむ水の量の多さや大切さにも気づかされる。現代では食べものの産地は外国まで広く「水と食の安全」は身近から全地球におよぶ。なお「水の安全」「健康と料理」は第16話。

▶ リンゴとリンゴの花：バラ科。原産地はカザフスタン南部、中央アジアの山岳地帯。西アジアの寒冷地だといわれている。日本へは明治時代以降に導入された。色・味・香りなどで、改良種は多い。

▶ ナシ：イバラ科の果樹。日本でナシが食べられ始めたのは弥生時代頃とされる。

▶ イチゴ　バナナ　カキ

1-2　人間の「重みと価値」「65％水」？…「こんにちは　赤ちゃん」！

人間は母乳を飲んで育つ。牛馬、山羊、兎、犬や猫なども母乳で育ち、哺乳動物といわれる。子どもの頃は、この中に遊び仲間もかなりいた。赤ちゃんは、どれもかわいい。感情の交流も深くなる。赤ちゃんとの交流では、何かほのかな歌がある。「こんにちは、赤ちゃん。あなたの笑顔…」（永六輔作詞・中村八大作曲）。この「あいさつ」や呼びかけは、とても大切とされる。

脳の研究によると、顔を覚えこむ専門領域が頭の奥底にある。「顔領域」とよばれ「顔見知り」のはじまる生後８ヶ月頃から活発化とされる。また「目と目」で見つめ合い笑顔を交わすのは、相互交流を進める高度の知性。それができるのは人間とチンパンジーだけという。これは近年、サル・霊長類の研究で分かったとされる。さらにあくびと緩和、ぼんやりの間合いも大切らしい。

「こんにちは」赤ちゃん：「まるまる元気」「水で生きいき」。

「人間は平等」「65％は水」：まるまるの赤ちゃんは80％程度が水、大人はほぼ65％が水とされる。血液に80％、骨には20％程度の水という。つまり人間の重さの約７割近くは水とされる。この水の量では「人間は平等」。また「平等の人権」もあ

る。しかし世の中は不平等が多い。人間も水とともに「湯水のように」軽く扱われる場合も少なくない。人間の違いでは衣服などのファッション、さらには感情、思想・信条、宗教や哲学（ものの見方・考え方）を含めさまざま。しかしその違いは人間の価値を下げる根拠にはならない。逆に、多様な価値を高めているだろう。

「人間の重み」「水の価値」：水は多量にあるが、「生命の水」「いのちの源」である。その価値は通常の「市場価値」、つまりお金で買える「使用価値」の尺度では測れない。水は「大きく小さく」、自由自在である。不思議な物質で、まるで「生きもの」。「水はわたしたち、わたしたちは水」と歌う詩もある。人間は誕生から死に至るまで、常に水とともにある。水と生命は切り離せない。

水の「絶対的価値」「水といのち」は一体：人間は脳を持ち心や精神活動がある。昔から「真・善・美」は精神面の理想とされ、脳の「知・情・意」とともに大切とされる。これらの精神活動も、水なしでは考えにくい。神仏にも水が供えられてきた。水は「神の存在」の証拠だとする説もあるらしい。水の価値は「物質と精神」の両世界に広がる。両世界を分けてしまうと、生命は消滅する。

水は、いつでもどこでも大切で、「絶対的価値」だろう。「人間の重み」という言葉には、水の重い絶対的価値が含まれるだろう。水は「健康のもと」「生命の水」「いのちの源」。生きものすべてを支えている。水は、大人と子ども、誰にも大切なものだ。また生きものの「共存と交流」の広場にもなり、不思議で美しい。

人間の権利：日本憲法の第25条は「すべての国民は、健康で文化的な最低生活を営む権利を有する」と明記されている。いわゆる「生存権の保障」である。これには、まず安全な「空気と水」が必要不可欠で、しかも大量に必要なのだ。また特に子どもには国連の「子どもの権利条約」（1989年採択）で、憲法をはじめ、大幅な保障がある。しかし実施が切実な課題となっている。

国連「子どもの権利条約」：「差別の禁止」「子どもの最善の利益」「生命への権利」「意見表明権」をはじめ、多種の権利を保障している。その第31条は「休憩・余暇・遊び文化芸術への参加の権利」を認めている。これは子どもの発達と成長の栄養源とされる。

日本の現状は少子化、いじめや暴力など深刻で、この条約を根づかせる施策が緊急課題とされる。昔から「よく学びよく遊べ」と繰り返されて来た。さらに近年、脳科学の発展の中で、ゆったりやあくびなども大切とされてきた。特に赤ちゃんは成長が速い。その成長と持続には、整理・安定化のため、「ゆとりと休息」は不可欠とされる。

1-3　水は「自由自在」「超オバケ」!?

水は川を流れ、ダムに溜まり、広大な海にも洋々と広がる。水は「方円の器に従う」といわれるが、毎朝のコップの水もその通りだ。水は「大きく小さく」、自由自在である。これは水の実態や性質（物性）だが、日常生活で不思議とは感じない。しかし水の変幻自在は地球規模で行われている。

「オバケや魔法」も超え、例える物もない。この「不思議のもと」は「水素結合」で、「強く弱く」柔軟な化学結合とされる。強い時は氷の強固さ、弱い時は結合力ゼロになり、水蒸気が自由に飛んでいく。

水は「マクロとミクロ」「科学の出番」：「マクロ」は五感で分かる「大きな世界」である。「山川草木」や海など、自然は広く大きい。身近な生物、食べもの、建物もいろいろだが、およそ五感で分かる。他方で、「ミクロ」は、極微の「原子・分子の世界」である。水分子「一粒の水」も出現する。

この世界は、極微で見えない。個数は無限で数えられない。五感の範囲を超え、誰もすぐには分からない。そこは、「理科や科学」の出番だろう。

水分子はチャーミングな「二つ目」：気体や燃焼の研究、科学の発展で（第II部）、水分子「一粒の水」は、極微で強固な球状分子と分かった。大きさは千万個並べて1mm程度とされる。比較的単純な分子ながら、不思議な「水素結合」が現れ、連結して「巨大分子」にもなり、複雑多様な性質になる。

水分子は擬人化すると、強固な球形分子でチャーミングな「二つ目」で、この奥には水素原子がある。この目は、水分子の集団では「クルクル」動き、これで水素結合の強さが変わり、水分子は柔軟に無限に連結する。そして、水は「大きく小さく」「強く弱く」、自由自在になる。この万能的な振舞で、水は生命も支えている。水は、「世界の不思議」「世界の謎」といわれている。水素結合や原子・分子は「ミクロの世界」に入るので、詳しくは第II部9～11話。図は水分子の形。

H　H
O

1-4　水の必要量と供給…水道・ダム・水源、日本の水事情、「仮想水」の話

人間は水を毎日取り入れ使っている。食事と排泄でも、水が不可欠である。人間は動物として、一日の水の必要量は最低2～3リットルとされる。その内の最低1.5リットルは尿として排泄される。一般に、水は、体の内外で広く循環しており、

循環が狂うと生命維持は難しくなる。水は、「飲み水」のほか炊事、洗濯、風呂やトイレなどでも使う。この「生活用水」は、1日あたり最低50リットル、平均200～300リットルとされる。人間の水使用量は大きく、水源の森林、井戸や上下水道など、すべて大切である。水とは何か？ まず「健康と生命」に不可欠な物質（もの）である。水の多様で特異な性質は、追加して学ぶことになる。

日本の水事情：日本は水と森林に恵まれ、多くの有名な川が流れ、豊富な恵みをもたらす。他方、水が荒れると大被害になる。東京の場合、水源は多摩川・荒川・利根川水系で関東一円におよぶ。保有する水源量は日量600万㎥余という。多摩川は大河で、奥秩父を源流に山梨・東京・神奈川県を流れ、東京湾に注いでいる。全長は138kmで、上流から名前を変えながら東京湾に広がる。

東京の水道：「玉川上水」が有名で、江戸の発展を支えた。歴史的遺産で国史跡とされる。水の取入れ口は東京・羽村で、設置に当った玉川兄弟の像もある。まず多摩川にはじまり、武蔵野台地に沿い総延長85kmにおよぶ。約350年前ながら、技術は高度である。江戸時代から、「小石川上水」「神田上水」「玉川上水」など、上水造りが下流から上流へと積極的に進められている。多摩川上流の御岳渓流は、古くから保全され、環境庁（当時）の名水百選（1985年）に選ばれている。

▶「水玉ちゃん」「水滴くん」：東京水道ニュースなどで活躍。水は「大きく小さく」自由自在。健康と生命、不思議のもと。どこでも出現「こんにちは」だ。

安全な水「保全と浄化」：東京の山奥には、御岳山や日の出山、多摩川水源林や奥多摩湖（小河内貯水池）がある。貯水量は約2億㎥、水道専用のダム湖としては国内最大という。村山貯水池もある。これらが「都民の水がめ」である。さらに大もとは深い森林「緑のダム」である。そのため、森林の保全が大切になる。水道の下流には、東京都水道歴史観（文京区）、「虹の下水道館」や「水の科学館」（江東区）がある。なお「水の安全」「水の浄化法」は（第16話）。日本は森林と水に恵まれ、水道も整備されているが、世界では、安全な水の供給は、9ヶ国程度で、世界的な水危機とされる。

東京の「水ガメ」小河内ダム：昔の奥多摩湖。御岳渓谷（名水百選）、秋川渓谷、また高尾山や御岳山は、「紅葉の名所」百選に選ばれている。奥多摩の森林は、「山紫水明」「水と若葉や紅葉」に映える。万葉集では「春は萌え夏は緑に紅の　まだらに見ゆる秋の山かも」「秋山にもみつ木の葉のうつりなば　さらにや秋を見まく欲りせむ」。

多摩湖には、川魚もいろいろ、金銀白色の「ヘラブナ」もいる。この多摩川は高度成長の70年代、生活排水などで「死の川」となった。その後、さまざまな取組みで、清流が「奇跡の復活」、アユも千万匹帰ってきたといわれる。

山紫水明：水は清く明るく、山は広葉樹で多彩に映える。山の色は気象条件で微妙に変化。特に紫色の光は、大気中の微粒子で強く散乱する。太陽光は白色だが、「虹は７色」の混合色。この光の散乱や吸収などは、気象条件で変り、自然「山川草木」は多彩に映える。

高尾山は「自然の宝庫」：東京の奥多摩、森林や「ダム」を下ると高尾山である。高さ599mで高くないが、国定公園、「東京のオアシス」である。山らしい山で、登山数は世界一だ。特に自然「生物多様性」の山とされる。植物は、約1600種にもなる。ブナ原生林、ジャガの木、山頂の桜、カエデ、アジサイやタカオスミレなど。「山紫水明」の風景もある。昆虫は5000種、ムカシトンボやナナフシもすむ。子どもが保育園の時、高尾山登山と一泊の行事があり、子どもが朝早く、ナナフシを見つけた。木の枝に紛れ、擬態や「シニマネ」もする。この野生状態がはじめて見られた。

▶ 高尾山　ナナフシ

▶ ムカシトンボ：体長約5cm。春季、渓流で見られる。日本特産種。

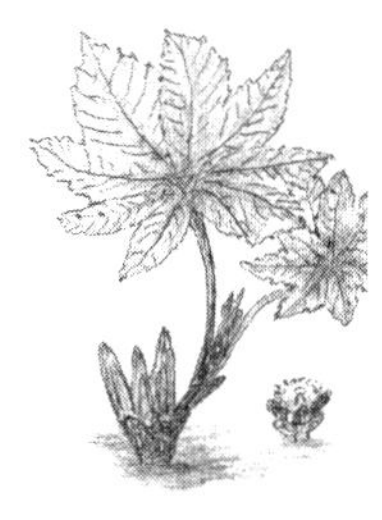

▶ ハウチカエデ

ムカシトンボは、日本特産種、原始的「生きた化石」で春に渓流を飛ぶ。野鳥130種、哺乳類28種で、オオタカやムササビも山を飛ぶ。山頂の薬王院には、天狗が「仁王立ち」。山の「守り神」とされる。山菜などの料理は豊富である。富士山もよく見える。

東京の水不足：開発が進むとともに、深刻な水不足が起った。いわゆる「東京砂漠」で、1964年の東京オリンピックは、「五輪渇水」ともいわれた。建物の建設にも水は大量に消費された。その後、利根川からの導水システムが作られ、相互運用に整備された。貯水ダムは小河内や村山貯水池などである。しかし、貯水は毎年の天気により不安定であった。

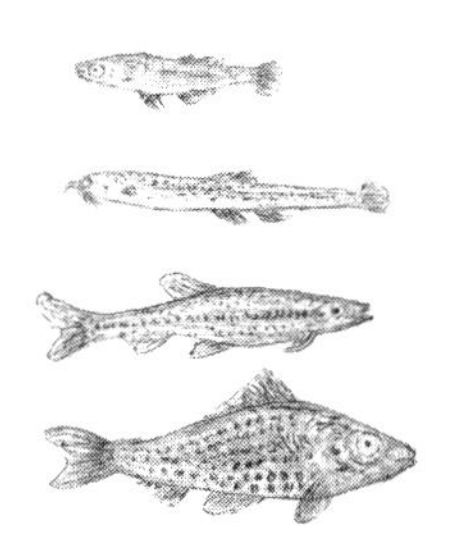

▶ 川の魚「日本の原風景」：上からメダカ、ドジョウ、モツゴとキンブナ。メダカはホタルとともに水環境の指標とされる。

▶ 川の中の昆虫：左上からアメンボ、ミズスマシ、ゲンゴロウ、タガメ、ヤゴ（トンボの幼虫）。

水の浄化も容易ではない。水源の大元から常に改善が必要になる。東京の水道では、オゾンや活性炭を使う高度浄水処理が導入され、匂いが少なく改善された。

人間に必要な「大量の水」：人間は毎日大量の水を使っている。しかも水の安全、量や質も問われる。水は「いのちと健康」の源である。この水の持続には、森林や水田の役割が大きい。また都市・農村を問わず、節水や貯水が大切になっている。なお「水の循環」は、天地を通じて大規模。通路もさまざまである(第7話)。

▶イトトンボとオハグロトンボ：フワフワと優しく飛ぶ

大量の水の用途：水は「生活用水」のほか、さまざまな分野で使用される。1999年の年間水使用量は、農業用水579億㎥、生活用水164億㎥、工業用水135億㎥である。これは、奥多摩湖「都民の水がめ」の数百倍にあたる。工業用水では、化学工業、醸造業、製鋼業やパルプ・製紙業では良質な水が必要である。飲料では、安全でおいしさで、ミネラル分が問題になる。ITやハイテクの半導体産業、バイオ、医薬品産業では、高品質の「超純水」を必要とする。ここでは、水は原料であるが、洗浄でも大量に必要になる。

農業生産「光合成と仮想水」：輸入食品は安全とともに「バーチャルウォータ」(仮想水、間接水)が問題視されている。穀物など、農業生産では、植物での糖分の光合成が大もとになる。つまり、植物は太陽光の下で、大気中の二酸化炭素と水を原料として、糖分が光合成される。この反応では、水は原料で同時に物質輸送や廃熱で大量に使われる。これが仮想水で、穀物では生産物の重さの数千倍という。しかし、植物を通過、流れ去るので見落し易い。

大切な「食糧の自給」：日本の輸入食品で見ると、仮想水は年間数百億トン(t)。1トンは1㎥の水の重さである。この大量の水も、事実上の輸入を意味する。これは日本国内の水総使用量に匹敵し、琵琶湖の貯水量の2倍強とされる。この大量の水が外国依存とは、食の「安全と供給」で危ない。食糧は国の主権、各国が重視して取り組んでいる。自給率の向上は緊急課題とされる。農業は**第21話**。

1-5　四季折々の水…日本の美しい歌、懐かしい歌

水は天地をめぐり、自然を広く潤している。日本の四季はそれぞれ水の出番だろう。自然は水とともに多彩・多様に変化している。水は四季折々に流れ、「懐かしい歌」にも歌われる。歌には、水とは何か？ も歌い込まれているだろう。水「いのちの源」は常に含まれている。

——春の歌——

〈早春賦〉：吉丸一昌作詞／中田章作曲「春は名のみの　風の寒さや　谷の鶯　歌は思えど　時にあらずと　声もたてず…／氷解け去り　葦は角ぐむ　さては時ぞと思うに　あやにく…」

〈どこかで春が〉：百田宗治作詞／草川信作曲「どこかで春が生まれてる　どこかで水がながれ出す／どこかで雲雀がないている　どこかで芽が出る音がする…」

〈さくらさくら〉：日本古謡／山田耕筰作曲「さくら　さくら　野山も里も　見わたすかぎり　かすみか雲か　朝日ににおう／さくら　さくら　花ざかり…」

〈おぼろ月夜〉：高野辰之作詞／岡野貞一作曲「菜の花畠に入日うすれ　見渡す山の端かすみ深し　春風そよ吹く空をみれば　夕月かかりて匂い淡し…　かわずの鳴く音も鐘の音も…」

〈茶摘〉：文部省唱歌「夏も近ずく八十八夜　野にも山にも若葉が茂る　あれに見えるは茶摘みじゃないか　あかねだすきに菅の笠…」

——夏の歌——

〈夏は来ぬ〉：佐々木信綱作詞／小山作之助作曲「卯の花のにおう垣根に　時鳥早も来なきて　忍音もらす夏は来ぬ／さみだれのそそぐ山田に　早乙女が裳裾ぬらして　玉苗植うる夏は来ぬ…」

〈蛍〉：井上赳作詞／下総かん一作曲「蛍の宿は川ばた楊　楊おぼろに夕やみ寄せて　川の目高が夢見る頃は　ほ　ほ　ほたるが灯をともす／川風そよぐ楊もそよぐ…ほ　ほ　…」

〈めだかの学校〉：茶木滋作詞／中田喜直作曲「めだかの学校は川のなか　そっとのぞいて　みてごらん…　みんなで　おゆうぎ…／めだかの学校はうれしそう水にながれて…　みんなが　そろって…」

〈夏の思い出〉：江間章子作詞／中田喜直作曲「夏がくれば思い出す　はるかな尾瀬遠い空　霧の中にうかびくる　やさしい影野の小道　水芭蕉の花が咲いている　夢みて咲いている　水の辺り」

——秋の歌——

〈小さい秋みつけた〉：サトーハチロー作詞／中田喜直作曲「だれかさんが　だれかさんが　だれかさんが　みつけた　ちいさい秋　ちいさい秋　ちいさい秋みつけた…」

〈赤とんぼ〉：三木露風作詞／山田耕筰作曲「夕焼小焼の　赤とんぼ　負われて見たのはいつの日か／山の畑の桑の実を　小籠に摘んだはまぼろしか…」

〈里の秋〉：斎藤信夫作詞／海沼実作曲「静かな静かな里の秋　お背戸に木の実の　落ちる夜は　ああ母さんとただ二人／栗の実煮てますいろりばた　ああ父さんのあの笑顔　栗の実たべては…」

〈もみじ〉：高野辰之作詞／岡野貞一作曲「秋の夕日に照る山もみじ…　松を色どるかえでやつたは　山のふもとの裾もよう／渓の流れに散り浮くもみじ　波に…　赤や黄色の…　水の上にも織る錦」

〈故郷の空〉：スコットランド民謡大和田建樹作詞「夕空晴れて秋風吹き　つきかげ落ちて鈴虫なく　おもえば遠し故郷の空　ああ　わが父母いかにおわす／すみゆく水に秋萩たれ　玉なす露は…」

――冬の歌――

〈雪〉：文部省唱歌「雪やこんこ霰やこんこ　降っては降ってはずんずん積もる　山も野原も綿帽子かぶり　枯木残らず花が咲く…／犬は喜び庭駆けまわり　猫は火燵で丸くなる…」

〈雪の降る町を〉：内田直也作詞／中田喜直作曲「雪の降る町を　雪の降る町を　想い出だけが　通り過ぎてゆく…　この想い出を　この想い出を　いつの日か包まん…」

〈冬景色〉：作詞・作曲者不詳「さ霧消ゆる湊江の　舟に白し朝の霜…／鳥鳴きて木に高く　人は畑に麦を踏む…／嵐吹きて雲は落ち　時雨降りて日は暮れぬ…」

〈どじょっこふなっこ〉：東北民謡／岡本敏明作曲「春になれば　氷こも解けて　どじょっこだの　ふなっこだの…／夏になれば　童こ泳ぎ…／秋になれば　木の葉こ落ちて…／冬になれば…」

〈四季の歌〉：荒木とよひさ作詞・作曲「春を愛する人は　心清き人　すみれの花…／夏を愛する人は　心強き人　岩をくだく…／秋を愛する人は　心深き人　愛を語る…／冬を愛する人は　心広き人　雪を…」

桜「サクラ　サクラ」：桜は約100種の野生種が北半球の温帯に分布、日本では10種とされる。栽培種は江戸時代に多く生まれ、現在300種以上らしい。八重桜、しだれ桜やソメイヨシノなど多様。ソメイヨシノは桜の観測や花見の代表。この親は、遺伝子解析では伊豆諸島周辺のオオシマザクラと本州・九州のエドヒガンザクラ。ソメイヨシノは自家不和合性（自分の花粉では実を結ばない性質）が強く接木による増殖。誕生過程は不明だが、江戸の染井（東京・駒込）で幕末から明治に広がったという。ヤマザクラは野生種で、日本に広く咲き「国花」とされる。各種それぞれ「美しい桜」である。野生種や多様な桜については**22-6**。

赤トンボ「歌とともに」：童謡「赤とんぼ」の作詞者、三木露風の古里は兵庫県

▶ ひがんざくら：薄紅色、優美な花で早くから咲く（『原色牧野日本植物図鑑』より）。

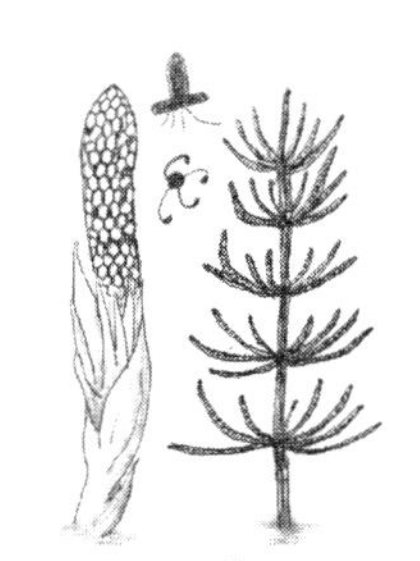

▶ ツクシとスギナ：スギナは原野や路傍の多年草、しだ植物。栄養茎と胞子茎があり、栄養茎がスギナ、胞子茎がツクシになる。六角形の胞子葉が密集し、開くと胞子が飛び出す。胞子は4弾子で、図の上部に示す。

▶ ワラビ

▶ タンポポ：キク科の多年草。西洋タンポポはは，花の外側が反り返っている。図の上部は花弁や種子。

竜野市、名産はしょう油やそうめんである。JR姫新線竜野駅では「赤とんぼの像」が迎え、公園の小道には歌碑が多く童謡も流れる。トンボは、世界で5800種以上、日本は200種余りで「トンボの国」といわれる。トンボは古代から愛され、特に赤とんぼ（アキアカネ）は「五穀豊穣」のシンボルとされた。五穀は、通常「米・麦・豆・アワ・キビ」である。

五穀豊穣「赤とんぼ」：赤とんぼは、大陸から稲作の伝来、田んぼとともに増えたとされる。農山村の風景では「秋風に稲穂で踊る赤とんぼ」「実る秋水車で遊ぶ赤とんぼ」「柿映えて夕焼け空に赤トンボ」などが飛び交った。研究では、赤トンボの赤は「オモクローム」という色素で、還元型は赤色、酸化型は黄色。羽化直後は黄色、成長すると、オスは赤色という。東京の幼稚園の運動会では、赤トンボが紅白の幕の上で目を回していた。「赤トンボ遊戯かけっこ目を回す」「赤トンボみんな飛び跳ね運動会」。写真は赤トンボ。

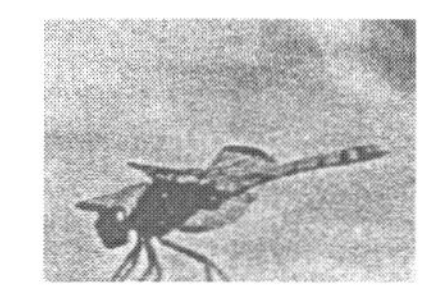

▶ 赤トンボ

童謡「ちいさい秋」：この歌の誕生は東京都文京区、作詩者サトウ旧宅のハゼの葉が夕日で深紅に映える情景からという。日本には四季がある。「ちいさい秋」「おおきい秋」は、農山村と都市にも訪れる。なお、サトウは「日本一母を歌った詩人」といわれる。旧宅跡の歌碑には直筆の詩「此の世の中で／唯ひとつのもの／そは母の子守唄」と刻まれている。サトウ作詞の歌「秋の子」（1954年）には、すすき、やき栗、柿の実が次々に出て…こおろぎも鳴く。この「ちいさい秋」は、田舎では身近だった。

虫の声：昔、農山村の風景では「夕焼にカナカナ鳴いてまた明日」「カナカナは腹ペコペコで大合唱」。カナカナ（オス）の腹は空洞、空腹で大合唱とは不思議である。しかし腹は消化器ではなく、楽器の共鳴空洞と同じである。虫の声はさまざまだ。「りんりんと鈴を鳴らして秋が来る」「ちんちろろ松虫鳴くよ草むらに」「コオロギがコロコロ踊るかまど脇」「涼しさや障子で歌うスイーチョン」。

夕日や夕焼：秋は澄んだ空気で、夕日や夕焼が美しい。松江の宍道湖、石川県の東尋坊、宮城の松島湾や和歌山の白浜など有名である。内陸の東京・日暮里は地名になった。ここで放浪の俳人・山頭火が夕日に見とれたらしい。東京・八王子では、「夕焼小焼けで日が暮れて山のお寺の鐘がなる」と歌われた。ここは、作詞者・中村雨紅の古里とされる。高尾山の国定公園も近い。八王子城址は国史跡。八王子は織物や染め物など400年の伝統という。

▶ 鳴く虫・飛ぶ虫：上からウマオイ、コオロギ、トノサマバッタ、ショウリョウバッタ。

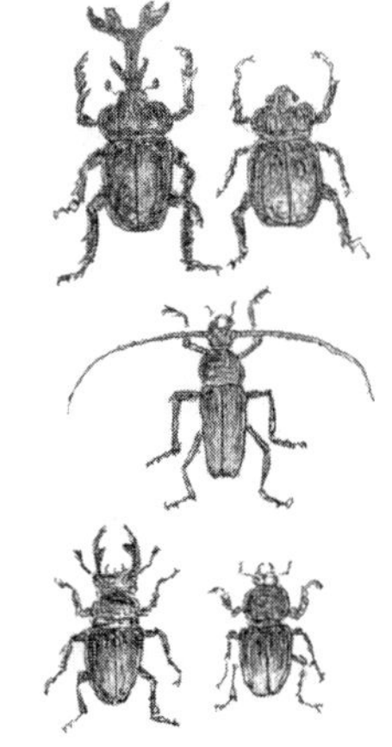

▶ 昆虫はいろいろ：上からカブトムシ、ヤマカミキリ、コクワガタ。

1-6　歌になった自然…菜の花、茶、蛍の光、水芭蕉、湿原、丹頂鶴の話

菜の花は、全国各地に咲く花である。菜はアブラナ科の野菜だ。同じ仲間にダイコン、カブ、ツケナ、タカナ、ナタネ、カラシナ、ハクサイ、キャベツなどがある。菜の花は十字、４枚の花びら。色は黄、白、薄菫…。唱歌「朧月夜」に出る菜の花は、長野・北信州の千曲川ほとりで、残雪の山々を背景に咲く。飯山市は菜の花公園を中心に、1000万本ほど咲くという。ここは、野沢菜漬けも有名である。歌は自然の中から生まれ、また歌で自然も輝いてくる。「菜の花はみんな仲良こんにちは」「菜の花はちょうちょも迷う花盛り」「菜の花で青虫化けて蝶の舞」。

「菜の花」「あんず」「リンゴ」の里：この里は長野県・信州である。昔は「千曲川の里」であった。人間は、自然に包まれ、水とともに交流して生きている。千曲市は、日本一の「あんずの里」「一目十万本」といわれ、ピンクの花が甘い香を漂わせる。もとは桑畑だったらしい。「チューリップの里」では200種、100万本が咲き乱れる。北

▶ ナノハナ（菜の花）またはアブラナ（油菜）ナタネ（菜種）はアブラナ科アブラナ属の植物。菜の花はアブラナ属植物全般の花の呼称として使われることもある。

信洲では昔から善光寺が有名だった。

「牛にひかれて」善光寺：国宝である。江戸時代を代表する仏教建築である。７世紀後半の創建、何回も火災にあった。鐘は環境庁の「日本の音風景」百選(1995年)に選ばれた。７年に一度の御開帳では、日本最古と伝わる「阿弥陀三尊」が姿を表す。一茶は「開帳に逢ふや雀も親子連」「雀の子そこのけそこのけお馬が通る」「菜の花のとっぱづれ也ふじの山」と詠む。

愛知万博「自然と共生」「ナノハナ太郎」：2005年は長久手・瀬戸会場で開かれ、「自然の叡智」「自然と共生」がテーマとされた。そして、「塵も積れば山となる」「急がば回れ」「もったいない」などの言葉をキーワードに、自然やリサイクルの大切さを説いた。万博イメージキャラクターの「ナノハナ太郎」「モリゾウとキッコロ」も語る。芽を出し、花が咲き、種もふえる。大切な食用油になり、洗剤や燃料にもなる。しかし１kgの種を作るには、１トンもの大量の水が必要で、仮想水とよばれる。

▶ 愛知万博のイメージキャラクター「モリゾーとキッコロ」。モリゾーは万博の会場にある森の精のおじいちゃん、キッコロは森の精の子ども。

「田毎の月」「一面の菜の花」「蛙の合唱」：芭蕉の「田毎の月」は、信州「姨捨の棚田」が発祥地という。千曲川も見える「棚田百選」である。棚田を歩くと、どの田にも月が映る。また与謝野晶子は「はてもなく菜の花つづく宵月夜母がうまれし国美しき」と歌う。菜の花と大根は**第19話**。

茶の話：唱歌「茶摘み」の茶は、日常の大切な飲料。若葉の繁る「八十八夜」とは、立春から88日目。茶は宇治茶、静岡茶、狭山茶など各地で栽培されている。昔は自家栽培もかなりあった。茶は、芽、葉、花や実も一風変わった植物。葉をつむ順番や製法などで玉露、煎茶、番茶、抹茶、茎茶、紅茶、ウーロン茶などいろいろ変化する。また茶の生産は自然条件が大きく影響する。

▶ チャ

茶の発祥：発祥地は中国とされる。茶は紀元前から飲まれ、漢民族の秘伝・秘薬だったらしい。その後、東アジアやインドなど各地に広がった。日本伝来は９世紀はじめ、唐から僧が持ち帰り近江国の坂本に植えたという。宇治など一般に広まったのは鎌倉時代、栄西の『喫茶養生記』からとされる。

チャ（茶）：ツバキ科。芽や葉、花も一風変っている。夏が近い「八十八夜」の頃、「茶摘み」の歌も聞える。緑茶、紅茶、番茶、ほうじ茶、抹茶、その他…色・香・味もいろいろだが、まず良質の茶に水と温度が大切である。

茶は健康飲料：日常の健康飲料。消化促進や利尿、癒し効果もある。カテキン・テアニン・カフェイン・ビタミンなどが健康成分とされる。特にカテキンは茶の渋味のタンニンの一成分で活性酸素を除去、強い抗酸化・抗菌・解毒作用とされる。うがいはインフルエンザ予防という。和食と茶は**第16話**。

蛍の話：昔からホタルは夏の風物詩である。夕方は魅惑の光の乱舞で、多くの人を引きつけてきた。現在では、ホタルはカエルとともに「自然環境の指標」とされ、各地で復活が試みられている。「ほーほー、ほーたる来い」とよばれても、ホタルは汚い川には棲めない。

人間も、自然が汚染されると、危なくなる。ホタルは日本では40種、世界に2000種以上という。日本固有種のゲンジボタルは大型でよく光る。ヘイケボタルも有名。これらのホタルは、川の巻貝カワニナに卵を産んで繁殖する。

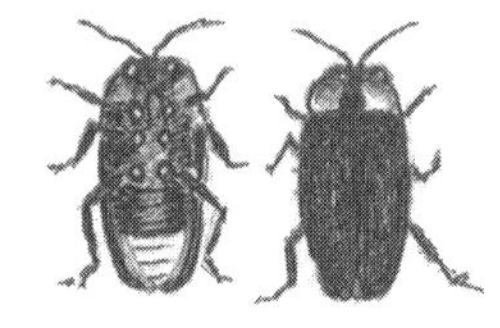

▶ 上段：ゲンジボタル／下段：ヘイケボタル、カワニナとホタルの幼虫

蛍の光とツユクサ：露草は藍色の花の「ホタルグサ」、ツユクサ科１年草である。昔から布染め、植物観察や研究にも使われた。「露草に蛍こいこい甘い露」「露草や月光の露蛍の灯」「星空に妖精の舞蛍の灯」「稲は波飛び交う蛍空は星」。

蛍の不思議「明るさとリズム」：ホタルの光は１匹でも明るい。火なしに光るとは不思議である。ホタルは「冷たい光」で、最も発光効率が高いとされる。効率は白熱電燈で３割、ホタルで約９割という。この発光は細胞のなかにある蛍光性の発光基質（ルシフェリン）による。これが発光酵素（ルシフェラーゼ）の助けで効率よく酸化、明るい発光になるとされる。

▶ ホタルとツユクサ

「ホタルの木」「光のリズム」：南の国、パプアニューギニアにあり、１本に１万匹もホタルが集るそして同じリズムで点滅、ネオンサインのように波状の発光とされる。このリズムの一致を「シンクロ」という。最初は、個々「バラバラ」の振動が相互作用で周期を変え突然シンクロ状態になる。

▶ スミレ：スミレ科の多年草。ヒメスミレ、エゾスミレ、タカオスミレなど日本のスミレは数十種。

「生物発光」「天然記念物やノーベル賞」：光る生物にはホタルのほか、幻想的なホタルイカ、ウミボタルやオワンクラゲ、月夜タケなどもある。これらは「生物発光」とよばれ、天然記念物やノーベル賞にもなった。ホタルイカは、富山湾などで取れ、食卓にものぼる。イカ網漁は、青白く輝き、「春の風物詩」で特別天然記念物である。ウミボタルはミジンコ状の3mmぐらいの動物だ。月夜タケはブナなどで光る毒タケである。「光るタケ」は、東京都の八丈島に多い。「生物発光」は「冷たい光」だが、赤い「熱い光」より高エネルギーである。

▶「吉見百穴」古渡詳:この中に「ヒカリゴケ」がある。

「ヒカリゴケ」の古墳は戦跡：埼玉県「吉見の百穴」は、6～7世紀の古墳で国指定史跡とされる。山に四角の穴がずらりと並ぶ不思議な古墳である。この中のヒカリゴケは天然記念物で、自生は珍しいとされる。また古墳の地下トンネルは戦跡で、第2次大戦中、大軍需会社「中島飛行機」のエンジン部品工場があった。この会社の本拠は、東京の武蔵野市である。埼玉県の古墳にまでつながる、軍需基地には驚かされる。

前大戦の米軍、日本の軍事拠点を集中爆撃、続く「東京大空襲」：「中島飛行機」の本拠、武蔵工場は東京・武蔵野市にあった。ここは「ゼロ戦」「隼戦闘機」(特攻機に使用)製造など、約5万人の働く大軍事拠点だった。米軍の空爆は、まずこの軍事拠点に向かった。この大地下工場は米軍の集中攻撃で全壊、多数の死傷者が出た。翌年は、数百機のB29爆撃機で「3・10」大空襲があり、東京は「焼け野原」の廃墟にされた。さらに爆撃は日本全土の都市に広げられ、戦争は完敗状況だった。それでも戦争は続けられ、原爆の惨禍を二度も強いられた。非人道的蛮行は、もう許されない。

廃墟の軍事拠点の戦後：武蔵野の軍需工場跡地は米軍宿舎、都営住宅や市営グランドなどになり、一隅に、電電公社の電気通信研究所が置かれていた。ここに、私は就職した。当時(1961年)、研究所は木造平屋の事務棟と、残骸の厚いコンクリート建工場(地上3階地下1階)が研究棟だった。地下道には被爆女性の幽霊話も残り、当時も不発の1トン爆弾で避難があった。近隣地域(柳沢)には「原爆模擬弾」投下の戦跡があり、近年、この大爆発の状況、多大な犠牲が記録された。模擬弾でも秘密を隠すため完全に爆発された。

武蔵野の戦跡の記録：最近「都立武蔵野中央公園」の東北端の拡張地に、武蔵野工場の空襲記録と戦跡の説明板が設置された。目立たないが、密度は高い。戦後の工場全景写真、B29と爆撃被害、原爆模擬弾「パンプキン」の写真も掲示されていて、詳しく説明されている。

歌「夏の思い出」の尾瀬湿原：日光国立公園にあり、日本を代表する高層湿原である。海抜千数百メートルで、群馬・福島・新潟３県にまたがる。最後の氷河期以降、自然が豊かに残った湿原で特別天然記念物である。ミズバショウ、ヒメシャクナゲ、ニッコウキスゲなどの植物が豊富で、ミズバショウはサトイモ科の多年草である。目立つ白色は、花びらではなく、ホウという葉がある。形は、対称から非対称に流れて変わる。尾瀬は自然保護のため、ほぼ全域に木の遊歩道が設置されている。「夏の思い出」は、尾瀬を想い浮かべ、広く親しまれ歌われてきた。この自然の賛歌は、自然を守る活力だろう。なお水芭蕉では長野県の鬼無里（きなせ）、戸隠（とがくし）高原も有名。

▶ 尾瀬の湿原ミズバショウ

尾瀬の周辺：尾瀬周辺では、西にそびえる至仏山は百名山、高山植物の宝庫である。秋には湿原は金色の草の紅葉がある。奥日光、日光白根山、戦場ヶ原、男体山と中禅寺湖周辺は、どこも紅葉の名所である。華厳滝もある。世界文化遺産の日光東照宮も遠くない。

▶ 尾瀬の湿原：湿原とは、非常に水分の多い陸地やごく浅い水面が、ある程度の広がりを持っている場所のことである。多くの場合に草原が広がっている。

「湿原と渡り鳥」の国際保護条約：湿原は日本各地にあり、多くの生きものの活動拠点となっている。北海道の釧路湿原は広大で、釧路川が緑の中を蛇行する。2000種におよぶ動植物の生息地で、多くの渡り鳥の基地になる。この湿原は、日本で最初に「ラムサール条約」に登録、国際的に保護されている。この条約は「湿地および水鳥の保全のため」で、1975年に発効した。

その後、北海道のサロベツ原野や阿寒湖、宮城県の蕪栗沼、奥日光の湿原、尾瀬ケ原・尾瀬沼、新潟県の佐潟、島根・鳥取の中海、島根の宍道湖なども登録された。この多くは水鳥の生息地で、何万羽も越冬している。2018年、東京都江戸川区の葛西海浜公園が、この条約に都内ではじめて登録された。ここでは、毎年120種以上の鳥類が確認され、スズガモが２万羽以上飛来する。「三番瀬」も登録を目指す。

「タンチョウ鶴や渡り鳥」：釧路湿原には、頭の赤いタンチョウ鶴もいる。アイヌ人は「サロルンカムイ（湿地にいる神）」と呼んだという。この鳥は国の特別天然記念物で、千円札も飾っている。20世紀初めに絶滅といわれたが、地元の努力で、1000羽以上に増えた。「鶴居のタンチョウ」は「音の風景」百選に選ばれている。

なお、タンチョウ鶴の飼育では岡山県が第一、後楽園など各地に数十羽増されている。

鶴：ツルは「健康と長寿」の鳥で、古く中国では「天人の使い」とされた。北海道・釧路湿源の丹頂鶴は頭が朱色で、羽根は白と黒である。鹿児島県・出水市のナベズルは頭と首が白で羽根は黒色である。どちらも特別天然記念物で「音の風景」百選。鶴は昔から注目され、万葉集では「若の浦に潮満ちくれば潟を無み　葦辺をさして鶴鳴き渡る」「旅人の宿りせむ野に霜降らばわが子羽ぐくめ天の鶴群」。

▶ タンチョウヅル

第2話

昔々の水物語…動く万物「こんにちは」「こんばんは」！

昔々から人間生活は水の周辺に築かれてきた。紀元前数千年の世界四大文明…中国、インド、メソポタミア、エジプトの文明は、それぞれ黄河、インダス河、チグリス・ユーフラテス河のほとりで発達した。ここに、農耕や輸送のための水路や舟、浴場も作られた。つまり水と土から麦・稲・羊などが生産され、高度の文明が生み出された。文明と水は密接に関係して発展した。水と文化・文明は切り離せない。水は「生命の水」であるが、合せて「文明の水」だろう。

2-1 「水の流れる」古代文明…「世界四大文明」「アンデス文明」

「黄河文明」：紀元前1600年頃から最古の王朝「殷」が栄え、青銅器文化や漢字の原型の「甲骨文字」も生まれた。また西安の「秦の始皇帝陵」は、約2200年前建造の地下宮殿で世界文化遺産である。「兵馬俑坑」には、実物大の人馬の焼物や御者の乗った馬車、金銀青銅具、度量衡の統一の基準とされた錘、陶円形管・陶五角形管の水道や水鳥も多数出土という。この建設には、約70万人で40年かかったとされる。

「インダス文明」：紀元前2600年頃とされる。周到な計画都市の遺産、モヘンジョダロやハラッパが高度な生活水準を物語る。インダス河流域の都市では、すでに紀元前2000年頃にはレンガ仕切りの道路、井戸や下水道が完備。天体観測や代数学は古代から発展していたとされる。「ゼロの発見」で、数のケタ取りや表示ができて、巨大な数も計算可能になった。

「メソポタミア文明」：紀元前3000～4000年頃チグリス・ユーフラテス河流域ではじまり、現在のイラクで繁栄した。粘土板に刻む楔形文字や、月の満ち欠けで月日を測る太陰暦、60進法（時間や角度などを60単位で繰り上げる計算法）など、科学上も後世に大きな影響を残した。特に未来予測の天文観測に熱心であった。また数学、特に計算術が優れていたとされる。

「エジプト文明」：紀元前3000年頃からはじまり、その繁栄の様子は、60余の壮大なピラミッド群で象徴されている。最大のものは2.5トンの石が約230万個も使われているという。世界文化遺産である。またエジプトは、「ナイルの賜物」ともいわれる。流域の肥沃な土地や水運に恵まれ、高度の文明が築かれた。なおナイルは世界最長の大河で、水量最大は南米のアマゾン川とされる。

▶ エジプト・ギザの三大ピラミッド：紀元前約3千年に建造。最大のものは底辺の1辺約230m、高さ約140m。海洋生物の化石を含む石灰岩が使われている。

都市文明と水道：どこの文明でも、まず水環境の整備や水道の確保が大切になる。通常、水は山から谷へ、谷から川へ流れる。泉の湧き水もあるが、それだけでは不便だ。そこで水路や水道も作られた。これは大事業。世界最古の水道建設は、古代ローマ時代の「アッピア水道」（BC.312年）で、16km余とされる。また約2000年前のスペインの「セゴビア水道橋」は、アーチ状の石橋で世界文化遺産である。高さ29m、長さ728mという巨大なもので、水源は遠くの山脈とされる。

▶ ポン・デュ・ガール水道橋：南フランスの世界文化遺産。生活や文化には、まず水が大切。都市の発展とともに、水道橋も多く造られた。

東アジアに続くアンデス文明：現生人類は、アフリカにはじまり世界に広がったとされる。米アンデスの古代人は、東アジアから移った人類で、日本人も含め兄弟関係らしい。当時、陸地でつながっていた。アンデス文明は日本と自然環境が大きく異なり異質と見える。しかし情報伝達、言葉はインカと日本は似ているという。

アンデス文明「太陽の神殿」「ナスカの地上画」：世界四大文明と離れて、南米大陸にも、神秘的文明があった。インカ帝国「アンデス文明」で、紀元前千年頃はじまり、15～16世紀に発展とされる。これは大河流域ではなく、6000m級のアンデス山脈にある。そこに高度の石造建築の「空中都市」「太陽の神殿」が築かれていた。

このマチュピチュ（老いた峰）の遺跡は世界自然文化遺産で、旅行の人気も高い。しかし富士山級の高山に、どう巨石都市が築かれたか？ これは「南米最大の謎」とされる。インカなど世界遺産。

インカは自然と調和：近年の研究ではインカは豊かな自然と調和し、戦争も重労働もなかったという。現在も野生ランの宝庫で400種、動植物は約3000種とされる。インカは「太陽の子」の意味で、太陽を中心に万物を神とする「自然崇拝」があったといわれる。また太陽を正確に観測する場所が置かれ、冬至や夏至が決定され暦も作られたという。石造建築やトウモロコシの段々畑は、山の花崗岩を切出したとする説が有力である。石積みは正確で、高度の技術者が招かれ、水路も石積で隣の山からも引かれた。段々畑は上下で温度など気象条件が異なり、それに適合した種類が選ばれたとされる。

山上都市の不思議「水運びと食糧生産」：謎の巨大神殿であるが、私の最大の疑問は「水」だった。生活用水や農業用水は、神殿の重さをはるかに超える。その水を山上に運ぶのは重労働である。誰が運ぶ、神業か？ しかし、日本と違い、南米の高山の下は熱帯雨林である。濃い霧がジャングルを上昇して雲になり、高原で冷され霧、雨や雪で降っていた。つまり水は「太陽光のエネルギー」「自然の力」で大量に運ばれていた。また高原には巨大湖や氷河があり、水路を造り、この下で農耕が営まれた。作物の品種改良や凍結保存食が発達、文化も築かれた。アンデス文明も、まず水に依拠して発展している。

▶ アンデスのマチュピチュの遺跡

アンデス原産「日常の食べもの」：トウモロコシ、ジャガイモ、サツマイモ、カボチャ、トマト、トウガラシ、ウリ、ヒョウタン、インゲン、ピーナツなど、すべてアンデス原産とされる。その後、これらの食べものは広く伝播した。特にジャガイモは、野生種から何十種にも改良され、寒冷に強く多収量、ビタミンも含み栄養豊富とされる。現在、生産量はトウモロコシ、米、麦についで、世界第４位とされる。

ジャガイモは16世紀に、スペイン人によってヨーロッパに渡り18世紀に本格的に栽培という。日本には約400年

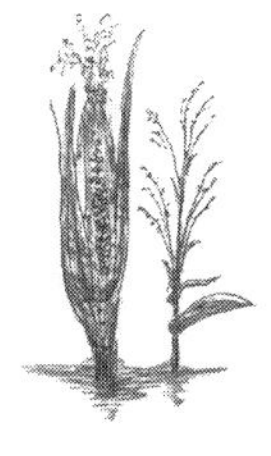

▶ トウモロコシ：イネ科の一年草で、高さは２ｍに達する。紀元前5000年ごろまでには大規模に栽培されるようになり、南北アメリカ大陸の主要農産物となっていた。マヤ文明、アステカ文明でもトウモロコシの記述がある。最近ではバイオ燃料として注目され、価格高騰で問題になっている。

前、ジャッカルタ（ジャガタラ）を経由して伝わり、ジャガイモとよばれてきた。本格的栽培は明治時代の北海道からとされる。

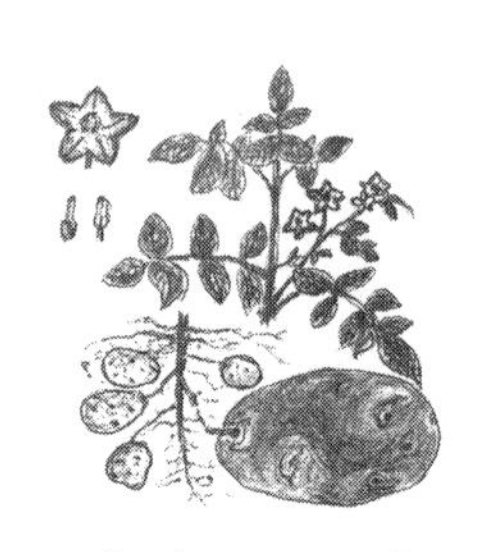

▶ジャガイモ：チリ原産の多年草で、コメムギにつぐ食料品。花は白、または青紫色で、ナスに似た花。日本へはオランダ人により、ジャワを通して渡来した。

世界のジャガイモ…南米原産：ジャガイモは、トマトやナスとともに南米原産で、世界の食糧である。ナス科で花、葉や実もよく似ている。ナスはインド原産ともいう。ジャガイモは種芋と種子両方で増える。花の後に実が育ち、中にゴマ状の種子が多数できる。枝には「空中芋」もできる。自然薯（山芋）の実「ムカゴ」に似たもの。2008年は「国際ポテト年」、食糧確保と貧困緩和のためジャガイモは重要とアピールした。

世界のトマト…南米原産：ナス科の植物で南米原産。主要な野菜で世界的に発展。生食、ジュース、ケチャップやソースなどで使用。徳川中期に渡来、改良品種は多い。大小と完熟の味など、「果物と野菜」が内容の「果菜」である。育種や品種改良は多大な労力だろう。トマトは生産量で世界一の野菜とされる。

▶トマト

トウガラシ：ナス科で、シシトウガラシは変種である。トウガラシは、花は白、実は緑、赤や黄、種類や辛味は、「ゲキカラ」から「風味」まである。インド原産のコショウとともに辛味の双壁、赤トウガラシはインドでも広く栽培された。サンショウ（山椒）も「ピリ辛」で独特の効能がある。

大河と離れた「マヤやアステカ文明」：マチュピチュに通じるインカの都「クスコ」も世界遺産である。南北には4万kmの「インカの道」もあり、「交易のネットワーク」とされる。中南米には、大河と離れ「マヤやアステカ文明」があった。また砂漠台地の「ナスカの地上画」は、80以上もの巨大な画で、円・三角形の模様や動物などが描かれている。世界文化遺産で、300mを超す鳥の絵もあるという。

巨大な「ナスカの地上画」「宇宙人の仕業」？：この地上画は巨大で、地上では何か分からない。宇宙人の仕業ともいわれた。最近の説では、「天空への伝言」「雨ごい」。この画の上で踊り、天空への伝言や雨ごいという。乾燥地帯では、「恵みの雨」は全生物の強い願いである。その願望を、

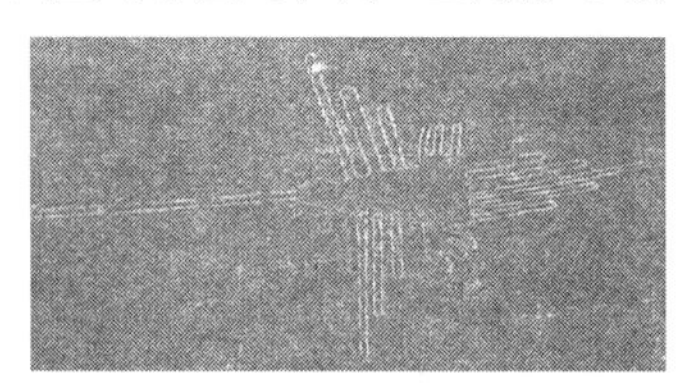

▶ナスカの地上絵：紀元前2～6世紀の間に描かれたと考えられている。1939年6月22日、考古学者のポール・コソック博士により発見される。近年、自動車の侵入による破壊が著しく、消滅の危機にあると言われている。

人間をはじめ獣や昆虫、動植物の巨大な画に描き、天空に伝えるのである。これには最高の知識、技術や労力も使われたであろう。昔、日本でも松明を掲げる「雨ごい」は、多数あった。愛宕山は、「雨ごい」の山とされた。

「地上絵」は中・高校生も可能！：現在では、地上絵は「宇宙人の超能力ではない。中・高校生の美術や数学で描く可能性もある。まず小さな画を書き、適当に原点を決める。そこから画の各点に直線を引き、同じ倍率で延長する。すると先端に原画の拡大図が現れる。つまり相似三角形の性質の利用で、平原に巨大画も作れる。その上で踊り歌うなら、願いは天までとどくだろう。拡大・縮小は写真の技術である。「ナスカの地上画」は不思議だが、人間技だろう。この高度の技が、すでに古代に身につき共有されていた。これには驚かされる。階層分化や特別の権力者もなかったとされる。

2-2　日本古代と「奈良・大阪・京都」の都…「ナウマン象」「縄文と弥生」遺跡

日本は昔から水に恵まれ、「山紫水明」「瑞穂の国」といわれてきた。「山紫」とは、水が豊かな広葉樹の映える山のことである。「瑞穂」は水みずしい稲穂とされる。日本の農耕文化は、大量の水に支えられていた。昔、数万年前の石器時代に逆上ると、どうだろう？ 水と文化・文明の関係を、各地を一巡して考えると、やはり水が土台で発展だろう。

水とは何か？…に関連して付け加えると、古代からの生活自体が、水の重要性を具体的に示している。つまり、「水と生活」は一体といえる。水は「生活の水」「いのちの源」なのである。

日本の石器時代：数万年前の旧石器時代では、群馬県の赤城山麓で「岩宿遺跡」が発見された。赤土「関東ローム層」(2.5万年前)で、黒曜石の打製石器の発見である。これは、日本に旧石器時代の存在をはじめて立証した大発見とされる。この発見は、1949年で、在野の考古学研究者とされる。納豆の行商をしながら遺跡を探したという。赤土は砂と異なり、水を保つ土である。

また長野県「野尻湖遺跡」(５万～３万年前)の発掘があり、氷河期には日本とアジアは陸続き、日本人の祖先はマンモスやナウマン象とともに渡来とされる。日本人の祖先は南のルートもあり、沖縄からも渡来したらしい。沖縄・石垣市の洞穴遺跡は数万年前の旧石器時代とされる。調布市の野川遺跡(都立野川公園)も、３万５千～１万２千年前の遺跡。東京・小平市の「鈴木遺跡」も旧石器時代、武蔵野台地で都内最大級の遺跡だ。日本の石器時代は、広がりはさまざまらしい。

▶ 太古の日本列島「ナウマン象の歯」

「ナウマン象」が語る日本古代：長野県の北端には「野尻湖の遺跡」がある。この湖畔で凸凹の「おかしなもの」が発見された。これがナウマン象の臼歯だった。そこで1962年から発掘調査がはじまり、学者を含め子どもからお年寄りまで協力した。この調査から、湖畔にナウマン象やオオツノシカなどがすみ、狩の様子なども分かってきた。

湖畔は人間や動物が集まり、活動の拠点だった。つまり、活動は水の支えによるだろう。約１万点の遺物、動植物の骨、花粉や石器が発掘され、それらは石器時代の「野尻湖物語」を語る。当時、日本は氷河期で大陸とつながり、雪原が広がり針葉樹も茂っていたとされる。これらの発掘の成果は「ナウマンゾウ博物館」に展示されている。ナウマン象の後にはマンモス象が出現した。

ナウマンの地質調査：ナウマンは、象の化石の発掘者ではないが、東大の初代地質学教授である。ドイツから来日、象の化石、火山や地震災害などを調査・研究、日本列島の地質構造を解明した。特に日本の中央高地を東北と西南を分ける「中央構造線」は、ほぼ正確とされる。この線が通る新潟県・糸魚川市には日本初の「ジオパーク」(大地の公園)がある。プレート境界の断層(約1600万年前と約４億年前の岩石露出)や約５億年前の宝石「ヒスイ」(硬玉)なども展示される。この宝石は研磨・細工で若草色に輝き、太古から交流と権威の印として広がったという。

ナウマン象の想像図：昔々日本にも生息。キバが大きく曲がり前足が長い。象「マンモス」(絶滅は数万年前)では、DNA解読があり、過去10年の科学十大成果とされた(米科学誌『サイエンス』)。

モース「縄文の発掘」：モースは、動物学者のアメリカ人である。明治時代に考古学を持ち込み、日本文化を海外にも紹介した。彼はダーウィンの進化論を支持し、「観察と実験が大切」という信念を持っていたという。東京の大森貝塚発見は1877年で、縄文後期の深鉢形土器も発掘して、英科学誌『ネイチャー』に発表した。「縄」模様の土器とともに縄文時代が開かれた。東京湾岸の大森貝塚遺跡(国史跡)は、「日本考古学発祥の地」とよばれる。この貝塚は、縄文時代後期から晩期(2500～3000年前頃)のものである。「縄文(紋)」は、ここの土器の模様からつけられた言葉とされる。JR線路沿いに、品川区に「大森貝塚碑」、大田区山王に「大森貝墟碑」がある。

縄文の「三内丸山遺跡」：東北・青森県の縄文遺跡である。国内最大級の集落跡で、特別史跡（縄文前期〜中期：約5500〜4000年前）になっている。栗の大木6本で建てられた、三層構造の大型掘立柱建物がある。これは、シンボル「栗の巨木の堀立柱跡」で、大型竪穴住居とともに復元されている。ここに直径約1m、高さ20mもの巨木の柱があった。復元の柱はロシアから輸入品で、重さは8トンという。発掘物には、大量の土器や石器、精巧な骨の針、世界最古の漆工芸や「遮光器土偶」（7-1）などがある。北海道産の黒曜石のナイフや新潟産の宝石のヒスイもあり、広く交流があったとされる。

津軽海峡を介しては、古代からさまざまな交流が行われ「津軽海峡文化圏」といわれる。「北海道・北東北の縄文遺跡群」の名称で、世界文化遺産へと運動が推進されている。内容は狩猟、採集や漁労で1万年以上の定住生活と各種出土物など。なおドングリやクリは、縄文時代の大切な食料であった。クリは大規模に栽培。採集と保存では細かく編んだカゴに集め、土中の穴で水に浸し、虫退治したらしい。近く、世界遺産に登録の見通しとされる。

縄文の土偶：雪国の古代の土器には、燃え上る炎や縄文人の勢いが表されている。また土偶は、縄文人が健康や自然の豊かさを祈った工芸品だろう。重要文化財の「遮光器土偶」「ハート形土偶」、国宝の「縄文のビーナス」「立像土偶」「仮面土偶」など、いろいろある。「火焔土器」とともに、縄文人の勢いや高度の文化だろう。「縄文のビーナス」「縄文の女神」「仮面の女神」「合掌土偶」「中空土偶」は国宝で、国立博物館で展示された（2018年7月）。

▶ 縄文時代の火焔土器：火の大切さと縄文人の勢い・技術が込められているだろう。古代から火は空気、水や土とともに大切なもので「万物の根源」とも考えられてきた。火はエネルギーの一種で、生物が生きるには適当な熱エネルギーが必要である。

東京の縄文遺跡：主な縄文遺跡で約50ヶ所という。東京・多摩市には多摩丘陵の遺跡庭園「縄文の村」がある。縄文前期（約7000年前）と中期（約4000年前）の竪穴式住居（長円形三角屋根）と約50種の樹木庭園があり、土偶や土器とともに展示されている。西東京市にも「下野谷遺跡公園」がある。石神井川上流の武蔵野台地で、東側は武蔵関公園や富士見池、西側は東伏見稲荷神社や都立東伏見公園である。ここで、南関東最大級の環状集落跡や縄文深鉢土器などが出土した。土器はダイナミックな装飾や渦巻き文様に驚ろかされる。黒曜石の石器や首飾りも多い。約5000〜4000年前の縄文中期の遺跡とされ、国史跡に指定された（2015

年)。三内丸山遺跡級ともいわれる。

▶しめ縄の語源:『万葉集』に「標縄」の例が見られる。一般の者の立ち入りを禁じ、皇室や貴人が占有した野の「標野」の「標」と同じく、標縄の「標」は「占める」の意味である。

縄(文)は文化・工芸の大革新:「縄」は荷作り、神社や相撲の「しめ縄」など用途は多い。負荷が分散、補い合い、強くよくしまる。縄文土器も多い。蛋白質にも「二重ラセン構造」、カイコの生糸も「より」があり、柔軟で強い。縄はタテ・ヨコの縞模様、平面と曲面やラセンも加わり、用途や性質も多様である。それぞれ強度など、新しい機能が加わっている。チリ紙も「コヨリ」にすると強く新しい用途ができる。縄文時代と同じ頃、ドイツを中心に縄目文(なわめもん)土器文化が栄えたとされる。縄(文)は広く通用、文化や技術の大発見・発展だろう。

「リボンと縄」の不思議と数学:リボンを一回捩り、両端を張り合わせると奇妙な曲面が現われる。数学では「メービュースの帯」といわれる。どこも連続で微分可能である。しかし、この曲面は平面と異なり、「表と裏」が決められない。アリがリボンの表面を出発して歩くと裏側になり、元の位置には帰れない。さらに歩くと表面になり、元の出発点に帰る。このリボンを中央で切り分けると、リボンの輪は2、3、4…と増え全部つながり、分けられない。編み物のようになる。縄にも、この「より」が入っており、細かく見ると、さまざまな面が入り乱れ、つながっている。全体に縄は強く柔軟になる。縄は不思議で多機能だろう。

縄文人とは?…全遺伝情報の解読成功:北海道の礼文島で、3800年前の縄文人の女性が発掘された。その臼歯から保存状況のよいDNAが取り出され、全遺伝情報が解読された(国立科学博物館、遺伝学研究所などの発表、2019年5月)。この発表によると、髪や皮膚は薄黒の茶色で、酒にも強い体質らしい。復元された像は、精悍で活力旺盛な風貌である。また解読された遺伝情報の約10%は日本人に、東西に広く引き継がれているとされる。

縄文から弥生時代へ:出雲の「妻木晩田遺跡は紀元前2世紀頃で日本最大級の弥生集落遺跡とされる。九州の「吉野ケ里遺跡」(2世紀)は弥生時代で集落の復元がある。「登呂遺跡」は弥生時代後期の水稲耕作遺跡で、住居などの復元がある。

吉野ケ里遺跡:九州の「吉野ヶ里遺跡」は有名である。2世紀ごろの弥生遺跡で、中国との交流も進展していたらしい。東西約400m、南北約1kmの大規模な環濠集落である。とり巻く環濠は深さ3m、幅6.5mもあるV字型。のべ数万人を必要とした大事業という。「高床倉庫」や「物見やぐら」が復元されている。「邪馬台国」の起源をめぐっては、この遺跡と奈良・まき向遺跡との間で論争が続いている。

東京の武蔵野「自然や古代遺跡」：東京湾に注ぐ神田川の水源は、武蔵野市の井の頭公園の池。武蔵野には湧水や池がかなりあり、玉川上水（国史跡）や千川上水も流れている。地下水脈が豊かで、武蔵野市の水道の約７割は現在も深井戸の水という。井の頭湖畔には、「石器時代・縄文時代・弥生時代」に続く遺跡がある。井の頭公園は緑豊かで、鳥や水生植物が多い。

井の頭自然文化園では水生昆虫の生態も展示されている。ミズグモは珍しい空気袋をつけ水中生活をする。リスの小道もある。ジブリの森美術館では、「となりのトトロ」「風の谷のナウシカ」など、長編アニメの主人公も交流する。諏訪クワガタ昆虫館は、国内外の約250種の標本がそろい壮観だ。井の頭公園は、西の小金井公園とともに、遺跡もある桜百選である。

武蔵野の「自然と公園」：井の頭公園は湧水、樹林や動物園など有名である。合せて周辺も「水と緑」の自然公園群だろう。武蔵野の北東、練馬区には武蔵関公園・石神井公園・善福寺公園などがある。これらも武蔵野の面影を残す緑豊かな公園である。石神井川沿いには桜並木も多い。武蔵関公園には自然林もあり、若葉や紅葉が輝く。中生代の生きた化石植物といわれるメタセコイアやラクショウの大木もある。

石神井公園は２つの池を中心に緑豊かな自然公園だ。三宝寺池の浮島、沼沢植物群落やスイレンは国天然記念物である。また鳥と水と木々は「音の風景」百選にも選ばれた。善福寺公園は湧水池を中心に木々や野鳥も多く渡り鳥も来る。武蔵野の北には、埼玉県境に多摩湖や狭山湖、西の山梨県境には奥多摩湖がある。

紫草は武蔵野の名草：ムラサキは花びら５枚の白い小花で、スミレやツユクサにも似た野草。背はかなり高く伸びる。この根で染められた紫は「江戸紫」とよばれた。乾燥させたものが生薬の紫根である。

国立天文台・神代植物園・深大寺：武蔵野市の南西には深い森に、国立天文台がある。1924年に創立で、天文観測と一般への普及が広く行われている。調布市の神代植物園は「東洋一の植物園」で、草木は四季折々に咲き誇る。バラ園には約200品種、5000本が咲く。メキシコ原産のダリアは約100種150株、直径20cmの大輪もある。

▶ムラサキ：各地の山野に自生する多年草。花は白色で小さい。根は紫色。薬草や染料として使われてきた。

大温室には食虫植物の大きな袋のウツボカズラ、宝石のヒスイに似た青碧色の花のヒスイカズラもある。熱帯雨林のマメ科植物である。池の端には南米の草原の巨大ススキ、パンパス・グラスがある。高さは約３m。お化けの雰囲気もある。最近の「絶滅危惧植物展」によると、日本の約7000種の野生植物の24％が絶滅危惧とされ、各地の植物園で共同保存しているらしい。この植物園の近くには深大寺がある。ここの白鴎佛「釈迦如来像」は国宝。深大寺蕎麦も有名である。

▶ バラ：四季バラとつるバラ。いばら科。園芸種は多種多様。

▶ ノイバラ：ツルバラで野山に広く見られる。

不思議な共生「ウツボカズラとアリ」：この食虫植物の壷には、蜜に誘われたアリが滑り落ちる。そして水に溺れ溶けて養分にされる。このカズラとアリの関係はさまざまで、ボルネオ島の熱帯雨林の場合、ウツボカズラは大小30数種いる。アリも大小あり、カズラとアリの共生関係もある。これは自然写真家が発見、テレビで報道された。それによると、アリは茎に穴を開け、巣を作り子育てもする。カズラの壷にはふたもある。植物の多様な進化とされる。日本の食虫植物には、モウセンゴケやイチモチソウなどがある。

▶ ウツボカズラ：インド原産の食虫植物。葉の先端がつぼ状になり、補虫。ビンになる。ウツボカヅラ科。

武蔵国分寺公園・万葉植物園：武蔵野市の西は西国分寺である。武蔵国分寺公園「お鷹の道・真姿の池湧水群」は名水百選に選ばれた。水の湧く貫井神社は水神様。市街地に残る希少な湧水群である。江戸時代は、徳川家の「お鷹場」（鷹狩りの森林）であった。国分寺跡（国史跡）には巨大な礎石があり、全国の国分寺で最大規模である。万葉植物園もあり「万葉集に詠まれた植物」ごとの説明がある。国分寺から南には、高幡不動尊や多摩動物公園がある。

多摩動物公園：上野動物園に次ぐ大きな動物園である。バスで見るライオン園もあるが、昆虫が多い。南米ペルーのハキリアリは、植物の葉を切り取り、それをかかげ、行列で運ぶ。この葉をかみ砕き、白いキノコを栽培して食料にするという。珍しいが、中南米では恐ろしい害虫である。日本では、ここしか見られない。この動物園は多摩丘陵地帯にあり、周りはクヌギ、ナラやササなどの雑木林が広がる。多摩動物園の虎「シズカ」は「アムールトラ」で、ネコ科最大の動物で、絶滅危惧種である。世界で約400頭という。

▶ 多摩動物公園のアムールトラ「シズカ」

古都の奈良・京都「平城京と平安京」へ：東京から遠く西に飛ぶ。奈良・京都は古都、昔は平城京と平安京である。ここは水が豊富で、近くに川が流れ、多くの池もある。古都の遺跡は多く、世界文化遺産にも登録されている。世界遺産は人類共通の財産で、国や民族を超えて守る「文化や自然」とされる。この奈良・京都の都の間には、大阪「水の都」があり、難波宮といわれた。巨大古墳「大山古墳」など、世界遺産に登録された。どこの文化遺産も水の支えがある。水は「いのちの源」であるが、同時に「文明の水」だろう。

奈良の都：大仏殿の東大寺、五重塔の興福寺や若草山、春日山や春日大社もある。猿沢池には鯉が泳ぎ舟も浮ぶ。西の平城宮跡、法隆寺の五重塔や金堂、最大の天平建築物や金堂のある唐招提寺、三重塔が夕日に浮ぶ薬師寺などがある。これらの仏教建造物、文化財や歴史的景観は世界文化遺産とされる。なお唐招提寺の金堂は唐の高僧・鑑真の建立。鑑真は、苦難の船出で盲目になりながらも、日本に渡り、仏教文化を広めた。遣唐使・安倍仲麻呂は、一便前で難破、帰れなかったとされる。

奈良・平城京の大極殿：復元(2010年)の図。平城京中央の最も重要な建物で天皇即位式などに使用された。大きさは東西44m、南北19.5m、高さ27mで、直径70cmの朱色の柱44本、屋根瓦9万7千枚が使われているという。

▶ 復元された大極殿

東大寺：大仏殿は修学旅行や観光客なども多い。奈良の都には鬼瓦も多く鬼、天狗や龍も善男・善女を歓迎する。東大寺の大仏は高さ約15m。当時の技術では最大の銅製品である。銅は貴金属であった。大仏鋳造には銅約500トン、錫や水銀も400 ～ 500kgが使われ、8段に分けて丁寧に鋳造とされる。合金や金を塗る技術、水銀も使われた。これは金を水銀に溶かして塗り、水銀を火で飛ばす方法である。しかし水銀の猛毒性が分かり、禁止された。

なお東大寺には、東西2つの七重塔があり、96mもあったとされる。これは平安時代に焼き討ちで、約400年で消えたらしい。大晦日に鳴る鐘「奈良太郎」は、日本三名鐘のひとつである。春日野の鹿と諸寺の鐘は、「音の風景」百選とされる。子規は「柿くへば鐘が鳴るなり法隆寺」と詠む。

▶ 東大寺大仏殿と大仏

東大寺の二月堂：1200年の「お水取り」の儀式が続けられ、声明の歌とともに古都に春が告げられる。直径１ｍもの松明を振り、回廊を走る「火の行法」がある。その火の粉が「おかげ（ご利益）」になるという。その後「若狭井の聖水」が汲まれる。この水は山陰の若狭湾近くの名水とつながるとされ、「お水送り」の儀式も行われる。若草山の草地では、新春をいろどる「山焼き」がある。この起源は、東大寺と興福寺・春日大社の境界争いという。「水取やこもりの僧の沓の音」（芭蕉）。

春日大社：春日山の原始林とともに、世界文化遺産である。大きな赤い神殿や本殿は、緑の森林に奥深い。太古の断層の高台にある。春日大社は、平城京の守護神で藤原氏の氏神とされる。広大な春日山原生林の中にあり、野生鹿は千頭以上いる。この大社の神様は、東方の鹿島神宮から迎えられ、乗った白鹿は神の使いとされる。春日山は、大鳥が翼を広げた風景。万葉集では、「春日なる羽易（はがい）の山ゆ佐保の内へ鳴き行くなるは誰呼子鳥」「夕されば小倉の山に伏す鹿し今夜は鳴かず寝（い）ねにけらしも」。人と鹿の共存は珍しいという。

法隆寺：約1300年前の建立で、世界最古の木造建築である。聖徳太子時代の法隆寺（若草伽藍）は落雷で全焼した。現在の塔は、その後間もなく建てられたという。この塔は高度の技術の「柔構造」で築造され、揺れを分散して地震にも強いとされる。また最近、付近から高熱で変色した最古の壁画片が出土して、法隆寺の焼失・再建説が裏付けられたという。

中宮寺：７世紀前半の創建で、聖徳太子の母が奉られている。本尊の菩薩半か思像（国宝）は「聖女」とよばれ、ほほには右手が添えられている。「静かさ、優しさ、品位の高さ」では古代彫刻で群を抜くとされる。クスノキ材で特殊な「木寄せ法」という。この菩薩像は、ダ・ビンチの女性像「モナリザ」、古代エジプトの女王と並んで「世界三大微笑」とされる。古代女王の微笑「スフインクス」はライオンやハゲワシも従う威力や魅力らしい。

飛鳥時代の弥勒菩薩像：京都・広隆寺蔵である。アカマツの一本造の漆仕上げで渡来仏という。中宮寺の弥勒菩薩像はクスノキ材で日本製とされる。

飛鳥寺：国内で最初につくられた本格寺院といわれる。そのあたりが古代飛鳥の中心とされる。本尊の釈迦如来は「飛鳥大仏」とよばれ、日本最古の仏像である。安倍文殊院は「三大文殊院」である。その金閣浮御堂は、歌でも有名だ。安倍仲麻呂は、遣唐使で唐に渡ったが、舟が難破して帰れなかった。その「望郷の歌」といわれる。「天の原ふりさけみれば春日なる三笠の山に出でし月かも」（安倍仲麻呂）。

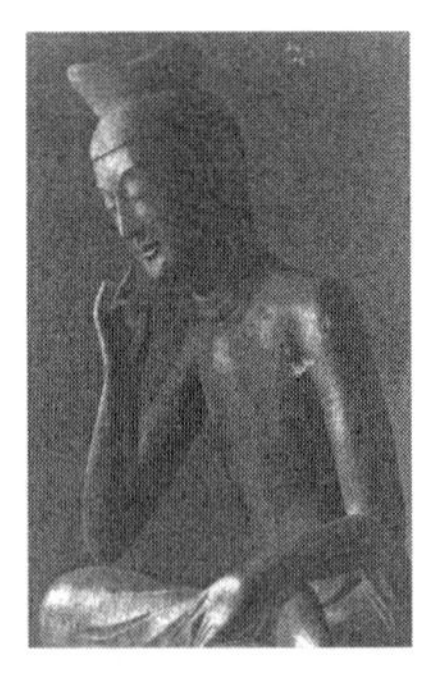

▶ 飛鳥時代の弥勒菩薩像：「世界三大微笑」といわれる。国宝。奈良・広隆寺蔵。

長谷寺：飛鳥時代の創建で、本堂は国宝である。高い石段や紅葉が有名である。奈良盆地には「大和三山」の畝傍山、天香久山、耳成山があり、飛鳥川や佐保川が流れる。春霞もただよい歌や絵や写真も多い。万葉集では、「うちのぼる佐保の川原の青柳は今は春べとなりにけるかも」(大伴坂上郎女)、「あをによし奈良の都にたなびける天の白雲見れど飽かぬかも」(作者不詳)、「久方の天の香具山この夕霞たなびく春立つらしも」(作者不詳) と、詠われている。

薬師寺：吉祥天画像は国宝である。吉祥天は、古代インド神話の「美と幸福の女神」とされる。三日月眉、ふっくらな頬、おちょぼ口、きらびやかな衣装、これらは天平の美人の象徴らしい。天平の古刹・岩船寺は、緑深い山あいにあり「紫陽花寺」とよばれる。朱色の三重塔が多彩な紫陽花に囲まれ浮び上る。

平城京「飛鳥遺跡」：水路や噴水装置のほか、鬼の雪隠、鬼のまな板、亀石、猿石、酒船石など、謎めいた石が多い。猿石は猿か仏像か分からない。明日香村の石神遺跡は、大庭園と噴水施設がある。水落遺跡は、日本最初の水時計「漏刻」の遺構である。『古事記』では、中大兄皇子が660年に作ったとされる。４世紀末の巣山古墳では、周濠の出島や水鳥親子の精巧な埴輪なども出土している。平城京には大きな浄水施設や雑排水用の下水道も造られた。

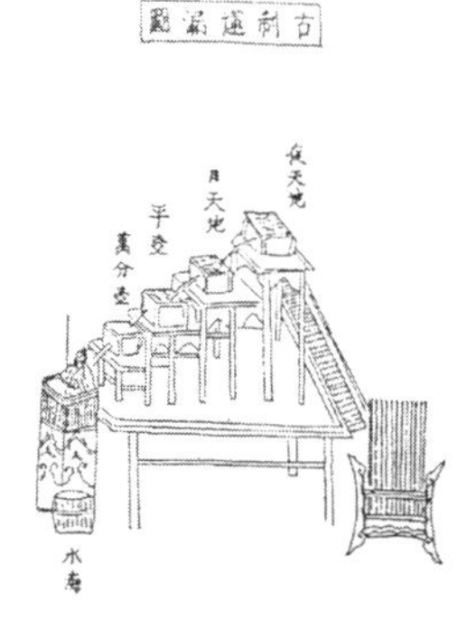

▶ 漏刻：水が一定の速度で重に貯まり、その水位から時刻を測る水時計。

高松塚古墳やキトラ古墳：明日香村は、飛鳥時代の政治文化の中心で、高松塚古墳や「飛鳥美人」のキトラ古墳もある。極彩色の壁画「飛鳥美人」「獣頭人身像」「満天の星座」などが有名だ(国宝、2019年)。この星座の配置は、朝鮮や中国の高句麗古墳群あたりで見えるらしい。文化伝来のルーツをあらわす。７～８世紀の円墳である。この古墳群は、2004年に、世界遺産に登録された。

明日香村には、棚田百選の稲渕の棚田もある。なだらかで飛鳥川が流れる。春は菜の花、秋は彼岸花が満開、黄金の稲穂には案山子(かかし)も勢ぞろい。懐かしの顔「へのへのもへの(じ)」も伝統的に人気らしい。飛鳥美人の衣装の紫は、「古代草木染技術」で再現されたという。

飛鳥のピラミッド形古墳：奈良・明日香村の都塚古墳(６世紀後半)は、石の階段でピラミッド形の大型古墳である。朝鮮の高麗時代の古墳に似て、渡来の蘇我稲目、大和朝廷の実力者の墓ともいう。石舞台古墳は息子の蘇我馬子の墓、５m四方の巨石も座る。馬子は飛鳥寺を建立とされ、法隆寺を建てた聖徳太子とも血縁関係らしい。10トン以上の巨石像、噴水、建物や墓があり、明日香に「石の都」「巨石文明」があったとされる。さらに7世期の小山田遺跡では、石舞台古墳を上回る発見(2015年、橿原考古研)があった。その後、飛鳥期最大級の古墳と分かり「小山田古墳」と命名された。7世紀中頃の築造、一辺約70mという。

箸墓(はしはか)古墳：纏向古墳とともに飛鳥の北の古墳。これらは3世紀前半の巨大集落跡で、九州の吉野ヶ里遺跡とともに邪馬台国(ヤマタイコク)の候補地とされる。また箸墓古墳は、邪馬台国の女王卑弥呼(247年頃に死去)の墓ともいわれる。頂上部分は、「こぶし大」の石を積み重ねた特別の構造になっている。2013年、歴史の学協会に立入り調査が、一部許可された。

▶ 箸墓(はしはか)古墳

纏向(まきむく)古墳：3世紀最大の建物跡が発見され、邪馬台国の中軸施設ともいわれる。国史跡。2007年、纏向遺跡で、日本最古の木製仮面が出土し一般に報道された。仮面はアカカシで、農耕の鍬(くわ)の刃の転用という。柄の入る丸い穴が口、柄の支えが鼻、その上に目が彫られている。これが土器や鎌とともに共同井戸跡から発見された。この仮面は、農耕儀礼や鬼追いの起源との見方もあるらしい。この遺跡では、ベニバナの花粉も多数確認されている。これは高貴な赤の染料で染色工房の可能性もあるという。

纏向古墳の「海の幸」「山の幸」：最近(2011年)、大量の「海の幸」「山の幸」が発掘された。魚は、マダイ、アジ、サバ、イワシやコイ、動物はシカ、イノシシやカモ、植物はイネ、アワ、ウリ、ヒョウタン、アサやモモ2000個以上である。桃は古来神聖な果物とされ、祭祀の「供え物」の可能性が高いとされる。文化には、「山と海の幸」が大切なのだ。ここの桃の種では、放射性炭素年代測定によると、135～230年という(纏向研究紀要)。これは卑弥呼の君臨した時代の可能性が高いとされる。

大阪は「水の都」―「巨大古墳・難波宮・万葉遺跡」大山古墳：古代、大阪は「難波宮」の都であった。歴史と文化では、古い奈良の諸遺跡とつながり発展した。大山古墳は、エジプトのピラミッド、中国の始皇帝陵とともに、「世界三大墳墓」である。高度の土盛りと「水と粘土」の技術で造成された。仁徳天皇陵ともいわれるが、調査がほとんどなく、解明は将来に残されている。

この古墳は、大阪市と隣接する堺市にあり、ここは、古墳群の歴史と文化、また緑豊かな公園の町である。同時に、昔から刃物など(古墳造りのカマやノミ)の伝統工芸品、近現代の自転車も含め、貿易・交流・自主の町とされる。茶道の千利休や歌人の与謝野晶子の生誕地で記念館もある。なお大山古墳などは、2019年に、世界文化遺産に登録された。この古墳群は、百舌鳥古墳群（境市）と古市古墳群（羽曳野、藤井寺市）の古墳計49基で構成される。

大山古墳や百舌鳥古墳群…土盛りの「世界最大の墓」：大阪湾岸や川に沿って、大山古墳や応神陵をはじめ百舌鳥古墳群がある。大山古墳は５世紀ごろ築造の前方後円墳である。大きさは世界一の墓で、長さ486m、幅305m、後円の高さ35m、３重の掘に囲まれ周囲は約４km。この築造には、のべ700万人が動員されたといわれている。大山古墳は、盛り土の「世界最大の墓」で、崩れないのは驚異的とされる。

まず沈下しない基盤が整備されている。軟弱な表土を除き、砂利を敷いて突き固める。次に焼き土や灰、木炭、粘土などを混ぜた層を作る。さらに硬い砂利とともに粘着力を持ち、水に溶けにくい層も作る。これら「盛り土の技術」は、中国から朝鮮を通り日本に伝来という。その後、この技術は農地開発や土木工事、つまり水田・溜池・堤防造りなどで生かされた。

▶ 大山古墳

「万葉仮名文」の発見：難波宮跡では、最近７世紀半ばの木簡が発掘され、最古の「万葉仮名文」が発見された。大阪市の教育委員会や文化財協会は、「日本語表記や和歌の歴史に画期的な資料」という。万葉仮名は７世紀末ごろ、柿本人麻呂が完成とする説にも、再考を要するらしい。万葉仮名は、漢字１字を日本語の１音にあてた文字で、『万葉集』で使われた。木簡には、墨で「皮留久佐乃…」とあり、「はるくさ（春草）のはじめのとし」の可能性が高いとされる。時期は大化の改新後、飛鳥京から都を移し、難波宮が完成（652年）した、その直前らしい。

大阪は「水の都」—「大阪城・水上の天神祭」：昔から大阪は、「水の都」。淀川、寝屋川や大和川があり、さらに分かれ大阪湾に入る。７世紀には「難波宮」も作られた。大阪城は豊臣秀吉の築城で、巨大な石垣や内堀・外堀などでも有名である。天守閣、大手門や桜門など、国の重要文化財は多い。大阪は貿易や商業で栄えて、「奈良の都」とつながる「水の都」とされる。

現在も天神祭は、長い伝統となっている。船渡御「水上祭り」が賑わい、花火が夜空を彩る。船渡御は提灯やのぼりに飾られ約100隻の大船団だ。神様を乗せ、世界文化遺産の「歌舞伎船」「文楽船」も続く。「なにわのクルーズ」では、歴史や橋巡りを行う。中之島の難波橋から天神橋、天満橋、道頓堀橋や大黒橋などを回り、市役所や美術館、科学館、大阪城、難波宮跡、歴史博物館、文楽劇場や歌舞伎座などを望む。

大阪城：豊臣秀吉は、天下統一を果し、城を築いた。この天守閣は、金箔、瓦ぶきの５層で、大城郭だったとされる。しかし、大阪「冬の陣・夏の陣」で、徳川家康に破れ焼失した。現在の城は、豊臣時代の基礎の上に、徳川幕府が築いた遺構である。さらに天守閣は、1931年大阪市民の寄付金で再興、現在の天守閣は三代目とされる。巨石の迫力と美しい石垣は、昔からの威容がある。正面の「蛸石」は、表面約60㎡あり、城内最大の石で、100トンを超える。これら巨石群は瀬戸内海の島々から切り出された良質の花崗岩という。この巨石の運搬は「水の浮力」で水運だろう。

大型水族館「海遊館」「ジンベイザメやマンボウ」：大阪湾沿岸にあり、約580種の生きものを展示、年間200万人余が訪れるという。海の大物、５ｍを超すジンベイザメ「遊ちゃん」やマンボウなどが人気者である。マンボウは世界の暖海に生息、大きな体で、尾びれがない。泳ぎは遊々でユーモラス。頭だけのように見え、英語は「Head Fish」。マンボウはフグの仲間だが、生態ははっきりしないようだ。

最近測定器をつけた研究では、普通の魚なみの速さで、深海でクラゲなどを食べるという。泳ぎ方は、上下の大きなヒレを同方向に動かす。ペンギン同様という。なお水槽は深さ９ｍ、横幅34ｍ、水量5400トンで世界最大級、透明で強固なアクリル樹脂でできている。日本には水族館が100ぐらいある。

▶ジンベイザメとマンボウ

大阪「水と生態系」：大阪の水は、淀川に依存している。この水系には、三川が合流している。まず琵琶湖から瀬田川を通り宇治川が流れる。西側から桂川、東側から木津川。この三川が合流して、淀川になる。ここを下るとヨシの群生地があり、野鳥など動植物の休息地になっている。大きな口で鳴くヨシキリや、長細いくちばしのシギなどの渡り鳥がいる。川魚も多い。淀川は大阪湾に注ぎ、瀬戸内海に広がる。古代、平安や江戸時代から、大阪は、海運や海外貿易など、文化と産業発展の中心で栄えた。しかし高度成長期のコンビナート建設、埋め立てで、自然の海岸は失われた。

千年の「京の都」：京の都は飛鳥の都から、水の都の難波宮の歴史や伝統も受け継いだ、新しい都だろう。「千年の都」「平安の都」である。千年も続いた都は、世界でも珍しいとされる。京都の文化財は、世界遺産が多い。

近年の研究では、京都盆地には琵琶湖ほどの水量の地下水脈があり、広大な岩盤に支えられているとされる。平安京は、この「巨大な水がめ」の上で、「水と緑」によって豊かに栄えた。奈良、大阪から京都に遷都の間は、京都西南の長岡京が都だった。ここも、地下水が豊富とされる。なお、都の比叡山はウグイスの名所とされる。平安遷都の794年を「鳴くよウグイス平安京」と覚えるという。

都を支えた「豊かな水」：「千年の都」の暮らし・文化・産業には、それなりの豊かな水がある。茶の湯や和菓子、豆腐に酒や京野菜などは、すべて良質な地下水の存在によるとされる。西陣織など絹の染物や和紙にも、洗浄に良質の水が必要である。「みたらし団子」の元祖も下賀茂神社の「水玉」という。大原では多種類の京野菜で朝市もある。古代から現代まで、世界の文化・文明は、「豊かな水」とともに発展してきたのであろう。

京都盆地の「山々と川」：大文字山、比叡山、貴船山、鞍馬山、愛宕山や高雄山などが囲んでいる。川は、加茂川、宇治川、保津川・嵐山や桂川などがあり、それぞれ名所や旧跡が多い。加茂川の上流には上賀茂神社と下鴨神社がある。遷都以前の創建で、約2000年の歴史とある。ここの「葵祭」は有名で、毎年賑っている。

上賀茂神社と下賀茂神社：上賀茂神社は大自然の神、賀茂別雷神が祭神。下賀茂神社はその親神が祭られ、賀茂御祖神社ともいわれる。『古事記』や日本書紀にも出る。「蹴鞠はじめ」も、中国・殷時代の雨乞い神事が起源とされ、平安時代に宮中の遊戯として流行したという。「アリ」「ヤア」「オウ」の気合やかけ声もある。どちらの神社も水と関係の深い神社で、世界文化遺産とされる。さらに山奥、鞍馬山の北、貴船川も清流である。貴船神社にも「水の神」が祭られ、1600年の歴史という。貴船山から「御神水」が湧き出す。夏には、川の上に「川床」も敷かれ、暑い京都の避暑地とされる。

葵祭は「水の祭」：平安装束の行列が、藤の花を飾った牛車（御所車）とともに京都御苑・御所を出発し都大路を練り歩く。牛車の引綱は牛童が持ち、斎王代の回りは童女が囲み女人列が続く。装束は、白・緋・黄・若草・紺や紫色の衣装、葵を飾った黒の烏帽子などである。この優雅な平安絵巻のような行列が、ゆったりと都大路を進み、下鴨神社へと向う。葵祭は「水乞い」「五穀豊穣」を祈る日本一古い祭とされる。６世紀中頃、凶作による飢饉・疫病が都を襲い、その頃はじまった祭らしい。

▶ 葵祭（京都）の行列

京都の葵祭の行列：写真は「日本の祭り」(2004年、「週刊朝日」百科)より。

平安初期の創建「東寺・清水寺・延暦寺」「八坂神社と祇園祭」「平安神宮と鬼退治」：東寺の五重塔は、現存する仏塔の中で最高で54.8m。真言密教につながる多くの仏像が収められている。東海道新幹線の南側によく見える。清水寺では、本堂と「清水の舞台」は江戸時代初期の再建である。舞台は、崖から突き出た「懸造り」の構造になっている。これは直径約1mもの柱150本で支えられるという。

▶ 清水寺

清水寺からは、京の都の景色がよく見える。「音羽の滝」では崖から清水が落ちる。京の都は水に恵まれ、この高所にも水圧で押し上げられているのであろう。本堂と突き出た「清水の舞台」もあり京都を広く見渡せる。秋はモミジ約千本の紅葉になる。修学旅行や観光客も多い。

修学旅行生も、ひしゃくで飲んでいる。参拝道には伝統の「清水焼」」も並ぶ。

春には、あたりは桜でかすむ。北を望むと丸山公園がある。この夜桜と祇園の枝垂れ桜は京の代表とされる。近くの八坂神社は、疫病や怨霊鎮めの祇園祭のはじまる神社とされる。

知恩院と南禅寺：清水寺の北には大鐘や山門の禅寺、知恩院や南禅寺がある。南禅寺の方丈庭園は「虎の子渡しの庭」とされ、襖絵には狩野探幽の「水呑みの虎」が描かれている。教科書にも載った。歌舞伎では、大盗賊の石川五右衛門も、「山門」で、桜に見とれるのみであった。名セリフの「絶景かな絶景かな」には、観客も共感だろう。なお智恩院の大鐘の話は**第5話**。

▶ 比叡山延暦寺：世界遺産

比叡山延暦寺：最澄の開いた天台宗の総本山である。根本中堂は、世界文化遺産の大伽藍。鬱蒼と茂る老杉に囲まれている。比叡山は水豊かな琵琶湖につながる。

▶ 大文字山

琵琶湖疏水「水路閣」：南禅寺には、赤レンガの橋「水路閣」がある。これは琵琶湖畔の大津から京都へ引いた琵琶湖疏水である。疏水の竣工は1890年、約31km。蹴上浄水場から水路閣や疏水記念館前まで、本線水路沿いには「インクライン（傾斜鉄道）」がある。この区間は急傾斜で、昔は船を台車で運んだとされる。疏水分路は北の銀閣寺の方に流れ、「哲学の道」と並んでいる。哲学者・西田幾多郎の散歩道といわれた。道百選で桜も多い。秋は紅葉が美しい。永観堂は「紅葉の名所」で、3000本という。

▶ 琵琶湖流水のインクライン：南禅寺水路閣は国史跡。

平安神宮「時代祭と節分祭」：知恩院や南禅寺の北には平安神宮がある。ここには、「時代祭」の平安絵巻や日本最古の節分の復元もある。節分祭は、四方の「悪魔ばらい」「赤・青・黒・黄」の「鬼退治」である。中国からの移入で、平安時代の「疫病払い」の宮廷行事にはじまる。

豆まき行事は中世で合体したらしい。節分祭では、黄金の四つ目、鬼、おかめ、薬草のおけら火、たいまつ、能・狂言、舞踊や弓など、芸能も集められ、無病息災や吉兆が祈願される。疫神には「荒ぶることなく山川の清き地に鎮まります」ように祈る。また節分の主役の鬼は「悪鬼と良鬼」の両面性があるという。節分祭は、吉田神社、壬生寺、伏見稲荷、下鴨神社、北野天満宮などで広く行われ、春を迎える。

伏見稲荷大社：「千本鳥居」の道など、不思議な神社である。朱色は魔よけ。歴史は千年以上らしいが、鳥居は江戸時代から寄進で増え万を超えるという。稲荷山は標高230m、京都市を一望できる。頂上には、「稲荷大神」「山の神」が祭られる。清水寺と同様に、高所の滝は貴重、豊富な地下水だろう。稲荷神社は「商売繁盛」で知られるが、もとは「五穀豊穣」「無病息災」の農業と健康の神社である。「稲荷」を担い庶民に身近とされてきた。東京にも東伏見の稲荷神社があり、全国に多い。狐がくわえるのは金色の稲穂で、五穀豊穣を運ぶとされる。その後、玉や鍵もくわえ宝を守るとされる。昔は「化かす狐」に用心したが、「狐寿司」「五穀豊穣」には、人も狐も喜ぶだろう。

平安の王朝文化「醍醐寺・仁和寺・平等院」：桜の有名な醍醐寺、五重塔・紫宸殿の仁和寺、宇治川のほとりの平等院・鳳凰堂、その鎮守の宇治上神社などがある。水に映る鳳凰堂は「極楽の宮殿」といわれ、阿弥陀如来坐像は国宝である。10円銅貨と１万円札には「鳳凰堂と鳳凰像」がある。池の水はもと、扇状地の伏流水の湧水という。茶畑の多くも扇状地が利用されるらしい。水が流れ、砂地で水はけもよい。宇治には江戸時代の万福寺ある。隠元禅師が開いた中国風禅寺で、龍や十八羅漢像が祭られ獅子舞もある。中国からインゲン豆も伝来した。

宇治川のほとり「多様な文化」：宇治橋を渡ると平等院の表参道になる。まず、紫式部のお迎えに驚く。すぐに世界遺産の平等院に出くわす。近隣にあがた神社、山本宣治（山宣）の墓や顕彰記念碑、「山宣」資料館や旅館「花やしき浮船園」などが続く。「山宣」は、この旅館の若主人、生物学者で産児調節運動や労働者・農民教育運動の先駆者である。また、労農党の代議士で、侵略戦争と治安維持法に反対を貫いた。

「３・15」事件（1928年）では、治安維持法での多数検挙にたいして、国会で徹底糾弾した。この翌年、右翼団体員に刺殺された。墓碑には、「山宣」の演説を引用した「山宣ひとり孤塁を守る…」の碑文がある。これは、山本薩夫監督の映画「武器なき戦い」にも掲げられた。朝霧橋を渡って、対岸には、世界文化遺産の宇治上神社、源氏物語ミュージアムもある。宇治茶や鵜飼いは、昔から有名だ。

宇治川の絶景と文化：1950年代には、川の流れに勢いがあり「モクモク」と水が湧き上った。特に宇治橋から上流の眺めは絶景とされる。万葉集の歌もある。このほとりの世界文化遺産の平等院、宇治上神社や宇治神社、宇治川と水車の伝統などは**6-1**。

平安から鎌倉・室町時代：禅宗寺院の金閣寺、銀閣寺や龍安寺、また特別名勝庭園の西芳寺（苔寺）や天竜寺も造られた。桃山文化では浄土真宗総本山の西本願寺、その東には、東本願寺も誕生。二条城は、将軍の上洛時の城郭で、江戸時代に造られた。これら文化財は世界遺産になっている。龍安寺には、白砂と自然石の石庭がある。この庭の石はどの方向から見ても、ひとつ隠れる配置になっている。「虎の子渡しの庭」ともよばれ、虎の親子が大河を渡る様子ともいわれる。

金閣寺：鎌倉・室町時代の寺院。金色の建物が水にも浮かび、木々の緑、紅葉も映る。修学旅行や観光の名所。

▶ 金閣寺

都の北東「銀閣寺・詩仙堂・修学院離宮・大原三千院」：銀閣寺には白砂と円錐形の砂山がある。富士山のようにも見える。庭にも砂に波模様がある。銀閣寺の北には江戸時代初期の詩仙堂がある。ここには、狩野探幽筆の中国詩仙36人の肖像、柿本人麻呂などの歌聖が集う。庭も四季折々。「鹿おどし」も「カタン」と音を出す。これは、竹筒に水を引き、水の重みで反転させ石を打つ。もとは鳥獣のおどしだが、風流の庭では、詩歌に生気を入れる音らしい。

比叡山の西麓には修学院離宮がある。広い庭園には茶屋、池や橋もある。灯篭は多いが、同じ形はないという。自然と建物が一体化し、水に木々の深み、音や色が「ユラユラ」と映される。さらに北、鞍馬山の北東は、大原のしば漬けの里、大原三千院や寂光院がある。

銀閣寺：白砂の波模様や円錐状の砂山もあり、富士山の風景にも似る。銀閣寺は「山水の世界」「わびやさび」の世界に誘うといわれる。銀閣は、金閣と並び有名。

▶ 銀閣寺

都の南西「桂離宮・長岡京跡・苔寺」「嵐山・小倉山・高雄山」：桂川の周りには桂離宮や長岡京遺跡、長岡天満宮もある。長岡京は平安京の前（784～794年）の都で、遺跡は向日市にある。桂離宮は『源氏物語』の世界に憧れて作られた別荘とされる。苔寺のコケは年月と水で育ち、潔い美とわび・さびの精神という。嵐山・渡月橋は渓谷美で有名で桜百選、大堰川や保津川の川下りもある。

平安貴族は、この山紫水明の地で、舟遊びを楽しんだらしい。また嵯峨野・小倉山は、藤原定家「小倉百人一首」の発祥地とされる。高雄山は、昔から紅葉の名所で鹿も鳴く。なお、宇治川や大堰川では、伝統漁法の鵜飼がある。黒装束、鮮やかな手さばき。鵜飼は長良川、筑後川や木曽川にもある。

嵐山の渡月橋：宇治川にかかる橋。平安時代からの橋で、若葉や紅葉、渓谷美の観光名所。昔は都に建築の丸木を運送する「いかだ」が盛況だったという。最近では、2013年９月、台風18号が襲い、桂川が氾濫、渡月橋も呑まれ、旅館の観光客もボートで避難の大災害となった。その後も異常気象、暴風雨は毎年のように続き、日常的対策と暴風雨への備えも必要になった。

▶ 嵐山・渡月橋

2-3　タレスの感動、芽吹く種、歌うカエル…万物の根源、形や数の探求

自然は時とともに絶えず変化する。特に、日本の四季は多彩である。自然は「万物流転」で容易には分からない。万物とは天気・天候を含め、自然や環境全体のことである。「森羅万象」ともいわれる。この根源が何か知ると、未来も分かり易くなる。人間は身近な「衣・食・住」や「生命と健康」から関心を広げたに違いない。昔の人は「万物の根源」を、どう考えたか？　これは太古から探究された。

古代インド：宇宙は五元素（空・風・火・水・地）から成ると考えられた。つまり

「空虚」から「風」が、「風」から「火」が、「火」から「水」が、そして「水」から「大地」が生じたとされた。この五元素の大切さは、今でも五感でよく分かる。これらのどれが欠けても、人間生活は成り立たない。仏教の供養「五輪塔」にも五元素の輪が積まれ、それぞれの意味が刻まれているらしい。

五元素の「空」「ゼロ」「真空」とは？：つかみにくいが無視はできない。古代インドでは数学の「ゼロの発見」があったとされる。これも「空」の一種だろう。この「０」を、勝手に消すと大変。数の位取り、お金の計算も大混乱。100円と1000円も区別が難しい。漢字でも「空」がつく語は多い。空、空気、空中、空白、真空、空間、時空、空転、空疎、空虚、虚空、空想、空理、空論、空言、空腹…。仏典『般若心経』でも「空即是色」「色即是空」「空不異色」「色不異空」と、「空や色」が延々と繰り返される。現代科学も「真空」を「何もない空間」とはいわない。宇宙のはじまり、万物が現れる。

ギリシャは「科学のルーツ」：ギリシャは、ヨーロッパ近代文明のルーツとされる。多くの神話や彫刻、アクロポリス遺跡やパルテノン神殿もある。近代オリンピックも、この地で出発した。ギリシャは近代文明の源流で、文化が多分野に広がった。特に科学では、多くの哲学者が出て、活発に自然（哲学）を論じている。この古代ギリシャでは「万物の根源」をどう考えたか？ インドと同様、まずは五感で分かる所から出発しただろう。

タレス「万物の根源は水」：紀元前７世紀、古代ギリシャの自然哲学者タレスは、水を「万物の根源」と考えたとされる。彼はもと商人で、エジプト旅行の間に幾何学や天文学を学んだ。また季節でめぐるナイル川の氾濫、肥沃な大地の形成、生きものの活動を見聞したとされる。ナイル川の水が増え、水と温度に恵まれると、種子はいっせいに芽を出す。昆虫やカエルも大声で鳴きだす。

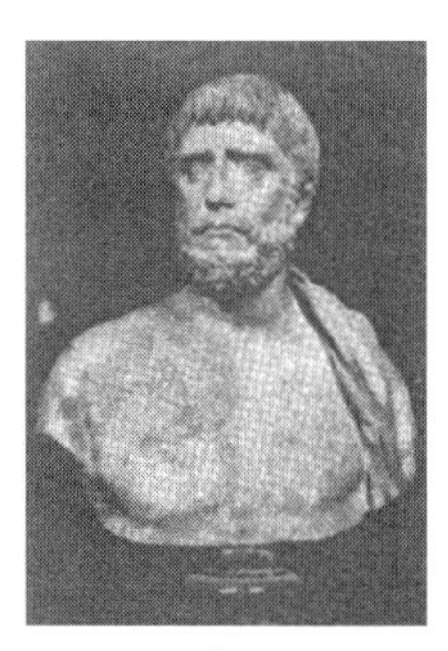

▶ タレス：「科学と自然哲学の元祖」といわれる。水を「万物の根源」とした。天文学、幾何学や自然に詳しい。また「汝自身を知れ」と説いたとされる。

タレスはこの「生命の息吹」に深く感動「万物は水から発生し水にかえる」と結論したとされる。この「生命の息吹」には、現在も感動だろう。特に水は生命と一体、生命に不可欠。万物を潤し、影響は「森羅万象」におよぶ。また自然での交流・共生で情報源にもなっている。

タレス「自然科学の先駆け」「科学と哲学」の元祖：彼はピラミッドの高さも計算してエジプト人を驚かせた。棒を垂直に立て、陰の比較で求めたという。つまり相似三角形の性質の利用である。また幾何学では「二等辺三角形の底角は等しい」「半円に内接する三角形は直角三角形」(タレスの定理)も証明した。さらに幾何学や天文学の知識を応用「日食」の予言で有名になったという。また「汝自身を知れ」と説いたともいわれる。

これらの実績から、タレスは「数学の祖」「自然科学の先駆け」「科学と哲学の元祖」とされている。太古にピラミッドや地球の大きさも計算したのである。数学は不思議な威力を持つ。昔は大天才「科学の元祖」しかできない計算が、現代では数学で中学・高校生にも可能だろう。これらの数学は中学・高校で学んでおり、その数学を使うとピラミッドや地球の大きさも計算できるのである。

ピタゴラス「自然は数で成り立つ」「万物の根源」：
紀元前６世紀のピタゴラスは、自然と数学を結びつけ「万物は数なり」とし、特に「整数」を愛したという。整数は指折り数えられる自然数「１、２、３…」である。弦楽器では弦の長さが整数比の時、音が調和する。円や球、各種の正多面体にも調和がある。球に似た正十二面体と正二十面体は、ピタゴラスがはじめて作図したとされる。

▶ ピタゴラス：宇宙は「数の調和」で成り立つとした。つまり、自然は整数「1,2,3...」の加減・乗除などで、整然と調和して表せると考えたのだ。「星型五角形」はピタゴラス学派の紋章。周りの５文字をつなぐと「健康」の意味とされる。

数は五感では分かり難い。しかし、周囲の物体の比較などで、数量もしだいに理解されただろう。星型五角形は、ピタゴラス学派のシンボルである。この先端の文字をつなぐと「健康」の意味という。またこの形は「黄金比(ほぼ１：1.6)」を含み、星型五角形が渦巻になり、無限に生まれる。数は「健康や美」とも関係があるだろう。黄金比で分割の美しい形は**第23話**。人間には「生命と健康と美しさ」が大切になる。

▶ 五芒星：互いに交差する、長さの等しい５本の線から構成される形で星型正多角形の一種である。

「ピタゴラスの定理」：
この定理は測量など、科学や技術で身近に使われ、宇宙でも通用する。この定理とともに、無限に続く「無理数」も出現した。この定理の証明は多数あり、子どもにも分かる「図形と算数」の方法もある。これは、直角三角形と正方形で面積の足し算だけだ。単純な証明で「化かされた」

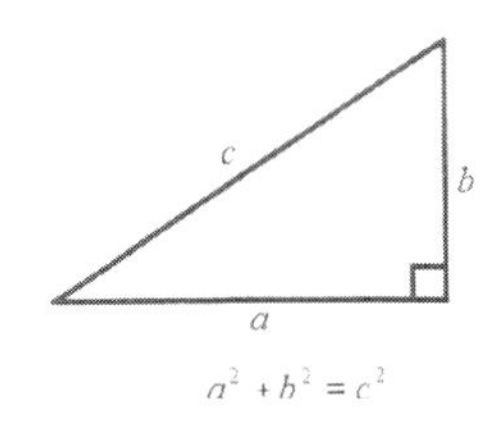

▶ 直角三角形の「ピタゴラスの定理」：距離や土地測定などでも便利に使われてきた。しかし調和した形「正方形や直角三角形」から「不調和の無理数」が出現した。無理数は無限に続き、整数の加減乗除では表せないのだ。星型の紋章にも無理数が入っていた。美しい紋章や「整数の壷にも、難解な「魔物」がいたらしい。

感じもするが、正確であるだろう。それに、この定理は広く通用して、魔法や忍術より使い易い。まず気楽に使って見る。三角定規には、直角三角形や無理数も表されている。

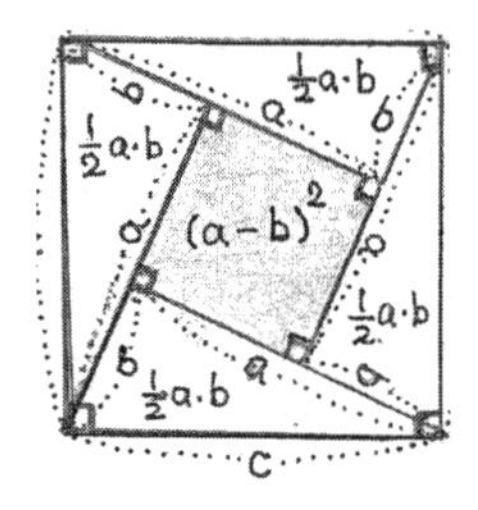

▶ピタゴラスの定理の証明例：全体の正方形の面積(C^2) ＝４つの三角形の面積（４×½a・b）＋内側の正方形の面積 $(a-b)^2 = a^2 + b^2$（証明おわり）

ピタゴラスの定理「簡単な証明」：直角三角形（直角をはさむ２辺の長さはａとｂ、斜辺はｃとする。この三角形を、図のように４個密着して並べると、正方形ができる。この面積を計算すると、ただちに「ピタゴラスの定理」が出る。計算は、正方形全体の面積(c^2)＝三角形４つの三角形$(4 \times ab/2 = 2ab)$＋内部の正方形〔$(a-b)^2 = a^2 - 2ab + b^2$〕$= a^2 + b^2$。つまり計算結果は、$c^2 = a^2 + b^2$（ピタゴラスの定理）になる。証明終り。大定理の簡単な証明で、狐に化かされた気分にもなるが、算数を使っただけなので、まず間違いはない。

無理数の出現：ピタゴラスの定理は「直角三角形の短い二辺の二乗の和は斜辺の二乗に等しい」という内容である。２回の掛け算と足し算だけの単純な定理で、証明法も多い。現代ではよく使われる。他方で、この定理から奇妙な「無理数」が発見された。これは整数では割り切れずに無限に続く数で、一生かけても数え切れない。

例えば、辺の長さが１の正方形では、対角線の長さは無理数$\sqrt{2}$、つまり二乗して２になる数である。$\sqrt{2} = 1.41421356\cdots$「ヒトヨヒトヨニヒトミゴロ…」と無限に続く。三角定規は直角三角形で測定の大切な道具だが、そこには無理数の$\sqrt{2}$のほか、$\sqrt{3} = 1.7320508\cdots$「ヒトナミニオゴレヤ…」も潜む。また富士山では、$\sqrt{5} = 2.2360679\cdots$「フジサンロクオームナク…」ともいわれる。

数は多様、無理数は恐ろしい!?：ピタゴラスの定理は調和に見えるが、整数では整理できない無理数が出た。ピタゴラス学派は「調和」を信じていて、無理数を恐れ秘密にしたとされる。自然数には「１、２、３…」で数えられる整数があり、またその比で表される有理数がある。これらは算数で実際に計算できる実数である。そのほかに無理数も無限に出てきた。

この無理数は整理しようにも、何日かけても数え切れない。深淵の恐ろしさかも知れない。

さらに数学が100年、1000年発展すると「虚数」も出てきた。代数方程式つまりX、X^2やX^3などの連なる数式を解くと、実

▶円周率「π」の出現：πは無限に続く無理数・超越数である。身近な円や球から、さらにはミクロの量子の世界、巨大な宇宙まで至る所に現れる。万物の根源に関わる不思議な数らしい。１億ケタをこえて計算されている。３月14日は「円周率の日」「数学の日」ともよばれる。

数でない虚数の解も出た。現在では、高校の数学で出合う数である。虚数は五感で確められないので難しいが、大切な数とされる。また円周率：$\pi = 3.14159\cdots$は代数式の解ではなく「超越数」とよばれている。数の不思議は現代へと続いている。

各種の「万物の根源」（ヘラクレイトス・アナクシメネス・クセノファネス）：ヘラクレイトスは紀元前６世紀の人。人間と世界の激しい変動に着目し「火」を根源」として「万物の流転」を説いたとされる。万物の対立や変化、生成と消滅は絶えない。それを「火の流転」と説くのである。またアナクシメネスは「空気を根源」とした。見えないが、何か奥に存在するだろう。クセノファネスは「土を根源」と考えたとされる。見えない空気も天気や天候、生活の基本に関わる。土は「母なる大地」ともいわれてきた。植物が育ち実もなる。土は不動の根源、その価値や内容を持つだろう。どれも万物の根源にふさわしい。

デモクリトス「古代の原子論」「泣き笑う」哲学者たち：「万物の根源」では、紀元前４～５世紀のデモクリトスは、それ以上分割できない「微粒子（原子）」を仮定した。それらが分離・結合で配列を変え、万物の「生成・消滅・変化」が起こるとした。例えば、活発に運動する「霊魂の原子」は丸く、「スベスベ」、肉体にみなぎり生命の働きを起すという。これは「古代の原子論」といわれ、近代に実体的な原子論に発展した。なお、ヘラクレイトスとデモクリトスは、それぞれ「泣く哲学者」「笑う哲学者」とよばれたという。哲学者も、日常生活の「喜怒哀楽」の中で根源を探究したらしい。

自然の基本四元素「空・火・水・土」：ギリシャは、内乱や腐敗を経たが。その中で紀元前４世紀にはアリストテレスが活躍した。彼は、「真・善・美」「理性」を説く哲学者プラトンの弟子で、数百の著作を残したという。その中では、「自然」そのものを扱う部分と、「認識や論理」を分け、論理では「形式論理」を重視して、感知できない「原子」を否定した。

自然そのものでは、「経験」を重視、特に生きものの分類を詳細に行い、「火・空気・水・土」を基本に「四元素説」を立てた。そして、神は自然を動かす原理であるとみなした。この説は、キリスト教と結びついて、超越した神が人間や世界を創造したとみなす世界観につながった。中世ヨーロッパを支配、他の説は異端として禁止された。新しい自然観や近代科学が起ったのは、イタリア・ルネサンスの「文芸復興」以降のことになる。ダ・ビンチやパスカル、そして特にガリレオが現れ、活躍した。

「四元素」「図形と立体」：哲学者プラトンには、正多角形の研究もある。平面図形で見ると、正三角形・正方形・正五角形・正六角形…と正多角形は無数に続き、円に近くなる。三次元の立体になると制限がでて、正四面体・立方体・正八面体・正十二面体・正二十面体などになる。この正多角形は「プラトン立体」といわれる。これらの図形や立体は現在もよく使われるが、ギリシャ人も発見していた。そしてプラトンは「正四面体＝火」「立方体＝土」「正八面体＝空気」「正二十面体＝水」と考えたという。また正十二面体は、仮想的な「エーテル」である。天空も含め、数と世界の調和が追求され、「物・数・形」は、どれも重要とみなされる。

調和の「プラトン立体」：プラトンは「調和」や「真・善・美」を重視し、正多面体を自然の調和の形とした。水は正二十面体で、これは球に近く、水分子や集団（塊）の模型と似ている。水の柔軟性や水玉からの推定であろう。球は「ギッシリ」つまり「最密構造」といわれる。これらの立体はどれも大切で、自然の骨格といえる。しかしそれだけでは、自然はうめられない。微細に見ると、隙間だらけと分かった。そこで「四元素説」は、原子・分子の「ミクロの世界」へと探究が続いた。

▶ 三角形数

▶ 五つの正多面体

身近な立体「つみき」：赤ちゃんは積み木に興味しんしん。「伸び伸び」遊び、「生き生き」学ぶ。積み木は、立体や空間は「タテ・ヨコ・タカサ」「１・２・３」次元の世界。特に赤ちゃんは手足ふり振り、頭もかしげ「３次元の世界」を身につける。やがて時間を含め「４次元の世界」に乗り出し活動する。大切な体験、成長と飛躍があるだろう。

「四元素説」から現代へ：ギリシャ時代の四元素説は身近から発展、当時では最高の考えだったと思われる。人間生活に四元素、「火・空気・水・土」は欠かせない。この大切さは今も変わらない。ただ現代科学では、「四元素」は昔の原子（元素）ではない。科学は近代から現代へ発展し、元素は113種発見されている。これらの原子は極微で、古代の「四元素」と異なり、五感で感知は難しい。また現代生活は、食の安全と健康から地球環境の問題まで、極微の原子・分子が深く関わる。

今昔物語「元素と原子」：古代では、万物の根源は四元素である。「空・火・水・土」。この中で原子（アトム）は、それ以上分割できない極微粒子とされた。この「四元素」は近代から現代にかけ微細に探究された。まず燃焼や気体の研究である。そして水素（H）、酸素（O）、窒素（N）や炭素（C）など、百種を超える元素（最小単位は原子）が発見された。酸素は地球表面には最も多い元素、水、空気、土砂・岩石に含まれる。さらに原子の結合（化合）した化合物は、多種・多様であることが分かった。最も単純な化合物は水素ガス（水素分子、H_2）であり、水は水素と酸素の化合物（H_2O）である。

2-4　水田の「カエルの合唱」…水環境の指標「カエルとサンショウウオ」

春には草木が芽吹き、動植物が勢いづく。カエルも冬眠からさめ、水田で活動を広げる。古代から、水は「生命のもと」とも考えられた。カエルは水に特に敏感で関係が深い。カエルは水陸にすむ両生類で「土と水」の両方に通じている。したがって汚染調査では「環境の指標」とされる。カエルのすめない水環境は、人間も住めなくなる。両生類は海の魚類に続いて誕生、陸にも進出。その後、恐竜や鳥類も誕生した。
現在、世界のカエルは150種以上、日本のカエルは約48種という。近年、地球環境の変化が大きい。それとともに、カエルは、環境の危険性を示す環境指標として、いっそう注目されている。特に粘膜は敏感なセンサー機能を持つとされる。

生物の祖先－魚・カエル・恐竜・鳥類・哺乳類・人類の出現：生物の祖先を辿ると、数億年前の古生代に入る。まず、海は「母なる海」であり、光合成の藻類が出現した。次いで魚類や貝類も出現。古生代の「石炭紀」では、シダ類や裸子植物が繁茂、石炭にもなった。トンボなど昆虫類、ワニなど爬虫類も出現した。海では、魚類に次いでカエルなど両生類が出現、陸にも進出した。

２～３億年前の中生代は、巨大恐竜も現れ「恐竜時代」といわれる。続いて鳥類が出現、はじまりは、約１億４千万年前の「始祖鳥」とされる。新生代、数千万年前には哺乳類が出現した。数百万年前には、人類が誕生したとされる。

カエルとホタル・日本のカエル：43種類発見されている。その中で日本の固有種はアマガエル、カジカガエルやヒキガエルなどとされる。アマガエルは「雨をよぶ」といわれ、雨模様に敏感である。小さく足には吸盤があり、草木や窓ガラスもよく歩く。トノサマガエルは、跳びや泳ぎで目立ち、子どもも追いかけた。田畑には、ツチガエルも目だつが、土色で凸凹、触るのは苦手だった。ヒキガエルは大きく土色をしている。潜んで目立

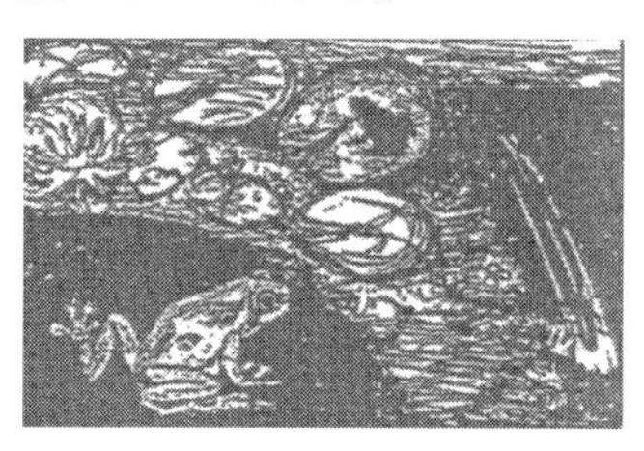

▶ カエルやホタルは「水環境の指標」。両棲類の蛙やサンショウウオ、昆虫のホタルやトンボなどは水に敏感である。また生きた「水や自然」を現す指標となっている。

たないが、毒マムシと対決の話もあり、強力な毒カエルかと想像したが、そうではなかった。

「蛙の歌」とは？：雑音と異なり自然な調子で親しめる。アマガエルの研究では、２匹の場合、交互の歌のかけ合が続き、周期的な「同期現象」になる。蛍の光も同様だろう。多数の場合は集団に分かれ、それが交互に歌う。「雨をよぶ」や「仲間を呼ぶ」にしろ、それにふさわしい音色や調子を必要とする。蛙の歌は幅を持った「規則や調子」を持ち、多数で情報交流らしい。雑音や単純な音の繰り返しでは、情報は伝わりにくい。蛙の歌は、「生命と交流の歌であり、小鳥より早い「歌の元祖」である。タレスも感動した「命の歌」であるだろう。

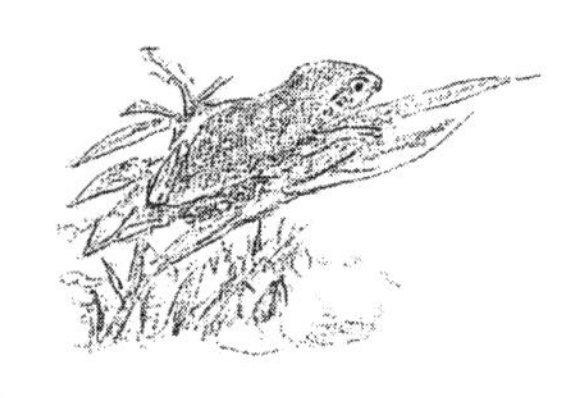
▶ アマガエル

〈かえるの合唱〉：文部省唱歌ドイツ民謡／岡本敏明訳詞「かえるのうたが　きこえてくるよ　クァ　クァ　クァ　クァ　ケケケケ　ケケケケ　クァ　クァ　クァ」。この歌を聞くと、小学生の頃を思い出す。夏は毎日のように、先生の指揮で合唱した。それでよく覚えている。ただ記憶では、本物のカエルは水田からわき出して、「グァ、グァ」「ゲゲ…」。２拍子で「グァ　グァ」と、かけ声をかけ合う。先生と子どもは元気だったが、響きでは、カエルには勝てない。

田舎のカエルの迫力：少しにごった声で合唱、田畑から山まで響き渡らせていた。カエルの合唱は、夜に本番「暗闇の交響樂」となる。その響きは、田畑や山も動かす勢いがあり、暗闇でも喉が見えそうだった。トノサマガエルが多い。力強い命の合唱・熱唱である。ウシガエルは一匹でも地響きをたて牛のように鳴く。暗闇ではまるでオバケの鳴き声。「あれはカエルだ、怖くない」と、静かに離れた。「蛍舞い蛙は歌う　クァ　グァガ」「月昇り蛙の歌に揺れる山」。

河鹿「音の風景」百選：深い山間の清流の瀬に棲み「フィーフィー」と口笛のような澄んだ高音で鳴く。鳴き声は鹿に似て「河鹿」になったという。皮膚は灰や茶褐色で薄い模様。突き出た目と発達した指先の吸盤を持っている。雌の方が大きい。鳥取県・三徳川のカジカガエル、宮城県・広瀬川のカジカガエルと鳥、栃木県・太平山あじさい坂のカエル、長崎県・八島湿原のカエルなどは「音の風景」百選に入っている。カエルは両生動物で、「水陸で歌う」。「山川草木」に響き渡る。鳥類より古代に、地上で活動している。蛙の「歌や合唱」は、「歌の元祖」か。「河鹿鳴いて石ころ多き小川哉」（正岡子規）。

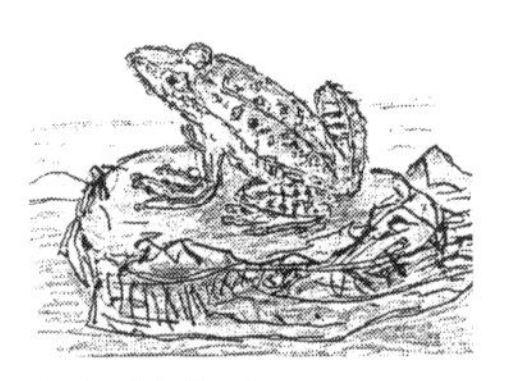
▶ カジカガエル

蛙はいろいろ：派手な美しさでは沖縄のイシカワガエルで、「キャウ　キャウ」と鳴くらしい。オットンガエルは、国指定の絶滅危惧種である。茶褐色で、顔は三角に見える。アカガエル科、カエルはほとんど4本指だが、オットンガエルは5本指。低い声で、「オットン」と鳴き、森の妖怪「ケンムン」と間違えられるという。このカエルは毒蛇のハブの大好物だが、ハブの子は、オットンに食べられるらしい。「悠然として山を見る　蛙かな」「やせ蛙まけるな一茶これにあり」(小林一茶)。

モリアオガエル：オタマジャクシが木の上からダイビングする。「ココココ…」と鳴く。このカエルは三重県の天然記念物で、宮川上流「池の谷」や、世界遺産の白神山地の湿地にも棲んでいる。水上の木の茂みで産卵し、孵化とともにオタマジャクシの飛び込みがはじまる。カエルが木の上で育つのは珍しいが、カエルは両生類なので、卵の安全には木登りもする。小鳥の巣立ちは木の上が多い。

世界のカエル：現存のカエルで最大は、アフリカのカメルーンなどにすむ「ゴライアスガエル」、体長30cmで体重3kg以上という。マレーシアのボルネオ島にはナガレガエル、「忍者ガエル」もおり、沢や滝にも生きるという。信号は長い後足の水かきを旗のようにぱっと広げる。水上は飛んで走る。岩や木には変色や擬態で隠れる。目は飛び出て前後が見えるらしい。

静岡県河津町には、「カエルとは虫類」の専門動物園、体感型カエル館「Kawa Zoo（カワズー）」がある。国内外の120種以上を飼育・展示しており、カエルを間近で観察できるという。なお河津町の川沿いは桜の名所である。

世界のカエルの絶滅危惧種：現在、約3割が絶滅危惧種という。鳥類の約1割、哺乳類の2割が絶滅危惧種とされるが、カエルの危険度はそれ以上である。この原因は、開発、捕獲、気候変動や伝染病による。特に世界的な「ツボカビ症」が皮膚をおかすという。カエルは、水と空気の変化に弱いからだ。

オオサンショウウオ「里山の王者」「国天然記念物」：世界最大の両棲類である。全身にいぼ状の突起があり、小さな目に大きな口。キュキュと鳴くらしい。口を開くとお化けのように顔が半分に裂けるので「ハンザキ」ともいわれる。体長は1mを越え、小さな足がある。寿命は100年にも達するという。二千数百万年前から同じ形で「生きた化石」ともよばれる。

▶ オオサンショウウオ（上）・トウキョウサンショウウオと卵（下）：サンショウウオは両生類で、イモリの近縁である。日本には十数種いる。魚や両生類の卵は、孵化寸前、目立つ黒で、水分子「二つ目」似た形。孵化で大きな目が出る。

ヨーロッパでは、約700万年前に絶滅した。

大山椒魚「水環境と生態」：生息地は、岐阜県以西から九州北部、特に中国地方の山間とされる。大山隠岐国立公園、岡山と鳥取の県境の蒜山高原などである。その麓には、名水百選「塩釜の冷泉」もある。中国山地をさらに西に、吉備高原の西側には井倉峡や帝釈峡がある。ここには、100mを超す石灰岩の巨大断崖がある。太古には、中国地方は海底で石灰岩層とされる。帝釈峡は、深い森の中にあり、澄んだ川に大サンショウウオが多数産卵に上るという。

山椒魚の棲む所は、水環境の良さを示す「環境の指標」とされる。近年、山椒魚の生態が分かりかけたらしい。澄んだ川に棲み、雄と雌の出会いは複雑だ。先に上流に上ったオスは、闘いながら川岸の穴倉を選び取る。メスの産卵後、きれいな水で孵化させ守るのはオスという。卵は約3cmで、カエル同様、卵は数珠つなぎらしい。

山椒魚に「足をかまれた」：高校生の時、こういった話を聞いた。通常川底に静止しているので、川底の岩と間違え踏み、かまれたらしい。エサをとる時、動きは俊敏。ワニなども餌が来ると動きは速い。「泥いろの山椒魚は生きんとし見つつしをればしずかなるかも」（斎藤茂吉）。

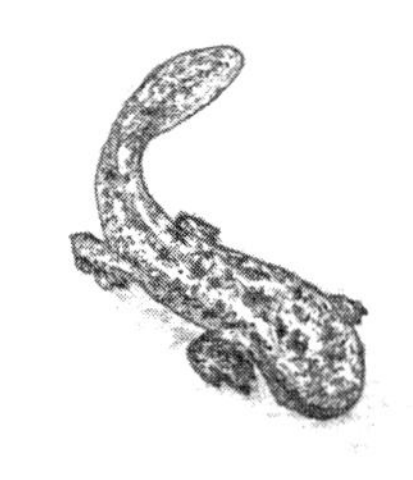

▶ オオサンショウウオとサワガニ：大山椒魚は特別天然記念物。サンショウウオの中で最大。ハンザキともよぶ。清流に住み、環境の指標とされる。

大山椒魚は絶滅危惧種：2006年の環境省の報告では、新たに絶滅危惧種になった。1991年に公表の「レッドリスト」では、両生類は7種増えて21種、爬虫類は13種増えて31種といわれる。日本産の鳥類は約700種いるが、絶滅危惧は3種増えて92種とされる。沖縄本島北部のヤンバルクイナや、小笠原のアカガシラカラスバトなどが絶滅の危険がある。

2-5 「ことりのうた」「きらきら星」の歌や話…進む天体観測「星や宇宙」

田舎の小学校では「かえるの合唱」とともに「きらきら星」「カッコウ鳥」の歌も教わった。しかし、カッコウ鳥の鳴き声は、田舎では聞かなかった。ところが、歌を忘れた頃、東京で突然聞いた。耳を疑ったが、異なる方向で何回も鳴いていた。カッコウ鳥は本当に「カッコウ」と鳴く。合唱とそっくりで感心した。もとは「種蒔鳥」といわれ、霜が去り種蒔きの到来を告げたと、いう。田舎では、スズメやウグイスをはじめ鳥の歌はいつも聞いた。「ことりのうた」「きらきら星」は、季節や水の流れとともに変化する。この変化は、水を知る機会にもなるだろう。

小鳥や星の歌：「ことりのうた」（与田準一作詞／芥川也寸志作曲）は「ことりはとってもうたがすき　かあさんよぶのも　うたでよぶ　ぴぴぴぴぴ　ちちちちち…とうさんよぶのも　うたでよぶ…」と歌う。また、「きらきら星」の歌は、「きらきら光る　ゆうべの星よ　神のみさかえ　あらわす光…きらきら光る　みそらの星よ」。この歌はフランス民謡で、曲はモーツァルトの「きらきら星変奏曲」らしい。確かに「きらきら星」は静かに天から「キラキラ」降ってくる。

スズメ（上）／シジュウガラ（下）：最近の研究では、シジュウガラ親子は天敵の「カラスとヘビ」に対し、警告の鳴き声が変わり、聞き分けて対応するらしい。カラスには隠れ、ヘビには飛び立つという。生物は生きるため、音の交流は大切で、発達する。スズメもウグイスも、季節や状況で鳴き声は変わる。雀は農村から都市まで身近だが、生態はよく分からない。稲雀の「合唱」は、黄金の稲穂の波から、天まで広がる(5-1)。

田舎の星：澄んだ空に、本当に「キラキラ」光る。ホタルと一緒に「竹の箒（ホウキ）で取れそう」だった。特に冬の空では星が「キラキラ」まばたく。これは上空の風が強く、密度の異なる空気が、交互に星の光を横切るためとされる。光は空気の密度の変化で屈折して揺れる。光は大きな情報で、天体観測が進み、世界は宇宙まで分かってきた。

星の名所：岡山県の山地や高原は星の美しい所で、「本田彗星」「多胡彗星」も発見されてきた。倉敷天文台、岡山天体物理観測所、竹林寺山天文台、美星天文台と多くの天文台があり、古里にも「さつき天文台」がある。岡山県の山地は空気が清浄、スターウォッチングでは、全国でベストテンに入る名所とされている。なお最近、京大・岡山天文台（浅口市）で新天体望遠鏡「せいめい」が公開された。これは凹面鏡の天体望遠鏡ながら、精度や機能がケタ違いで、宇宙に向かうとされる。

星はさまざま「天体の観測」：天体には、まず太陽と月、そして夜空に恒星のほか、太陽を巡る惑星もある。一番星の金星、赤い星の火星、環のある土星などは、地球の仲間の惑星である。彗星も太陽を巡る星で、長い周期で太陽や地球に近づく。恒星では、星座も見える。また薄白い銀河、大きな「天の川」や「星雲」もある。星座にはその形を表す名前があるが、広くて見つけにくい。

分かり易いのは、ひしゃく形の「北斗七星」「北極星」、夏冬の大三角、それに「オリオン座」の中央に輝く三つ星ぐらい。「夏の大三角」は明るい一等星「こと座」のベガ（織姫星）、「はくちょう座」のデネブ、「わし座」のアルタイル（牽牛星）、その間を「天の川」が流れている。「冬の大三角」の中で、シリウスは「おおいぬ座」の青白い星。ペテルギウスは「オリオン座」の赤い色、リゲルは白い星で。これら赤白の星が「三つ星」の両脇にあり「平家星」「源氏星」ともよばれる。

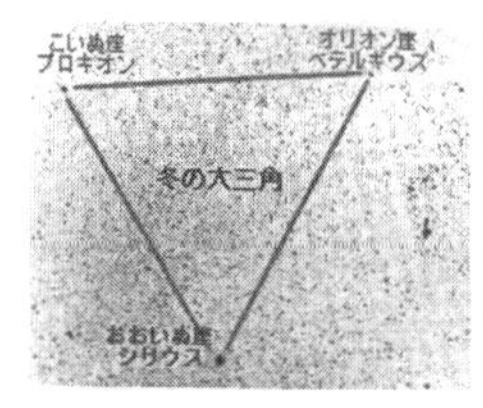

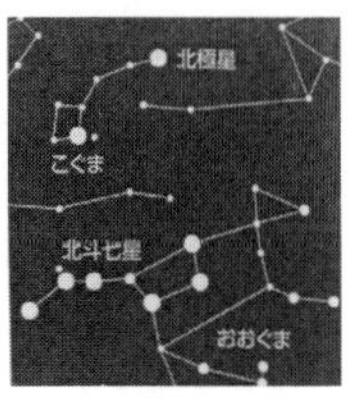

▶ 冬の星座：北斗七星はひしゃく型。先端部の長さを5倍のばすと北極星が見える。北極星は年中真北の方向にあり、航海などでも指針とされてきた。「冬の大三角形」は明るい星のプロキオン（こいぬ座）ーシリウス（おおいぬ座）ーペテルギュウス（オリオン座）である。オリオン星雲では「星の赤ちゃん」多数誕生中とされる。

北極星と北斗七星：北斗七星（おおぐま座）はひしゃく形で、先端部の長さを５倍のばすと、北極星（こぐま座）が見える。北極星は年中真北の恒星で２等星、航海などで指針とされる。

距離は400光年。光年は秒速約30万kmの光が１年間走る距離で約9.5兆km。北極星が年中真北に見えるのは、真北で距離が遠いためである。北極星は三つの星で、その一つが変光星とされる。

星空の「歌や物語」：俳句や短歌では「うつくしや障子の穴の天の川」（一茶）、「荒海や佐渡に横たふ天の河」（芭蕉）、「天の海雲の波立ち月の舟星の林に漕ぎ隠る見ゆ」（万葉集）。星や星座の物語には、「ギリシャ神話」、七夕「牽牛と織姫」など、古代の物語が多い。星の理解は観測によるが、遠過ぎて、まず想像や神話で天地をつないだらしい。

七夕まつり：牽牛（彦星）と織姫が年に一度会える日とされる。子どもたちも、短冊にお願いを書き、「ささのは　さらさら…」と歌で送っている。日本最古の歌集『万葉集』にも、七夕の詩がある。これは琴の調べで「霧たちわたり彦星が…」と歌われる。織姫は「こと座」で、幻想的な琴の音がよく合うだろう。

天の回転「星や太陽」：夜空の星は北極星を中心に、毎日１回転するように見える。太陽も毎日回転、東から昇り西に沈む。五感や常識では、天が動き、地は動かない。「天動説」は疑いないだろう。しかし、これは地球の自転のためで、見かけの回転と分かった。運動は相対的で、見る位置で変わる。例えば、新幹線の車内は静かでも、外の景色は後方に飛んで消える。地球の自転は高速回転だが、大地や大気も一緒なので感知されず、天が回転（天動説）と見える。この日常経験は、より広い視野から近代のコペルニクスの「地動説」に変った。この「天地の逆転」は「コペルニクス的転換」といわれる。これで天体の運動が分かり易くなり、惑星の運動法則も解明された。

▶火星人？：ウエルス著『宇宙戦争』の宇宙船から出たとされ、そのラジオドラマがニュースの様に伝わり、アメリカでパニックも起きたとされる。

太陽系と諸惑星：太陽は、銀河系の恒星のひとつである。太陽系は、46億年前に誕生した。太陽を中心に、惑星が「水星・金星・地球・火星・木星・土星・天王星・海王星」の順で取巻き、円や楕円の軌道で回転している。金星と火星は地球の隣の「兄弟星」。まず、星空に目立つ。金星は「一番星」「明けの明星」「宵の明星」、ギリシャ神話では、美の女神「ビーナス」とよばれた。太陽に近く、高温で、表面は約500℃あり、水は太古に失われたとされる。火星は子どもの頃、「火星人や運河」の話もあった。最近、米火星探査衛星「キュリオシティ」が着陸調査した。川の流れの跡、多くの小石や湖の堆積層が発見された。しかし生物の痕跡は未発見とされる。太陽系と諸惑星は**13-4**。

満月「中秋の名月」：地球は太陽の惑星、月は地球の衛星。月の誕生は、太陽系誕生（46億年前）の約１億年後、火星ぐらいの天体が衝突、飛散した「巨大衝突説」が有力とされる。この月は、「太陽－地球－月」の位置関係から、「満月－三日月－新月」と姿や明るさを変える。この変化は周期的で、生物の生活リズムで、暦も作られた。「太陽-地球-月」が一直線になり、月が地球の陰に入ると皆既月食になる。赤黒い月が見られた（2014.10.8、2015.4.4）。月の科学探査は**4-1**。

輝く月、生物と暦：月は盆のように丸く、平面状に輝く。これは黒い土「レゴリス」での太陽光の反射とされる。月は地球の衛星で、太陽－地球－月の位置関係から、満月・三日月・新月になり、形と明るさが周期的に変わる。これは生物の生活リズムになり、暦も作られた。

暦では、月の周期が基準の旧暦「太陰暦」があり、紀元前２千年頃に中国で成立、最も古い暦とされる。この旧暦には、日本伝来や諸行事（四季の区別、立春や節分、雛祭りや七夕祭りなど）もある。

旧暦と新暦：旧暦は日本にも伝来・普及したが、明治５年（1872年）に新暦「太陽暦」が導入された。太陽暦は、近代科学から誕生。天文学は、「天動説」からコペルニクスの「地動説」に、また力学は、ガリレオからニュートン力学に発展した。新暦は太陽を巡る地球の公転と自転、つまり１年と１日が基準、旧暦は月の周期が基準とされる。

「七夕祭り」は旧暦の7月7日、新暦で8月中頃。「中秋の名月」は、旧暦で8月15日、新暦で9月中頃の満月のことである。「お月見」「盆踊り」もある。旧暦には四季の「立春」「立夏」「立秋」「立冬」があり、前日は「節分」である。「立春」は旧正月、この節分は「豆まき」で、「福や鬼」も出番になる。さらに1年を24「節句」に分け、季節の変化や農作業が示されている。8月1日は「水の日」、八朔「田の実の節句」。「桃や端午」の節句では、子どもの成長を祝う。

月の歌：お月見や盆踊りなど、月は広く親しまれ童謡、流行歌も多い。「十五夜お月さん」「おぼろ月夜」「浜辺の月」「宵待草」…。短歌では、芭蕉「名月や池をめぐりて夜もすがら」、一茶「名月をとってくれろと泣く子かな」、蕪村「菜の花や月は東に日は西に」。万葉集では、柿本人麻呂「東の野にかぎろひの立つ見えてかへり見すれば月傾ぶきぬ」「天の海に雲の波立ち月の船星の林に漕ぎ隠る見ゆ」(歌集)をはじめ、「我が背子がかざしの萩に置く露をさやかに見よと月は照るらし」(作者不明)など。

進む天体観測「星・銀河・宇宙」：子どもの頃、星の誕生は「霞か塵か」の星雲説、夢物語だった。現代では、誕生まで観測されてきた。太陽系の誕生では、彗星(ほうき星)の観測も進展している。この星は、箒のような尾を引く星である。岩と氷の塊で、惑星ができた残りとされる。これらの観測は、諸分野の協力、つまり微弱な光の検出や分光技術、観測装置の建設や制御、コンピュータの情報処理などによって可能になった。

「すばる」望遠鏡：国立天文台のすばる望遠鏡では、遠くの銀河や星雲まで、写真で詳細に明されてきた。この望遠鏡は光学赤外望遠鏡、約8mの口径で世界最大級である。ハワイ島のマウナケア山頂にある。富士山級の高さながら、空気の揺らぎが少なく観測に有利なのだ。赤外望遠鏡では、オリオン星雲で誕生後100万年以下の輝く若星も観測されている。目でぼんやり見えるオリオン星雲は、「星の赤ちゃん」誕生の現場である。星の材料の水素ガスが光っている。なお、長野県の野辺山高原には、電波望遠鏡があり、この観測と成果は「光と電磁波」(4-7)。

大発見「宇宙の膨張」：「宇宙膨張」は、20世紀科学の最大の発見の一つで、米国の天文学者ハッブルが発見した(1929年)。銀河の観測では、光の波長が長くなる「赤方偏移」がある。その偏移から、銀河の遠ざかる速度が地球からの距離に比例することを発見した。この法則は「ハッブルの法則」とよばれ、宇宙膨張の発見とされる。膨張速度は非常に大きく、1億光年の銀河では時速10億km程度とされる。

他方、ベルギーの天文学者ルメートルも2年前、同様の論文を発表。それが埋もれていたとされる。この結果を受け、国際天文連合は新たな名称「ハッブル・ルメートルの法則」の使用を推奨すると決定した。なお赤方偏移は、光源の動きに伴う「ドプラー効果」による(5-2)。この現象は光のスペクトル分析と合せ、銀河や宇宙の観測で広く利用される。

銀河の「天の川」：「天の川」銀河には、約2000億個の星が渦巻状に散らばっているとされる。全体は「どら焼き」「目玉焼き」のように、中心がふくらみ円盤状とされる。夏に明るく見えるのは、星の集まる中心方向である。太陽系はこの天の川の端にあり、中心から約３万光年の距離とされる。

星の観測－距離「光年」：１光年とは、光が１年間で進む距離のこと。メートル単位では約９兆5000億kmにあたる。銀河には「巨大な水」もあり、約1500光年の距離という。銀河の中心部には太陽のような恒星が多数集り、周りは塵状で若い星が多く誕生とされる。「アンドロメダ銀河」は、天の川の隣で、地球から約250万光年の距離にある。これも、天の川銀河に似た「渦巻き銀河」とされる。赤外線と紫外線で観測された画像も発表されている。

星の位置と測定法：近くの星の場合、地上の地図作りと同様で「三角測量」で行う。三角形では、１辺と両端の角度を求めると、３点全部の位置や距離が求まる。この性質を利用して測定する。つまり測定基準の１辺を決め、その両端から星を観測し、角度の変化を測定する。ただ三角形が大きいので分かりにくい。１辺には、太陽を回る地球の公転（１年間で1回転）、その直径が選ばれている。約３億kmで、大規模な三角測量である。さらに遠い銀河の場合は、距離は星の光の「ドプラー効果」と「ハッブルの法則」から求められている。宇宙は奥深い。

2-6 「自然二元論」老子、「万能の天才」ダ・ビンチは語る…深遠な「水や自然」

自然や水は奥深い。これらは多様に変化して測り知れない。水は雨や雪になり天地を巡る。そして、緑の自然を作り、生命も支えている。中国の老子やイタリアのレオナルド・ダ・ビンチは、水の多様性や複雑性を探究した。老子は紀元前400年頃の伝説の人で「老荘思想」の元祖とされる。ダ・ビンチは16～17世紀のイタリア・ルネサンス時代、近代科学の先駆者の一人で、「万能の天才」といわれる。二人はそれぞれ、水とは何か？…その振舞を深く考えた偉人だろう。

中国の「陰陽思想」：中国では、万物を「陰と陽」の二元に分け、「陰陽思想」が発達した。「二元」とは対になるもののことである。例えば、有無、大小、長短、清濁、強弱などである。この中で、老子は「柔弱」「謙虚」などの「陰」を重視し、「道」を説いたとされる。「道」とは一切の存在と現象を生じさせる根元的原理という。「陰」の代表は、自然界では水や草木、人間界では女性や母をあげている。それらを理想の「道」「徳」に近い模範としている。

老子は語る：「真の善は水のようである。水はあらゆるものを潤して利益をもたらしながら…人の嫌がる低い場所にいる。それ故、理想の道に近い…」と語り、「上善若水」と説いたとされる。つまり、水のように生きるのが最高とされる。太陽や水は、昔から大切なもの。特に生きものには欠かせない。太陽光の下で、水は多様・多彩に変化して万物を潤している。水の道を知り水から学ぶことはつきない。それは自然や科学を深く知ることにもなるだろう。

▶ 老子は中国の春秋時代（紀元前５世紀ごろ）の思想家。

▶ ダ・ビンチの自画像：科学や技術、芸術など、多分野で「万能の天才」といわれた。自然観察と記録はきわめて詳細。天地の「水の循環」を初めて明らかにした。

ダ・ビンチ「万能の天才」：16 ～ 17世紀のイタリア・ルネサンス時代の画家、科学者で技術者である。「モナ・リザ」やキリストの「最後の晩餐」などの絵は有名だ。彼は、「絵画は自然が創造し得るあらゆる物の面・色彩・形状を受けいれる」と語る。鳥、昆虫、魚などの詳細な観察や飛行機の考案もあり、日本でも展示された。

ダ・ビンチには、水の記録「風景、植物および水の習作」があり、水の多様性や循環を説明した最初の科学者とされる。波の広がり、流線、泡や渦を詳細に描写、自然を「時とともにそして水とともに万物は移ろう」と語る。物理学では、ガリレオに大きな影響を与えたとされる。

ダ・ビンチ「水の観察・記録」：ダ・ビンチは、地球の内部は「大きな水玉」で、生きものの血液のように「水の循環」があると考えたとされる。現代では、地球内部は水ではなく、金属鉄であることが明らかになっている。しかし、水の循環は大規模だ。いたる所で地中にしみ込み、水脈をつくる。時には噴出、水は形、大きさ、色、味、動きや寒暖も多様に変わる。水は常に変化して、万物を潤し洋々と海へ広がる。水は柔軟で優しく、時には荒々しい破壊者になる。これが、彼の語る「水の循環」だろう。

ダ・ビンチは、水の波の広がり、さまざまな流線や泡、渦の様子なども詳細に描写した。そして、灌漑と増水の調節の理論、水路での水の「連続方程式」なども洞察した。流体力学の先駆者ともいわれる。水流は水路の断面積に反比例、狭い所は速く、広い所は遅い。これらの自然観察や科学精神は、ルネサンの文明開化とともに広まった。

ルネサンス時代の画家：ダビデ像の作者ミケラジェロやラファエロなど、有名画家が続いた。なお「モナ・リザ」のモデルはフィレンツェの絹商人の妻リザと報道(2000年)。ドイツのハイデルベルグ大学の図書館の所蔵図書(15世紀)の記入(肖像画製作中、1503年10月)が証拠とされる。

▶ダ・ビンチの「モナ・リザ」：不思議な微笑の女性。世界の「三大微笑」とされ、背景は神秘的な奥深い自然である。日本では「モナ・リザ」1点の特別展があった。

自然は「あざむかない」：ダ・ビンチの観察記録と素描は、身近から人体、地球や天体にもおよぶ。特に物の色、形や陰が、距離や角度でどう変化するかを、遠近法や空気遠近法、ギリシャ時代の幾何学、テコの原理、比例計算を使って研究した。つまり丸(○)、三角(△)、四角(□)などを作図、三角定規や精密なコンパスも発明して、詳細に測定・解明したのである。しかもこの観察は左右反対の「鏡文字」で、手稿にまとめられている。

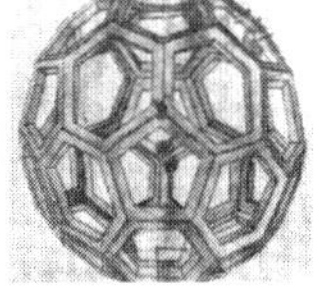

▶ダ・ヴィンチのペン画：正五角形と正六角形で球状の正二十面体ができる。この多面体は、炭素の球形分子(C_{60}, ハイテク材料)でも注目されている。

ダ・ビンチは、「自然はわれわれにおどろくべき業をしらせてくれる。自然だけは決してわれわれをあざむかない。だが、自然にまったく行われもしないことをあてにすると、われわれはすっかり自分をあざむく解釈をすることになってしまう」と語る。彼の観察や洞察は高度だが、現代では、小学校から三角定規やコンパスを使い、比例計算も学ぶ。歯車や滑車の利用も比例計算が基礎になる。

ダ・ビンチの展示：ダ・ビンチの活躍したフィレンツェは世界文化遺産である。ダ・ビンチ国立科学技術博物館には、ダ・ビンチの機械類やヘリコプター、ボルタの電堆・電池やマルコーニの無線通信装置なども展示されている。「モナ・リザ」、詳細な水の手稿、グライダーの模型、ブロック工法、正五角形十二面体、五角形のサッカーボール型などは、東京・上野の科学博物館などで展示されたことがある。

五角形型の物質は、現代科学や超微細技術「ナノテクノロジー」でも盛んに研究されている。ダ・ビンチの探求には、マクロコスモス(宇宙)とミクロコスモス(人間)の間を統一する共通の原理、その理念があるといわれる。比例関係と三角法などは、測地や宇宙の測定まで「マクロとミクロ」の両世界に広く通用する。

水玉の前衛芸術：生きいきの「水玉や網目」。人の「顔や目」、さまざまな動植物…すべて水玉で描かれている。草間彌生「わが永遠の魂」(My Eternal Soul)の絵画群が展示された(東京の国立新美術館、2017年)。草間さんは文化勲章の受章者。米タイム誌では「世界で最も影響力のある100人」「永遠の前衛芸術家」とされる。88才の現在も創作意欲を燃やし続け「色を使って色を超え、無色の場所に幻惑的な色彩を展開することこそ、芸術である」と言う。

草間さんは、長野が古里である。かほちゃは、少女の頃からの強い関心とされる。かぼちゃちゃに、とかげの乗った画や絵葉書「かぼちゃ (A pumpkin)」など、独特の迫力と身近さもあった。昔、子どもの頃、甘味の凸凹かぼちゃも作られていた。とてもウリの仲間とは見えないが、かぼちゃは、熱帯地方原産のウリ科1年草とされる。なお水玉は、科学でも大切な位置と役割を持つだろう。水は戯画にすると、激しく踊る「水玉や水素結合網」になり、生命も支えている(第9、10話)。

第3話

科学の誕生…水とともに科学の出現！？

「水の浮力」は、風呂や水泳などで経験している。子どもと大人、どんな体重の人も自然に浮上がる。大きな船も押し上げる。童話では「桃太郎」の桃が「ドンブリコ　ドンブリコ」と流れて来た。また「一寸法師」は「おわんの舟」「箸のかい」で、夢の京の都に「ユラユラ」上った。

水上の「ドンブリコ」「ユラユラ」は魅力的。浮力は「おとぎの世界」でも大人気である。いい気分で人や物、何でも運び有難い。しかし一歩間違えると、浮力は危険である。足を取られ、流される。大きな船も転覆する。大昔から、浮力は身近で、有効に利用した。しかし浮力は不思議、何だろう？ 水とは何か？…も科学の発展とともに、だんだん理解は深まっただろう。

3-1　アルキメデスの「浮力の原理」…風呂で「わかった　わかった」!?

風呂で「科学の誕生」?! 風呂はくつろぎの場、どこか活力も生まれる。「いい湯だな」の歌もある。赤ちゃんも、お風呂で「チャプチャプ」。石鹸「ブクブク」で楽しむ。風呂ではアルキメデスの「ひらめき」の伝説「浮力の原理」の発見がある。この原理は、「テコの原理」とともに科学・技術での大発見である。これが子どもにも身近な風呂からとは…。

風呂では、子どもも何か感じる。風呂に入ると、水が動き水位が上る。満水では湯が溢れ、水の奇妙な形や動きも現れる。

風呂で「オバケ」発見!?：水は日常身近で、いつも通り。関心も起りにくい。しかし、風呂に入り、気楽になると、水の奇妙な「形と動き」も見える。そんな動物は見たことがない。

子どもは「オバケ？」と「驚き」、「ひらめき」も起る。さらに五感や考えを働かすと、水の「量・形・重さ」の理解も進む。これは物質を知る基本情報だろう。「水とは何か？」は、風呂にも現れる。

水の「泡と音」で新発見：風呂で、濡れたタオルで空気を包むと風船になる。これを水に沈めると、小さな泡が吹き出し、はじける音が「パチパチ　ジュー」とする。見えないが何かあると気づく。遊びながら空気の実験ともいえる。浮力など「マクロの世界」の現象では、まず五感が働き、身近な不思議に何か感じる。これは自然の理解の第一歩。関心、興味や好奇心は科学のはじまりで、科学は自然から学ぶともいわれる。風呂では、水や湯に体が浮く。何だか、不思議なことだ。

「浮力の不思議」「アルキメデスの原理」：昔から、人間は浮力を経験してきた。その中で泳ぎ方や利用法を学んだ。縄文時代では、丸木舟を操り、海で大きな魚も捕っていた。古代でも何トンもの巨石が、水を利用して運送された。水の中では物が実際の重さより軽くなる。つまり、陸上と比べて力で大きな「得」をする。そうなると、気持も軽く鼻歌も出るだろう。

しかし、実際にはどの程度「得」か？　これを正確に示すのが、アルキメデスの「浮力の原理」で、「水中での物体の重さは、その物体によって排除された（押しのけられた）部分と同体積の水の重さだけ軽くなる」と表されている。まずこの原理の発見の経緯を辿る。

▶ アルキメデス：世界で最初の理論物理学者といわれる。「浮力の原理」や「てこの原理」等、静止状態での力の釣合いを扱う静止力学の主な部分を完成させた。「浮力の原理」を使い、王冠の贋金鑑定も行った。

アルキメデス：紀元前3世紀にギリシャに生まれた。古代では最も偉大な数学者・物理学者・技術者で、力学の創始者、最初の理論物理学者とされる。「浮力の原理」を発見するキッカケは、伝説によると「王冠の偽物鑑定」といわれている。ある日「純金の王冠が偽物だ」との告発があった。そして王冠を壊さずに、混ぜ物かどうかの鑑定がアルキメデスに依頼された。頭をめぐらす毎日。ある日、風呂に入ると体が浮くとともに湯があふれ出た。それに気づくと同時に「浮力の原理」がひらめいたらしい。「ヘウレーカ　ヘウレーカ（わかった）！」と裸で家に飛んで帰ったという。風呂の湯と一緒に、科学があふれ出たらしい。

▶ 浴槽のアルキメデス：16 世紀の銅版画。そばに王冠、金銀の球や水槽がある。しかしその時代は、浴槽の「金属のたが」はなかったという。日本では、「たが」は「竹の環」で「おけ屋」「かご屋」で作られた。これも高度の技術である。

風呂で何が分かったか？：風呂に「ドップリ」入ると体が浮く。これは誰でも体験する。体が水に沈むと浮力が現れ、物体が軽くなる。同時に水が増えたように水位が上る。見る通りで、同時進行する。満水の風呂では、湯があふれ出る。その湯は体が排除した水だろう。つまり物体の体積は「水位の上昇」や「あふれた水」で表される。アルキメデスは、この大切な意味が「わかった」のだろう。

立方体や直方体の体積は「縦・横・高さ」を掛ければよい。しかし王冠や体など曲がった物では、体積の測定はとても難しい。凸凹や穴があると難題。しかし体積が「あふれた水」から、楽々分かるとは大発見。水は自由自在に形を変えるが、全体の体積は変わらない。したがって水位の上昇から、水に沈めた物の体積が分かる。

大切な「自然の基本量」−「重さ（質量）・体積（空間）・時間」：「王冠の体積」は「排除した水」と同量である。さらに浮力が「溢れた水」の重さと同じと分かった。しかし、重さの測定は風呂では難しい。テコや天秤など、風呂の外での測定だろう。この「テコの原理」もアルキメデスの発見である。「重さ・体積・浮力」が分れば、王冠の真偽鑑定はすぐできる。

▶ 貨幣の重さの測量。前 1550 年頃のテーベの 1 墳墓の壁画の一部から

王冠および王冠と同じ重さの金塊を、それぞれ水に沈めればよい。あふれた水の量に差があれば、王冠と金塊に体積差があり「偽物」と判定できる。また王冠に使った金塊の体積が分かる場合は、王冠を水に沈め浮力を測る。浮力の差があると「偽物」。アルキメデスは、どちらか判定法がひらめいたのだろう。自然を知る上では「重さ（質量）・体積（空間）時間」は「基本量」。これを知ると真偽の鑑定も、ただちにできる。

3-2　浮力の解明と利用…「浮力の怪力」「お祭りワッショイ」の話

水の中では重さが軽くなる。体が浮いて水泳ができる。大きな船の水上交通も発達した。いわゆる「水の浮力」による。この「浮力の原理」は金・銀・鉄・石・木など何でも通用する。これらの重さが空中と水中で変わるのである。この浮力の大きさや変化は、五感で容易に確かめられる。例えば水の入ったビニール袋（買ったままの金魚袋など）を水に浸してみればよい。袋が水に入るにつれ、袋を持つ手が軽く感じる。これは「浮力」の働きだろう。この原理は目で見え、手で感じられるのである。

アルキメデスの「浮力の原理」：説明「この原理は金魚袋と手で分かる！」

金魚の話：元祖は中国で、突然変異でできた赤いフナとされる。その後の養殖で多数の美しい金魚が作られた。「リュウキン」や「デメキン」など、色は赤、黒、白やまだら。幕末では下級武士の副業になったらしい。「和金」は日本に最初に入った金魚とされ「金魚すくい」で人気もの。

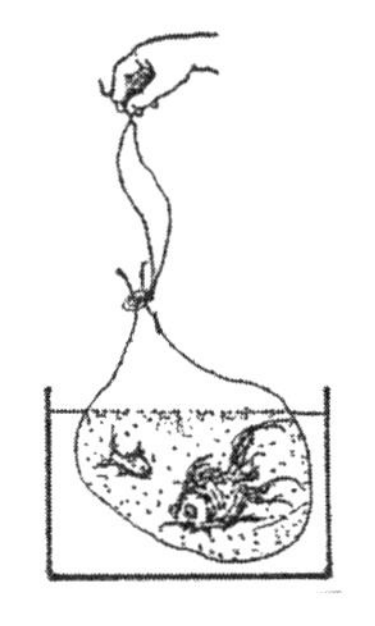

浮力と比重：同じ体積で水と比べた重さの比を比重という。これを測る比重計は液体の成分検査や品質管理などで使われている。王冠の検査と同様に、浮力でものを検査している。木やプラスチックなどは、比重が１より小さく水に浮く。卵も古くなると浮いてくる。氷の場合、比重は約0.9なので水に浮く。海に浮かんでいる氷山の下には約９割の氷が隠れている。これは「氷山の一角」といわれ、見えない部分への警告とされる。世界の豪華船タイタニック号は氷山に衝突、大悲劇が起った。

風船や気球の浮力：これらは空気の浮力で浮んでいる。空気に重さは感じないが、実際に測定すると、１リットルが1.2gで一円玉ぐらい。$1\,m^3$では１リットルパックの牛乳並の重さである。気球が直径10ｍもあると、自動二輪車ぐらい吊り上げる浮力。気球の体積や浮力は、同じ形の場合、長さの３乗に比例して急激に増える。浮力は目に見えて大きくなる。

「浮力の正体」は？：浮力は不思議。そもそも「浮力」とは何か？ 通常、物体の重さは山頂や山麓でも変わらない。ところが水中では、重さが大きく変わる。浮力は五感で確められるが、重さが消えるとは不思議。大きな船まで浮き上る。こんな「浮力の怪力」は「お化けの国」でも珍しいだろう。この怪力の持主、原因は何か？　やはり水？ 浮力にはいつも水がついている。

浮力の原因は「お祭り」を考えると分かりやすい。お祭では何トンもの御輿が「ワッショイ　ワッショイ」と進む。みんなで担げば、重い御輿も浮き上がる。これは不思議ではない。見る通り、みんなの力だろう。力そのものは見えないが、力の働き具合はよく見える。

水の浮力：水は極微の水分子の集まりとされている。この水分子は強固な球形分子で、不思議な「水素結合」の出現で、「強く弱く」無限に連結する。これで水は「強固で柔軟」自由自在。この連結と押し合う合力から、水の浮力が現れ、重い物も押し上げられる。ただ神輿のように、力のかかる様子は見えない。水は強固と柔軟を合せ持つ不思議な物質である。なお水分子「一粒の水」の「形と性質」は**第9、10話**。

祭りの「盛上りと賑い」：お祭りには、出し物も集められ、盛り上がり賑う。また祭には神輿(みこし)を担ぐ怪力がいる。大きな山車や屋台を動かす「テコの力」も必要だ。次節のアルキメデス「テコの原理」も出番になる。重い神輿も、みんなで担ぐと浮き上り踊り出す。

水の浮力も同様、水が担っている。「担ぎ手」は水の1個1個、つまり水の一粒（水分子）になる。しかも水全体がつながり共同で押し上げている。水の浮力は「塵も積れば山となる」「みんなで担げば軽くなる」といわれる通りになる。しかし水分子などの研究は「ミクロの世界」に入り、「浮力の原理」の発見から約2千年後になる。水分子の解明、ミクロの世界の開幕は**第9話**。

盛大な「日本の祭」：祇園祭・飛騨高山祭・秩父夜祭は日本の三大曳山祭である。これらの祭をはじめ、国重要民族文化財や世界無形文化遺産も多い。そこでは何トンもの山鉾・山車・台車が出る。大きな「からくり人形」も踊る。また江戸時代からの「匠の技」の伝統的な物具や江戸装束の行列が、昼夜にわたり盛り上る。日本各地、祭りは多い。未来への願いと合力、燃える人間力だろう。

祇園祭：八坂神社の祭で、平安時代、約1500年前にはじまった。京の都の「疫病退治」と、滅亡した平家一門の怨霊を鎮めるという。宵山には32基の山鉾に沢山の提灯が灯され、多数の庶民の身近な願望が掲げられている。かわいい稚児さんも烏帽子と狩衣姿。西陣織など豪華な美術品で飾られ「動く美術館」といわれる。そして「コンチキチン」と祇園囃子で巡行、勇壮な「辻回し」もある。

八坂神社では「鷺舞」も奉納される。活力のハモ料理が多彩で「ハモ祭」ともいわれる。「平家物語」では「祇園精舎の鐘の声　諸行無常の響きあり。娑羅双樹の花の色　盛者必衰の理をあらはす。奢れる人も久からず　ただ春の夜の夢のごとし。猛き者もついにはほろびぬ　偏に風の前の塵におなじ」と語る。琵琶の音は強く激しく、そしてさざ波のよ

うに消えていく。

山鉾巡業「構造と組立」：山鉾行事は世界無形文化遺産。山鉾は20mもの「真(神)木」、台車の真ん中に立ち３階建のビルの高さ。台車は10トンの大型トラックの重さ。動輪も巨大で強い。これが「辻回し」にも耐える。この山鉾は台車を倒し両方つなぎクレーンで立て巡業になる。この山鉾の組立は、ほぼ全部木材で金具は使わないという。

組立と支えは「組み木」で緻密に縛り補強される。これは棟梁の指揮、伝統の技とされる。金具では負荷が集中し壊れ易いが、縄は負荷が分散・調整される。全体に「柔軟で強い」締めや支えだろう。縄自体も「よじり」の構造で強い。山鉾には伝統の「美術や技術」が込められている。、縄は太古から使われ、「美術と技術」の飛躍。「縄文と縄」の不思議は2-2。

山鉾の絨毯のルーツ：最近の研究では、起源は中国北西部、もとモンゴル帝国。東西交流、砂漠や高原地域での高度の技術・美術品らしい。模様の中心は梅で中国の影響、周りの模様はイスラム圏の文字に似て、染色は渋い色。材質の毛は堅くラクダに似るが、DNA鑑定で高原のカモシカにウシの毛が混じるという。

山鉾には人間の活動や歴史が積まれている。京都は「千年の都」で、世界の文化や「お宝」も持つ。この文化力で「疫病退治」だろう。なおモンゴル帝国は、ユーラシャ大陸東西に広く世界最大とされた。しかし皇帝チンギス・ハンの墓は不明で「世界のミステリー」とされる。

飛騨高山祭：何トンもの山鉾・山車・台車が出る。青龍台など高い豪華な屋台の上では大きな「からくり人形」も踊る。江戸時代から続く「匠の技」の伝統的で細やかな物具、それとともに、江戸装束の行列が昼夜にわたる。江戸時代から続く国重要民族文化財である。

秩父夜祭：急な坂も上る勇壮な祭で、秩父屋台囃子も国重要民族文化財。笠鉾・屋台は15トンもある。この祭りでは「男と女」の神様が年１回、御旅所で会うという。七夕のようだ。昔、秩父は養蚕や織物で栄えたが、生糸の暴落や農民の借金地獄で「秩父一揆」や「草の乱」が起こった。

日本各地の祭「豪装で華麗」：東北の竿燈・ねぶた・七夕祭なども大きな出し物や催しがある。九州の博多祇園山笠は朝から「オイサー　オイサー」のかけ声。唐津くんちも「かぶと・獅子・鯛・龍・鳳凰」などの曳山がある。ねぶたやくんちは音で気合を合わせる。「音の風景」百選である。大阪・岸和田市の「だんじり祭」もある。約４トンのだんじり４台が鉦や太鼓の音とともに「ソーリャ　ソーリャ」と勇壮に疾走する。江戸の中心の神田では、勇壮な三社祭が賑わう。

3-3　アルキメデスの「テコの原理」…「テコ」で地球も動かせる？

アルキメデスは「浮力の原理」とともに「テコの原理」も発見した。この原理は「大人と子ども」も広く使っている。天秤、はさみ、力切り、缶つぶし器、釘ぬきなどの道具類、シーソーなどの遊具もある。これらを使うと手足の力を何倍にも拡大できる。テコの原理で、誰でも「怪力」が出せる！　また天秤を使うと「テコの原理」で、重さと質量が正確に測定できる。この測定は、生活や自然を知る上で、長さや時間とともに、まず大切なものである。テコは、科学や技術の発展に絶大な寄与した。なお、耳には、音を伝達・拡大する耳小骨があり、これも「テコ」の働きという。身体でも、テコを日常使っていた。

地球をテコで動かす絵：この絵では、中学校の数学の本を思い出す。紙質の悪い緑の表紙に似た絵があり、アルキメデスが地球を動かしていた。しかし、アルキメデスは、地球より大きく描かれていた。それを見て、「テコの原理」を「おとぎ話」と混同した。人間が地球と並ぶ巨人になれるなら、地球は「手づかみ」で動かせる。「テコ」は不要になる。

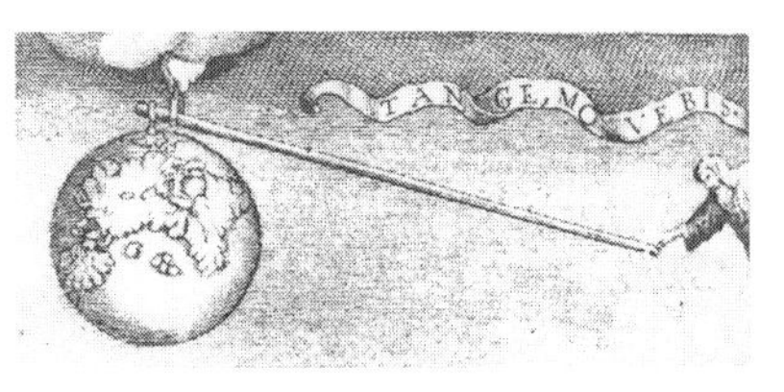

▶「地球をテコで動かす絵」:17 世紀の本の挿絵。本当に地球が動かせるのだろうか？

そう感じた私は、「テコの原理」を置き忘れ、気楽に通過した。怪力の発揮には、まず健康と体力増強が必要だ。「テコ」より、その方が手早く自力がつく。そこで毎日よく歩き、よく走り、働らいた。おとぎ話は楽しいが、中学の「テコの原理」は、身近な例から入る方が分かり易いだろう。

身近で分かる「テコの原理」：テコで「地球を動かす」のは、大き過ぎて理解不能だ。もっと簡単な図の方が、この原理は分かり易い。五感でただちに調べられる。テコを支える固定した点（支点）と棒があればよい。棒には支点の左右、腕の長さ l_1 と l_2 の所に、力の大きさ F_1 と F_2 が加わるとする。これはそれぞれの重さに対応している。棒の左右が釣合う場合は、次の関係式が成立つ。

「$F_1 \times l_1 = F_2 \times l_2$」。これがアルキメデスの「テコの原理」である。支点にかかる力は、天秤の荷物の場合、荷物全体の重さにあたる。

計算は算数で簡単：上式は小・中学校で習う比例・反比例の式で、$F_2 = F_1 \times l_1 / l_2$ と変形できる。したがって、l_1 と l_2 の比を小さく選ぶと、F_2 は小さくできる。

例えば、l_1＝10cm、l_2＝100cmでは、F_1が重さ50kgの大きな石としても、F_2＝50×10／100＝5（kg重）である。子どもが押す程度の力で、大石も動かせることになる。つまり腕の長さの比を変えると、力は何倍にも拡大されて「怪力」が出せる。アルキメデスの「地球を…」の言葉の、具体的内容だろう。計算も、算数で簡単にできる。テコの原理は、身近なもので試すと分かり易い。日常、便利に使っている。テコ、天秤、缶切りやくぎ抜きなどの道具類、遊具では「シーソー」もある。

斜面や滑車の利用：「力の拡大」では、テコのほかに、斜面や滑車もある。ピラミット建設など、大石を運ぶのには利用されただろう。怪力を出すには、浮力やテコ、さらに斜面や滑車などが利用された。ただ、これらの道具類の使用では、「力」で得だが、仕事」「エネルギー」では得をしない。

「力と仕事」の関係は？：力、仕事、エネルギーという言葉は日常用語である。しかし、紛らわしいので、つけ加える。物を動かすには、力を加え仕事をする。この時エネルギーが必要。エネルギーとは「仕事をする能力」で、仕事と同じ単位で測られる。仕事では力を加えるが、力と仕事は別物である。力学では、仕事は次の式で表わす。

［仕事］＝［加えた力］×［その方向に動いた距離（長さ）］（全く動かない場合、仕事はゼロで「骨折り損のくたびれ儲け」になる）。

上のテコの場合、左右の仕事を比べると、左側では力は大きいが動く距離は小さい。右側は反対になる。つまり力と距離の積は左右同じ。仕事量は損得なし。右の仕事が左側の石を動かす仕事になっている。人間や機械でも、仕事ではそれに見合うエネルギーが必要となる。エネルギー源は、機械では電気や燃料、人間では飲食物である。なお力学は、**第６話**「水は働きもの」で触れることにする。

古代の「天びんと重り」：紀元前1350年頃に、エジプトで出土した。天秤では、「テコの原理」で重さを測定した。古代、貨幣の重さの測定は、紀元前1550年頃のエジプトの墳墓の壁画などにも描かれている。東京・上野の国立博物館には、天秤が多く展示されている。

古代中国で、秦の始皇帝の統一国家（紀元前221年）が「度量衡」の統一を行った。兵馬俑は始皇帝の世界最大級の古墳で世界文化遺産である。この古墳から数千の大軍団（兵馬）の土人形（俑）が発掘された。驚くことに実物大、生きた動きの人形や装備である。この高度の技術や美術では、まず「重さや形」の基準「度量衡」が重視されただろう。国立博物館の「兵馬俑」特別展（2016年）もあった。

3-4　簡単で奇妙な「パスカルの原理」…水圧は何百、何千人力！

大昔から、水は上下水道、運輸、農業用水など、さまざまな生活面で役立てられてきた。この間に水の知識、経験や技術が蓄積された。しかし「水の科学」では、アルキメデスの「浮力の原理」以後の約1000年間、目立った進展はなかった。その後15～16世紀にはレオナルド・ダ・ビンチが現れ、水の振舞いを詳細に観察・記録している。また17世紀中頃に、「パスカルの原理」が発見された。ここで、水の科学や技術が飛躍的に進んだ。それとともに、「水とは何か？」にも、新しく具体的な考えが出はじめた。原子・分子の「ミクロの世界」への接近が開幕された。

「パスカルの原理」：「液体の圧力（静水圧：動いていない静かな水の圧力）は、どの方向でも同じ」という原理である。静かな大発見だろう。パスカルはフランスの科学者・哲学者でキリスト教信者である。若くして「神童」「天才中の天才」といわれたらしい。この原理は、水圧機や油圧機に使われている。テコと同様に力を何十倍、何百倍にも拡大できる。この圧力機はワインや酒、醤油しぼりなどに利用される。超高圧で物を固め壊す場合、また地震や地球内部を探る超高圧の岩石実験などにも使われる。岩も砕く怪力、静かに働くのである。

▶ パスカル：「神童」「天才中の天才」とされた。水圧や気圧の実験などを精密に行い、実験を「自然学の原理」として重視した。パスカルの言葉「人間は考える葦である」は有名で、人間の弱さとともに強さを説いた。

水圧の「原理と計算」：この原理の説明には、よくピストンが使われる。U字形の容器に水が満たされ、大小のピストンで密閉されている。ピストンは同じ高さで滑らかに動く。「パスカルの原理」によると、この水の圧力（単位面積あたりの圧力）は、どこでも同じとされる。大小のピストンに働く力と面積を、それぞれ（F_1,S_1）（F_2,S_2）とすると、面積あたりの圧力が等しい。つまり$F_1 \div S_1 = F_2 \div S_2$で、$F_1 = F_2 \times S_1 \div S_2$となる。

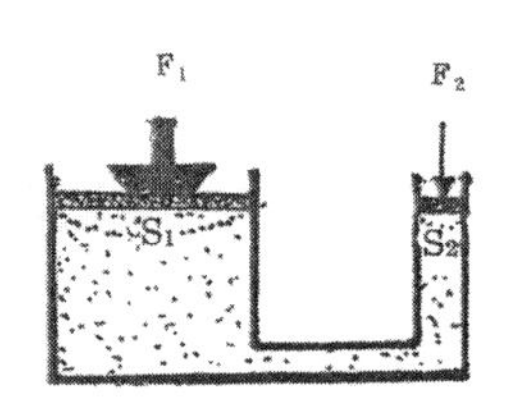

▶ お化けの「パスカルの原理」：水圧は四方八方、どこからでも現われる。出所不明でお化けの様だ。しかし水圧の関係式は簡単な割算である。$F_1 \div S_1 = F_2 \div S_2$

ピストンの面積比：$S_1 \div S_2$を大きくすると、それに比例して、力F_1がF_2の何倍にもなる。テコの場合と同様、水圧で力が拡大される。水圧機では、この怪力が働き、便利に仕事ができる。なお「水圧」は、力そのものではなく、力の加わる部分の面積あたりの力である。圧力は、まず面積あたりで効果を現す。例えば、針は小さな力でよく刺さる。針先は細いので、面積当たりの力と効果が大きい。

原理とは何か？：「パスカルの原理」で、私ははじめて「原理（根本の法則）」という言葉を知った。しかし何が原理か？ 長い間分らなかった。「圧力」は、押したり引いたりして、手で感じる。「方向」も上下左右、東西南北、ほぼ五感で理解できる。「水圧の計算」も算数の掛け算や割り算である。この一見簡単なこと、どこが「原理」だろう？ 天才が取上げるほどの難問とは感じられなかった。

原理とは、「大人と子ども」に、共通の根本法則。つまり誰でも身近かで確められる法則だろう。しかし通常、そんな面倒な実験には手足も出せない。水圧がどこにあるか、つかみようがない。他方、原理とするには、厳密な検証、実験と思考が必要とされる。少なくともいろいろの容器で、正確な水圧実験が必要になる。やはり、静水圧は難問だった。パスカルは、多数の実験を進め確証していた。

自然が分かる「科学の方法」：難解な水圧を科学で分かり易くしたのがパスカルである。「天才中の天才」とされる。さまざまな形のガラス容器を使い、真空、気体や液体を詳しく実験した。それを基礎に、「パスカルの原理」が引出されている。彼は、「自然学においては、実験だけが頼るべき唯一の師」と述べ、科学の実験的方法を確立したとされる。水圧と一様な伝搬には。水分子や「水素結合」がある。「パスカルの原理」は、そこにも接近した解明だろう。ただ17世紀では、原子・分子は未解明の「ミクロの世界」。その理解には、パスカル後も数世紀間の「原子・分子の研究」が必要とされた。

実験と思考（理論）：自然を知るには実験が強力だが、実験条件の限界がある。他方、思考や理論には限界はないが、正否は実験での検証が必要とされる。結局、自然の解明は「理論（思考）と実験」の二本柱（足）で進んだ。パスカルも「考える葦」で、思考の重要性を強調している(3-5)。近代開化のガリレオも、「五感が及ばない所は理性で補わなければならない」という。ガリレオは物体の運動や力学を、ニュートンに先立ち実験で確かめ、さらに思考実験や論理、数学も使い研究した。望遠鏡観測と合わせ「地動説」を確立した。

水圧の不思議「出現と伝搬」：水は突然飛び出すので驚く。水圧や浮力では、力のかかり方がテコのようには見えない。そこは「ミクロの世界」になる。極微の水分子は「単純で強固」高圧にも強い。また不思議な「水素結合」で無限に連結、柔軟に密着して動く。この無数の水分子の微力が合わさり、大きな「浮力や水圧」になる。

水は気体の「柔軟」と固体の「強固」を併せ持つ。つまり、水分子は「ギッシリ」詰まって強固、同時に「水素結合」で柔軟に動く。どの方向にも平等に押し合い、これが静水圧になる。浮力の場合と同様、多数の水分子の合力である。水素結合網で連結して、水圧は途切れない。四方八方、隠れた所にも「パスカルの原理」の通り、等しく高速で伝搬される。水の「静と動」は**第8話**。水分子の「形と性質」「水素結合網」「連結と踊り」は**第10話**。

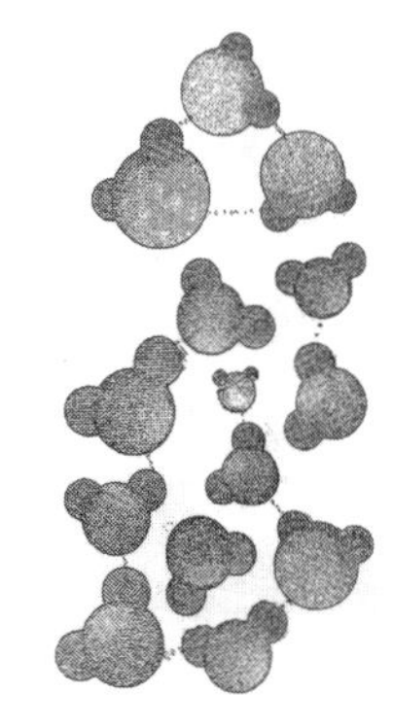

▶ 水分子の連結

パスカルの広い研究：気象や気圧、真空の実験や計算機の発明、確率論や幾何学の研究などを行っている。また、「数学的帰納法」の論理を確立し、「無限の世界」にも近づいたとされる。帰納法は、原理や論理を重視する演繹法に対する方法である。個々の基礎的事実や経験を蓄積、一般的結論を導く推理とされる。正しさの保証には、確率や統計も導入された。「パスカルの原理」も、多くの実験や思考に基づく。

3-5　子どもの水遊び…水は「お化け」？

子どもは水遊びもしながら、水の性質を身につける。私も遊びの中で、「水の性質」を知った。石や木は力を加えると、およそその方向に動く。しかし水は反対方向にも飛び散る。影からも突然飛び出す。水は「お化け」のように、自由自在に形を変える。水の手づかみはできない。ドジョウよりつかみにくい。

水は土で囲い込んでも、変形して逃げる。叩くと飛び散る。下手な水鉄砲は、自分の方に水が散る。風呂の水洩れを防ぐのは難しい。最も怖いのは豪雨の時、田の畦や川岸の決壊。どこが決壊か予測できない。水の性質は不思議で面白いが、他方では非常に恐ろしい。水に浮かされ、溺れる危険もある。水の性質は複雑・奇妙だが、奥には「浮力の原理」「パスカルの原理」があるだろう。

水圧は「オバケの原理」？：「パスカルの原理」は、水圧の「オバケの原理」ともいえる。この原理は一見簡単そうだが、「テコの原理」より分かりにくい。テコでは、棒などが見えるが、水圧は何も見えない。水圧は、四方八方に伝わり、水が突然飛び出す。とにかく水の動き、水と水圧は捕まえるのが困難だ。「水はオバケか」「オバケの水か」にもなる。オバケも正体や出没が分かりにくい。現在も、この性質は変わらない。水は不思議で分かりにくい。何だろう？…と、子どもも興味を持つ。

「人間は考える葦である」：パスカルの有名な言葉である。人間は弱いが、考えが人間の偉大さをつくると説く。また「考えること」が大切とされる。しかし「原理」は考えだけでは生まれない。何とも、水はつかみ所がない。実験と推理、どちらも蓄積が必要だろう。パスカルはさまざまな形の容器や十数メートルのガラス管も使い、山の上でも実験を繰り返したとされる。多くの場合の検証である。

「原理」は天才でも、よく自然に聞き、確かめないとつかめない。「パスカルの原理」は厳密な実験で検証された。実験は、「自然学の原理」とされる。パスカルは「われわれは確実に知ることも、全然無知であることもできない」と語る。自然の多様性、複雑性を繰り返し取上げ、自然の理解に「考える」大切さを説く。パスカルの「パンセ」(思想、瞑想録)による。

アシとヨシ：同じ草である。「悪し(アシ)」ではないので「良し(ヨシ)」の呼び名が出た(広辞苑)。アシは、イネ科の多年草である。葉と根が強く、茎は空洞で柔軟である。川岸や湖岸などに茂り水の流れを静める。風にそよぐが、地下茎が張り洪水にも強い。また水中の窒素やリン酸などは、アシの養分として吸収され、水の富栄養化や腐敗が防止される。このように環境が整えられると、魚など水生生物には絶好の活動・繁殖場所。渡り鳥や水鳥も集まる。

ヨシキリは葦雀、昔、日本は「豊葦原の瑞穂国」。葦も瑞穂(稲)も豊かな国とされた。

▶アシ：イネ科の多年草。高さは約2m。水辺に根葉をはって群落をつくる。世界で最も広く分布する植物。ヨシともいう。絵の右上は穂の花。

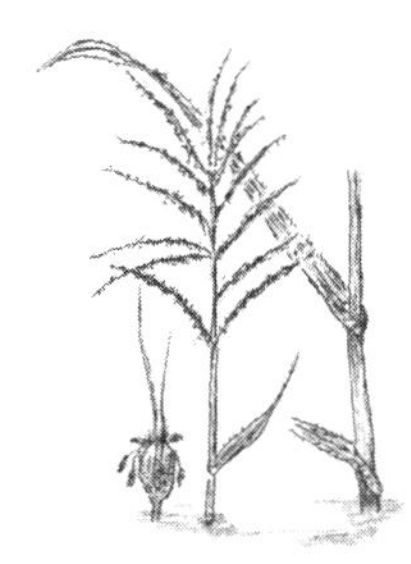

▶ススキ

3-6　真空と大気、気圧と水圧…少女の「赤い風船」、巨大な観測気球、深海魚の耐圧

水には重さがある。このため水圧は深さとともに強くなる。水の重さが積み重なるのである。例えば1000mの深海では、1m^{2}あたり1000トンもの水圧になる。全て押し潰されそうな超高圧である。大気(空気)にも、重さや圧力(気圧)がある。ここにも、「パスカルの原理」が働いている。ただ気体は圧縮し易いので、液体との違いもある。地上の気圧は平均1気圧である。これは1cm^{2}あたり約1kgの重さで、約10mの高さの水が底面に及ぼす圧力である。気圧は天気や日常生活にかかわり、天気予報にも毎日出されている。ところで生物には大きな外圧がかかるが、

気圧と変化：地球の大気圧は、地上では平均１気圧である。人間もこの大きな圧力を受けている。しかし、大気圧はいつも加わるので、その状態になれて、体の内外の圧力は釣合っている。通常この大気圧は五感では分からない。しかし、この小さな気圧変化で、風が吹き天気が変わる。健康にも影響する。かなり気圧の変わる高山では、水の沸騰点低下や高山病も起こる。大気圧は高さとともに低くなり、水が蒸発、水蒸気で自由に飛び出す。また水が低い温度で沸騰して、泡が「ブクブク」出る。料理では生煮えになるので、圧力釜が必要になる。

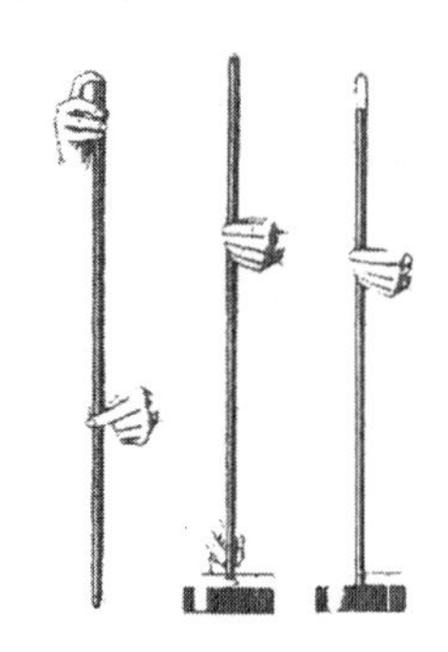

▶真空の実験：真空および大気圧の存在を実証しようとして、イタリアの物理学者のトリチェリが行った実験。長さ約１mのガラス管の一端を密閉して水銀をみたし、水銀をこぼさないように指でおさえて倒立させ、水銀容器の中に管口を入れて指をはなすと、管の中の水銀は少し下がって水銀面から約76cmのところでつり合う。このとき水銀柱の圧力と大気圧とは等しい。この水銀柱の高さは気圧の単位としても使われている（１気圧=760mmHg=1013hPa）。上部の空の部分が真空。Hgは水銀の元素記号。

真空の発見：高山などで大気や気圧の仕組が分かったのは1643年のことである。イタリア人のトリチェリの「真空の実験」から明らかとなった。一端を封じた長いガラス管と水銀溜を使った実験である。これで真空、つまり空気のない状態が、上部に作られた。太古から「真空は存在しない」「神は真空を嫌う」とされてきた。それが発見された。真空とは「空気もない空間」、高空は真空とされる。高さとともに大気が薄くなり、ついには空気もない。しかし実験で作れるのは近似的な真空である。現在到達した「超高真空」は、通常の空気の１兆分の１程度の圧力らしい。

「温度・気圧の測定」：気圧は温度とともに、毎日の天気・気象にかかわる。そこで正確な測定が必要になる。また、天気図には高気圧や低気圧が示されている。気圧の単位はhPa（ヘクトパスカル）、１気圧は1013hPaである。なお天気図の「気圧の等高線」は、気象庁が全国1056カ所の気圧計で観測し、高度差による補正が加えられている。気圧は高度とともに低くなるので高度ゼロの海面上の値に換算される。これで天気図が作られる。天気図や気象衛星「ひまわり」の赤外線画像は新聞やテレビに出されている。

深海は超高圧、生物は楽々とは？：大気圧は、高度とともに低くなる。水圧は、深さとともに増加する。水の重さが重なって加わるのである。人間や魚は、大きな気圧や水圧を受けるが潰されない。特に深海は超高圧で、深海艇も容易に潜れない。しかし、クラゲやタコは「ユラユラ」、楽々に泳ぎまわる。これが潰れないのは、体の内外の圧力が釣合っているためである。釣合うと、膜の四方八方で圧力は一様になり、膜は弱くても破れない。魚が深く潜って潰れないのは、内部に空気と油脂を貯めており、急速に内圧調整するからだ。

水も、深海では超高圧を受けるが潰れない。水分子は、極めて強固な分子である。また水分子間は、柔軟な水素結合でよく動く。クラゲとともに柔軟で、「ユラユラ」楽々動く。生物が五感で感知するのは、内外の圧力差、つまり釣合の破れである。この差が大きくなると、潜水病や爆発も起こる。なお、湘南海岸の新江ノ島水族館には、高圧環境水槽がある。ここには、深海魚のユメカサゴやトリノアシなどが飼育・展示される。沼津深海水族館も珍しい生物が多いようだ。

驚いた、少女の「赤い風船」：前世紀末、夏の天気の日の昔話。小学生が兵庫県北部で飛ばした風船が東京まで来た。これをゴミ拾いのつもりで手にしたが、名札の住所を見て驚いた。

普通の風船がそんな遠く飛ぶとは信じ難いが、その後、小学生が学校で飛ばしたと確認した（返信の手紙）。ただ風船の出発や天気情報など確かめないまま終った。ともかく風船は、少女の夢とともに、何百kmも飛んだ。これは確かな事実である。「夢・風船・大気」を合せた不思議だろう。「バルーン協会」によると、風船は8km程度まで上って、割れるとされている。しかし、東京着はしぼんだ状態だった。

風船の飛び方：風船は、空気の浮力で空高く飛ぶ。この基本は、アルキメデスの「浮力の原理」「パスカルの原理」によるだろう。ゴムが自由に伸びるなら、風船は高空まで上り、ジェット気流で遠くまで飛ぶとされる。しかし、風船の耐圧・耐寒、上層と下層の気流の違いで航路は複雑だろう。富士山程度の高さでは、夏でも、風船に氷も付着する。

巨大な観測気球…世界一：宇宙航空研が北海道・大樹町で気球を飛ばし、高度世界記録53.7kmを樹立した。富士山の10倍以上、大気圏を超え成層圏にまで及んだ。気球は直径60mで、重量35kgである。気球はミクロンレベルの極薄ポリエチレンフイルム（零下数十℃の耐寒性）で作られ、ヘリウムガス（He）が詰められている。地上ではしぼんでいるが、上空で気圧が下がると膨らみ、浮力で昇る。これで高空気象、地球温暖化ガスやオゾン（O_3）の長時間観測が可能とされる。従来の高空気象の観測は、ロケットで高額、短時間であった。

第4話

光と水も「いのちの源」…無色・透明の水が多彩とは!?

光は、よく知られている。太古から太陽や星が輝いていた。科学では、光は百数十億年前の「ビッグバン」－「宇宙のはじまり」からとされる。自然は、この光とともに移り変り、また人間も、太陽光の下で生活してきた。聖書も、「はじめに光ありき」と語る。ともかく昔々から光は大切、太古から関心と研究が続いている。

光は超高速で、「正体」はつかみ難いが、まず身近な光の現象から研究された。そして、近代から現代科学の発展とともに、複雑な性質が次々と解明され、利用も進んだ。光は、電磁作用のある波―電磁波と分かった。また、太陽光は可視光以外にも、広範囲の電磁波を含む。水は無色透明だが、薄膜では虹色を出す。太陽光で、自然は多彩に輝いている。電波や赤外光となると、天気や生命との関係が大きくなる。水とは何か？…光や電磁波から分かったことが多いだろう。

4-1 「光の性質」「三角形の性質」の類似…分かる「三角形・三角法・三角関数」

近代光学のはじまりは、約千年前とされる。ハイサム（アルハゼン）は「光学宝典」を残し「近代光学の父」といわれる。イラク生まれで、エジプトのナイル河近くで活躍した。洪水予知を迫る暴君から、軟禁状態におかれた。それでも実験を続けたという。特に光の「反射や屈折」の原理、幾何光学や目の構造・視覚を研究したとされている。古代ギリシャ時代では、目から光を放射して物が見えるとみなされたが、ハイサムは、物の発する光が目で屈折され、視覚に入るとみなした。これは、現代の視覚の考えである。「眼光」の言葉もあり、目から光（火）が出るとも解釈できるが、この解釈を、ハイサムが大逆転して、近代光学がはじまったといわれる。

目で分かる「直進・反射・屈折」：光は障害物がない場合、真進する。つまり「直進性」がある。また物にあたると、はね返り、折れ曲がる。これは「反射」「屈折」の性質である。また水などを通過すると、強度が弱くなる。これは「吸収」の性質である。これらは、日常的に経験する「光の基本的性質」とされ、大切な性質で使い道も多い。また水は可視光、つまり目で見える赤から紫色までの光を、殆んど吸収や反射をしない。つまり、光は水を自由に透過して、「無色透明」といわれる。

反射の法則：鏡での反射の場合、鏡面での光の入射角と反射角は同じ（平面に入る角度と出る角度が等しい）。これが「反射の法則」である。この性質を使うと、鏡面の像を光の経路で図示できる。顔を写すには、その半分の大きさの鏡があればよい。これも「反射の法則」で説明される。この法則は紀元前、ギリシャのユークリッドの発見とされる。彼は、平面幾何学で有名である。また、「三角形の面積公式（底辺×高さ÷2）」で知られている。

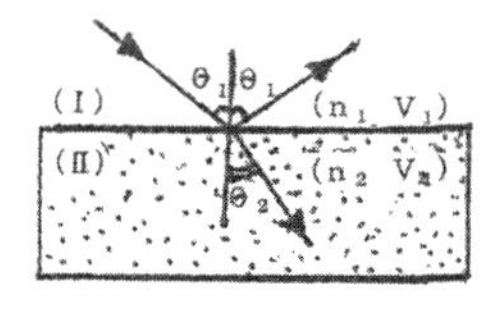

▶ 光の「反射」と「屈折」
反射の法則：「入射角」と「反射角」は等しい。
屈折の法則：$\sin\theta_1/\sin\theta_2=n_2/n_1=V_1/V_2$
$\sin\theta$は三角関数、nとVは媒質ⅠとⅡでの光の屈折率と速さ。三角関数は三角形の辺と角度の関係から出発する数学である。この数学を使うと光の性質が表し易くなる。まず「屈折の法則」は、1回の割算で表される。三角形は簡単な図形ながら、光を知る上でも大切だ。

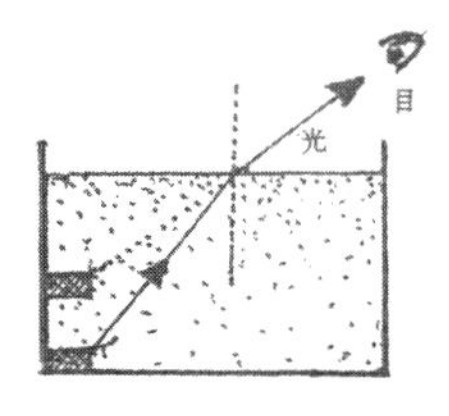

▶ 水中を出た光の屈折：水中の石や魚は浮き上がって見える。水底は見かけよりかなり深い。これは見るとおりで、すぐ確かめられる。

反射の法則の証明も、幾何学を使うと容易になる。ヘロンは、「反射の法則」を変分原理（最短経路の仮定）で導いた。この原理は幾何学の利用で、日常でも使われている。曲がり道より直線路が最短になる。最短路の解には、数式より幾何の方が容易だろう。図を見るだけで分かるからである。

光の屈折「川の大ナマズは深かった！」：光の屈折では、子どもの頃を思い出す。小学校の帰り道、大ナマズの群が「ユウユウ」と川を泳いでいた。これを見て心が躍った。浅瀬に追えば一匹ぐらい取れる。穴にもぐれば手づかみだ。そこで追い棒を持って飛びこんだ。ところが川は深く、ずぶぬれになった。

ナマズは、見かけよりずっと深かった。光は水中から空中に出る時屈折する。これでナマズは浮き上がって見えたのだ。コップの水や風呂でも、光は屈折、物は浮いて見える。水は光の屈折が特に大きく、宝石のダイアモンド並とされる。水中の魚は、空中から斜め一直線では捕まえられない。鳥もほぼ垂直降下で魚をとる。水中の物は、水面での光の屈折で浮き上がって見え、方向を間違える。

屈折の法則：17世紀にオランダのスネルが発見。法則は光の曲がる角度と屈折率の関係で表されている。屈折率は光の曲がり具合、特徴を示す物質定数で、大きい方がよく曲がる。また屈折率の大きい物質の方が光の速度は遅い。水やガラスは屈折率が大きく、光が多彩に変化する。

凸面鏡や凹面鏡：光が曲がった鏡にあたるとどうなるか？ 波立つ水面の場合と同様、像は曲がる。しかし、曲面でも小部分ごとでは「反射の法則」が成立し、小さな像ができる。全体像はそれらの合成で、拡大や縮小になる。自動車のサイドミラーは、凸面鏡で全体が縮小され、広い範囲が写る。凹面鏡の場合、逆に像は拡大される。凹面鏡は反射望遠鏡として天体観測に使われる。遠くの天体が拡大され、大きく見える。このように光の反射と集め方で、さまざまな像が見られる。「だ円面鏡」は、焦点２つの凹面鏡。影に隠れた物を空中に浮かせて見せる不思議な事ができる。

メガネ・望遠鏡・顕微鏡の発明…広がる世界：「屈折の法則」は、17世紀に発見された。ついで16～17世紀には、メガネ職人がメガネ、望遠鏡や顕微鏡を発明した。この発明で非常に小さなものを拡大して直接見えるようになり、はるかに広い世界が開けた。これは生物学や天文学、身近なものから天空まで、はかり知れない影響を与えた。レンズや鏡には凹凸の種類があり、光を集めたり、発散させる。そして拡大率や用途に応じて使われている。望遠鏡には、反射望遠鏡と屈折望遠鏡がある。

「ガリレオとフック」の大発見：イタリアのガリレオは、落下運動など、力学で有名だが、天体にも望遠鏡を向け、多くの発見をした。月には凸凹や山や谷、太陽には黒点、木星や土星には衛星、金星にも満ち欠けがあるなどである。望遠鏡についで顕微鏡が発明され、1667年にイギリスのフックが、コルクで「植物の細胞」を発見した。その後、続々と微細なものが観察された。そして天上の「大きな世界」と地上の「小さな世界」が広がり分かってきた。

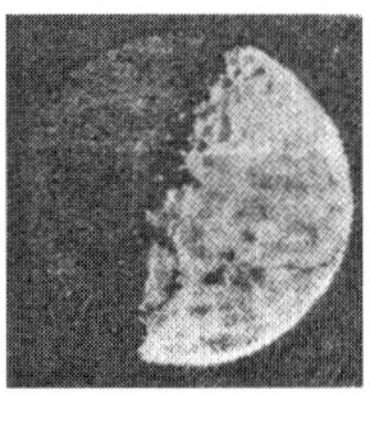

▶ ガリレオの望遠鏡と月面スケッチ：望遠鏡は木製で紙でおおわれている。長さ1.33m、口径26mm、倍率14倍。下側は木製で、美しく革でおおわれている。長さは0.92m、口径16mm、倍率20倍。凹凸両レンズの組合せである。この望遠鏡を使い、遠い天体で数々の発見がなされた。

古典力学「コペルニクス－ガリレオ－ニュートン」：レンズは、光の屈折を利用して実物を拡大する。このレンズから。目がねの発明、続いて望遠鏡が発明された。これで観測は天体まで広げられた。ガリレオの望遠鏡での天体観測は、コペルニクスの「地動説」の確証となった。また落下運動などの研究は、ニュートンに受け継がれ、古典力学が確立した。

月の科学探査：米アポロ衛星の「月の石」があり、日本の月衛星「かぐや」の「地球の出」の画像もある。月から見る美しい地球が、テレビで公開された。地球が太陽光に輝く画像である。「かぐや」の観測データから、月の「立体地図」も作られた。またレーダ観測から、昔の火山地域で、巨大空洞を発見。地下数十～200mで全長50kmという。この空洞は火山活動で溶岩が流れ固まった「溶岩チューブ」と見られ、富士山麓の「溶岩洞窟」(風穴)と似たものという。

「光の性質」と三角形：光の基本的性質には「直進・反射・屈折」がある。この性質を表すには、三角形や「三角形の数学」が便利である。高い木や建物の高さの測定や土地の測量、地図作りにも利用される。この三角測量は、地上での測量から宇宙の観測まで使われている。各人の持つ距離感覚も、両眼での三角測量といわれる。その経験が日常の距離感覚だろう。三角形は五感の中にも組み込まれ、日常的に使っている。三角定規や分度器は、単純な道具ながら「直線と角度」を両方示し、光の測定や図示に便利である。

三角形の数学「三角法や三角関数」：光の「反射・屈折の法則」は、数学の形では「三角形の数学」、平面幾何学の三角法や三角関数で表される。三角関数はsin (サイン)、cos (コサイン)、tan (タンジェント)などの記号が入る。この数学では、屈折の法則は1回の割り算に単純化される。もともと三角形には、直線や角度が含まれ、光学では「三角形の数学」が便利に使われる。これは幾何光学とよばれ、光の直線性、反射や屈折の法則を主に取上げ、平面幾何学の直線図形で説明される。光の波動性を扱うのは、波動光学といわれる。ここでも、三角関数が必要になる。

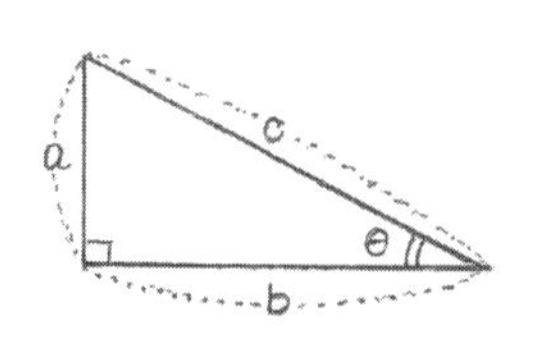

▶ わかる三角関数：三角関数は身近な三角形から誕生している。三角形は、3点を直線で結ぶと、ただちに現れる簡単な平面図形である。これには3辺と3角があり、その関係が三角関数で表されている。直角三角形では三角関数は辺の長さの一回の割算で計算できるのである。
サイン：$\sin\theta = a/c$
コサイン：$\cos\theta = b/c$
タンジェント：$\tan\theta = a/b$
この基礎の上に、多くの公式も導かれている。

三角関数は難解？－分かる「三角形・三角法・三角関数」：「三角法や三角関数」は「微積分法」とともに、難解な代表ともされる。しかし、三角形は保育園・幼稚園の頃から身近なものである。積み木や折り紙などで、目や手、五感で分かることが多い。数学も、子どもも分かる「三角形と算数」の話ではじまる。子どもから大人まで、それぞれに理解して使える。まず三角形には、「3辺と3角」があり、その間に何か関係がある。それが三角法や三角関数で順々に表されている。計算は算数と同じ「＋・－・×・÷」である。三角関数も、みんなが分かる所から、気楽に出発する。

気楽に三角関数「1・2・3」：三角形は、見る通り「3辺と3角」があり、特別な区別はない。三角関数も、誰でも入れる「広き門」だろう。この門を入ると、三角関数が見える。図の直角三角形では、角度θの三角関数は下記のように２辺の長さの比で表わす（ｃは斜辺、ａとｂは直角をはさむ２辺の長さ）。つまり三角関数が辺の長さの比で定義されている。

この関係式をもとに算数を使い、他の三角形の公式も次々に導かれる。公式が多く出て、覚えにくいが、大もとの基礎は難しくない。身近な三角形と算数ではじまる。分かる所から、気楽に「１・２・３」で積み上げる。そうすると三角関数の「宝の山」も見えるだろう。

サイン：$\sin\theta = a / c$　コサイン：$\cos\theta = b / c$　タンジェント：$\tan\theta = a / b$。

三角形の「合同と相似」「ピタゴラスの定理」：合同は辺と角が一致、重なることである。相似とは、角度や形が一致、各対応辺の比も同じことである。これらの三角形の性質が分かると、四角形や多角形も順々に分かる。つまり三角形に分けて考え、最後にまとめる。また直角三角形には、重要な「ピタゴラスの定理」、つまり［$a^2 + b^2 = c^2$］がある。これら三角形の「合同と相似」「ピタゴラスの定理」は三角形の基礎的な性質とされ、中学の数学で学ぶ。これを使うと、平面や平面幾何の理解が進み、広く宇宙でも通用するのである。なお「ピタゴラスの定理」の簡単な証明は**2-3**参照。

「光や音」「三角関数と単振動」の図示：光と音は「波動」で、似た性質がある。一般に波は波長、振幅（波の高さ）や振動数（周波数）などで特徴づけられている。この基準とされるのが「単振動」で、正弦波ともいう。これは振動数が一定で、滑らかな「山と谷」を持つ波である。数学では三角関数「サインやコサイン」の曲線で、位置や速度が表される。単振動の例は音叉の音、バネや振り子の振動がある一般の波動は、種々の振動数や振幅の単振動の重なりである。これら単振動の集まりの分布図は「スペクトル」とよばれる。

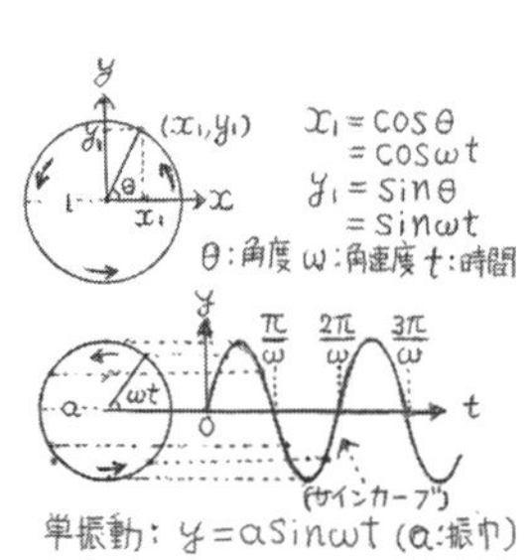

▶ 三角関数と単振動：同期的運動は、その位置座標に三角関数や単振動が現れる（張り子や等速円運動など）。音波や光の波も色々な振動数の単振動の集まりとされ、スペクトルとよばれる。

「光の法則」と数学の「最大・最小問題」：光の反射・屈折の法則は「フェルマーの原理」からも導かれている。この原理によると、光は最短時間・最短距離の道を通るとされる。これは一直線に進むことである。また反射では入射角と反射角が等しくなる。この関係を満たす光が最短時間・最短経路になるのである。光を伝える媒質が変わる場合、光の速度が変り屈折も起こる。

この屈折した経路は最短距離ではないが、所要時間では最短になる。この最短経路から「屈折の法則」が導かれる。「最大・最小問題」では、解析幾何学、微分法や変分法などが発展した。解析幾何学では、幾何(図形)の問題を、未知数(X、Y、Zなど)を使う代数方程式で解く。例えば、二次曲線(円錐曲線)の極大・極小値や接線などが求められる。この問題は高校の数学、2次曲線で学ぶ。

平面鏡の不思議「鏡面対称」:メガネ、顕微鏡や望遠鏡の発明は画期的で、見えないものも見え、世界が広がった。ここでは、レンズや鏡の曲面が利用されている。平面鏡の場合は、実物そのままの像で、特に不思議はないように見える。しかし、「鏡面対称」の不思議が隠れていた。赤ちゃんをはじめ、手形や足型はよく見られる。これらは、同じ面では重ならないが、片方を裏返すと「ピッタリ」重なる。これは、「鏡面対称」といわれる。自分の左右は、どちらも本物である。見て、さわって確かめられる。ところが、実物と平面鏡の像は、鏡面対称だが、左右が反対に変わり、どちらが本物か確かめられない。

「鏡面対称」…鏡の像は本ものか?:平面鏡では、実物が正確に映り「反射の法則」で解明されている。銅鏡などは古代から不思議な宝物とされた。自分で自分の顔や頭は見えないが、鏡があれば可能になる。そして、鏡は日常多数使われている。平面鏡の場合「実像と鏡像」が左右反対にある。そのほか、上下は同じ形である。日常生活では、何ら問題にならないが、いつの間にか左右が取り替えられるのか?

どちらが本物か分かりにくい。物質の性質では、鏡面対称の構造は「旋光性」や「光学異性体」として知られている。砂糖水、石英やタンパク質もある。この異性体は、「毒と薬」に分けられる場合もあるが、どちらも本物として区別される。しかし、鏡像の場合、完全に左右反対である。右手を振ると、左手で応える。どちらが本物か? この鏡面対称は、極微の素粒子の世界にも現れ、「CP対称性」として探究されている。物質の根源にかかわる不思議な性質らしい。これが鏡で大きく見えるのは珍しい。

平面鏡の不思議「万華鏡」:万華鏡は、日本には明治時代に「万華鏡」「錦眼鏡」「百色眼鏡」の名で流行した。現在も、趣味やみやげで人気は根強い。子どものおもちゃで出発、1880年にアメリカで大ブーム、大人も引かれる工芸品になった。これは、小さな筒状で先端は平面鏡、その前の透明油に小さい色物が入っている。この像が鏡に映り、反射光がさらに筒内のプリズム状の3面鏡に入る。ここで反射を繰り返す。万華鏡は、簡単な構造ながら、覗き窓を覗くと、「キラキラ」多彩で不思議な模様が踊る。

万華鏡「単純から無限」の模様：万華鏡の英語名は「カレイドスコープ(kaleidoscope)」。その語源は、ギリシャ語で「kalos：美しい」「eidos：形」「scopeo：見る」とされる。これは、スコットランドの物理学者ブリュースター(偏光を研究)が1816年に考案、特許も取得している。光は電磁波で、振動は乱雑だが、偏光は振動面が偏った光である。偏光は、サングラスや偏光顕微鏡にも使われ、光のカットや色も出る。偏光は一回の反射でも起るが、変化は極微で見えない。万華鏡内の多重の反射で見えてくる。

万華鏡の構造は、プリズムの三面鏡が主で、ここで何回も反射で対称に折り返される。この多重の折り重なりに偏光も加わり、模様が「万華鏡」で見えることになる。内部にあるプリズム内では、反射が続き、偏光も積み重なって、色も変わる。油の小物が動くと、万華鏡の模様が無限に変わる。単純な小物が花模様になり「キラキラ」踊る。同じ模様は現れず、子どもと大人も楽しめる。しかし光路は無限に続き、辿るのは難しい。

4-2 「七色の虹」の話…虹を探して何千年？

雨上がりには「七色の虹」がさわやかに現れる。七色は「赤・橙・黄・緑・青・紫」で、それほど明瞭ではないが、夢のような輝きだ。虹は噴水や滝などにも現れる。霧吹きでも簡単に作れる。しかし、虹はつかめない。人が動くと虹も動く。いつも太陽を背にした方向で遠い。美しい虹とは何だろう？ この虹の解明には、数千年もかかっている。この過程で、光と水の関係も深められた。

「虹の探究」は紀元前から：ギリシャの哲学者アリストテレスは、雨後早々の雨滴が「霧よりもよい鏡」となり、太陽光の反射で虹になると考えたという。10世紀には、アラビアのアルハゼンが、水滴による屈折を考えたらしい。水滴は多彩に輝くので、虹を「水滴の反射・屈折」に結びつける考えは、いろいろあった。その後14世紀にはドイツのテオドリックが「雨滴の模型」に、水を満たした球形のガラス容器を使い、実験、科学的に解明を進めた。そして虹には、反射、屈折と分散が関わることと分かった。

虹の秘密「円弧と七色」：17世紀では、哲学者・科学者のデカルト(仏)が、虹の形が円弧になること、また赤や青に光る微細な水玉は高さが違うことを示した。水は、表面張力の働きで全部球形になる。その球形の水玉に光のあたると、反射・屈折が起る。これを幾何学で解明した。デカルトは、解析幾何学、渦宇宙論や機械論的自然観をうち立て「近代科学の開祖」とされる。また数学を「科学の女王」にしたといわれる。

デカルトは、数式で表される代数を、幾何学の図形に結びつけ、解析幾何学を発展させた。今日では、(X―Y―Z)の座標系は普通に用いられ、「デカルト座標系」とよばれる。これで代数式が、円錐曲線の楕円、放物線、双曲線などの図形と結びつけられた。これは、便利に使われる。

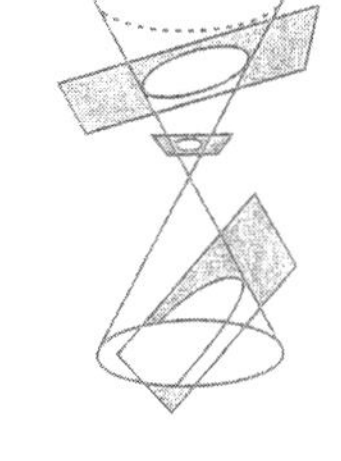

円錐曲線：上下二重の円錐(トンガリ帽子形)を平面で切ると、交わる所に曲線が現われる。図のように、円・楕円・放物線・双曲線などで、「２次曲線」とよばれる。昔ギリシャ時代にアポロニウス、アルキメデスやユークリッドが発展させ、科学を輝かせた。円錐曲線は、天体の運動でも基礎になる。

▶デカルト：「近代科学の開祖」、「数学を女王にした人」といわれる。虹や解析幾何学などを研究した。また真理への道、方法として「原理・演繹・分析」を重視、「すべてを疑う」必要を説いた。「我思う、故に我あり」の言葉は有名である。

デカルト「真理探究の方法」：デカルトは、「我思う、故に我あり」という言葉で有名。また真理探究の方法では、「すべてを疑う」大切さを説いている。その上で、「我あり」という結論にいたったのだろう。これらの諸発見は、著書『方法序説』にまとめられた。デカルトは、特に経験に頼らず、数学的公理や形式、もっぱら論理や規則から正しい結論を導こうとした。つまり、原理と演繹的推論を重視した。

演繹法では、「三段論法」が代表的である。これは「AならB」「BならC」が成立すると、「AならC」と結論する。あたりまえのように思えるが、境界も飛び超える強力な推論とされる。なおデカルトとともに、「近代科学の開祖」は、英国のベーコンとされる。彼は、経験を重視、「知は力」と語る。どちらも大切、相補う関係である。現実は複雑で、その経験や実態から出発する。さらに、根源の探究が続けられる。演繹法でも、実態との対比、検証が必要である。

ニュートンも虹を研究：17世紀には、力学で有名なニュートンも、虹を研究した。ガラスの三角柱プリズムに、「白色の太陽光」を入れ、この光が赤・黄・青などの７色に分光(スペクトル分解)することを示した。スペクトルは、波の成分を振動数で分けて示すものである。光がプリズムを出入りする時、色により屈折率が違うため、光が分れる。これを「光の分散」といい、この発見は「分光学のはじまり」とされる。純粋の象徴である白色光は混合光であった。無色透明の水や太陽の白色光から、多彩な色が出るのは不思議なこと。これが「光の分散」で解明されたが、五感では、「白(無)から多彩」が出たと感じる。

三角プリズムによる分光：太陽光(白色光)は混合光、赤から紫まで７色に分光される。光の屈折の度合い(屈折率)は、色の種類で異なる。分光した光を合せると、また元の白色光に戻る。

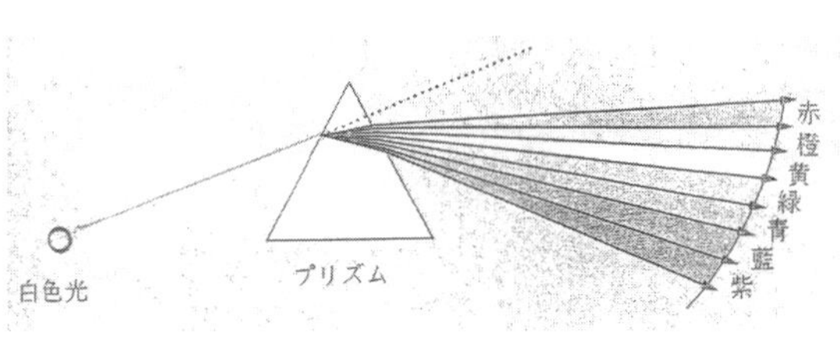

「七色の虹」とは何か？：白色の太陽光が、霧のような微細な水滴で、「屈折・反射・分散」されていた。水滴と光の諸性質が何段にも複合して働き、虹が作られる。なお通常の「一重の虹」では、水滴中の光の反射は１回である。「二重の虹」では、薄い方は２回の反射がある。また太陽の日傘、まん丸の虹は、高空の雲、氷晶のプリズム現象とされる。以上、多くの研究者の長い探究の概要である。小さな虹は、太陽を背に「霧吹き」を吹けば容易に作れる。

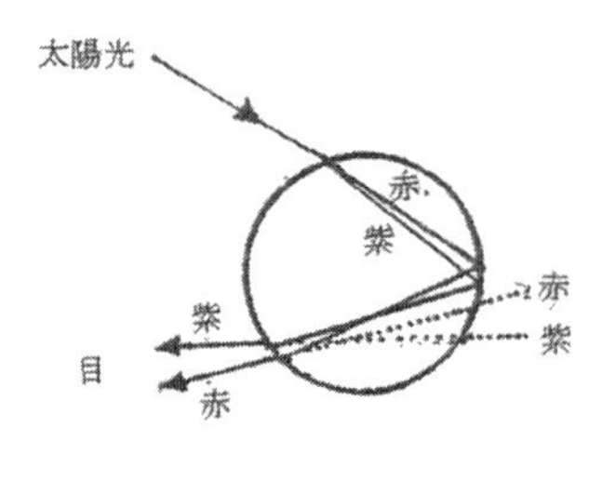

奥深い「水や自然」：虹の探究の中で、「光と水」の科学は大きく発展した。光は電磁波で、種々の振動数や色も含んでいる。これが分かったのは、虹の研究の後、19世紀から20世紀にかけてのことである。また水は「大きく小さく」、自由自在である。非常に小さな水滴や薄膜にも変化する。これに太陽の白色光が当ると「反射・屈折・分散・回折・干渉」の性質で、多彩な光に分離する。水や自然は、奥深い。

カントの探究「自然と人間」：ドイツの哲学者カントは、デカルトの渦の研究や動的自然観を受けつぎ、1755年に「カント・ラプラスの星雲説」を立てた。これは今日の宇宙進化説につながる。また海・陸・山・河・空気・鉱物などの自然や、人間・動物・植物などの生きものを深く観察して、「自然地理学や博物誌の草分け」といわれる。人間については、経験や批判精神を重視し、恒久平和を希求、人間の尊厳や基本的人権を説いた。

▶カント

4-3 見えない「ホイヘンスの原理」…輝くロウソクと露、「待ちぼうけ」の歌

光の反射・屈折の法則は、光を波動と考えた「ホイヘンスの原理」で説明される。この説明図では、光源から水の波の輪と同様、光の波が広がる。近くに反射面があると、そこが光源かのように、同様な光の波が広がるとされる。光の波は直接には見えないが、水の波の場合は、広がりや反射の様子、凸凹の縞模様などがよく見える。光も同様に類推すると、「反射や屈折」の法則も分かり易くなる。「ホイヘンスの原理」は、その後の多くの実験で認められ、近年「カーナビ」の位置決定にも生かされている。衛星間の電波の「発信と受信」、それから、地球上の位置が三角測量で正確に測定される。

「ホイヘンスの原理」：ホイヘンスの論文では、「ロウソクの火」の素元波が描かれているが、現代では、同心円で広がる「水の波」で説明する場合が多い。これは池で見る波模様と同様だろう。この図から、反射・屈折の法則が説明されている。これは見る通りで、分かり易い。例えば、光が空気から水に入った場合、その境界面が「新しい光源」となり「素元波」が現れる。もとの光源ではない所からも、新しい波が現れてくる。またその重ね合わせで、次の波面や進行方向が決まるとされる。屈折は、空気・水・ガラスなどの物質により、素元波の速さが変わるためとする。

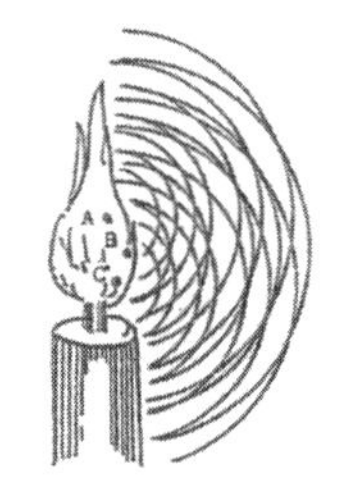

▶ ロウソクから出る「素元波」：ホイヘンスの論文の図。ロウソクの前に鏡がある場合、反射面からも素元波が出て、ロウソクの像が鏡に見える。

ホイヘンス：オランダ人で、光学や力学の理論と実験で大きく貢献した。ゼンマイつき「振り子時計」を発明し、振り子の円運動から「遠心力」も明らかにした。またレンズを磨き、望遠鏡で「土星の環」を発見した。

「ホイヘンスの原理」とは？：長い間、私は、何だか分らなかった。「素元波」という言葉に誤魔化されるとも感じた。素元波は、水の波のようには見えないので、疑問も起こる。しかし「素元波もあるかも」と感じたのは、「露の輝き」だった。葉っぱやクモの巣などの「小さな水玉」。朝日には朝露、弱い月光にも夜露がよく光る。小さな水玉が、火や電気も無いのによく光る。素元波の光源を探したが、近づくと、露の光はただちに消えた。光源は全く見つからなかった。それでも露は光った。

▶ ホイヘンス

真の光源と露の光は、区別できない。それは、超高速の「光の原理」だろう。この場合、真の光源からの入射光が一服「休み休み」して露から出るなら、人間には見えにくい。歌「待ちぼうけ」より、待ちぼうけだろう。しかし、露は朝日や月光とともに「用意ドン」。どちらが「真の光源」か、区別しにくい。そうなると、露は「新しい光源」「素元波」にもなる――その発想も、起こるのである。

素元波で出現「光の原理」：光は超高速で、経路は目に見えない。五感では、光の波は感知できないが、素元波の考えで、見える水の波とともに、光の基本的性質が引出されている。素元波は説明上の便宜でなく、確認できる光の原理－基本的性質とされる。

歌「待ちぼうけ」の「せっせと野良かせぎ」とは、手早い農作業で作物作りや収穫に励むことを意味する。くたびれて「昼寝」は名案だが、場所や時間差で「待ちぼうけ」も起こる。他方、草木の露は、朝日や月光にもよく光る。光源の光を「待ちぼうけ」しない。同時に光を出し、光速で伝わる。どちらが先か、五感では決まらない。露の弱い光が、太陽光の光源とは考えられないが、露の光の振舞いは「真の光源」と同様になる。

歌「待ちぼうけ」：北原白秋作詞／山田耕筰作曲「待ちぼうけ　待ちぼうけ　或る日　せっせと　野良かせぎ　そこへ兎が　とんで出て　ころり転げた　木のねっこ…　しめた　これから寝て待とか…　兎ぶつかれ　木のねっこ…　昨日鍬とり　畑仕事　今日は頬づえ日向ぼっこ　うまいきり株　木のねっこ…」。この歌は子どもの頃の畑仕事とひる寝の体験からよく分かった。兎も出たが逃げ足は速かった。人や兎の動き、時間や速さは異なる。同時は、超高速の光のみで、素元波は光の特徴を表している。

アジサイに潜む「光の原理」：アジサイはユキノシタ科。日本原産。学名の「Hydrangea」は「水の容器」。野生種はヤマアジサイ、ヒメアジサイ、海岸のガクアジサイ、雪国のエゾアジサイなど。園芸種は多く濃い青や紅色で、野生種は淡い色である。花の色は酸性土では青、アルカリ性ではピンクになる。この紫陽花の露はよく輝き、短歌にもよまれている。千代女「紫陽

▶アジサイ（紫陽花）：ユキノシタ科。日本原産。学名の「Hydrangea」は「水の容器」という意味。

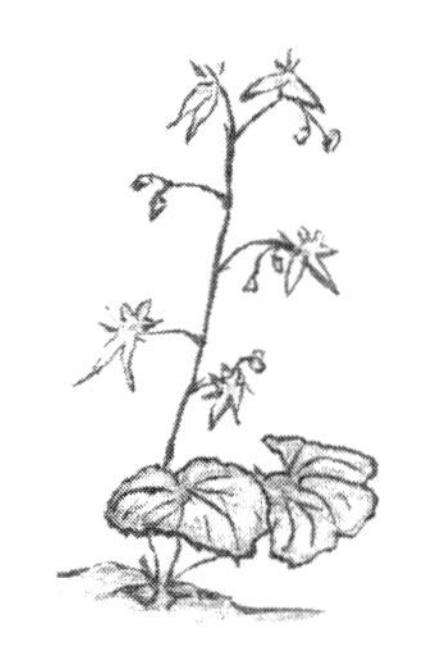

▶ユキノシタ：山地に自生する常緑多年草。花びら３枚は淡紅色、２枚は白色でウサギの耳のような形。

花に雫あつめて朝日かな」、藤原俊成「夏もなほ心はつきぬあぢさゐのよひらの露に月もすみけり」。鴨長明も「石川や瀬見の小川の清ければ月も流れをたずねてぞすむ」と詠む。

身近では「紫陽花や水で生きいき人と花」「紫陽花に月光の露朝の露」もある。この雫や露も「ホイヘンスの原理」が潜むだろう。この原理は不思議だが、身近で確かめられる。月と露、川や湖面は同時に光り、同時に消える。どちらが光源か、五感では区別できない。光源と同様な光－素元波が出ることになる。なお最近、紫陽花の青色を出す分子の化学構造が決定された。

素元波が広がり周囲は明るい：光源の電灯、ロウソク、提灯や行燈も、和紙やくもりガラスで囲うと、周囲は明るくなる。ここにもホイヘンスの原理が潜む。和紙など全面が真の光源のように広がり四方八方に光を出し、周囲を明るくしている。小さな光源では、光の出る部分は見えるが、周囲はほとんど見えない。不思議だが、光線は反射や屈折面がないと、直接には見えにくい。しかし周囲に反射や屈折面があると、素元波が出て周囲が明るくなる。

光る目「フクロウ」：動物の目は暗闇でも怪しく光る。しかし、目の発光ではない。不思議だが、「ホイヘンスの原理」による。四方八方の微光が目を照らし、反射で光る。世界自然遺産、知床のシマフクロウはアイヌの村の「守り神」。深い森の「鋭い眼光」をテレビで見たが、画面は暗黒ではない。空も森も薄明り。その光が集まって反射すると、「鋭い眼光」として見えるらしい。

光の「粒子説と波動説」：光の研究は、17世紀に大きく発展した。しかし「光とは何か」は難しい。昔から「粒子説と波動説」にかんして、長い間論争があった。力学で有名なニュートンは「粒子説」で、光の「直進」「反射」は非常に小さい粒子が高速で飛ぶためと考えた。他方、ニュートンと対立関係のフックは、光は音と同様に空気の振動する波動と考えて、「波動説」を主張した。粒子説は18世紀に支配的だったが、19世紀には波動説が優勢になった。これは「回折や干渉」などの研究による。

ホイヘンスは「エーテル」という光の伝播物質を仮定し、波動説の先頭に立っていた。しかし、光は音や水の波のようには、障害物で曲らない。エーテルも発見されなかった。「光の性質」全体は、「粒子説と波動説」のいづれも解明できなかった。19、20世紀の物理学の発展を待つことになる。光は、それ自体が「粒子と波動」の二重性を持っていた。極めて遠い星が見えるのは、光の粒子性による。星の光が波動の場合は、地球では極めて弱くなり、全く感知できないだろう。

4-4　光の「回折」…多彩な「青空・空色・水色」「夕焼け空」「夕日」の歌

光は「粒子か波か？」…これは長い間論争が続いたが、結局「光は波」と分かった。これは波の特徴とされる「回折や干渉」が観測されたからである。それとともに回折や干渉で、自然は多彩に輝くことも分かった。回折とは、障害物の端で波が曲がりこむこと。光が小さな穴を通る時、周りが「ぼける」のも回折。また光の散乱は、ゴミなどの微粒子による回折による。毎日変わる空の色は、昔から不思議とされた。晴天の「青い空」、夕焼けや朝焼けの「赤い空」…、雲の色もさまざまである。これも光の回折が大きく関与する。

青空や夕焼：17世紀には、虹などの研究を通して「太陽光は7色の混合光」と分かった。19世紀〜20世紀には、分光学が発展し、空中の塵や気体分子での光の散乱は、赤より青の光が強いと分かった。これは「レーリー散乱」といわれ、青空も説明された。つまり太陽光が高空のチリや氷などの微粒子にあたると、そこで青の光が全天に強く散乱される。この青の光は、大気が澄んでいる場合、ほぼそのまま地上に降り注ぐ。これが奥深い「晴天の青空」である。青空で太陽光を散乱する微粒子は、虹の水滴よりもはるかに遠い。他方、赤色光は散乱されず障害物を回り込む。この回折性が大きい。日の出や日没後の地平線や山の陰からも曲がりこむ。これで空は「マッカッカ」に輝いて見える。

「レーリー散乱」はノーベル賞：レーリーは空気の研究、微量ガスの「アルゴンの発見」でノーベル物理学賞受賞。空中の微粒子による光の散乱、光や音、電磁気など、研究は広範囲におよぶ。天高い青空や深い水色は、微粒子による「レーリー散乱」が大きい。大気汚染の微粒子、ばい煙や砂塵などは現代の公害問題にもつながる。

夕日：葛原しげる作詞／室崎琴月作曲「ぎんぎん　ぎらぎら　夕日が沈む　ぎんぎん　ぎらぎら　日が沈む　まっかっか　空の雲　みんなのお顔も　まっかっか　ぎんぎん　ぎらぎら…」。

水の色：「青空の色」は、太陽光の散乱や吸収によるが、「水の色」も同様とされる。通常、水は無色透明である。これはどんな色の光も吸収しないで、透過するためとされる。しかし、微量物質が溶けたり混合していると、微粒子による散乱・吸収が起きる。特に水が深いと、影響が大きく、川渕や滝壺の群青やさまざまな海の色などが現れる。これは、空からの光、つまり青空、曇り空や夕焼け小焼けにも影響される。

4-5　光の「干渉と多彩」…自然の構造色「昆虫・鳥・魚・貝・シャボン玉」

波には、振動状態を表す「山と谷」がある。水の波では、高さの凸凹にあたる。「波の干渉」とは、２つの波が出合い、強め合いまた弱め合うこと。水面では波紋が凸凹の網目模様で現れる。これが、水の波の干渉である。ものには、「重なり合う性質と「互いに排除する」性質がある。波の重なりや干渉で大きな効果を現すのは、波の基本的な性質とされる。光の干渉は水の波のようには見えないが、多彩な色になる。「干渉色」「構造色」といわれる。昆虫、貝、魚、鳥などでも広く見られる。

「光の干渉」の発見：光の干渉の実験で、光が波であると示したのはヤング(英)である(1807年)。実験では、小さな光源の前に２本線の細いスリットが置かれ、それを通って、離れたスクリーン上に写される。光の直進性からすると、明るい２本線が写るだけだろう。しかし、実際はスクリーン上に明暗の細かな縞模様が出た。

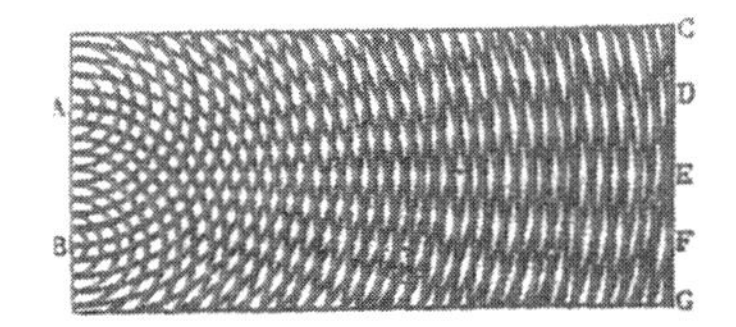

▶ 光の干渉：ヤングの干渉実験、論文の図。スリットＡとＢから出た光は右側のスクリーンで縞模様を作る。光波は重なり具合で強め合い、弱め合い干渉縞 C,D,E,F や G を作る。水の波の干渉では、干渉模様は波の高さの凸凹でよく見える。図の黒白模様に対応する。光では凸凹は見えないが、光の干渉色の強弱が見える。

これが、「光の干渉縞」である。ここから、光の波長もはじめて測定された。「ホイヘンスの原理」によると、スリットの穴が新しい波源になり、素元波が広がり、穴の周りに回折する。その回折波が重なり、干渉する。水の波の場合、干渉は穴の周りの凸凹の波模様で表されている。水や音など、波長の長い波は回折が大きく、干渉も広い範囲になる。五感で見聞きする通りだろう。しかし光は、波長が短く直進性が強い。そのため回折や干渉は見つけにくかった。

ヤング：「干渉の実験」で、「光は波」と実証した。光の干渉効果は自然の極微構造や自然の多彩な色の研究に生かされた。ヤングは、天然色のもと「光の３原色」も提唱したという。また多才で、語学も優れ、「ロゼッタ石」の碑文、古代エジプト文字の解読でも有名である。これでヨーロッパ古代の解明が大きく進んだとされる。

光の波…「山や谷」「凸凹」は色で出現：ヤングの測定した光の波長は極めて短く、ミクロン(1000分の1mm)程度である。「山や谷」「凸凹」は見えない。また、実験装置は複雑ではないが、スリットの線幅などは波長に応じた、精密さがいる。

また２本の光路差の計算には、三角測量と同様に、三角法や三角関数が必要になる。波長が短くなると色は赤から青側に移るので、光の波長とともに、色との対応関係が分かる。光の「凸凹」は見えないが「色」で見えることになる。

多彩な「干渉色」「構造色」：色素では光の反射、屈折や吸収で色が出る。この色と異なり、干渉色は、薄膜など微細な構造により現れる。光の干渉は分かりにくいが、日常見られる。まずシャボン玉や水に浮く油膜などの虹色。この色は、薄膜の表裏の２表面から出る光の干渉による。干渉は光の光路差によるので、干渉色も膜厚や見る角度で変わる。シャボン玉も、色を変えて飛ぶ。CDディスクの虹色も干渉色である。薄膜の厚さは、可視光程度で１ミクロン以下である。昆虫、鳥魚や貝などで干渉色、構造色は多い。カメレオンの七変化も、表皮細胞内のグアニン結晶の膨張によるという。

童謡「しゃぼん玉」「石鹸ぶくぶく」：童謡（野口雨情作詞・中山晋平作曲）は「しゃぼん玉とんだ　屋根までとんだ」「こわれて消えた」と歌われる。しゃぼん玉は大小さまざまどれも７色で輝く。飛び方は風まかせながら、「子どもと大人」も楽しむ。ところが、この歌は、亡き幼い娘をしのぶとされ、「消えた」が繰り返される。しかし終わりは未来への希望、祈りや信念か、楽しく「天まで」と歌われる。「石鹸ぶくぶく」「しゃぼん玉」。どちらも水溶液の薄膜の玉である。膜厚は光の波長程度で、極微の分子レベルとされる。

水の不思議「無色透明で多彩」：不思議だが、「大きな水」は無色・透明で見えない。しかし、微細な水や薄膜は多彩にも見える。これは虹、雲や薄膜の多彩さである。これは水の形や構造で光の吸収、散乱や干渉が変わるからである。なお水の大きさや構造は**第10話**「水は大きく小さく自由自在」、雲については**13-1、2**。

「染色の色素」「昆虫の構造色」：「染色の色素」「絵の具」などは、その物質自体の色である。この色は物質の化学的性質で光の反射、屈折や吸収による。これに対して「昆虫の色」も多彩である。物質の構造による「構造色」もある。蝶では、羽のりん粉が屋根瓦のような段差で、規則的に並んでいる。そこから出る光が干渉を起すので、「構造色」といわれる。特に極微粒子の原子や分子の並び方や規則的な結晶構造による。それに「屈折や干渉」の性質も加わる。したがって、光のあたる角度や見る角度で多彩に変化する。構造色は、「分子・原子の結晶構造」が見えるともいわれる。

多彩な「チョウや虫」：「空飛ぶ宝石」ともよばれるモルフォチョウ。近年、その青の輝きは相当研究されている。衣類などのファッションや塗装にもかかわる。りん粉には微細な「ナノ構造」(10億分の1)が隠され、規則と不規則の共存で、不思議な輝きが出るらしい。ナノ構造は、分子レベルの構造で、原子が100～1000個連なる大きさである。

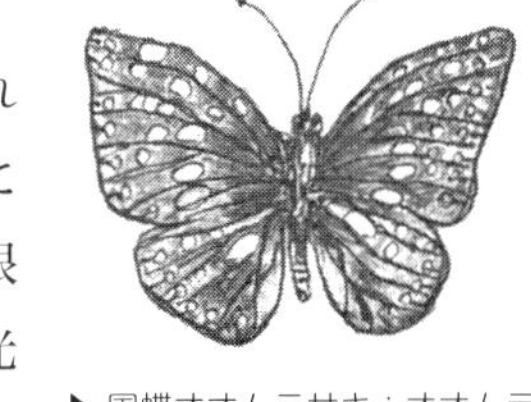
▶ 国蝶オオムラサキ：オオムラサキの羽根は光線の当たり具合で紫色に輝く。これはリン粉の表面にある超微細構造の線による「構造色」である。

オオムラサキ：日本の国蝶で「森の妖精」ともよばれる。青紫と茶色に白紋。飛ぶ時は白が目立つが、木に止まると見え難い。そこで「妖精」が消える？ この羽根は、光線の具合で紫色に輝く。これは羽根の鱗粉(リンプン)で、光が干渉して「構造色」が出る。

強いオオムラサキ「美しいファイター」：この蝶の幼虫はエノキの若葉で育つ。里山が有利な生活環境である。数回脱皮して、さなぎから羽化で成虫になる。２本の触覚は敏感、口はハサミで強く、カメムシの吸取り針とも闘う。脱皮やサナギでは、緑の保護色や擬態も使う。羽化すると、「美しいファイター」になる。オオムラサキは花の蜜は吸わず、栄養豊富なクヌギやナラなど、ドングリの樹液に集まる。そこには多くの昆虫が集まり、争いも起る。オオムラサキは、羽根でスズメバチも吹き飛ばし、カブトムシも押しのける。羽根の筋肉が発達して強いとされる。

アゲハチョウやモンシロチョウ：日本各地で広く見られる。アゲハチョウは黒・白・橙・黄色など、モンシロチョウやモンキチョウも白や黄色で飛び回る。幼虫はキャベツや菜の花畑の青虫である。蝶の種類は多彩なので、関心を持つ人は少なくない。「菜の花や青虫化けて蝶の舞」。

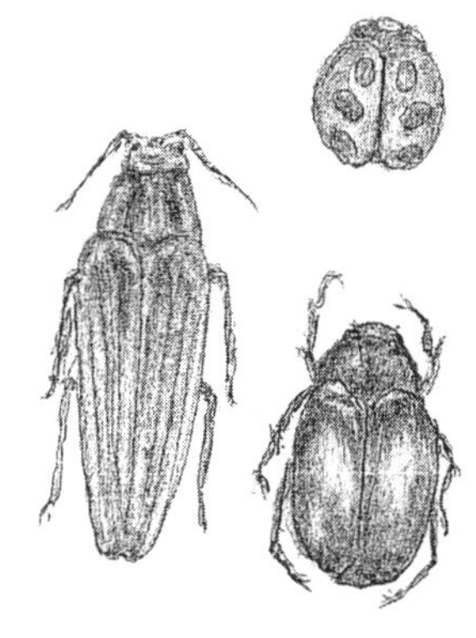
▶ タマムシ、コガネムシ、ナナホシテントウ

輝く昆虫「テントウ虫　タマ虫　コガネ虫」：どれも微妙な干渉色である。「タマムシ色」も、見る角度で色は移動する。童謡「黄金虫」の食べ物はドングリの木の樹液で、「水飴」のようなもの。黄金虫は雑木林など、ドングリの木に集結して、樹液をなめる。強いカブトムシやハチなどに追われながら、緑色に輝く黄金虫も多い。樹液の出る場所は、「昆虫レストラン」ともよばれる。

昆虫と液晶…タマムシ「玉虫色」・カナブン「金属色」：タマ虫は「玉虫色」で有名。虹の輝きに金色も加わる。コガネ虫、カナブンも「金・赤・銅・緑色」に光る。これらの昆虫は糖類の薄膜、液晶などで干渉色を出すらしい。液晶は高等動物の組織に多く含まれ、動脈硬化の「コレステロール」としても知られている。

昆虫の羽の表皮層は、コレステリック液晶、その「らせん構造」とされる。

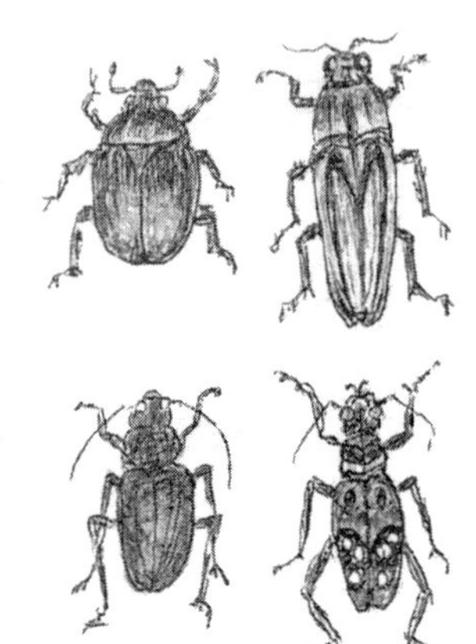

▶ 昆虫はいろいろ：左上から、カナブン、タマムシ。左下からオサムシ、ハミョウ。

液晶は誘電体の「ソフトマター」：液晶は、生体に広く含まれる。現在は、コンピュータ・テレビ・携帯電話・時計など、画象表示に広く使われている。今日では、液晶は世界で数十兆円規模の巨大産業に発展している。この物質は液状ながら「長い棒状高分子」が結晶状に並ぶと確かめられ「液晶」と名付けられた。

鳥の色「カワセミやクジャク」：カワセミは「鳥の宝石」といわれ、濃い紺色である。「化粧」もする。漢字では翡翠、宝石の「ヒスイ」と同じだ。鳥の色は、色素タンパクの吸収・反射、微細な高分子結晶の干渉などいろいろである。カワセミは、高速で川に飛び込み魚を捕る。巣は長いトンネルで、山の粘土層などに作られる。子どもの頃捕まえたが、飼えるものではない。竹カゴを破って逃げてくれて助かった。野生で元気に飛んでこそ、輝く鳥である。

▶ カワセミ「鳥の宝石」

クジャクは、インドの国鳥である。日本の国鳥はキジ。クジャクは、込み入った模様がある。目立つ色は、微粒子の結晶による構造色らしい。確かに羽根角度で色が多彩に変化する。なお、カワセミのくちばしは先の尖った「くさび形」で、水や空気の抵抗が少ない。新幹線の先端はこれに似せたといわれる。

熱帯魚：赤・青・黄と、原色が目立ちきらびやかである。川や海の身近な魚も、ウロコが金銀色に微妙に輝いている。これは光の反射・吸収・屈折・干渉などの組み合せとされる。海の生きものも、液晶タンパク質をいろいろ含み、構造色を出す。体の表面が屈折率の大きい物質で覆われていて、境界での全反射で金銀色も現れる。全反射とは、光が屈折率の大きいものから小さいもの、例えば、水から空気に入る場合に起こる現象である。光が内部で全反射を繰り返して、水の外に出て輝く。全反射の例では、「ダイアモンドカット」があり、よく輝く。

真珠貝や宝貝：貝殻の成分は炭酸カルシウム($CaCO_3$)、その微結晶と色素タンパクの層が重なり、各層の反射光の干渉で輝いている。真珠は「白・ピンク・橙・黒」などいろいろ。宝貝は大きさや色など種々。多彩な輝きは、多層の微結晶の干渉色と色素タンパクによる。北方系と南方系があり、南方系はニス状の輝きで人気が高い。縄文の頃、中国ではお金に使われ「宝貝」とよばれた。なお構造色は植物にも現れる。例えば美しい木目模様は繊維セルローズの結晶組織と色素によるとされる。

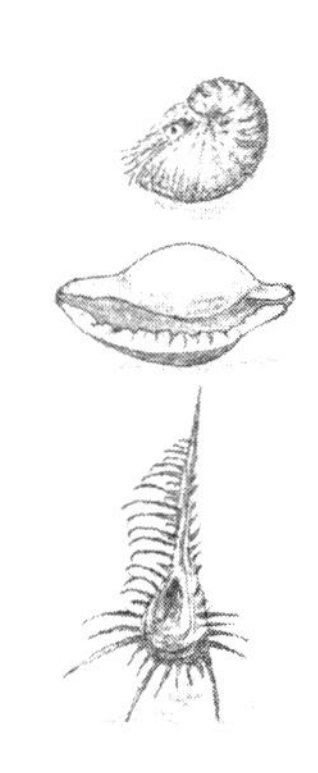

▶上からオウムガイ、タカラガイ、ホネガイ。オウムガイは古生代からの「生きた化石」。鳥羽水族館で飼育。頭足類のオウムガイ科。貝殻の巻き方は特別。貝殻は小室に分かれ、生体は最後の部屋にすむ。タカラガイは巻貝。貝殻は卵形で光沢があり、古代中国では貨幣とされたという。ホネガイは巻貝の一種。骨に似た、奇妙な突起が多い。日本の中部以南の暖海にすむ。

4-6　高感度の目と視覚…人間・鳥・昆虫の「目の話」「とんぼのめがね」の歌

五感のうちの１つは「目」、つまり「視覚」。この感度は非常に高く遠くの星も見える。人間に見える光は「可視光」という。波長の範囲は４～8×10^{-7}（1000万分の１）m。オングストローム（A）単位（10^{-8}cm）では数千Ａである。長波長側から「赤・橙・黄・緑・青・紺・紫」の順に並んでいる。「赤・緑・青」を「３原色」といい、この組み合せで天然色になる。テレビでは３原色を扱う多数の画素が並べられ発色する。目や視覚は人間、鳥や昆虫は、それぞれの構造と特徴がある。

光の感知「目の起源」…目の「誕生と進化」：目の働きは、光の感知と利用である。光の利用では、まず緑藻（シアノバクテリア）の葉緑素とされる。これは、緑の威力「光合成」で繁栄する。つまり、豊富な海水と二酸化炭素から、太陽光で糖分を合成して、増殖した。葉緑素の光の感知・利用は、目の起源」とされる。植物に目はないが、葉は太陽光に向かっている。光合成を進める蛋白質「ロドプシン」やその遺伝子は、微生物「プランクトン」に、続いてクラゲやウミウシ、全生物に遺伝したらしい。生物は、全て活力、エネルギーが必要なのである。その大もとは、太陽光だ。その感知と利用により、動物の目がつくられたし、生物も進化したのである。

「最古の目」の化石発見：最近、５億２千万年前の三葉虫で目を発見、これまでの「最古の眼とされる。英エジンバラ大学など国際研究グループの「米科学アカデミー紀要」（2017.12）での発表という。この動物は、古生代の海にすみ、現在のカニやクモなどの祖先とされる。この化石は、バルト海沿岸で発見され、表面に小さな目が100個ほど集まる複眼とされる。複眼は、トンボなどの昆虫やカニなどの甲殻類が持っている。これは、暗く分解能力は低いが、視野は広い。研究グループによると、三葉虫の目は、トンボの複眼（２万個の個眼）に比べ視力は低いが、敵や障害物を防ぐには十分という。

「複眼と単眼」「カメラ目」：生物の進化とともに、目の構造や役割も変化した。トンボなどの昆虫の目は「マルマル」で、多数の眼が並ぶ「複眼」である。広角でよく見えるが、形はぼける。さらにセキツイ動物では、「カメラ目」が出現した。この目はレンズがあり、光は網膜に実像を結び、感知する。色で、焦点の位置が変わるので、形と色も識別される。この目の最初は、ナメクジウオという。これら目の「起源や進化」は、DNA分析と遺伝子の研究で追跡、進化の「系統樹」が作られた。ナメクジウオは、北九州の海岸・湿地にもいるらしい。

人間の視覚：目に光が入ると、角膜から水晶体を通り網膜にあたる。水晶体は「タンパク質のレンズ」で、ここで光が屈折して、像が結ばれる。光の直進と屈折の法則に従い、正確な像がつくられる。角膜と水晶体の間には、「房水」が湧き出し、目全体を循環する。これで眼圧が調整され、目の形や神経も整えられる。「光の信号」は、網膜にあたると、視細胞で電気信号になり、脳に伝わる。

視細胞には「錘状体」「かん状体」の２種があり、３色の識別は「錘状体」、明暗の感知は「かん状体」で行われる。この明暗の光反応分子は、タンパク質のロドプシンとされる。これは、微生物から人間まで、遺伝子で受継がれたとされる。超高感度で、光の粒子１個すら検出できる。さらにその信号は、１秒間に何十万倍にも増幅されて、脳に伝わる。音波の感度は、多数の気体分子の振動による。光と音の感度は、ケタ違いである。なお、ロドプシンの構造解析は、兵庫県の放射光施設「スプリング８」による。

鳥の視覚：タカ、トビ、ワシやフクロウなど鳥の視力は大きい。昼活動型のオナガフクロウは、数百m先の餌が見えるとされる。レンズを調節する筋肉が発達、遠近両用に、急速にピント合せという。偏光も見るらしい。偏光は方向が偏って振動する光のことである。これから、方向や構造の情報が得られる。偏光は、パソコンや液晶テレビなどでも利用されている。

鳩の「帰巣能力」：この能力は大きく、「伝書バト」は通信にも使われた。現在も、「はとレース」で、北海道から関東まで1000kmも飛ぶらしい。どう帰るのか？ 最近の研究では、まず使うのは視覚である。ハトは、見覚えのある場所では、一直線で巣に帰る。実験では、1000枚の「丸暗記」能力があるとされる。色彩感覚では、人間は３原色で判定するが、ハトは４～５色で紫外線も見るという。方向感覚は、太陽の位置と体内時計の組み合わせで補うとされる。聴覚も、人間には聞えない低周波音も聞くらしい。

「タマオシコガネ」の不思議：俗称はフンコロガシ。センチコガネなどフン虫の仲間である。逆立の「タマオシ」で、よく頑張る。しかし昆虫では、後方探知に有利。また球の転がりの利用は、省力化の運送方法である。また、球は、後足で高い所を押す方が転がりやすいであろう。運動会の玉転がし競争でも、そうしている。

▶ タマオシコガネ

この虫は「昆虫記」で有名なファーブル（仏）が、長年観察したとされる。フン玉を遠くまで運び、安全に土に埋めて、保存して食べるという。繁殖期には、子育て用のものを作り、発酵させ産卵させるらしい。最近の研究では、巣に一直線で転がすのは、月のほか「天の川」銀河も頼るとされる。この発見はユーモアの「イグノーベル賞」を受賞した。

フン虫輝く古代エジプト：天空の太陽を思わせ神聖視、再生・復活の象徴という。東京で開催された「大英博物館所蔵品展」（2015年）では、女性神官の木棺が展示され、模様にはスカラベ（フン虫）が二つ玉を転がし楽しむ様子が展示された。また、宝石のアメシスト（紫水晶、二酸化ケイ素）で、スカラベの指輪やペンダントも作られ、王女などの宝物とされている。

日本は「トンボの国」：トンボは、世界で5800種以上いる。日本では、200種余り記録されている。昆虫の出現は、数億年前の太古である。ムカシトンボは、日本特産種、体長約5cmである。原始的特徴を持つ「生きた化石」といわれる。東京の高尾山に生息する。最小のトンボはハッチョウトンボで、体長約2cm、赤トンボのような色という。準絶滅危惧種とされている。「チョウトンボ」は東京・石神井公園に群生している。青紫色の羽根、後羽根が広く大きい。春、渓流など「フワフワ」「ヒラヒラ」飛ぶ。童謡「赤トンボ」や俳句「蜻蛉つり今日はどこまで行ったやら」などは、昔は身近な「日本の原風景」だった。

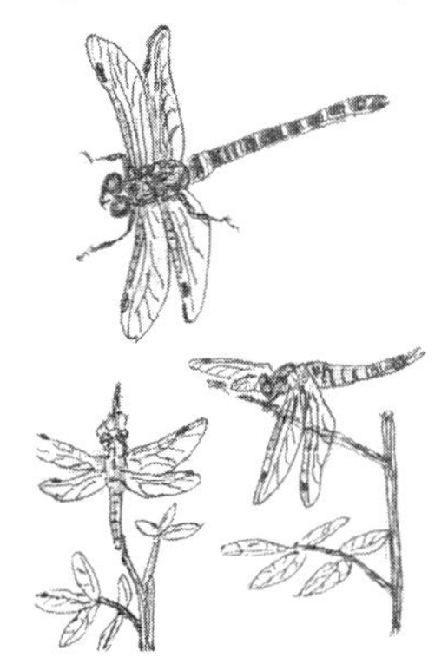

トンボの話：トンボの目は丸く、「ギラギラ」、何でも見える雰囲気を持っている。その目には、広い景色も映るだろう。歌「夕焼け小焼け」の赤トンボをはじめ、シオカラトンボ、カトリトンボ、イトトンボ、ヤンマトンボやハグロトンボなど、いろいろである。トンボの飛び方は、非常に高度とされる。急発進や停止、方向転換は自由自在だ。鳥より小回りがきき、遠距離も飛ぶ。家のカトリトンボは、

有難かった。

トンボの特徴は、４枚羽根の羽ばたきと、筋肉の発達とされる。羽ばたき回数は、１秒間に100回を超え、鳥も真似られない。ヤンマトンボは高速で、高く飛ぶ。時には遊ぶように池で「チョンチョン」と尻尾をつけ、卵を生む。体を水面に映して正確に上下飛びをする。光の「反射の法則」を本能的に使うらしい。子どもの頃、「トンボに向い指を回すと目を回して落ちる」という話もあった。しかしトンボが落ちる前、自分の目が回る。トンボは見回し、上手に逃げた。

トンボに学ぶ技術：最近、トンボに学び、自由に飛ぶ小型ロボットも作られた。トンボは４枚羽根、前後自由に弱い風でも飛ぶ。まず羽ばたきで羽根の上側に渦を作り、下側で抑えて浮上する。４枚羽根の傾きを調節しながら、渦や流れに乗るという。これは強く薄い羽根独立の効率的な動作や、羽根の細かい「凸凹」「ギザギザ」のためとされる。

この構造で、羽根と空気界面に微細な泡が発生、空気の流れが流線形になる。これが滑らかな浮揚力という。トンボの飛び方やカエルの泳ぎ方など、自然に学ぶことは多いが、そのままは真似られない。自然の法則は、大きさや重さで働きが変わるので考慮がいる。昆虫や鳥は**第５話**。

トンボの歌：〈とんぼのめがね〉額賀誠志作詞／平井康三郎作曲「とんぼの　めがねは　みずいろめがね　あおいおそらを　とんだから　とんだから／とんぼの　めがねは　ぴかぴかめがね　おてんとさまを　みてたから　みてたから／とんぼの　めがねは　あかいろ　めがね　ゆうやけぐもを　とんだから　とんだから」。

4-7 「光と電磁波」の話…「光の正体」は何だろう？

光は誰でも知っている。まず太陽光、月や星の光、色で見える。しかし、正体が解明されてきたのは近現代だろう。光は波動で、「反射・屈折・干渉」などの性質があるが、水や音の波のように物質波ではない。世界で最高速で、真空でも伝わる。19世紀後半には、電気や磁気の研究の発展で、光は電磁気作用を持つ「電磁波」と分かった。その後、電磁波は電気通信などに急速に利用された。現代社会では、電気・電磁波は極めて広範囲に利用される。天体観測、宇宙の観測は、主に光や電磁波による。光学望遠鏡や電波望遠鏡などである。

太陽光「天の恵み」：昔から、太陽は「お日さま」、太陽光は「天の恵み」とあがめられてきた。太陽光は、生物の活力源である。天気や天候、農産物も太陽光で激変する。穀物、糖類の生産は、太陽光での光合成による。光の大切さは、昔も今も変わらない。

植物の威力「光合成」：太陽光の下、植物は「光合成」で、糖分を生産する。糖分は生物の活力源で、米や麦、野菜などの農作物すべてに関係する。また動物は、この植物を食べて生活する。この光合成は植物特有の威力で、「炭酸同化作用」といわれる。つまり、糖分は水（H_2O）と二酸化炭素（炭酸ガス、CO_2）を原料に、太陽光の下で、葉の葉緑素で光合成される。糖分には、ブドウ糖、砂糖、デンプン、細胞膜や草木の繊維「セルロース」も含まれる。この繊維は、「衣・食・住」に広く使われる。

光の色「太陽光・３原色・自然色」：太陽光は白色ながら、白単色ではない。「虹の７色」など、種々の混合光である。この光を乱反射すると、白色（雪、霧や雲）になる。よく吸収すると黒色になる。絵の具など、色素の色は、色素で色の反射・吸収で選別される。物の色は光の反射、屈折、吸収や干渉で多彩になる。干渉とは、光の波が重なって、「強く弱く」変わることである。この干渉色は、昆虫、鳥や魚介類（真珠や宝貝）などでみられる。干渉は原子・分子の周期構造で起り、「構造色」といわれる。光には３原色（赤・緑・青）があり、組合せで天然色が現れる。そして、自然は多彩に輝いている。

不思議な「電気と磁気」：光とともに、電気や磁気も太古からの謎で、魔物のようにも見られてきた。多くの研究が蓄積され、特にファラデー（英）が多くの画期的実験を行い、マックスウェルが体系的理論を築いた。その中で、電磁波－電気・磁気作用を持つ波動が予言され、ヘルツ（独）が実験で検証した。結局、光は電磁波となった。その後、電気通信が広く発展する。Hz（ヘルツ）は、周波数（振動数）の単位で広く使用されている。「サイクル」も、同じ周波数のことである。電磁波は、周波数で分類、特徴つけられている。

光は電磁波―種類と利用：電磁波は、何もない真空中も伝わる。光は１秒間に地球を７回半（30万km）回る速さで、世界の最高速である。物質中では遅くなり、屈折する。電磁波は無数の波長と振動数があり、広く利用されている。波長によって、いろいろの名でよばれる。まず太陽光では、可視光が赤から紫へ並ぶ。赤色より長波長側は赤外線、マイクロ波、ミリ波や電波が続く。

赤外線は、熱と生命活動と関係が深い。可視光より高周波側は、紫外線やＸ線がある。また原子・分子の「ミクロの世界」では、微細構造解析にＸ線、電子線や放射光も重要になる。電磁波は、電気通信をはじめ多分野で利用される。「ミクロとマクロ」の世界の探求では、望遠鏡と顕微鏡が有力、各種の電磁波が使用される。

可視光と赤外線：可視光は「見える電磁波」で、３原色（赤・緑・青）と「虹の７色」もある。緑近傍の光は、「植物の光合成」に使われている。波長は赤側が長く、青側が短く、10^{-7} ～ 10^{-8}（１億分の１）m。振動数とエネルギーは、青が高く赤が低い。この可視光は、近年「光通信」の急速な発展で、世界と人間相互をつなぐ高速通信にも使われている。光には、情報が多く乗せられる。可視光の赤色より長波長側には、「赤外線」がある。「熱線」といわれ、生物の活動で熱が吸収・放出される。波長はミクロン単位である。

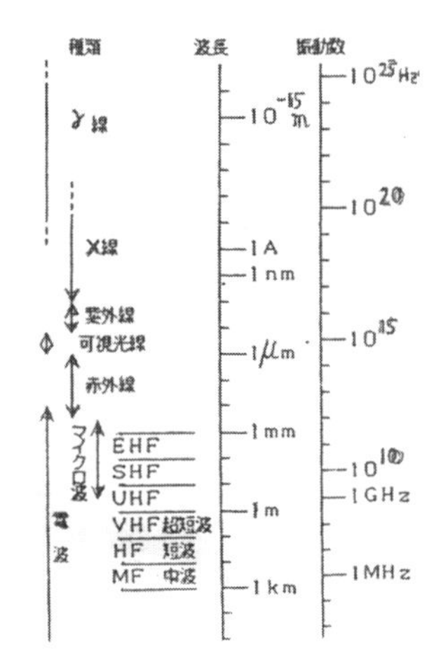

▶ 電磁波の種類と波長・振動数

電波からマイクロ波：赤外線より長波長側は、電波の領域になる。まず、ミリ波やセンチ波が並ぶ。次は、極超短波（UHF）、超短波（VHF）などマイクロ波領域。ここは、テレビ放送などに使われている。波長は約0.1 ～ 10cm範囲だ。もっと長波長には、FM放送に用いられる短波（10 ～ 100m）、その上はラジオ放送の中波（100 ～ 1000m）、さらに長波がある。なお電磁波の振動数（周波数）は、光速を波長で割ると求められる。単位はヘルツ（Hz、回／秒）で、電磁波の振動数は非常に高い。ラジオ波でも、数百kHz ～数MHzである。

紫外線・X線・ガンマ線：可視光の紫色より短波長側には、「紫外線」がある。これは殺菌効果があるが、皮膚ガンも起す。さらに、短波長10^{-8}m以下にはX線があり、レントゲン撮影などに用いられる。またX線は、物質の構造解析に広く使われている。電子線や放射光とともに、原子・分子の「ミクロの世界」で、微細構造解析が進められる。波長が物質を構成する原子間隔程度なので、その測定の尺度になる。広く利用されるが危険でもある。さらに、短波長はガンマ（γ）線になる。これは放射性物質から出る電磁波で、強い透過性で非常に危険である。

太陽光と天然色、照明の発展：太陽光は白色であるが、白の単色ではなく混合色である。「虹の７色」ほか、いろいろの波長の光を含む。波長は赤側が長く、青側が短い。物の色は光の「反射・屈折・吸収・回折・干渉」で多彩になる。色には「３原色（赤・緑・青）」があり、この組合せで自然色（天然色）が出る。人工照明は明るさ、安全や「省エネ」で、「燈火－電灯－蛍光灯－発光ダイオード」に発展した。発光ダイオード（LED）やノーベル賞の青色LEDは半導体による（14-2）。

水と電磁波：水は、可視光には無色・透明だが、赤外線やマイクロ波をよく吸収・放出する。これは、気象衛星の観測と天気予報に利用される。雲の赤外画像は、毎日報道される。また赤外線望遠鏡では、宇宙の水と生命活動が探究される。電波天文学では、ミリ波やマイクロ波帯も宇宙探査に使われる。

電波観測、電波は生命と関係深い：長野県の野辺山には宇宙電波観測所がある。ここのミリ波望遠鏡では、70年代に星間分子が観測され、世界的成果とされた。現在は、世界最大の45mのミリ波望遠鏡がある。「暗黒星雲」「原始星」「星間分子」などの観測が続けられ、生物材料の有機分子も検出されている。水と電磁波は、特に生命との関係で重視される。さらに、野辺山電波観測所の「サブミリ波望遠鏡」は南米のチリに移設され、「星の卵」を発見した。これは、星の材料の水素ガスが高密度でかたまったものとされる。

第5話

音と水…音の世界で「こんにちは」「こんばんは」！

風の音や水の音などの自然の音、日常生活での音や声。音は幅広い。通常、水中では音は聞えにくいので、水と音の関係は五感では分かりにくい。しかし、水は万物を潤す。音の「発生と伝播」の両方で、水は微妙に影響している。特に生きものの声や感知、また音による相互交流には、常に水が関係する。鳴き声などは多様な「生命の音」なのだ。音とは何か？ は、「水とは何か？」につながるだろう。水中の音波、水の弾性的性質などは、水の重要な性質とされる。クジラなどは、水中音波を地球を巡る遠距離通信にも使い、活動している。

5-1 音とは何か？…「動物の声」「虫の声」「音の風景」「雀の学校」の歌

見えないが、「音の正体」は何だろう？ 空中で物が動くと、それに押されてまわりの空気も動く。押す時、空気は圧縮されて密になり、引かれると希薄（疎）になる。これで空気の粗密・圧力差が発生する。この押し引くの相互作用で「音の世界」が開かれる。

物の振動があると、空気の粗密の振動が起きる。この運動状態が波になり、四方八方に伝わる。これが音の波「音波」である。音の進行方向は、空気の振動方向と同じで、「縦波」「疎密波」といわれる。なお、光の波は真空中も伝わるが、音波は真空中では発生や伝播もない。音を伝える物（媒質）がないためである。液体や固体では、弾性で音波が発生し伝播する。水は「いのちの源」であるが、動物の声など、いのちの声で、通信・交流の最大の手段の手段であるだろう。

鳥の鳴き声：まわりに多い。ハト、カラス、スズメ、ウグイス、メジロ、ホホジロ、シジュウガラ、ムクドリ、ヒヨドリ、ツバメ、ニワトリ、モズ、ホトトギス、ヒバリ、カッコウ、トビ、タカ、ワシ、フクロウ、キジ、ヤマドリ…。どれも、特徴のある歌声である。音は空気や水を通して、情報を伝えている。相互交流や調和に欠かせない。同時に鳴き声は、季節や時間も知らせてくれる。これらは、生きる上で不可欠のことだ。鳴き声は、いのちの叫び、情報伝達と交流、安らぎ、調子はずれもあるだろう。

ウグイス・ホトトギス・ヒバリ…：ウグイスは「ホーホケキョ」の鳴き声で有名である。「春鳥」といわれ、鳴き声は山から谷、朝から晩、時や場所で微妙に変わる。冬は、「チャッ　チャッ」と「笹鳴き」をする。段々上手になり、「梅の花匂う春風ホーホケキョ」。繁殖期には1日2千回鳴くともいう。ホトトギスは、「オッツァンコケタカ」「テッペンカヶタカ」と奇妙でユーモラスだ。ヒバリは、雀に近い「雲雀」である。春の天気で空高く舞い上がり「ピー　ピーッ」と歌を響かす。

▶ トリ：ウグイス（上段・左）、ヒバリ（上段・右）、ホオジロ（中段・左）、ムクドリ（中段・右）、ツバメ（下段・左）、ヒヨドリ（下段・右）

ツバメは「チュビチュ、チュピチュピ」、モズは「キキキー」と、かん高い。カエルには「くし刺し」の危険信号である。狙われると大変。保存食にされるらしい。カラスは、「カーカー」と都会まで広がった。カラスの被害も多くなり、鳴声の研究もふえた。近年、カラスの鳴声「カラス語」の研究や、「シジュウガラ語」の研究も進められている。

スズメ「チュンチュン」：ほかに、波打つ合唱もある。子どもの頃、イネ、アワ、キビが実ると、金色になりかけた稲穂にスズメがいっせいに集合するのを見た記憶がある。「稲雀」という。「五穀豊穣」の舞や合唱か、雀を追い払うのは大変であった。案山子や鳴子には驚かない。アワやキビも細かく食べ、重くたれた穂が白くなって立つ。

しかし、スズメは害虫も多く食べ、害鳥ではないらしい。昔からスズメは身近に多いが、生態の調査や研究は少ないという。

スズメと案山子：説明の追加。案山子（かかし）は、田畑の守り神である。米、きびや粟などの実りを静かに見守る。鳴戸の音「ガラガラ」にも、雀はなかなか逃げない。雀では、「竹藪は雀の学校チィパッパ」「煙突も雀のお宿ポッカポカ」「雪解けだ雀せっせと庭いじり」もあった。奈良の都の発祥地、明日香村では、毎年「案山子祭り」で賑うという。

〈雀の学校〉：清水かつら作詞／弘田龍太郎作曲は、「ちいちいぱっぱ　ちいぱっぱ　雀の学校の先生は　むちを振り振り　ちいぱっぱ　生徒の雀は　輪になって　お口をそろえて　ちいぱっぱ　も一度一緒に　ちいぱっぱ」。

〈鳩〉：作詞・作曲者不詳は、「ぽっ　ぽっ　ぽ　鳩ぽっぽ　豆がほしいか　そらやるぞ　みんなで仲善く　食べに来い…　鳩ぽっぽ　豆がうまいか　食べたなら一度にそろって　飛んで行け」。

キジバト：キジバトは、町にも出て「デデ　ポッポー」「クーク　グッグー」と、胸を張って鳴く。ハトは全体に優しく、カラスなどに襲われる。

山の「キジやトンビ」：キジは朝早くから、「ケーンケーン」と鳴く。すすきの茂みには巣もあった。長い尾など、山鳥とよく似ている。日本特産の留鳥で国鳥である。物語では、桃太郎のお伴もした。トンビはタカ科の大きな鳥で、猛禽類である。「ピーヒョロロ…」と鳴く。空高く飛び、大きなアオダイショウも襲う。カラスの群れとも争っていた。

▶上：キジ、下：ヤマドリ。どちらも日本特産。

深山のフクロウ：珍らしい深山の仏法僧である。この鳥は、コノハズクというフクロウで、小型である。神秘的に「ブッポーソー」と鳴き、その名がついたとされる。通常、フクロウは「ホーホー」と鳴く。世界自然遺産の北海道・知床の森林では、エゾフクロウの幼鳥が「ピュウワーピュウワー」と弱く鳴くという。なお夜型のフクロウは、「音なし」で飛んで、餌を狙う。顔の毛羽根を丸く膨らませるのは、集音のためとされる。アンテナの働きで集音、目の横の耳に集中、感度は非常に高いという。特に冬は、雪の下のネズミの動きも感知して捕まえるらしい。

フクロウ集合：ガラスの壷（雅）には猫柳。右写真。

鳥の歌：「古庭にウグイス鳴きぬ日もすがら」（蕪村）。

「一日一日麦あからみてなく雲雀」(芭蕉)。「和気の山やま桜花過去りて青葉かくりにうぐいすの鳴く」「美作やすずの山路をこえ来れば谷の石間にほととぎぎす鳴く」(平賀元義)と詠う。元義は、幕末の万葉調歌人、流浪で岡山県・美作国で塾を開いたとされ、故郷と重なる。万葉集では「春の野に霞たなびきうら悲しこの夕影に鴬鳴くも」「うらうらに照れる春日に雲雀あがり情(こころ)悲しも独りし思へば」(大伴家持)、「春霞流るるなへに青柳の枝くひ持ちて鴬鳴くも」(作者不詳)、「かき霧らし雨の降る夜をほととぎす鳴きてゆくなりあはれその鳥」(高橋虫麻呂)。

鶏(ニワトリ)：貴重な家畜、時を告げる「神話の鳥」とされ、種類は多い。白黒のチャボ、栗色のコーチンや白色レグホン。日本鶏にも、各地の地鶏などがいる。鶏冠(トサカ)はどれも赤いが、羽の色は白・黄・青・褐色から黒、斑もある。通常、ニワトリは「コォ、コォ、コケッコー」と鳴くが、時や場所による。室町から江戸時代は「トーテンコー」らしい。

高知のオナガドリは特別天然記念物。尾が何メートルもあり、「ケッコウ…」と、20秒も末永く歌う。また各地の地鶏、秋田の比内鶏、岩手地鶏、岐阜の郡上鶏、伊勢地鶏、名古屋コーチン、土佐小地、沖縄の鳴き鳥など５種も天然記念物とされる。現在、ニワトリは家畜として飼われ、卵や肉を広く提供している。

日本は「ニワトリ王国」：ニワトリは、数千年前東南アジアで、赤色野鶏が飼われたという。日本には弥生時代に持ちこまれ、鳴き声重宝されて、神事に用いられた。その後平安と江戸時代に貿易で入り、交配で種類が増加した。鶏が卵や肉の実用種になったのは、19世紀の西欧からである。明治時代からは、日本独自の実用種も作られた。日本は「ニワトリ王国」「生きた文化材」とされる。現在、世界の鶏は数百種、その１～２割が日本鶏という。

▶ オナガドリ

ニワトリの「神話と時計」：『日本書紀』には、太陽を招くニワトリの神話がある。太陽神の天照大神が、弟神の乱暴に怒って石窟に隠れた。世の中は闇になり、困った神々は、ニワトリを集めて鳴かせ、夜明けを告げて踊ったとされる。大神は「何だろう」と岩戸の隙間をのぞき見…その時、力持ちの神が強引に岩戸を開けた。そこで光が天地にもどったと語られる。

ニワトリは、紀元前３千年ごろ、中国で「時を知る畜」として家畜化、弥生時代に日本に入ったとされる。箸墓古墳(邪馬台国の卑弥呼の墓ともいわれる)近くでは、４世紀後半の鶏形埴輪が出土している。「鶏の時計」は体内時計とされる。生きものは自然の変化を知り、適応して生きている。

虫の声いろいろ…「音の風景」：野鳥とともに、セミは「音の風景」である。発音筋を振動させ、共鳴室で響かせている。朝から昼には、ニイニイゼミやアブラゼミが「ジージー」と熱唱する。クマゼミは、「シャーシャーシャー」とけたたましい。遠くの山からは「ミンミーン」の独唱も聞える。ツクツクホーシは「ツクツクホーシ」と、物悲しい雰囲気で忙しく鳴く。日暮れには、ヒグラシが「カナカナ」と大合唱する。腹が空っぽなのに、なぜ大きな鳴き声を出せるのか？ 不思議だったが、この腹の空洞は、音の共鳴のためという。日本のセミは30種以上といわれ、毎年盛んに鳴いている。

珍しい「素数セミ」：セミは地上の羽化までに、長い地下生活をする。日本のセミは幼虫期、２～７年周期で毎年出現する。他方、アメリカには、地下生活13年と17年で交雑するセミがいる。「素数セミ」とよばれている。環境との関連だろうが、奇妙な数を選んで生きのびたものだ。最近、京大、静岡大などの国際研究があり、DNA分析などから、素数セミの仕組が分かりはじめたという。

夜が出番の虫：キリギリス、ウマオイ、コオロギやスズムシなどが、夜に出番の虫である。これらの虫は、羽の縁にギザギザの精巧な凸凹があり、そこを弦楽のように摩擦して鳴らす。鈴を鳴らすような音も出している。また羽根でうまく音を反射させている。宮城県宮城野のスズムシ、埼玉県荒川押切の

▶ 鳴く昆虫：上段の左がコオロギ、右がスズムシ。下段の左がマツムシ、右がクツワムシ。

▶ 月とススキ：月光の露に虫も歌う。虫はスズムシやウマオイのほか色々だ。秋の七草「ハギ・オバナ（ススキ）・クズ・オミナエシ・ナデシコ・フジバカマ・アサガオ（キキョウ）」もある。ススキは風流で「幽霊」にも見える。ススキの実は白い羽根つきで、風で遠くに飛んで行く。

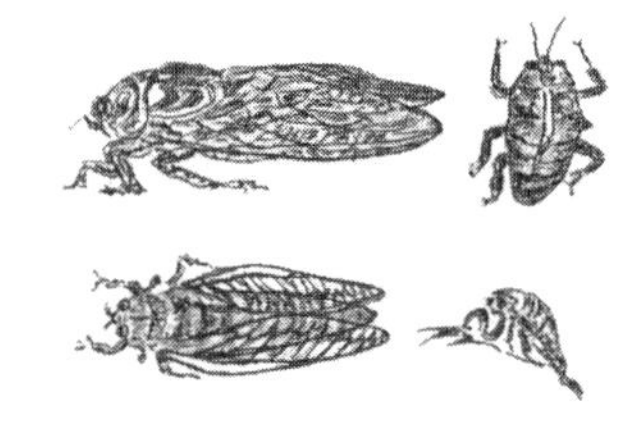

▶ セミと抜け殻（空蝉）：上段がアブラゼミ、下段がヒグラシ。

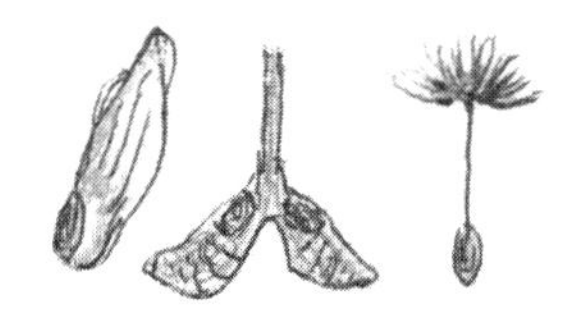

▶ 飛ぶ種子：左からマツ、モミジ、タンポポ。

▶ 飛ぶ昆虫：上段左からノミと蚊、下段はハエとハエトリグモ。このクモは視力とジャンプ力が強力。

虫の声、大阪淀川河川敷のマツムシなどは「音の風景」百選に選ばれている。

昆虫の聴覚：足にあるらしい。コオロギには、前足の内側と外側に4個の穴と鼓膜がある。また胸にも気門があり、呼吸をしながら音も聞く。昆虫も膜と体液はよく振動。周波数感覚もあるとされる。そして仲間と音で交信。このように「昆虫の鳴き声」は、さまざまで独自性がある。それらは「生命の声」で、水や環境の情報も伝える。昆虫は**第4、5話**。

〈虫の声〉：文部省唱歌、「あれ松虫が　鳴いている　ちんちろ　ちんちろ　ちんちろりん　あれ鈴虫も　鳴きだした　りんりん　りんりん　りりんりん　秋の夜長を　鳴き通す　ああおもしろい　虫の声　きり　きり　きり　きり　こおろぎや　がちゃがちゃ　がちゃがちゃ　くつわ虫　あとから馬おい　おいついて　ちょんちょん　すいっちょん」。

ハチやカの話「羽音や闘い」：ハチ、アブ、ハエやカは羽根を速く動かして、「ブンブン」「ビーン」と音を出す。カの音はハチより2倍程度、振動数が高いらしい。「ブンブンブン　はちが飛ぶ…」の歌のハチもいろいろ。ミツバチ・アシナガバチ・ハナバチ・スズメバチなど、種類で出す音が違う。スズメバチは、生きもの連鎖のピラミッドで頂点らしい。音も激しい。特に鬼スズメバチの襲撃は、だんご状の闘いで恐ろしい。

スズメバチ：世界で約20種、日本で8種いる。キイロスズメバチは大集団で、中心は女王バチである。秋、新女王は巣立と交尾後に冬眠。春の目覚めで大活躍する。巣作り、働きバチ産卵、羽化と子育て、狩りも女王1匹らしい。働きバチの成長で強い集団になるが、成功はごくわずかとされる。

特別作りの「ハチの巣」：大きな巣は特別の作りせある。まず小さな巣を作るが、それを球状に包む。外のハチは、ドングリの木の皮を運び巣の外側に貼りつけ、巣全体を大きくする。内部に入るハチは、その材料を内側から崩して、子育て室を増設。内外で作業を分担、その積上げで何段もの階層構造の大きな巣を作るといわれている。六角の部屋は、触覚で測るという。昆虫の不思議な超能力である。長い歴史の産物で、遺伝情報によるだろう。

トックリバチの巣では、泥の「とっくり形」で珍しい。母バチは粘土を見つけて、口で水を吹き付け、土をこねる。この「泥だんご」を何十回も運び、大あごで「壁ぬり」で「とっくり」の巣を完成す

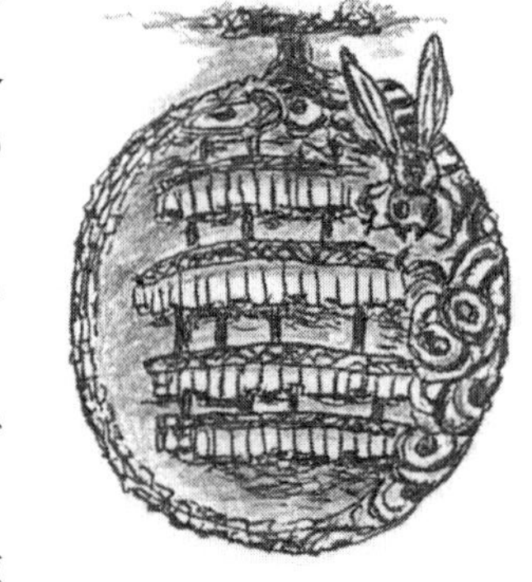
▶ スズメバチの巣

る。この中には、青虫などのエサが多数集められ、麻酔がかけられ、卵が産みつけられる。人間は泥細工などを、動物から学んだらしいが、さらに土器や陶器にまで発展させた。

カは害虫：世界に約３千種、日本で約百種いるといわれている。昔から恐いのは、マラリア媒介のハマダラカである。最近、ヤブカで「デング熱」も出た。昔、カは家にも山にも多くいた。血を吸われ苦しめられた。蚊取りトンボはカをよく食べ、感心した。ヤブカ（ヒトスジシマカ）は、東南アジア原産で、日本に入ったのは江戸時代という。60年代には、都市部にも進出した。空き缶やプラスチック容器が転がり、産卵場が増えたためとされる。

またカは、地球温暖化で北国にも移動している。日本のヤブカは米国に渡り、「アジアの虎」で猛威という。カは、マラリアや日本脳炎なども運ぶ。昔のカ退治や防御では「蚊取り線香」「蚊帳（かや）」だった。この線香は1890年、日本の発明品。効き目も高くて、生産は世界一である。原料は除虫菊で、広島県の因島などで生産された。

害虫「カ・ハエ・アブ」「子どもの作文」：子どもの頃の作文「ぼくはカです」「ぼくはカメです」を見つけて驚いた。子どもの心を動物に移し、生きる厳しさを語る。同時に人間に危害を加えるなと、教えたかったらしい。漱石「吾輩は猫である」があるが、その猫とは異なり、子どもは単純に自然界に通じており、思いつきのまま綴ったらしい。

作文では、カは幼虫のボウフラから出発、仲間と母を探して旅に出たが、トンボの子「ヤゴ」を母と間違え「さあ大変」。やっと逃げ、カに変身で飛び立つが…空腹で人の血を吸い…「ピシャリ」の運命。ハエやアブも害虫。「ハエたたき」「ハエ取り紙」など対策があった。アブには急に刺され、非常に痛い。牛はしっぽで追い払っていたが、刺されると大暴れで、危険だった。なお痛まない注射針は、カの針から学んだらしい。微細な「ギザギザ」があり、大きな傷をつけないという。

さまざまな「音の風景」：野原や森林には、木の音や風の音が広がる。風の音は、木の種類による。葉の形や大きさで風の切り方や振動の仕方が違う。音は多様である。笹の葉は、「サラサラ」、松風は低く切れる音だ。秋田県「風の松原」、大分県「岡城跡の松」や京都「京の竹林」は「音の風景」百選に選ばれている。音の風景百選では、各地の虫、小鳥やカエルの声のほか、北海道・釧路湿原のタンチョウヅルや青森県・八戸港沖のウミネコ、猫に似た鳴き声もある。蕪島に約３万羽、天然記念物のカモメである。宮城県伊豆沼・内沼のマガン、鳥取県水鳥公園の渡り鳥や鹿児島県の黒いナベヅルも、国天然記念物で「音の風景」百選にある。

「チャグチャグ」馬っ子：岩手県の「初夏の風物詩」、無形民族文化財で「音の風景」百選にある。色とりどりの装束と鈴「チャグチャグ」を鳴らして、約百頭の馬が練り歩く。馬に乗るのは子どもである。馬の健康と豊年祈願とされる。馬には、「ポックリポックリ」「パカパカ」の音もある。動物園の元園長さんは「馬はすごい」という。日本の在来馬は８種あり、農耕や荷役馬として重用された。小柄でおとなしく脚も丈夫。力ずくでは動かないが、子どもの友達にもなるという。

〈おうま〉：林柳波作詞／松原昇作曲「おうまの　おやこは　なかよしこよし　いつでも　いっしょに　ぽっくり　ぽっくり　あるく　おうまの　かあさん　やさしいかあさん　こうまを　見ながら　ぽっくり　ぽっくり　あるく」。

十和田湖と奥入瀬渓流：東北の十和田八幡平国立公園、奥入瀬渓流も「音の風景」百選に選ばれている。十和田湖は、青森と秋田の両県にまたがる壮大な「二重カルデラ湖」である。大火山活動の跡とされる。渓流は、十和田湖からはじまり、四季により草木の色、水音や風の音も変わる。春からブナ、ナラ、カエデ、モミジやツタの緑、秋は黄や赤の紅葉。萌黄色の木々の間を、雪解けの清流が流れ、風もさわやかに吹き抜ける。

草木や渓流の「チョロチョロ」「パチャパチャ」「サラサラ」など、せせらぎや滝も多い。千変万化の「音と光」の風景である。「水と光の交響曲」ともいわれる。奥入瀬渓流「コケの森」もある。十和田湖にはヒメマスがすみ、美しい「乙女の像」もある。湖の西は白神山地、北側は八甲田山「ねぶたの里」が広がる。ねぶた祭では「ラセラーラセラー」のかけ声が響く。

▶ 奥入瀬緩流

▶ 十和田湖

5-2　音の性質、楽器の音、耳と聴覚…世界をつなぐ「音と光」「役立つ三角関数」！

通常、音は気体の空気を伝わる。しかし、水などの「液体」や岩石など「固体」でも伝わる。それぞれ媒質により、速度や振動数など性質が異なる。空中での音速は常温で秒速約340m、温度が上ると速くなる。また水中では約４倍、鉄では約15倍の速さになる。固い物ほど音速が速い。この速さで音の世界がつながり、交信も行う。音速が分かると音源までの距離も分かる。例えば、雷の場合、「ピカー」の稲光の後「ゴロゴロ」まで、時間差がある。この時間に空中の音速をかけると、ほぼ雷の落ちた所までの距離になる。光は一瞬で伝わるが、音は比較的おそい。生物は、この「音や光」で環境を知り、交流し生活している。

分かる「音と波」…波動「性質と図示」：音と光は「波動」で、似た性質がある。図示で分かり易くなる。一般に波は波長、振幅（波の高さ）や振動数（周波数）などで特徴づけられる。また「反射」「屈折」「吸収」「回折」や「干渉」の性質もある。音の基準とされるのは「単振動」で、正弦波ともいう。これは振動数が一定で、なめらかな「山と谷」を持つ波である。数学では、三角関数「サインやコサイン」の曲線で表される。これは「音と光」で共通の性質である。音は三角関数で現され、三角関数で光同様に音が分かり易くなる(4-1)。単振動の例には、音叉の音、バネや時計の振り子の振動などがある。

「自然の音」「音色や和音」「スペクトル」：単振動は音の基準であるが、一種だけでは自然の音、音声や音楽にならない。一般の音波は、いろいろな振動数や振幅の単振動の集まり、それらの波の混じり具合で、多種多様な音色や和音になる。和音は、振動数の間に単純な整数比の関係があり、調和した音である。

振動数が簡単な整数比でない場合は、不協和音になる。ベートーベンの交響曲「運命」など、不協和音も用いられている。音や光には、種々の単振動が含まれるが、その分布図は「スペクトル」とよばれる。この分析は、音や光の波の実験では重要である。

楽器の音：打楽器の太鼓は、表面に張られた皮の激しい振動が、空気に伝わり音になる。ギター、三味線、琴などでは、主に弦を弾いた時の振動である。バイオリンやチェロは弦を摩擦する弦楽器である。笛、尺八、フルート、トランペット、オカリナなどは、空気の流れが筒で共鳴して音になる。微妙な摩擦音も含む。

基本振動、倍音、定常波（調和波）、共鳴、摩擦音：弦楽器の両端固定では、弦の長さに応じ種々の振動が発生する。基本振動は、波の半分（半波長）が弦と一致した場合で、弦の真ん中が一番大きく振動する。波長は一番大きく、振動数は一番低い。この振動のほかに整数倍、２、３…倍の振動数の倍音が出る。一般の弦の振動は、これら基本振動の重りになる。また振動は、両端で固定され進行しない。これは、調和波（定常波）とよばれる。定常波には「腹と節」がある。腹はよく振動、節は止る場所である。これらの波が周りで共鳴し、音が響く。楽器には共鳴の「筒や箱」があり、その材質や形で共鳴も変わる。

簡単な楽器：アイヌの口琴・ムックリがある。竹片にひもを通しただけのもの。ひもを引っ張ると、弁の振動音が口内で共鳴「ビョーン…」と響く。これで雨だれや鳥の鳴き声など、自然の情景が表わされる。さらに簡単なのは「草笛や口笛」である。これも振動と共鳴の具合では、多様な音や音楽になる。草や木の葉は若葉に青葉。草笛もいろいろ吹ける。プロの口笛奏者もいて、ウグイスの鳴き声からいろいろな音楽まで、演奏は広がっているという。これらは、楽器は単純でも、高度の人間業である。

民族楽器：種類は多い。中国の胡弓・古筝・馬頭琴の音色は、「草原の風」「水の流れ」の響きともいわれる。馬頭琴は、モンゴル2000年の伝統楽器で世界文化遺産である。「二胡」は人間の声に最も似た音で、馬の鳴き声も出せるといわれる。雅楽は平安時代で、大陸伝来と日本固有の音楽が影響し合ったといわれる。自然の竹で製作される「笙」「篳篥」「竜笛」は、それぞれ天の声・地の声・空の声を表し、五感に「懐かしい音色」である。とくに貴重な素材は、茅葺屋根の煤竹(すすたけ)という。笙から、和琴も生まれたらしい。琵琶は、もとはペルシャ（現在のイラン）にあった。シルクロードで中国に伝わり、西欧ではマンドリンやギターになったとされる。

紫檀五絃琵琶：特別展「正倉院宝物」　東京国立博物館（1981年）より。

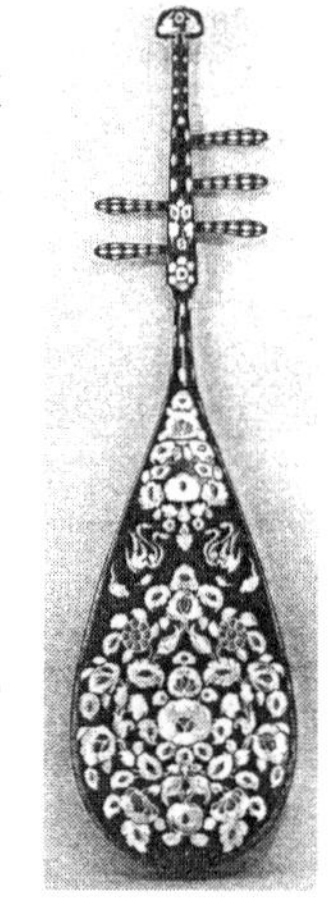

太鼓：大小種類は多い。木の胴に皮を張って打ち鳴らす。胴の材質や構造、皮の張り方、たたき方で音は複雑に変わる。大太鼓は大鐘と同様、低周波の響きやうなりが遠く伝わる。テレビ放送では、石川県の巨大な和太鼓「樹根だいこ」も演奏された。直径2m余のクスノキの樹根をくり抜いた大太鼓。削り方も六角や三角構造、金箔はりもあるという。音の反射の調整とされる。昔、各地の神社の祭では「天高く五穀豊穣鳴る太鼓」で、収穫を祝った。

音の高低「感知と公害」：音は「空中の音波」「気体の振動」として人間に聞える。人間の耳に聞こえる音は、振動数20～20000回／秒（ヘルツ：Hz）、高い振動数側が高音である。波長は、音速を振動数で割った値で、15m～2cmぐらいの範囲にある。昆虫の羽ばたきは1秒間にトンボは20～30回、ハチは100～200回、カは数百回らしい。

人間に聞える低音の限界はトンボの羽音ぐらい。20Hz以下の低周波では、音は強くても聞えない。しかし体には影響があり「低周波公害」といわれる。物が音なしで動くので「幽霊？」と驚かされる。地震では、建物の被害も起る。騒音公害では、ジェット機、特に超音速の軍用機が大きい。超音速は音速を超える速さ。この「音の壁」を超す時、高圧の衝撃波と耐え難い衝撃音を引き起す。低周波も高周波も人間には聞えないが、強くなると影響は大きい。

人間の聴覚「音の感覚」：音は耳の外耳道を通って鼓膜を振動させる。まず気体の振動が鼓膜の振動に変えられる。鼓膜の内側には「耳小骨」がついている。これは３つの複雑な形の骨の組み合わせで、人体で最小の骨といわれる。これが「テコ」で、鼓膜の微細な振動と耳小骨の信号がリンパ液に伝わる。この信号は水圧の「パスカルの原理」で、水中の隅々に平等に伝わる。

耳の奥には蝸牛があり、その膜の隙間には、百数十万本の有毛細胞があるとされる。音の強さ、高低に応じ有毛細胞が揺れる。蝸牛の入口で高音、奥で低音を感知して周波数も分析する。その信号はさらに増幅され、神経から脳に伝わるとされる。このように、耳では音の情報が気体→固体→液体→生体細胞へと順々に有効に伝えられる。

超音波と利用「魚群探知・地形調査・微細洗浄・ノコギリ」：超音波は可聴周波数20kHzを越えた高周波音をいう。特徴は、短波長で指向性が強く、「発信と受信」の位置関係がわかりやすい。コウモリは、夜中も飛び回り、虫を捕まえている。５万Hzぐらい、波長は虫の大きさ程度の超音波で、虫を探知する。犬やイルカも、超音波が聞える。

超音波は指向性が強いので、海の魚群探知や地形調査にも利用される。また波長が短く微細な洗浄に使われる。さらに刃先の振動は、「微細なノコギリ」で、海苔などを自由な形に切れる。なお超音波発振器は、水晶などの圧電性が利用される。これで、マイクロ波の電気振動を機械振動の音に変える。

超音波の医療診断：医療でも超音波診断が利用される。体外から100万～2000万Hz程度の超音波を当て、臓器や血管からの反射波（エコー）をコンピュータ処理で画像化する。さらに造影剤を入れると、１mm以下の血管も分かるという。超音波診断は心臓や肝臓などに有利、肺や骨はX線CTが有利とされる。なお脳などの診断では、MRI（磁気共鳴断層撮影装置）が広く使われる。これで水の状態を知ると、それにつながる患部の診断ができるとされる(18-6)。

ドプラー効果と速度観測：音は、音源から一定の速さで球状に広がる。音源Oが動く場合、音源が近づく側Aでは、音波（のピッチ）が詰まっている。したがって振動数が高く聞こえる。音源が離れる側Bでは逆で低く聞こえる。救急車の音も、接近と通過で振動数が変わる。この効果は光にもある。

ドプラー：オーストリアの物理学者、音の「ドプラー効果」を発見した(1842

年)。音源が近づく時は振動数が高く、離れる時は低く聞える。救急車や急行列車の音などで、体験するだろう。この現象を利用した速度計もある。

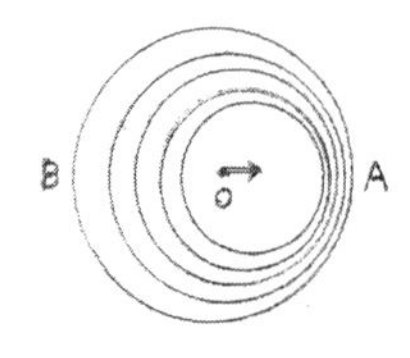

▶ドップラー効果

光の「ドプラー効果」：フィゾーが1848年に発見した。遠くの星の光は、振動数の高い青色から、赤色側にずれて観測される。この現象は星が遠ざかっているためで、星の位置・速度などの観測に使われている。

自然界は「音と光」の世界：音も光も発振と受信があり、相互作用でつながっている。しかし違いも大きい。「野山の緑」や「月や星の光」の情報は耳では聞えない。他方、「風の音」「水の音」は、目では見えない。音と光は独自の情報を担い広く伝わる。生きものは、これらの情報を両方補ない合って使い、自然や世界と共存しているのだろう。「秋きぬと目にはさやかに見えねども風の音にぞ驚かれぬる」(『古今和歌集』・藤原敏行)。

5-3 心安らぐ「水の音」「カオス」とは？…「揺らぎ」「ゆりかごの唄」「百合の花」

水は、大きさや形を自由自在に変え、それに応じてさまざまな音を出す。はじける水の泡では、小さな泡は「ピチッ」と高い音、大きなものは「ボコ」と低い音。水をびんに注ぐ時も、水の量とともに音が変化する。その性質を利用した水の楽器「グラスハープ」もある。グラスに入る水の量で、「ドレミ…」と音階が変わる。グラスの振動や気筒の共鳴で「チン」や「ビュワーン」など、さまざまな音色の音楽になる。それから川の流れや滝、海の波や渦、水道から「ポトポト」落ちる水、雨だれの音も独特である。自然の音は、人間には安らぎになる。

水の「大きさ・形・音」：水分子「一粒の水」は、擬人化すると、球形の微粒子でチャーミングな「二つ目」「単純で強固」である。ところが、水分子が集まると「二つ目」が動いて激変する。不思議な「水素結合」で、「強く弱く」柔軟に無限に連結する。これで、水は「強固で柔軟」「大きく小さく」自由自在になる。さまざまな音も出す。水の高い音は「小さな水」のはじける音、低音は「大きな水」のゆらぐ音やうなりもある。水の大きさや形、音の振動や音色「音の風景」もさまざまである。

一滴の水の落下：水面に落ちると、まず落ちた所に穴があき、水が王冠状に跳ね上がる。さらに空気を閉じ込め、その破裂音が出る。王冠はさまざまで、ガラス板上の牛乳の場合は、「ミルククラウン」とよばれる。王冠の先端は、表面張力で丸くなり、小さな多くの「ミルク玉」になる。王冠の真珠玉のようになる。

ミルククラウン：水滴が水面に落ちると、水は「王冠」形で跳ねて散る。「王冠」は液体の種類、粘性や表面張力でいろいろ変わる。ミルクの場合が整った形という。水滴が連続して落ちると、王冠よりさらに複雑になる。笠形も含む、整った形も生まれるらしい。

水滴「ポトポト」大発見：蛇口の水滴にも不思議な「ゆらぎ」がある。雨滴、雨だれや水紋、水の泡、液滴の融合など、どこでも見られる。観察は高速写真になるが、遅い場合は、目で見える。落ち方は表面張力、粘性や重力と関係する。なお水の「泡や音」は貴重な情報源で、「大発見」も行われてきた。「水の電気分解」「植物の光合成」「アルコール発酵」「酵母の酵素」の発見などである。

風流の「水琴窟」「水滴の音」：「ポトポト」と落ちる水滴の場合、その落ち方はほぼ一定間隔である。しかし、水滴の前後の形や音は同じではない。出発の状況、初期条件で異なる。ここには、「カオス」とよばれる「揺らぎ」があり、研究されている。この「水滴の響」は、風流で、楽しまれている。京都市北部の西寿寺にある水琴窟は、江戸時代に茶室の手水鉢などから生まれた。「庭師の秘伝」とされる。

大小の水滴群の落ち方、水面や気泡の状態、水ガメの共鳴などが関係する。逆さに埋められた水ガメに滴る水の音、雨だれと異なる「水滴の音楽」、さらに、偶然の揺らぎに共鳴の金属音も織り込まれる。岐阜「卯建の町の水琴窟」や群馬「水琴亭の水琴窟」も「音の風景」百選である。水琴窟は古里にもあった。

自然の揺らぎ「小川のせせらぎ」「心臓の音」「1／f 雑音」：せせらぎの「チョロチョロ」など、小川や渓流の自然の音には、何となく心が休まる。音楽で基準の音(単振動)や乱雑な雑音とも異なる音である。同じようで同じでない音で、微妙な変化や揺ぎを持つ。近年の研究では「1／f 雑音(ノイズ)」という振動が、心臓の音など、生命から宇宙まで広く自然界に存在とされる。

この例には、小川のせせらぎ、波の音、心臓の鼓動、体のリズム、気分のよい時の脳波、気温の変動、木の年輪、風鈴の音色、音楽、水墨画や漫画のパターンなどとされる。モーツァルトの曲にも「1／f の揺らぎ」が多いようだ。またバイオリンの名器ストラディバリウスは小川のせせらぎ、鳥やコオロギなどの鳴き声に似ているという。

「カオス状態」とは？：自然には確実と不確実、予測できる現象と確率でしか分からないことがある。その境界が「カオス状態」でつながるらしい。ものごとは規則ばかりでは、自由に動けない。乱雑ばかりでは動く意味も消える。「骨折り損のくたびれ儲け」になりかねない。その両極端の世界では、人間の五感も働きにくい。しかし、確実と不確実の境界では、微小な動きも蓄積され、未来に大きく影響する。長期の生物進化も、内部に微細な揺らぎを含み進んだらしい。近年では「非線形科学」の分野が発展している。「生物時計やリズム」などの探究もある。

「天気や台風」の予報：水や風の動きは複雑多様だ。天気の予報は難しい。予報に必要な空気の運動方程式を解くと、解の曲線には、「蝶の羽」の形も現れるらしい。これは「バタフライ効果」といわれる。この現象は、「中国の蝶の羽根の動きが台風を引き起こす」とか、「ブラジルで蝶が羽ばたくとテキサスで竜巻が起こる」とも説明されている。最初のわずかな揺らぎの運動が、異常に拡大され、台風も起こる。これもカオスといわれる。

「揺籠のうた」「揺らぎ」の話：北原白秋作詞／草川信作曲「揺籠のうたを　カナリヤが歌うよ　ねんねこねんねこ　ねんねこよ　揺籠のうえに　枇杷の実が揺れるよ　ねんねこ　ねんねこねんねこよ…」。この歌の「揺り籠」は「百合かご」と、発音が似ており、子どもの頃、誤解していた。カナリヤや揺り篭は知らなかった。

百合は野山にたくさん咲いていた。きれいでいい匂い。雨にぬれても咲いていた。百合の「花かご」なら、「歌を忘れたカナリヤ」も歌い、捨てられないだろう。そう想像した。ウグイスは梅の花で「ホーホケキョ」と鳴く。ところが「ゆりかご」は赤ちゃんの歌だった。「揺らぎ」で、いい気分らしい。この歌ではじめて詩が童謡になり、童謡が広がったといわれる。この歌の誤解で「百合」「枇杷」「揺らぎ」にも関心が広がった。

百合の花：百合の原種は世界に約100種、日本にも15種が自生している。「百合の国」とされる。野生の百合で、大きさ世界一はヤマユリだ。山野のカヤ・ススキや笹の間でも強く生え、花は純白で芳香を放つ。群生もある優雅な花である。「山百合や雨にも笑顔青い山」「山桜百合も微笑む里の山」「田植え雨霧立つ山に百合の花」。オニユリやクルマユリは花がそり返る。ササユリやオトメユリは、控えめに咲く。北海道のエゾスカシユリ、沖縄のテッポウユリもある。ジンリョウユリは、徳島県の深山の蛇紋岩地帯にのみ生え、絶滅危惧種とされる。

▶ユリ：左がヤマユリ、右がテッポウユリ。

日本のユリは欧米の憧れで、盛んに品種改良がされた。ヤマユリ型、純白色の大輪「カサブランカ」はピンク・赤・黄色など各種ある。カタクリやギボウシなどもユリ科で各地に群生している。ホトトギスは、タンポポ程度の大きさで黄暗紫色の斑点模様である。町のわき道にも咲いている。「道草でユリと分かったホトトギス」。

ビワ（枇杷）：イバラ科、実はバラ、サクラやリンゴと似ている。四国や九州の山地に自生している。常緑樹で果樹として栽培する。若芽や若葉は天空に向い、すらりと伸びる。色は薄い黄緑から、段々と濃い緑に変わり重厚になる。花は白で芳香、実や葉、茎にも微細な毛がある。毛は害虫よけという。ビワは魅力の果物、葉も生薬、健康に役立つとされる。

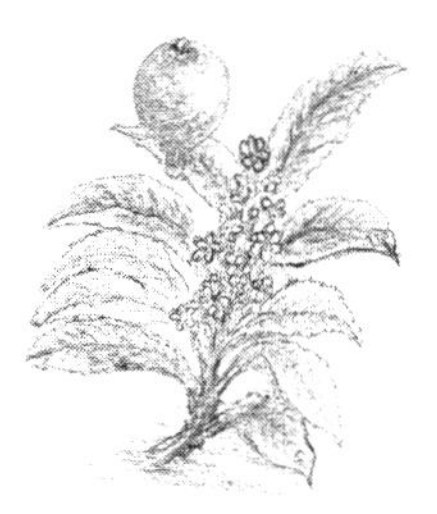

5-4　大鐘も動かす「弁慶の小指」…「共鳴現象」「継続は力」の話

小さな力が、大きな効果を引起こすことがある。不思議な魔力か気にかかる。似た話では、大学の力学の講義を思い出す。「弁慶は小指で知恩院の大鐘を動かした」との話に、急に目が覚めた。振り子の強制振動や共鳴現象の講義での「お話」だった。しかし、理論は理論、弁慶の話はとても信じられない。弁慶は比叡山の僧兵で怪力である。熊野山の生まれ、幼名は「鬼若」である。京の都を暴れ回り、五条の橋で、牛若丸と対決したという。「牛若」より「鬼若」が強そうにも聞える。しかしいくら弁慶が怪力でも、何十トンもの大鐘は動かせない。これは常識であろう。講義でも、「怪しい話」には容易に乗れない。

京都・知恩院の大鐘：この鐘は、奈良東大寺、京都方広寺と並んで、「日本の三大名鐘」といわれる。「除夜の鐘」には、撞木の綱引きで、十数人の坊さんが力を合せる。「百八打」は約30人の交代という。写真は、週刊朝日百科「日本の祭」。

大鐘で「力だめし」：弁慶と大鐘の話は忘れていたが、何かの機会に京都をぶらりしたことがあった。知恩院に寄った。ここは日本最大の木造の門があり、国宝である。境内にも壮大な建物がある。鐘は、さすがに大きい。直径は2.8m、約70トン、1636年の鋳造という。この大鐘に見とれて、ふと弁慶を思い出した。この大鐘が目前にあり、土俵に上ると自由に触れられる。そうなると、私も「力だめし」の気持になった。「弁慶の小指」のつもりで、両手で力いっぱい突いたが痛いだけ、鐘は不動で、無

力感だけが残る。弁慶でも大鐘は不動だろう。そう確かめて帰る途中、ふと鐘の「固有振動」に気がついた。そこで再び「力だめし」になった。

「不動の大鐘」が動いた！：固有振動とは、鐘それぞれに特有の振動とされる。鐘の成分、重さや形で振動も異なる。この固有振動に合わせないと、共鳴振動は起らない。「闇雲の突き」では、弁慶の怪力でも、大鐘は動かせない。そこで大鐘に触ると、微細な振動が感じられた。固有振動である。触覚はミクロン単位の感度という。後は簡単。この振動に合せ、根気よく押すと大鐘が動いた。やがて目に見える「恐ろしい」動き。「継続は力」だろう。しかし、今度は動きが止らない。また根気よく「ブレーキ」が必要だった。

常識では、不動のものが、共鳴で大きく動く。兵隊が歩調をそろえて橋を渡り、橋が落ちた話もある。低周波地震の共鳴では、大きな建物も動かされ危険とされる。講義の「お話」は、科学的でよくねられていただろう。なお世界最大の鐘は、ロシア正教会、聖セルギー修道院の鐘は75トンとされる。「ゴーウォーン…」と響き渡る、世界文化遺産である。

アインシュタインの訪日「知恩院の大鐘」：この大鐘の下に、アインシュタインが潜ったという逸話がある。訪日して、相対性理論の講演旅行の時である。鐘の中には、音が聞えない場所があるらしく、それを確かめたといわれる。一般に弦・太鼓・笛の出す音には、音波の重なりで「節と腹」が生じる。節は動かない場所、腹はよく振動する。大鐘には、笛や太鼓と異なる地鳴りのような低音の響きや、低い振動数の「うなり」も出る。天に昇る龍の声ともいう。この鐘の音の分布は難しいだろう。

第6話

水は働きもの…力と運動、仕事とエネルギー

6-1 「水車と風車」の今昔物語…水は働きもの

水は、休みなく天地を巡る働きものである。子どもの頃、地域に、かなり水車があった。明治の中頃、故郷の岡山県北部、美作地方には米つき、紙すきや製材など、水車は、約800台もあったという。全国では何万台だろう。昭和30年代も、かなり残っていた。水力は自然のエネルギー、長時間の休みなく働く。人間はもちろん、牛馬でも出せない馬力だ。しかし、水利用には、水の知識や技術が必要になる。水

車は、古代のエジプト、中国やギリシャ以来、長年の経験や技術による発明・発展だろう。水車は生活に役立つが、水に合せた調整が必要とされる。水車の周りには水田や里山があり、人間と自然は身近につながっていた。水は「いのちの源」であるが、また「働きもの」である。さらには、自然を知る「測定基準」にも選ばれてきた。

故郷の「水車と一本杉」：水車には、玄米を白米にする大仕事「米つき」などがあった。山奥の水車で「チョウタロウ」の愛称があった。生きもののように大切だった。米つき水車の容器は箱４個つきで、おわん型の石鉢である。粉引きの石臼と同様で、石工の彫刻細工がほどこされていた。川下の大きな水車は、力が強く何かと高度である。水受けの箱は外周に多数あり、現在の水車と変わらない。中には米つき棒の連動、ひねりや米を回す仕掛があり、水路にも、水量の調節板があった。水車の利用には、新しく経験や技術も必要だった。

▶「こんにちは」の一本杉：故郷の杉の大樹。樹齢数百年、苔の衣の文化財だ。川や水田と並び、山とともに天にも伸びている。

この水車の近くには「一本杉」という巨木があり、学校の行き帰りには、いつも「こんにちは」だった。夕焼空には、一本杉と山が並び、赤や橙色の空に黒く浮き上る。月や星とも並んで見えた。そうなると「こんばんは」になる。現在「一本杉」は町の文化財である。昔も今も同様、苔をつけ、静かに堂々と立つ。「稲は青人と水車は大仕事」「実る稲水車で遊ぶ赤とんぼ」。

水車はいろいろ：岡山県北西部に直径13.6ｍの三連水車「親子孫水車」が再現された。新見市「夢すき公園」の製粉水車である。ここは奈良平安時代からの「奥備中和紙」の紙すき体験も出来という。また中国山脈の名山、那岐山の麓の渓流沿いの美作市には、製材水車や紙すき水車が稼働していた。紙すきは、「山のミツマタ」からの和紙作りで、紙幣の原料とされる。「横野和紙」「高尾和紙」とよばれ、県の伝統工芸品という。なお岡山県の諏訪洞、備中川の水車は「音の風景」百選に選ばれている。

働く水車：製材水車（岡山県美作市）。直径約５ｍ、70年の歴史で回る。

「三連水車」：九州に飛ぶと、福岡県朝倉市に「三連水車」が活躍している、筑紫平野の広い水田を潤す。直径は４ｍ以上で、約200年の歴史を持つ。国指定史跡である。愛

▶川合玉堂の作品：上「水声鳥語」、下「早乙女」（川合玉堂展資料より）

称は「田んぼのSL」。この水車は北九州の集中豪雨で大被害、大量の流木が絡み止まった。しかし、懸命な除去作業で動き出した。この水車は、「復興のシンボル」ともいわれる。筑紫平野の水田に水を送る。

〈森の水車〉：清水みのる作詞／米山正夫作曲「緑の森の彼方から　陽気な唄が聞えます　あれは水車のまわる音　耳をすましてお聞きなさい　コトコト　コットン…　雨の降る日も風の夜も森の水車は休みなく　粉挽臼の拍子とり愉快に歌をつづけます…コットン…」。

水車の歴史と日本伝来：水車は風車とともに非常に古い。紀元前千年頃からエジプトや中国で水くみに用いられたという。その後、灌漑（かんがい、田畑に水を引いて潤すこと）や製粉などの動力として、ギリシャなどのヨーロッパ、インドや中国に広がったとされる。また鉱山の排水や鉱石の粉砕などでも用いられ、蒸気機関の発明までは最大の動力だった。日本伝来は610年頃らしい。『日本書記』によると、高句麗の僧から伝わったという。さらに平安時代に中国の唐から潅漑用として伝えられ、鎌倉時代に京都の宇治川を中心に広まったとされる。江戸時代には酒造の精米、菜種の油しぼりや紡績の動力などにも使われた。

伝統の宇治川：1950年代には川の流れに勢いがあり「モクモク」と水が湧き上っていた。特に宇治橋から上流の眺めは絶景とされる。「朝ぼらけ宇治の川霧たえだえにあらわれわたる瀬々の網代木」とも詠われた。この霧は宇治茶も育てた。宇治は茶の名所である。宇治川の水車では、琵琶湖畔の石山寺に絵巻があるという。また「宇治川ライン」は『源氏物語』にも登場する。宇治川は水が豊かで、人も水車もよく動いただろう。「宇治川を船渡せをと喚ばへども聞えざるらし楫の音もせず」（『万葉集』・作者不詳）とも詠われた。

平等院と宇治上神社：宇治川のほとりの世界遺産である。どちらも、平安時代後期に建立された。平等院の鳳凰堂には、国宝の阿弥陀如来像がある。宇治上神社は現存する最古の神社とされる。宇治橋は、646年に架けられた日本最古の大橋で、瀬田の唐橋、山崎橋と並ぶ日本三古橋である。中央に、守護神「橋姫」も祭られる。欄干は、「ネギぼうず」、花の珠の「擬宝珠」である。これを見て橋を渡ると。源氏物語の「紫式部像」が迎え、平等院参道になる。鳳凰堂は半世紀ぶりの修理が終り公開されている。鳥・鳳凰のように両脇に広がる。10円銅貨の模様で身近に見られる。

▶平等院

現代の「水車と風車」：現在、動力源の水車はほとんどなくなった。近代式水車は、水力発電所の「水タービン」である。しかし最近、環境に優しい分散形「小水力発電」が見直されてきた。風車では一番多いのは、「子どもの風車」、次は「田畑の風車」だろう。近年日本でも、「風力発電の風車」が広がっているが、先進国はドイツや北欧である。

オランダには世界文化遺産「キンデルダイクの風車群」がある。18世紀中頃の建設で、ライン川の河口にあり、現在も活躍中である。水を汲み上げ、海に排出する。オランダは面積の約4分の1が海面下で、低地の国である。「風車なくしてオランダなし」で、国の原動力とされる。風車には、造・風のよみ・羽根と帆の張り方など伝統技術も多い。風車のライデン市は、電気溜の「ライデン瓶」「光の魔術師」の画家レンブラント、光学や力学のホイヘンスの古里である。光学の「ホイヘンスの原理」は4-3。

分散型「小水力発電」：山梨県・都留市などで普及している。ここは川の水とともに地下水、富士山の豊富な湧水が利用されている。埼玉・群馬の神流川沿岸では、農業用水の小水力発電所もある。水の落差の位置エネルギーと流れの運動エネルギーが、電気に変換される。水利用ではアルキメデスのラセン型の揚水機など、古代ギリシャの技術も使われる。

風車：折り紙の風車、粉ひきの風車、昔のヨーロッパ北部の風車などいろいろである。現代の風車は、風力発電で世界で広がっている。トンボの羽根の微細構造にも学び、弱い風でも回る風車も作られている。羽根は薄くて強く、微細な「凸凹」「ギザギザ」がある。これで空気を切ると、羽根の界面にアワが発生、流れが流線形になるとされる。流線形は滑らかな揚力で、摩擦抵抗は少ない。音なしで飛ぶフクロウの羽根にも、「ギザギザ」があるらしい。しかし、この構造には、微細加工の「ナノ技術」が必要になる。

6-2　働く蒸気機関、自動車や飛行機…ローカル線の旅の話、歌「汽車」

水を熱すると、沸騰して水蒸気が激しく吹き出す。この力を利用して仕事をするのが、蒸気機関である。子どもの頃は、蒸気機関車（SL）は力強さと科学・技術の代表に見えた。どっしりした黒い鉄の機関車が、白い蒸気を吐き、「シュー」「ポー」「ピー」と力強い音がする。多くの人や木材などを積み、山、川、水田、鉄橋やトンネルも通り抜けた。人や物だけでなく、みんなの夢を運び、四季の風景も見せた。

日本は鉄道が発達しており、地球半周ぐらいあるという。黒い媒煙も出したが、大きな働きだった。汽車は1970年代に鉄道の一線から消え、自動車や飛行機が発達した。これらは高速・大量輸送で便利だが、エネルギーの大量消費や大気汚染が問題である。しかし、懐かしの「ローカル線」の復活もある。

機関車「D51」：日本の鉄道史上最大の功績とされる。誕生は昭和10年代のはじめという。水蒸気の強力な働きが利用された。現在、東北の釜石線を走る。この鉄道は、宮沢賢治「銀河鉄道の夜」のモデルという。福島県の桜の中は東北線「満開ふくしま号」も走る。SL列車「C形」も、日本中部の山岳地帯で大井川鉄道を走り、渓谷と紅葉を楽しむ。「D51」は東京・上野の国立博物館の入口に展示がある。

〈汽車〉：作詞者不詳／大和田愛羅作「今は山中　今は浜　今は鉄橋渡るぞと　思う間も無くトンネルの　闇を通って広野原　遠くに見える村の屋根　近くに見える町の軒　森や林や田や畑　後へ後へと飛んでいく…」。

〈汽車ぽっぽ〉：本居長世作詞・作曲「お山の中行く汽車ぽっぽ　黒いけむり出し　しゅしゅしゅしゅ　白いゆげふいて　きかんしゃときかんしゃが　まえ引きあと押しなんだ坂こんな坂　とんねる鉄橋…」。

〈鉄道唱歌〉：大和田建樹作詞／多梅稚作曲「汽笛一声新橋を　はや我汽車は離れたり　愛宕の山に入り　のこる月を旅路の友として　右は高輪泉岳寺　四十七士の墓どころ…　窓より近く品川の…　鶴見神奈川あとにして…」。

ローカル線の風景：乗り物は速すぎると、五感では対応できない。「見ざる、聞かざる、楽しまざる」にもなる。「ガタンゴトン」のローカル線は、揺られながらも、その間「旅を楽しむ」ゆとりも出る。ローカル線でどんなものが見られるか、拾い出して見よう。

北海道には「白銀の世界」を通って、日本最北端に至る宗谷本線がある。富良野線の「富良野・美瑛ノロッコ号」は、十勝連峰のふもとの田園やラベンダーの花畑を通る。根室本線では、「くしろ湿原ノロッコ号」が釧路湿原を通る。雪の湿原、タンチョウ鶴やキタキツネの里を蒸気機関車が走る。釧網本線は「流氷の海」を望む。「音の風景」百選である。

東北の釜石線は機関車「D51」が力走し、宮沢賢治の古里と花巻から、北上山地に入る。『銀河鉄道の夜』のモデルの鉄道である。北上川と猿ヶ石川の合流付近は、賢治の「イギリス海岸」があり、乾いた泥岩が白い海岸に見える。「イーハトーブ」の風景地は国の名所である。仙石線では、松島・春の海、東西線では最上川沿いが楽しめる。

関東に入ると、東京の奥に梅の花咲く青梅線がある。常磐線も梅が香る。東海道線は、藤沢で分れると、江ノ島電鉄が海岸を通り、古都・鎌倉に至る。自然や文化も身近に見える。御殿場線は富士の裾野を通る。

中部・北陸では、中央本線は甲斐路・山や梅の高原を通る。飯山線は千曲川、信濃川沿いを走る。大糸線は、山麓から雄大な北アルプスを望む。紅葉の飛騨街道を走るのが高山線である。飯田線トロッコファミリーは、伊那谷、天龍川の渓谷を通る。蒸気機関車・大井川鉄道は、大井川に沿い満開の桜並木。また山地は寸又峡や接岨峡などの峡谷と紅葉は、「音の風景」百選に選ばれている。北陸では、北陸本線が断崖と渚の東尋坊や兼六園をたどる。チューリップ畑の道もある。

近畿では、湖西線が琵琶湖の西岸を走る。ここは昔、大津京の置かれた所。東山や比叡山を望み、三井寺—近江神宮—日吉神社—近江舞子を過ぎ、白砂青松百選の今津浜松並木や桜百選の海津大崎に至る。中生代の生きた化石のメタセコイアの街路樹百選もある。ここは琵琶湖の北湖の湖畔である。北湖には小さな竹生島があり、古くから「神の島」とされた。宝厳寺は弁財天を祭り、広島・厳島神社、神奈川・江島神社とともに「日本三弁天」といわれる。唐門は国宝である。都久夫須麻神社の本殿も国宝。

紀伊半島では、紀伊本線が周る。入り江の続き、和歌浦名水や桜百選の紀三井寺、日の岬や浜ノ瀬は白砂青松百選がある。南紀白浜は、「日本三古湯」といわれる。潮岬は、本州最南端でハマユウの咲く台地である。太地には、クジラで知られ博物館もある。那智勝浦は風光明媚な入り江で、原生林の山には那智大滝がある。

中国では、鳥取砂丘や出雲大社に通ずる山陰本線がある。城崎温泉、香住海岸や東洋一の高さの「あまるべ鉄橋」も通り、海や大山が展望できる。この鉄橋は、2011年に開通された。長さ300m余、高さ40m余という。山陰本線・木次線は、険しい山岳鉄道である。トロッコ列車「奥出雲おろち号」が、出雲神話の里を走る。姫新線・芸備線は中国山脈の緑や雪を通る。伯備線は岡山県の高梁川に沿い、中国地方を南北に結ぶ。倉のある街並の倉敷から出発して、途中200mの断崖・井倉峡や長い鍾乳洞の山地を通り、伯岐富士・大山を望む。

▶ 強く優しいクジラ：永島慎二版画「遊ぶ子供たち」。子ども達は優しいクジラに包まれ、伸び伸びと遊びに夢中らしい。クジラも夢や元気さに満腹、新たな活力で前途洋々だ。

九州では、島原鉄道が島原半島を、長崎本線が有明海をめぐる。阿蘇山を走り抜ける南阿蘇鉄道や、南国情緒の海岸を走る日南線がある。鹿児島本線は、門司港から西鹿児島に向け、九州の西海岸を走る。高千穂高原には「トロッコ神楽号」があり、日本一の高さの鉄橋を渡る。

四国の予讃線は、瀬戸内海の島々を望み、高松から宇和島に至る。みかんの花も見える。香川・愛媛・熊本・和歌山や静岡県などは、温暖なみかんの里である。日本の原風景といえる。温州みかんの原産は日本、オレンジはインド北部といわれる。宇和島の段々畑は、文部科学省の重要文化的景観に登録準備中である。宇和島からは余土線「清流しまんと号」が「四万十川の清流」を望む。土讃線は四国中央山地の「平家の里」「大歩危・小歩危の峡谷」を通る。

〈みかんの花咲く丘〉：加藤省吾作詞／海沼実作曲「みかんの花が咲いている　思い出のみち丘のみち遥かに見える　青い海　お船が遠くかすんでる…　波にゆられて　島のかげ　汽笛がぼうとなりました…」。

▶ 温州みかん。右上はみかんの花。

蒸気機関とは？：発展の跡を辿ると、まず石炭などの燃料で大きな釜を炊き、水を沸騰させて水蒸気にする。この膨張・収縮を利用して、仕事をする。これが蒸気機関である。テコや滑車の仕事とは、内容や技術が異なる。水蒸気利用の考えはギリシャ時代にあり、17世紀にパパン（仏）やニューコメン（英）が改良したとされる。さらにJ.ワットが水蒸気の冷却装置を改善、効率的な蒸気機関を発明（1769年）した。これが「ワットの蒸気機関」である。

▶ 柚子（ユズ）：ミカン科の常緑樹で、消費・生産ともに日本が最大。花言葉は〝健康美〟といわれる。

ワットの発明と産業革命：蒸気機関の難しさはシリンダーの構成、大きさや微細加工、それと蒸気の温度の上げ下げなどにある。蒸気機関の水蒸気は気体である。ごく小さな穴でも洩れるので、閉込めて仕事をさせるのは難しい。金属シリンダーなどの微細加工の技術が必要。さらに温度の上げ下げと仕事の関係も複雑である。ワットは、これらの改善で効率を上げた。

▶ J.ワット

ワットの発明…「科学と技術」の関係：ワットの発明は熱の科学が発展する以前で、多くの試行錯誤があった。その後に熱と仕事の科学、つまり「熱力学」が新しく誕生し発展した。通常、科学の発展から新しい技術が生まれ実用へと広がる。しかし逆に、長年の経験や技術からも新しい科学が生まれている。これらは相互に結びつき、発展する。特に実験的科学では、技術の果す役割は大きい。五感と経験の蓄積が基礎になる。なお**第7話**は火や熱、水の熱的性質、熱機関の仕事や熱力学を書いた。

蒸気機関の利用：まず炭鉱での水の汲み上げや紡績機の動力で利用された。その後機関車や船にも広げられている。18世紀のヨーロッパは「産業革命」の嵐で、蒸気機関が大きな役割を果している。農業と工業、物の生産と加工には、どこでも仕事や動力が不可欠。人間は人力から牛馬へ、そして水力や蒸気機関の利用に進み生産を増大させた。未来社会でもエネルギーは根本問題である。生物も無生物も、まずエネルギーが必要だからである。欠けると、生活が成り立たない。

自動車や飛行機の発展：現代社会では、輸送での蒸気機関は衰退し、自動車や飛行機が発展している。しかし、これらもガソリンなどの化石燃料を大量に消費している。また排ガスによる大気汚染も深刻。さらには、大量の二酸化炭素排出は、地球温暖化につながる。地球の資源には限りがある。大量消費・大量廃棄を繰り返しては、自然環境と人間社会の持続は難しくなる。気象観測と科学は、地球が温暖化で今世紀にも危険な状態になると、厳しく警告している。

6-3 力・運動・仕事・重さ・質量とは？

水車や蒸気機関では、水が大きな働きをする。つまり、水は大きな仕事をする。この仕事には力や運動、物の重さや質量がかかわる。これらの言葉は日常よく使われている。しかし、この内容や測定法は明確とはいえない。力学では、どんな決まりか概観する。

力と仕事：力学では、「仕事」＝「力」×「その方向にものが動いた距離」と表される。大きな力でも動かない場合、仕事は「ゼロ」で処理される。力と仕事は異なるが、仕事は力に比例しているので、力が大きいと大仕事ができる。これは日常経験と合うが、「力と仕事」は、一緒に現れるので混同しやすい。テコによる仕事は**第3話**（科学の誕生）。

力の測定：力や重さは、ばね秤や天秤で測定する。人には、みんな体重がある。この重さのもとは重力、つまり「地球の引力」とされる。この重力は、地上のすべての物体に働き、地球の中心に向いている。いわゆる「万有引力」である。地上、いつでもどこでも働くので、通常気にしない。この力－重さは目に見えないが、大きさは、ばね秤などで測定する。ばねの伸びは、力に比例する。この性質を利用した、力の測定である。重さの単位は「グラム(g)重」や「キログラム(kg)重」で表される。「重」をはぶく場合も多い。

「重さと質量」は同じ？：重さは、運動や買い物など、日常的に大切である。昔から測定を工夫した。まずテンビン（天秤）では、支点の左右の重りの釣合いを利用して、物体の重さ（質量）を測る。バネばかりは、バネの伸びが重さに比例することを利用して、重さを測定する。

地球上では、「質量と重さ」の数値は同じ場合が多く紛らわしい。しかし質量は物質の量、重さはその物に働く力である。物と力は関係するが、別物である。これは、テレビで宇宙船の無重力状態を見るとよく分かる。宇宙飛行士に働く力や重さはなくなり、体は空中遊泳するからだ。しかし宇宙飛行士は元気に活動する。体や質量はそのままで変わらない。

質量の測定…天秤：この質量は天秤で測定される。天秤の釣合の関係式は、アルキメデスの「テコの原理」と同様、比例・反比例の式で表されている（**第3話**）。天秤の関係式は、場所や重力によらないので、左右の比較で質量の大小が決められる。場所によって重力が大きく変わる場合も、天秤の左右では重力の働きは同じで、天秤の式も変わらない。

「質量・密度・比重」の単位：質量は「グラム（g）」や「キログラム（kg）」で表す。質量の単位「kg」と重さの単位「kg重」はまぎらわしく、力の単位は、「ニュートン（N）」が使われる。「1kg重」は「9.8N」にあたる。なお単位体積あたりの質量を「密度」という。単位は「g／cm^3」で、水の密度は1g／cm^{3}である。また水との密度比を「比重」という。

比重は同体積の場合、水より重いか、軽いかを示す。物質の詰まり具合である。比重が1より小さいものは水に浮く。その浮き具合で、比重を計る比重計もある。木やプラスチックは、通常1より小さいので水に浮く。竹や桐の比重は0.3程度である。松は、0.5程度、石の代表、花崗岩は2.7、金属のアルミとほぼ同じである。金やタングステンの比重は19.3、水銀13.5、鉛11.3、銀10.5、銅8.9、鉄は7.9である。

質量保存の法則：「重さ」は「物体の性質（属性）」で、場所により変わる。地球上なら、移動してもほぼ変わらない。これが、日常経験する重さである。しかしこの重さは引っぱる物体が変った場合、それに応じて変わる。例えば、月面では引力（重力）が地球の1／6ぐらいになる。月面に降りた宇宙飛行士は軽々と歩いていたが、重さが実際に軽くなっている。

「質量」は、「物体そのものの量」である。これは、地球や月、宇宙船でも変わらない。宇宙飛行士や物も空中に浮いているが、消滅はしない。このように場所や時間で変化しない量は「保存量」とよばれる。「もの」は、燃焼などでなくなるが、排ガスなども考慮して回収すると、もとの「物質」は残っている。質量全体は変わらない。これが「質量保存の法則」で、自然の根本法則とされている。

自然の理解「水は国際単位」：生活には、自然や周囲を知る必要がある。この測定の単位には「質量（重さ）・長さ・時間」があり、物理学でも基本単位とされる。現代では、測定単位は原子・分子レベルで行われ、高精度である。しかし、日常生活の重さ・長さでは、水が「万国共通の単位」だろう。

水は「物の測定基準」：水は身近で、「生命の水」である。しかも比較的安定で、共通の測定基準や単位とされる。まず重さの基準「１グラム（g）」は、４℃の水１立方センチ（cm^3）の重さである。１kgは、１リットル（1000 cm^3）の水の重さ、１トンは１立方メートル（m^3）の水の重さであり、これで、重さと体積が正確に結びつけられる。結局、重さや体積は、水を基準に測定される。また比重、温度や比熱などの単位も、水が基準になっている。温度の100℃と０℃は、水の沸点と氷点である。その間、水の体積の熱変化は少ない。基準にふさわしいだろう。

「水と化学」の関係：化学は「化かす」「化ける」など、大きな変化で素性の不明確な物質を扱う。昔は「錬金術」ともつながっていた。化学用語にも、「化合」「化合物」があり、水も酸素と水素原子の化合物である。最小単位は、水分子「一粒の水」で、チャーミングな「二つ目」である。さらに水には、水分子の連結「水素結合」があり、この連結で万能性を持ち、生命も支える。なお水分子の「激しい踊り」は**10-2**、**3**。

ラボアジエ「化学の父」：フランスの化学者で17、8世紀の「化学革命」では、中心的役割を果し「化学の父」とよばれる。精密実験による「燃焼や化合」の研究や、「質量保存の法則」の発見で有名。また水を、自然を知る基本単位に位置づけた。近代化学では、水は「万物の根源」ではないが、自然の基礎単位での重要性は変わらない。なお「４℃の水」は、水の温度変化の中で、密度が一番高く、現在も「世界の不思議」とされる。通常、物質は温度とともに軽くなる。水の特異の性質は、水の循環と環境調整、生物の生存にも大きな影響を及ぼす。

6-4　位置・速度・加速度の計算法…分かる「算数と理科」「微積分と三角法」

「力や運動」は五感や経験でおよそ分かる。押したり引いたりして、動かしてみればよい。いわゆる体験、観察や実験である。しかしごくわずかな変化や水の流れなどは容易には分からない。運動を知るには、まず「位置の測定」が必要である。位置は原点（出発点）からはじまり、方向と距離で示される。距離の単位には、「メートル（m）」や「キロメートル（km）」などがある。速度には時間の単位も入り、時速や秒速などで表される。科学では厳密さが必要になり、測定も計算も難しくなる。そこに、ガリレオ（伊）やニュートン（英）が登場した。ここで数学の微積分法も発見され、力学が大きく発展した。

力学の「位置・速度・加速度」：これらの言葉は、日常生活で身近で、およそ五感と算数で分かるが、歩行や加速には力が必要になる。速度の変化が瞬間、位置の変化も微細になると、五感や算数を超え、分かりにくい。ここでは、「力学」「微分と積分」も必要になる。しかし、これも「算数や五感」の続き、そう考えると取りつき易くなるだろう。

速度と加速度の計算：速度（スピード）は物の位置の変化率、つまり位置が時間で変わる割合（変化の割合）。これは位置の変化分を、その間の時間変化で割った値である。単位は「メートル（m）／秒（s）」や「キロメートル（km）／時（h）」である。さらに速度も時間的に変化する。この変化率が加速度である。単位は「m / s^2」などで表される。

位置、速度、加速度は、まず五感でつかめる。ものの運動を時間とともに細かく追跡すればよい。計算の場合も、小さな時間間隔で、変化分の測定と時間の変化分の割り算をくり返す。平均の変化率は、算数の引き算と割り算である。しかし、計算精度を上げるため、時間間隔を小さくすると、他の変化量も微細になる。計算では変化量はごく小さく、計算量は無限に増える。測定と計算も、五感を超え、誰もできなくなる。その難題に微積分法が現れ発展した。

「微分・積分法」の出現：速度・加速度の計算も微細で難しくなり、数学の「微分・積分法」が現れた。これは17世紀中頃、ニュートン（英）とライプニッツ（独）が発見した。ニュートン流は「幾何学的微分法（流率法）」、ライプニッツ流は「記号的微分法」といわれ、微積分記号も作られた。ニュートン流は、力学の物の動き（流率）が幾何学の図で表され、微分も見え易く示される。

ライプニッツ流も、記号が図形や面積と対比されている。極微量の場合も、拡大図などで図示は大切である。微積分法は、特に力学とともに発展し便利に使われている。無限小（限りなくゼロに近い微少な量）や無限大（無限に大きいもの、∞で表示）も処理し、五感で分からない領域まで解明する。魔法にも見える。加速度は、力とともに変化する。微積分法は、特に力学「力と運動」の解析で威力を発揮した。

分かる数学「微積分と三角法」：「力と運動」の力学では、数学の微積分、三角法や三角関数が出る。これらは高等学校で学ぶが「難解な数学」ともいわれる。しかし、子どもの「分かる算数」「分かる三角形」の続きである。突然、断崖絶壁ではない。算数「四則演算、＋・－・×・÷」や三角形の知識で十分入門できる。微積分法と算数では、四則演算は全く同じだ。三角形も最も簡単な図形「三辺と三角」で､幼稚園から身近なものである。「大人と子ども」に共通している。そう気づくと気楽になる。なお「光の性質と三角形」、三角関数の図示は4-2。

▶ ニュートン：力と運動の法則や「万有引力の法則」「微積分法」を発見。

$$F=G\frac{mM}{r^2}$$

▶ 万有引力(F)の式:Gは万有引力定数。mMは2物体の質量。rは2物体間の距離。

「難しい数学」…まず日常生活から：数学は図形の学問「幾何学」、方程式などを解く「代数学」、微分・積分の「解析学」の三つに大別されている。また数学は、日常生活の必要からはじまり、発展したといわれる。小・中学校で習う幾何は、2000年以上前、古代ギリシャで発見され、土地測量や地図作りに使われた。代数は、古代インドで大発展した。ここでは「ゼロの発見」があり、方程式を解く中で、虚数の存在も知られていた。

虚数は、実物で示せない。見えない、見せられない数ながら、代数の方程式の解に存在する。難しい数だが、現代物理では不可欠とされる。代数は「未知数・探し物・宝物」などを、数に置き換え、方程式をたて、解答を見つけている。「探し物」は日常生活にある。江戸時代の「鶴亀算」は難しいが、連立方程式を使うと、解答はすぐ出せるのである。

▶ ライプニッツ：微積分法の発見ではニュートンと並んで有名。

微積分法とは？：微分法は文字通り、微細に分けて変化率を調べる方法である。例えば､動いた距離とかかった時間の場合､「距離」を「時間」で微分すると「速度」、速度をさらに微分すると「加速度」になる。この変化率の計算は、引き算と割り算である。つまり速度は、V＝ΔX÷Δtである。ここでΔtは時間の微小間隔（変化分）、ΔXは時間、Δtの間に動いた微小距離（変化分）で、引き算で求める。変化率は、これら微小量を割り算すればよい。加速度も同様な計算になる。Δtの大きさの程度は、精度により適当に選べばよい。Δtが無限小の極限では、微分法の公式も現れる。Δは「デルタ」とよみ、微小量を表す。

微積分の計算法は算数：この計算法は単純である。どの極微量も算数の加減乗除、「わかる算数」のくり返しである。また微分と積分は逆演算である。つまり、同じ内容の関係式（V＝ΔX÷Δt、ΔX＝V×Δt）で計算をする。微積分法は、算数としっかりつながっている。微積分でも、「ゼロ」に近い極微量の分割や解析は、昔から難しいことになっている。それは、算数が使えるかどうか、よく分からない領域の話だ。しかし、通常は算数が堂々と使える。微積分法は「わかる算数」の続きである。小・中・高校で習った計算、また日常で使う計算でできる。「魔法の算数」あるいは「算数の魔法」かもしれない。いずれにしても、微積分法は魔法よりやさしく、実用的である。算数から入門できて、「魔法のような計算」まで進んで行ける。

「微分と積分」は逆計算：微細な変化分を加算（積上げ）して、全体は何を表すかを調べる。加速度の積分から速度が、速度の積分から位置や距離が求められる。また変化を積上げる計算は、掛け算と足し算になる。たとえば、ΔＸ＝Ｖ×Δｔがあるとしよう。この掛け算で、微小時間Δｔの間に動いた微小距離ΔＸが計算される。無限に分割された時間間隔Δｔの各区間で、求めた距離ΔＸを全部足すと、動いた全体の距離になる。

計算方法は（速さ×時間＝動いた距離）である。徒歩、自転車、自動車で動く場合と同じで、これなら五感でも分かる。逆に距離と時間から、割り算で速さが求められる。微積分法で扱う「微分」「積分」「極限」は、直接には見えない。その難しい計算が短時間でできると、魔法のようにも感じられる。

「わかる算数」「わかる理科」…「算数と図形」の威力：昔から、「よみ・かき・そろばん」は大切といわれる。「そろばん」とは計算、まず「１、２、３…９、10…」の算数や「九九」のことである。そろばんは便利な計算器で、子どもには遊び道具にもなった。微妙な音の楽器、面白い車にもなる。なお、「かき」は国語の「よみかき」とともに「三角・四角・円」などの図形を描くことも必要になる。図形で、ただちに分かることも多い。

子どもも△や□や○は知っているが、その基礎知識の積上げは大切である。人間をはじめ、生きものが住む地球は「縦・横・高さ」を持つ「三次元の世界」だ。そこを知るには角度、方向や図形の理解が必要になる。主に数式を扱う代数に対し、幾何は主に図形を扱う。地図がいい例で、「図で一目瞭然」も多い。

図形で「役立つ道具」「定規・コンパス・分度器」：図形は、算数や数学で学ぶが、定規やコンパスなど、表示で便利に役立つ道具である。三角定規は、正三角形や直角三角形がある。その中に、三角形、四角形、無理数も入っている。三角形は、一見簡単だが、平面図形の基礎的性質や法則が詰まっている。三角形の性質は「三角法」として、昔から土地測量や天体測量などに広く使われてきた（4-1）。身近から宇宙までも通用する。ギリシャの昔から作図問題では、大いに役立ち数学も進んだ。「数と図」は深い関係があり、自然を理解するには、どちらも必要だろう。

力学の基礎…分かる「算数と理科」：生物は、自然(環境)を知り、適応しないと生きられない。人間も、自然の産物なので、自然から離れられない。文化も続かない。自然や環境の理解は、いつも大切である。それには、分かる「算数と理科」が出番になり、まず役立つ力学の基礎にもなる。ただ「分かる・分からない」は対になっており、どちらも大切である。「分からない」場合も、「分かる」手前だろう。「分からない」も大切にして、「分かる」を増やせばよい。

6-5 力と運動、万有引力の法則…「ベクトルとスカラー」量、三角法とは？

物の運動状態は、「位置・速度・加速度」で表される。また運動には、力が関係している。これらの量には、大きさとともに方向がある。このような量は、「ベクトル」といわれる。これに対して長さ・質量・エネルギーなど、大きさのみの量は「スカラー」という。物の運動状態を示すには、どちらの量も必要である。これらの量の計算「合成と分解」はどうなるだろう？

方向感覚と道案内「距離と方向」：目的地に行くには「距離と方向」を知る必要がある。一本道は少なく、横道や曲がりでは道案内もいる。「方向や力」の理解には、日常体験との結びつきが大切だろう。「ベクトルとスカラー」は、五感では見分けにくいが、それが、自然の奥深さだろう。物には、「量と質」の違いがあり、働きや扱いが異なる。順々に理解する必要がある。自然には、両方の量が存在する。

力と運動「測定や計算」：ここには、数値と単位が出る。数量は、大きさのみで表せる「スカラー量」と、方向も加わる「ベクトル量」がある。質量やエネルギーはスカラーで、計算は、算数の加減乗除になる。位置や力、速度や加速度が、ベクトルである。この合成や分解には角度が入り、新しい規則が必要となる。ここで登場するのが、ベクトルの合成・分解の「平行四辺形の規則」である。

角度は三角で表されるので、計算には、三角法や「ピタゴラスの定理」が使われる。この「三角形の数学」は、中学校から学ぶ。「ベクトル」も中学や高校で学ぶが、何がベクトル量か、どう扱うかは、すぐには分からない。しか、しベクトルは身近なので、その体験からも理解を深められる。

力の「合成と分解」：この規則は、三角や四角の図形を使うと分かり易い。まずベクトル量、例えば、力は、矢印をつけた直線で表わす。矢の向きは力の方向、矢の長さは力の大きさに比例させる。２つの力には、それぞれの矢を作る。その矢を、２辺として平行四辺形を作ると、その対角線が「２力の合力」を表す。これが平行四辺形による「力の合成」である。

この方法は、ギリシャ時代から知られていたらしい。例えば、２人で力を合わせる時、２人の力の方向がそろうと合力は大きい。これは日常体験するが、平行四辺形の図でよく見える。昔、中学で「平行四辺形の法則」を学んだ時、図形を見て分かった。ただ何がベクトルか疑問だった。これは、体験で自然から学ぶことである。基礎教育で教わり、学ぶだろう。ベクトル量と分かると、力の合成・分解も図形で可能になり、一見して分かり易くなる。

「四辺形の規則」の発見：ベクトル図で力の計算法を示したのは、シモン・ステヴィンで、『静力学』(1634年) とされる。これは、ダ・ビンチ後の、ガリレオと同時代の研究である。「力の合成や分解」の説明は、現代の教科書もほぼ同じだ。液体の『静力学』では、容器にかかる静水圧などが計算されている。水圧は、水面ではゼロで、深くなるほど高圧になる。壁全体の水圧は壁を区切って調べ、積算する。これは、現在も行う方法である。

ベクトル合成「三角形の方法」：これも、『静力学』に示されている。物体の運動を表わす時など便利である。物体の最初の位置は、位置ベクトル (r_1) の矢で表される。その後の位置 (r_2) は、矢先の位置の微小変化 Δr (ベクトル量) をつぎたせばよい。つまり、$r_2 = r_1 + \Delta r$ でる。この場合 r_1、r_2、Δr の矢は、ちょうど三角形を作る。内容は、平行四辺形の方法と同じだが、運動にそって、刻々の位置変化が見やすくなる。また速度ベクトルVは、Δr を微小時間 Δt (スカラー量) で割ると求められる。Δt は Δr の変化に要した時間である。ニュートンの「幾何学的微分法」でも、微分が、三角形の角度や辺の微小な変化で示される。これら Δt や Δr を無限に小さくすると、瞬間の速度ベクトルになる。

三角形は平面図形の基本：三角形は、３直線で囲まれ３つの角度がある。これだけだが、そこには、三角形の性質や基本法則がある。それを表わす数学「三角法」や「三角関数」を知ると、使い道は多い。まず合同や相似三角形が分かる。また高さや面積の測量、ベクトルの合成や分解などが分かり易くなる。とくに直角三角形には「ピタゴラスの定理」がある。この内容は

DE
BEGHINSELEN
DER WEEGHCONST
BESCHREVEN DVER
SIMON STEVIN
van Brugghe.

TOT LEYDEN,
Inde Druckerye van Christoffel Plantijn
By Françoys van Raphelinghen.

▶ステヴィンの鎖：著書『釣り合いについて』の扉絵。鎖で「力の釣り合い」状況が見える。また三角形を使って、力の「合成と分解」が便利に行われる。内容は「平行四辺形の方法」と同じである。

「短い二辺の自乗の和は斜辺の自乗と等しい」。これで図形と数が関係づけられ、ベクトルの合成や分解にも、便利に利用される。たとえばベクトルAとBが直交している場合、合力Cの大きさは「$C^2 = A^2 + B^2$」で計算できる。

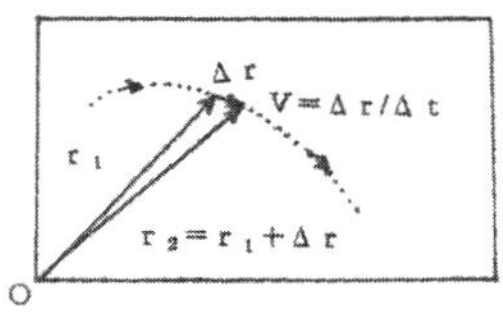

▶ ベクトルと微小変化

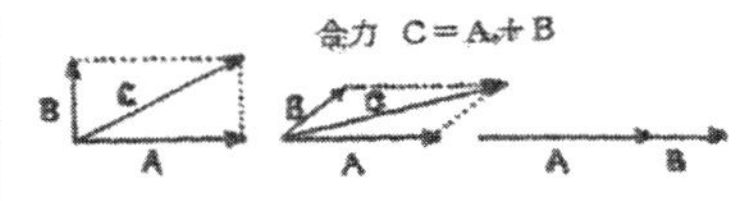

▶ 平行四辺形による「力の合成」: 2力(AとB)の方向がそろうほど、合力(C)は大きくなる。ベクトル量の合成・分解の計算では「ピタゴラスの定理」が使われる。例えばAとBが直交する場合、$a^2+b^2=C^2$から合力Cの大きさが計算される(a,b,cは辺の長さ)。

ピタゴラスの定理:「$a^2 + b^2 = c^2$」(直角三角形で「aとb」は直角をはさむ2辺、cは斜辺の長さ)。この式を使うと、「aとb」の値からcの値が計算できる。例えば、原点から東にa、北にbの距離を動いた場合、原点からの距離は上式のcの値で求められる。また「aとb」が直角方向に働く力の場合は、合力の大きさはcの値で計算できる。ピタゴラスの定理は、力学に出る「ベクトル量」の計算、合成や分解に便利に用いられる。この定理の易しい証明は(2-3)」。

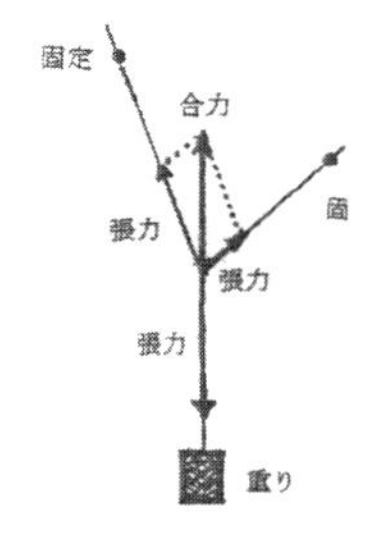

▶ 力の釣り合い: 力は「大きさ」「向」をもつベクトル量で、合成や分解は「平行四辺形の法則」で行う。

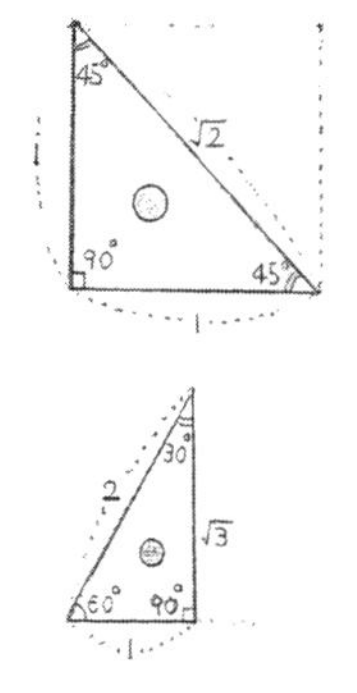

▶ 役立つ三角定規: 定規は図形や測定の基本。正方形や正三角形が正確に作れ、無理数やピタゴラスの定理も含まれている。

6-6 水車の働きや仕事…水の「位置と運動」のエネルギーの利用

人間は、動いて仕事をする。物も、動いて仕事をする。水は流れて、水車を動かす。その間仕事をしている。いつでもどこでも、仕事があるだろう。通常、「仕事」は、人の場合に使われる用語であるが、水車など無生物にも拡大して使われている。一般に、仕事には、エネルギーが消費される。そこで力学では、エネルギーで扱われる場合が多い。仕事や力の働きの基本は、力学で解明され、計算も行われている。

水車の仕事、仕事とは?:水車は水の運動を利用して「米つき」などの仕事をする。水車では、水の落下(位置のエネルギー)と流れの強さ(運動のエネルギー)が利用される。水車の仕事は水量や速度による。効率的な仕事には、水量などの調整が必要になる。力学では、エネルギーは「仕事をする能力」とされている。そして「仕事の量」は、加えた「力」とその方向に動いた「距離」をかけた値で測られる。

例えば、物を垂直に吊り上げる場合「仕事量」は加えた「力」と引き上げた「高さ」の積になる。そして仕事の単位は、１ジュール(J)＝１ニュートン(N)×１メートル(m)である。

静水の「位置のエネルギー」：静水、つまり「静止した水」は、出口が開くと重力で落下する。そこで水のスピードが出て、水車も回転する。つまり、水に落差があると、重力の働きで仕事ができる。これは、「位置エネルギー」といわれる。この時、仕事量は「重力×落差」で計算される。例えば、水1kg、落差1mの場合は、仕事量＝１kg重×１m＝9.8（N）×１（m）＝9.8（J）である。水力発電の場合も同様に、水量と落差から仕事(発電量)が概算される。水量や落差に比例して、仕事量は増える。

流水の「運動のエネルギー」：流水「流れる水」も、水車を回転させて仕事をする。これは、水の運動エネルギーによる。力学では、「運動エネルギー＝１／２×（質量）×（速度）^{2}」で表される。このエネルギーは、速度の２乗なので、速度が２倍、３倍になると、４倍、９倍と急増する。また質量、つまり水量に比例して仕事量は増える。水車は、水の「位置」と「運動のエネルギー」を、効率よく利用できるように作られる。

「力学的エネルギー」の保存法則：位置と運動のエネルギーを合わせて、「力学(機械)的エネルギー」という。この量は、自由落下や滑らかな斜面上の運動などでは、時間的な変化はない。これは「エネルギー保存の法則」といわれる。またこの保存法則を使うと、自由落下の場合のスピード、エネルギーや仕事量が容易に計算できる。例えば、高い所の物体は、「位置のエネルギー」を持ち、落下すると等量の「運動のエネルギー」に変わる。なお水の「静と動、流転」は**第８話**。

エネルギーの「保存法則と相互変換」：エネルギーは「仕事をする能力」である。自然界には、身近な力学的エネルギーのほか、電磁気、光、熱、化学エネルギーや原子核エネギーなど、各種ある。それらは、相互に変化する。しかし変化全体では、エネルギーの増減なしで保存されている。これが「エネルギー保存法則」で、「自然界の大原則」である。

水車の水は「自由自在」：水には「頭や尻尾」はないが、自由自在に変形、怪力で大仕事をする。この水の運動や仕事の概略は、力学で理解されている。しかし、ニュートン力学における運動の基本法則は、単純な物体(質点)で得られた法則なので、適用には考慮が必要になる。水は「強固で柔軟」「大きく小さく」、そして自由自在である。大きな流れで位置や運動を変え、水車を回し大仕事もする。水は仕事やエネルギーの発揮、また地球環境の緩和・調整など、働きは極めて大きい。

第7話

火・熱・水…世界の不思議「水の状態変化」「地球の温調」

火が燃えると、熱が出て温度が上がる。水蒸気や湯気も出る。温度や熱は、気温や体温、食べものや飲みものなど、日常生活のどこにでも現れる。火は大切で不可欠、他方、熱く燃え移る危険なものである。江戸の町でも、「火事と火消しは一大事」だった。山火事も恐ろしい。火とともに大風が吹き、大きな音で大石も飛んでくる。子どもの頃は、夕方に「火の用心」があった。堅い樫の拍子木を「カチカチ」鳴らして、家々に響かせた。

ギリシャ神話によると、人類に火を与え、文明を大きく発達させたのはプロメテウスである。火は、大きな利益をもたらしたが、他方では武器になり争いや苦難となった。火には常に用心と安全が必要である。「火や熱」とは何か、水との関係は？ この探究では、原子・分子の「ミクロの世界」に入る。

7-1　火・熱・温度とは？…火を使う人間、歌「たきび」「ペチカ」

人間は太古から、火の性質を知り利用してきた。中国の周口店の「北京原人の遺跡」には、約20～50万年前の灰の層がある。イスラエル北部では、約79万年前の「火の跡」が発見されている。これまでに確認された最古の「人類の火」らしい。ここは古代湖のほとりで、そこから焼けた石器やオリーブ、野生のオオムギやブドウの種が大量に発見された。焼け方から、野火ではないとされる。火は危険だが、人間に貴重なものである。暖を取り、料理、燈火や明りなどに使ってきた。しかし、人工の火（火打石）の起源は不明だった。

火の利用の歴史：最近、オランダ・ライデン大などの国際研究チームの報告では、前人類のネアンデルタール人が火打石を使用したとされる（米科学誌『サイエンス』2018年7月）。約5万年前の遺跡で見つかっていた動物解体などの石器が発掘された。これらを詳しく調査、表面の傷痕から、火打石で使う黄鉄鉱が検出された。硫黄成分は、燃えやすい。新聞の写真では、石器は葉のハート形、精密な模様も彫られており、お宝の道具らしい。

縄文の土偶：雪国の古代の土器には、燃え上る炎や縄文人の勢いが表されている。また土偶は、縄文人が健康や自然の豊かさを祈った芸術だろう。重要文化財の「遮光器土偶」「ハート形土偶」、国宝の「縄文のビーナス」「仮面土偶」など、いろいろある。「火焔土器」とともに、縄文人の勢いや高度な文化があったことが分かる。縄文時代と土偶などは2-2。

火の祭：昔むかし、火は「水・空気・土」とともに、「万物の根源」と考えられた。確かに火は激しく動き、万物の流転の根源のように見える。神仏にも、燈明や水が供えられる。火の祭は、各地にある。京都「大文字の送り火」「鞍馬の火祭」、和歌山の「那智の滝」「富士山の火祭」など有名である。「送迎の火」では、静かな提灯や灯篭が多いが、竜のような松明の火もある。これらの火には、とめどなく変化する世の中で、「安らぎ」「無病息災」「明日への願望」など、人々の願いが込められていたであろう。

京都「五山の送り火」：東の大文字山や西の愛宕山など、遠くの五山に灯される。「大」の字をはじめ、「妙」「法」も、鳥居や船の形で夜空に浮び上がる。静かな「送り火」である。鴨川には涼風が吹き、風物詩にもなっている。五山の火は大きな穴で、大きな焚き火、松明以上の勢いがある。室町時代に定着したといわれる。

〈たきび〉：巽聖歌作詞／渡辺茂作曲「かきねの　かきねの　まがりかど　たきびだ　たきびだ　おちばたき　あたろうか　あたろうよ　きたかぜ　ぴいぷうふいている　さざんか　さざんか　さいたみち…　こがらし　こがらし　さむいみち…」。

〈ペチカ〉：北原白秋作詞／山田耕筰作曲「雪の降る夜は　楽しいペチカ　ペチカ燃えろよ　お話しましょ　昔むかしよ　燃えろよペチカ…　ペチカ燃えろよおもては寒い　栗や栗やと　呼びますペチカ…お客さまでしょ　うれしいペチカ…　火の粉パチパチ　はねろよペチカ…」。

雪の山茶花：サザンカは、茶とともにツバキ科である。近世に庭木や盆栽で広がった。花は初冬で雪もふり「たき火」の歌も流れる。雪が積ると、「雪の朝赤い南天踊り出る」「雪は白赤い南天青い空」。

落ち葉・たき火・焼き芋：落ち葉は大きさ、色や形もいろいろである。音も「カサカサ」する。昔は、「落葉たき子どもホコホコ焼き芋だ」「ホカホカと出た出た芋がたき火から」と詠われた。芋は各種あり、焼き方も「石焼き」など、工夫で風味が変わる。酵素、触媒と化学反応が関係するが、温度に敏感で、焼き芋への関心は続くだろう。味、香のほか、色も「黄と白」が分布する。白い湯気で「ホコホコ」の風味である。収穫の秋「いも掘り」は現在も、幼稚園などの人気行事である。宇宙船の日本食にも、「五穀・玄米ごはん」に「焼き芋」も加えられたという。

サツマイモ：ヒルガオ科で、南米熱帯地方原産である。短日植物で、日が短くなる頃、アサガオに似たピンクの花が咲く。日本へは、琉球・長崎から薩摩に広がった。特に江戸時代に凶作の備えとされ、薩摩藩から全国に広がった。種類は百種を超え、色は白、橙や紫もある。サツマイモはジャガイモとともに貴重である。「蒸し芋」「焼き芋」「干し芋」「天ぷら」などにして食べる。主成分はデンプン、ビタミンC、Eも多く含む。サツマイモは、やせた畑でも勢いよくツルをはわせ、濃い緑の葉を広げ、イモも大きく太る。この活力には細菌の共生がある。

▶ 落ち葉

火・熱とは？：身近で大切でありながら、難問である。古代、火は、万物の根源「四元素」(火・水・地・空)に数えられた。現代では、火は「元素」ではない。長い論争をへて、熱はエネルギーの一種となった。しかし、原子・分子の乱雑な運動で複雑とされる。火は、燃焼「化学反応の酸化」で発火する。高温・高エネルギー状態の現象とされる。赤い炎や炭火、灼熱の鉄もある。炎は木や油などが気体になり、燃えている。高温では、まず赤色光が出て、さらに高温では、青色も発光する。

▶ サツマイモ：ヒルガオ科サツマイモ属の植物。南アメリカ大陸、ペルー熱帯地方原産。中国を経て沖縄、九州、本州と伝わった外来植物。花はピンク色でアサガオに似ている。

超高温の太陽(核エネルギー)では、白色光を放射。温度とともに発光の分布、色も変わる。太陽の白色光は、「３原色」などの混合である。よく散乱すると白色、吸収する物は黒色に見える。「白と黒」は単色ではない。どちらも多種の光を放射している。

「熱と温度」の話：「熱い」「冷たい」は、誰もが体験している。「熱い」では、熱が物から体に移り、暖めている。この熱の移動を「熱交換」という。しばらくすると、熱が安定する。これは「熱平衡」といわれる。温度は熱の移る目印のようなものである。熱は温度の高い側から低い側に移り、熱平衡では、温度が同じとされる。そのあたりが「熱の話」「熱の科学」のはじまりになる。火や熱は身近だが、変化が激しく「熱の正体」は捕えにくい。熱とは何かは後回しにして、温度の基準、目盛や温度計を見る。

温度の「基準や目盛」：温度の測定には、空気や水の膨張が利用された。特に水は常温の環境で、明確な「三態の変化」(気体－液体－固体)を現す。この変化の転移点が、温度の基準に選ばれている。つまり、「水の沸騰点」を100℃、「氷の融解点」を0℃と決めている。どちらも大気圧下(１気圧)の定点である。この基準は、スウェーデンのセルシュウスによるもので、今日の摂氏温度目盛(℃)である。水は質量や重さの基準とされたが、温度も含め、自然を知る基準や単位に選ばれている。

温度計：温度は温度計で測る。水銀温度計や赤色のアルコール温度計（灯油に赤色をつける）はよく使われた。これらは、物が温度とともに膨張する性質を利用する。最初の温度計は、ガリレオが17世紀はじめに発明した。この温度計は球部を持つガラス管で、それを水に立て空気の膨張を利用したという。

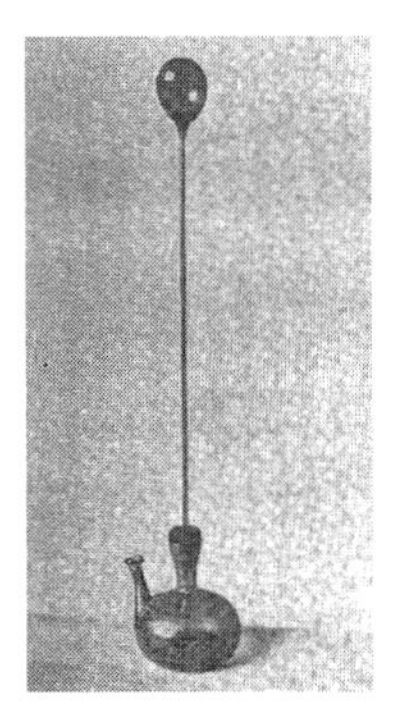

▶世界最初、ガリレオの温度計：復元図。空気や液体の膨張が温度計に利用された。アルコール温度計や水銀温度計などは日常使われ、大きな役割を果たしてきた。

18世紀前半には物理学者・ファーレンハイト（独）により、アルコール温度計や水銀温度計が発明された。また華（カ）氏温度目盛（°F）が作られた。この目盛は、水銀の性質が基準で、体温は100℃、氷点は32℃、沸点は212℃である。水銀は、温度変化は正確だが、毒性があり、現在は使われない。現在、気体や液体の温度計のほか熱電対、サーミスター、バイメタル、電子式温度計や光高温計など、用途でいろいろな温度計が作られている。

7-2　水の熱変化「熱容量と潜熱」…環境緩和、暑さ・寒さに強い水！

水は「温めにくく冷めにくい」といわれる。その通り、水は熱変化に強い。これは生物に大変重要な性質である。まず熱容量や比熱が大きく、熱変化が緩やか。また水は熱により「三態の変化」があり、転移点での潜熱が異常に大きい。これは「熱溜」となり、熱の出し入れにより、環境が緩和・調整される。水の特異な熱的性質は、天候や日々の天気、環境緩和に大きな役割を果している。

水の「熱容量と比熱」：熱容量は、水１グラムの温度を１℃上げるに必要な熱量（単位はカロリー）である。また熱容量の比を「比熱」という。水は比熱の基準で、1カロリー（cal）／グラム（g）・度（℃）である。通常、物の比熱は水より小さい。土砂や空気は0.2、金属類は0.1程度。金属鍋などが熱しやすく冷め易いのはそのためである。それに比べて、土鍋は比熱がやや大きい。保温がよいので鍋物料理に使われる。熱容量や比熱は、身近から天気・天候まで、大きな影響を持つ。

水の潜熱「気化熱と融解熱」：水は加熱すると、１気圧、100℃で沸騰、気体の水蒸気に変化する。沸騰中、温度は一定で、加熱の熱量が潜熱の気化熱（蒸発熱）になる。この気化熱は539カロリー（cal）／グラム（g）で、異常に大きい。水は気化の時、大量の熱を必要とする。逆に蒸発では、周囲から大量の気化熱を奪う。消火の場合は水の使用で、火から大量の気化熱を奪い消火する。夏の炎天下では「打ち水」も行われる。これは江戸時代の庶民の知恵といわれ、蒸発熱の利用で周囲が涼しくなる。

水は「暑さに強い」「大きな潜熱」：水は暑さ・寒さや熱に強く、自然環境を緩和している。それで、生物も活動できる。水には、温度により三態「気体－液体－固体」の大きな変化がある。この相転移には、熱の出入りがあり、「潜熱」とよばれる。水の場合は、100℃の「水の気化熱（沸騰）」と０℃の「氷の融解熱」である。水の潜熱は異常に大きく、熱溜になり、天気や環境の温度・湿度が緩和・調整されている。

水は「寒さ・冷却」にも強い：水は比熱が大きいため、急に冷やしても温度は下がりにくい。また氷点0℃では氷の融解もある。この潜熱は、約80カロリー(cal)／グラム(g)、つまり１gの氷を溶かすのに約80cal必要とする。これも大きな値で、雪や氷は解け難く、また容易には凍らない。飲み物を氷で冷やすのも、氷の潜熱による。氷が溶ける時、周囲の熱を奪うのである。水は、温度調整の効果大きい。

水の熱的特異性と環境調整：水は暑さ・寒さや熱に強く、自然環境を緩和する。水の高い潜熱や生物環境での「三態の変化」など、水は「世界の不思議」とされる。この大もとは、水の「水素結合」とされる。水分子は、「単純で強固」な微粒子だが、集まると不思議な「水素結合」が現れ、無限に連結する。「水素結合網」を形成、特異な性質を現す。異常に高い潜熱は、水素結合の組換へ、状態変化に伴う熱量とされる。

「海と陸」の比熱差と天気・天候：この比熱差は天気・天候の変動に大き影響する。つまり、太陽光の下で、陸は熱し易く冷め易く、逆に海では、水の温度変化が比較的に少ない。この陸地と海水の温度変化に伴い、大気の密度や気圧が変わり、風も起きる。空気は比熱が小さく、陸地や海水の温度変化に応じて変化し易い。大まかには、冬には大陸側が冷え、大気も低温で重く高気圧になる。他方、海側は冷えにくく、大気は比較的高温で低気圧になる。この気圧配置が「西高東低」といわれ、夏は逆になる。そして、大気は高気圧から低気圧に張り出す。つまり、大気は密度の高い高気圧側から低気圧側に流れ、風も起こる。しかし風向きは気圧の等高線に直角ではなく、ほぼ平行に曲がる。そして日本では夏は南風がさわやか、冬は北風が「ビュービュー」吹く。大気には、地球の自転による「コリオリの力」が働き、風向きが曲がる（第８話）。

寒暖の変化、四季の風：冬が来ると、大陸が冷え、海は暖かい。これに従って、大気の温度と気圧も変化し、大陸側が高気圧、海側は低気圧になる。夏は逆になる。風は、高気圧から低気圧側に吹く。立春の頃は、「春いちばん」のやや暖かい、強い南よりの風が吹く。夏はさわやかな南風になり、秋から冬は北風に変わる。冬は「木枯らし」が吹き、北風が強くなる。歌「北風小僧の寒太郎」は「ヒューンヒューン…冬でござんす…　寒うござんすヒュルルルルルルン…」と歌う一茶は「涼風の曲がりくねって来たりけり」。芭蕉は「吹飛ばす石は浅間の野分かな」とよむ。

地球温暖化「豪雨・台風・竜巻」：近年、地球温暖化の影響で四季も混ざり異常気象が増えた。「ヒートアイランド」、豪雨や豪雪、台風や竜巻など大被害も多い。風は高気圧から低気圧へ水平方向に吹くが、地球の回転の影響「コリオリの力」で曲がる（第8話）。地球が温暖化すると、海水温も上がり、大気は大量の水蒸気を含み、上昇気流も激しくなる。暴風の台風や竜巻も起りやすい。「地球温暖化」は確かで、対策が迫られる。

「ヒートアイランド」：東京は、コンクリートで覆われた高層建築の大都市である。熱射の陸の孤島の例にも挙げられてきた。確かに天気が不安定で、暑さや寒さ、雷に豪雨、大雪や雹も降る。夏には、熱帯夜も増えた。水や緑が減ると、環境の調節機能は減り、生物には住みにくくなる。樹木は、高く緑の葉が広がり、環境調整の機能は高い。木は環境に欠かせない。

7-3　世界の不思議「４℃の謎」…水の「特異な熱変化」「対流や循環」

水は、熱変化に強く、蒸発熱や融解熱は異常に大きい。熱膨張の仕方も珍しい。通常の物質の三態変化では、「固体→液体→気体」の順に体積が増え、密度が小さくなる。ところが、水は奇妙な振舞いをする。よく知られているように、氷は水に浮く。固体の氷は、液体の水より密度が小さい。また水は４℃で密度が一番高い。この重い水が湖の底や海底に沈んでいる。このため、凍結の湖でも、魚は湖底で生きて春を待つ。水の性質は特異で、昔から「4℃の謎」とよばれ「世界の不思議」とされてきた。この特異性は水の「対流と循環」「緩和」、そして生物の活動に大きく影響する。

凍る湖で「春を待つ魚」：「４℃の謎」は細かな熱変化で、氷の下は分かりにくい。通常、生物は凍結すると生きられない。しかし氷に閉ざされた湖も、底には、４℃近くのやや暖かく重い水がある。そこに魚や水草が、凍結しないで春を待つ。季節が変わると、水の対流や循環も進み、温度が調整される。こうして生物環境が維持されている。通常、水は乱雑で、一様と考えられている。しかし0℃近傍では、まだ氷のような「低密度の構造」も残っているらしい。科学では、「4℃の謎」は世界的な難問となっている。「世界の不思議」のひとつとされている。なお生物の冬眠の温度は、4℃近辺らしい。

「水・氷の構造」「4℃の謎」：氷の構造は、水分子が格子状に並んだ結晶である。また液体の水にも、水分子の構造がある。平均として「四面体構造」といわれている。水や水分子は、**第9話**「水は『大きく小さく』自由自在に……」でふれている。「水分子の形と性質」は**第10話**、水の「4℃の謎」は**第13話**。

「水と大気」の「対流や循環」：水には、熱を伝えにくい性質もある。つまり水は、「熱の不良導体」なのである。この性質は、日常生活や環境と大きくかかわる。温度変化を緩和して、対流で「ジワジワ」と熱を伝える。対流は温度や密度の不均一のため起こる運動である。鍋でみそ汁などを暖めると、「グルグル」と対流がおこり、よく見える。閉じた流れでは、循環になる。

大気や海には、地球規模の対流や循環がある。大気では地上約1万mまでは対流圏とされ、大きな対流や循環がある。これで、天気・天候が大きく変動する。また海水では、温度と塩により密度差が生じる。このため大きな対流や海流が生じ、熱や物質も移動している。水は、熱容量が大きいので、海流や流氷は大量の熱を運ぶ。

暖流と寒流、深層流：北の海からは流氷や寒流（親潮）が、南の海からは暖流（黒潮）が来る。この海流には、「海の幸」も乗って来る。また北太平洋のグリーンランドや南極の海では、何千年の周期の深層流が生まれるとされる。ここでは海水が氷山で冷やされ、密度が高くなり深く沈む。氷より海水の方が重いためである。この深層流は大海をゆっくり巡り、生きものの養分を含め、物質や熱循環に大きく影響する。水の熱的特異性は、地球環境の緩和や生ものの生存に決定的な役割を果しているだろう。

7-4　熱の正体は？…熱の「物質説と運動説」の論争

火や熱は誰でも常識で知っている。料理などでも日常的に使っている。危険で取扱い注意だが、人間には不可欠だろう。物が熱せられると、さまざまな変化が起る。物は熱で融け、燃える火にも大きな働きがある。しかし「熱の正体」は何だろう？「熱い」「冷たい」は体で感じる。しかし「熱」は見たり聞けない。熱を利用するワットの蒸気機関は、18世紀に強力な動力として普及したが、熱の正体は不明のままだった。そして17世紀から19世紀の約200年間、実験や論争が行われた。それだけ熱の正体は難問で、論争は2つの仮説をめぐり行われた。そして火や熱は、原子や分子の「ミクロの世界」に入った。

熱の「物質説と運動説」の論争：仮説の一つは「熱の物質説」。力学で有名なガリレオやニュートンなどが唱えた説である。この説では、燃焼は熱素「フロギストン」によるとされ、熱素の多いものがよく燃える。も一つの説は「微粒子の運動説」で、哲学者ベーコン(英)が代表。彼は自然の精細を説き「知は力」の言葉でも有名。感覚・観察・実験・実用・科学技術を重視した。自身の科学研究は少ないが、帰納法や経験論を築いたとされる。数学や形式、演繹法を重視したデカルトとともに「近代科学の開祖」といわれる。両者の考えは対立しながら、近代科学の進展では補い合っている。なお劇作家のシェクスピアはベーコンとする説も絶えない。彼の「哲学的せりふ」のためという。

論争の結末「熱の正体」？：まず熱の「物質説」は否定された。「運動説」もそのままでは認められていない。日常の運動は、固体や液体の「一団の運動」である。しかし「熱運動」は見えないが、多数の原子・分子の「無秩序な運動」だった。また熱の働きや熱機関による仕事は、機械と比べ利用効率が低いと分かった。機械などの力学的な仕事では、摩擦のない理想的な場合、仕事の効率は100%。熱もエネルギーの一種で、仕事をする能力を持つが効率が劣る。しかし生きものには「自然に優しい」熱エネルギーが不可欠とされる。

▶ フランシス・ベーコン：「自然の精細を説き、感覚や経験を重視し、研究を進めた。また「帰納法」を説き、ベーコンとデカルトとは対立しながらも、相補う立場で科学や技術を発展させた。

生物と熱エネルギー：生きものには大仕事があるが、同時に微細な「無秩序な運動や調整」も不可欠とされる。「自然に優しい」熱エネルギーである(7-6)。生体の化学反応は殆んど熱エネルギーで微調整される。例は、生物の活力と関係する「酵素反応」など。つまり生命維持には、仕事に「効率と優しさ」の両方が欠かせない。反応は「ジワジワ」進む。味噌、醤油、酒など、醸造での酵素反応も多い。「熟成」には適温と時間が必要。なお熱エネルギーと活力、酵素反応は17-6。

7-5　仕事の比較「水車と熱機関」…難解な「エントロピー」水車で出現!?

水車の水は、上から下に落下して仕事をする。熱機関では、熱が高温から低温側に移動して仕事をする。どちらもエネルギーの高い状態から低い状態に落ちて仕事をする。カルノー（仏）は、この類似から「水車と熱機関」を対比して「仕事の効率」を考察した。その結果、理想的な熱機関でも、水車より効率が悪いと分かってきた。これから、熱の本質の理解が進み、状態量「エントロピー」が導入された。これで「温度と熱量」が「ミクロの世界」と結びつけられた。さらに、熱の科学「熱力学」が構築された。

熱の正体－難解な「エントロピー」水車で出現!?：熱は微細に揺らぎ、非効率である。しかし、「優しいエネルギー」で、生物に欠かせない。身近では、冷暖房や料理もある。熱は見えないので難しいが、「熱の正体」は水車にも現れていた。水と熱は、どちらも仕事の能力を持つ。水は水車を回転させ、機械的エネルギーで仕事をする。蒸気機関は、水蒸気の圧力、熱エネルギーで仕事をする。その間、熱は、高温から低温側に移る。カルノーは、この類似から「水車と熱機関」を対比して、「仕事の効率」を計算した。この研究によると、熱機関は、水車より効率が低かった。そこに「熱の正体」が現れていた。

理想的な「水車と熱機関」：仕事の効率を正確に考察するため、カルノーは、理想的な仕事で比較した。理想的な水車は、摩擦の抵抗がない。「コトコトコットン」の歌もない。逆行可能な平衡を保ちながら「ジワジワ」滑らかに動くと仮定した。この仕事は「準静的」とよばれる。これが理想的水車で、仕事の効率は最高100％になる。他方、理想的な熱機関は、「準静的可逆機関」といわれ、仕事には、理想気体の膨張や収縮が使われる。理想気体は気体の薄い状態で、その状態式は簡単な比例や反比例の式で表わせる。つまり「ボイル・シャールの法則」である。

▶ カルノー：水車と熱機関を比較し、「仕事の効率」を研究した。その中で熱の正体・本質に近づき、熱力学の「カルノーの原理」を樹立した。その後、その原理から難解な「エントロピー」も引出され、熱が科学で扱われる様になった。熱エネルギーは、仕事の効率では劣るが、生物には不可欠。自然に優しく、活力にかかわっている。

カルノーの原理：カルノー（仏）は、理想気体の熱機関の仕事を計算して、効率が熱源の温度だけで決まると解明した。これが「カルノーの原理」「火の動力についての考察」（1824年）である。「熱機関の効率」には、理想的機関でも限界があり「熱の正体」も現れていた。「カルノーの原理」は、「燃素説」に基礎を置き、熱移動を水の落下のように扱っており、当時は無視されたという。熱とは何か？ の論議で、燃素説を否定する「運動説」が強まる中で生まれた。しかし約20年後、ケルビン（英）が、この原理を紹介して、改めて注目された。

熱の科学の進展「エントロピー」導入：熱の科学では、さらにクラウジュウス（独）が、温度と熱の流入を関係づけて、「エントロピー」という状態量を導入した（1850年）。これには、長い年月を要したとされる。その量の存否や形は、全く不明なのである。状態量とは温度、体積や圧力の状態で定まる量で、変化の経路によらない。例えば、地上での石や水の位置エネルギーは、高さで決まる状態量で、持ち上げた経路によらない。また「エントロピー」とは、ギリシャ語で「一方向への変化」の意味という。通常、エントロピーは、時間とともに増大する。

エントロピーでの飛躍：エントロピー導入により、熱の出入と温度が関係づけられた。まず絶対温度Tの物体が、熱平衡下で微小熱量ΔＱを得て可逆変化をする場合、エントロピーの微小な変化ΔＳは、式：ΔＳ＝ΔＱ／Ｔで関係づけられている。この式では、熱の流入ΔＱが大きいと、状態変化ΔＳも大きくなる。またΔＱが同じ場合、温度Ｔが高いと、状態変化ΔＳは小さく目立たない。これは日常経験とも合うので、ΔＳの関係式は凡そ理解されるだろう。この式の導入により、熱変化が数量的に理解され、状態量から熱利用の計算も可能になった。

しかし、エントロピーの難しさは残る。もともと熱の正体や状態量の存在は、未知で謎だった。熱の問題は、「ミクロの世界」に入り、熱の概念や計算には、多くの飛躍が行われている。エントロピーは、原子・分子にかかわる難問だった。物理学では、古典と現代物理の境界領域だろう。

可逆熱機関でのエントロピー：この機関の一巡では、状態は元にもどり、エントロピーは変わらない。高熱源（T_1）で熱量（Q_1）が入り、低熱源（T_2）に熱量（Q_2）を廃熱する場合、これを熱機関のエントロピー変化で見ると、$\Delta Q_1 / T_1 - \Delta Q_2 / T_2 = 0$、つまり$\Delta Q_1 / T_1 = \Delta Q_2 / T_2$になる。これで熱機関は元の状態に戻り、この式が可逆熱機関の出入り口での関係になる。この過程には作業物質は含まれず、熱Ｑと温度Ｔの変化のみで表されている。熱と温度の複雑な関係が、単純で正確な形で引き出されたといえる。

熱機関の効率計算が算数に!?：ケルビンは「カルノーの原理」の紹介とともに、さらにセ氏温度（目盛℃）に273℃を加えた絶対温度（目盛はK、ケルビン）を導入した（1852年）。この温度を使うと、理想的熱機関の効率は、簡単な式：$(T_1-T_2) / T1$で表される（T_1とT_2は高・低の両熱源の絶対温度）。温度が分かると難しい熱効率が算数の計算になる。不思議だが、「熱の科学」による。熱機関や気体の種類などは表に出ない。

高温熱源を使うと効率は高いが、安全が問題になる。原発も熱機関で熱効率は30%程度で、大量の温水を海に廃棄している。原発は、「温暖化対策」には全く役立たない、逆に温暖化の加担になる。なお、絶対温度0Kでは、万物が静止・凍結とされる。

「熱力学」の発展：19世紀中頃には、カルノーをはじめクラウジュウスやケルビンなど、一連の「熱の研究」は、「熱力学」に体系化された。エントロピーの導入で、熱の数量的な理解が進み、熱による状態変化や仕事などの計算も便利になった。しかしエントロピーとは奇妙な量である。日常の熱や温度に深く関わりながら、五感では正体がつかめない。これは「ミクロの世界」に入り、次節に続く。

7-6　熱力学の基本法則…熱エネルギー「量と質」「時間の矢」「確率・統計の出現」

熱の問題は、原子・分子の「ミクロの世界」に入る。しかも、複雑な熱運動にかかわっていた。古典力学の範囲を部分的には踏み出すが、熱はエネルギーの一種とされる。そして結局、３つの基本法則にまとめられた。

熱力学の「第１法則」：第１法則は「エネルギー保存」の法則である。力学的エネルギーが熱に変わる場合、あるいは逆の場合も、全体のエネルギー量は保存され、変わらない。例えば、１カロリー（cal）の熱量は、4.2ジュール（J）の機械的仕事にあたる。これはジュール（英）が発見（1840年）、「熱の仕事当量」といわれる。また「エネルギー保存の法則」は、水車や蒸気機関でも、仕事にはそれと見合うエネルギーが必要という内容である。エネルギーなしで仕事をする永久機関（第1種永久機関）は、試みは多いが、発明できなかった。

ジュールと熱量「カロリー」：ジュールは、ち密な実験で「熱の仕事当量」を発見した。つまり熱量「１カロリー」は機械的仕事「4.2ジュール」に当たる。これは食品のカロリー計算にも使われている。ジュールは、滝の上下で水温差も測定したという。水の落下による仕事で微細な温度差が出るのである。仕事当量の測定では、「ジュールの装置」がある。水を撹拌する仕事で、水温が上がる。これを確かめる装置が東京・上野の国立博物館にもあり、子ども達も回転羽根を回し楽しみながら学ぶ。

熱力学の「第２法則」：「エントロピー増大」の内容を持ち、熱力学の基本法則とされる。エントロピー（S）は、熱の出入りで変わる。この微小な変化ΔＳは、式：ΔＳ＝ΔＱ／Ｔで関係づけられている。第２法則は、熱や仕事の出入りのない孤立状態では、エントロピーは同じか、または増大するとの内容である。同じ場合とは、可逆熱機関の働きなどで、エントロピーは変わらない。一見、第２法則は意味不明で、具体例はあげにくい。しかしこの具体例は、日常の熱現象そのものだろう。

例えば、熱は高温から低温に移る。その間に仕事もする。熱は低温から高温側に、ひとりでには移らない。ヤカンの水は、氷の上では沸騰しない。また、熱を100％仕事にはできない。これらは日常生活で「あたりまえ」のことである。そこに、法則があるとは感じにくい。しかし、それらの日常の経験自体が、熱力学の第2法則「エントロピー増大」を表わす現象なのだろう。

熱エネルギーの「仕事の効率」：「第２法則」は、熱エネルギーの質や仕事の効率にかかわる法則である。熱を100％利用する「機関（第2種永久機関）」も発明できなかった。また「仕事と熱」の出入がない所に物を放置すると、時間とともにエントロピーが増大する。日常、物を放置すると乱雑になり、乱雑化では似ている。しかし熱現象は、原子分子の「ミクロの世界」に入り、エントロピーは原子・分子の乱雑な分布が関係していた。

科学の進展「確率・統計の導入」：エントロピーは難解なことで有名である。この量の意義については、オーストリアのボルツマンが確率や統計を導入して、気体分子の運動を精力的に研究した。そして、エントロピーを微細な気体分子の位置や速度と関係づけた。この気体分子運動論は、1877年で、19世紀後半になる。この研究では気体分子の分布状態、位置や速度などが詳細に調べられ、その分布状況が確率・統計で計算された。空間や速度は、連続だが、分布状態は微小部分に分割して、調べている。

気体では、多数の分子が、衝突しながら乱雑に飛び交っている。これで運動などの平均化が起る。これを確率・統計で計算すると、平均値が得られる。そして、ミクロの状態がマクロな状態量（温度、体積、圧力など）と結びつけられた。日常、五感で感じるのは「マクロの世界」の状態である。原子・分子

の「ミクロの世界」は、五感では近づけない。この両世界が、確率・統計で結びつけられ解明された。写真はボルツマンの胸像。

エントロピー（S）の式：エントロピーはボルツマンの式：S＝kInWで表された。この式によりマクロな状態量Sが、ミクロで多数の状態数（W）（気体分子の位置や速度などの状態）と結びつけられた。また、ボルツマン定数ｋもミクロの平均エネルギー「ε＝kT」で、マクロな状態量の温度Ｔと結びつけられた。「In」は自然対数を表し、対数は指数とともに、大小の数の計算が便利になる。マクロの状態量の関係では、ΔＳ＝ΔＱ／Ｔ（Ｑは熱量、Ｓはエントロピー、Δは微小変化を表し、これで熱力学の計算が可能になった。

「ミクロとマクロ」の世界：原子・分子の「ミクロの世界」は、極微で見えない。個数は無限で「マクロの世界」のように、個々に数えて調べられない。「エントロピー」は難しいが、新しく「確率・統計の導入」で「ミクロとマクロ」両世界が結びつけられた。これで、「マクロ」の状態から「ミクロの世界」の概略がつかめ、熱の正体の解明も進展した。熱現象で扱う気体の分子数は、１兆×１兆個ぐらい。無限といえる個数である。その分子の位置や速度もさまざまで、状態数はほぼ無限になる。

熱は揺らぐが、自然に「優しいエネルギー」：熱の正体はつかみ難い。どこからでも乱雑に出入する。熱エネルギーは常に出入りして状態は、激しく揺らいでいる。熱は揺らいで非効率ながら、生命と自然に「優しいエネルギー」である。生命活動として、日々行われる生体の化学反応は、熱エネルギーによる。これは生きものには不可欠のエネルギーで、日常経験の通りだろう。水は「いのちの源」であるが、生活には、熱と適温が欠かせない。

熱現象の方向性「時間の矢」：熱力学の第２法則によると、熱現象には時間の方向性がある。つまり、「エントロピーの変化」は「過去→現在→未来」へと、「時間の矢」とともに進む。摩擦や抵抗のない理想的な可逆機関では、運転でエントロピーは変化せず、時間も現れない。しかし、日常の熱現象では、摩擦などで非可逆である。環境を含めると、元の状態には戻せない。この場合、エントロピーは、時間とともに増大する。時間とエントロピーの増大の「向き」「矢」は、方向がそろっている。何故かは難しい。

第8話

水の「静止と流転」、多様な「形と運動」

水は自由自在に形を変える。流体といわれ、よく動きよく静止する。この「静と動」は遊びや生活で身近だが、水が動く時は複雑多様で捕まえにくい。しかし、静止の時は、静水面や水平面が現れる。池や湖には山や木が映り、洗面器の水には顔が映る。千円札にも、「逆さ富士」が映っている。また「水面・水平・水準・水位」などは、さまざまな基準になっている。これは、水の「静と動」によるが、この相反する状態は、どう静止するのか？ 水の動きは「マクロとミクロ」の両世界で、三態変化とともに大きく変化する。

8-1 水の「静と動」…三態(気体・液体・固体)での運動

静かな水平面は、平面の基準とされる。川の流れや海の大波・小波もある。また、「水の三態」などはよく知られている。水の「静と動」は、身近な現象である。水は、気体の水蒸気になると、自由自在に高速で飛ぶ。固体の氷は石のように硬く、水分子の位置もほぼ動かず、微細な振動状態になる。液体の水では、水分子は近傍に拘束されながら、滑らかに動く。水は「大きく小さく」自由自在で、「三態の変化」で変幻自在である。この性質は特異で、大もとは水素結合による。

水の「三態の変化」：水は熱による三態(気体-液体-固体)変化で、体積や密度などの性質(物性)が大きく変化する。三態変化は、水分子多数の協力現象で「相転移」といわれる。身近な水は、「強固で柔軟」「大きく小さく」「静止と流転」、自由自在である。「小さく強固」は水分子の固有の性質、「大きく柔軟」は、水素結合と水分子集団の性質である。これら二種の性質が相補い生命も支えている。

水の物性「自由自在」は、「世界の不思議」である。三態では、「マクロとミクロ」の運動も大きく変わる。水蒸気は気体、水は液体である。これらは自由に形を変える「流体」である。石、木、氷など形の固定されたものは、固体といわれる。三態の物質は細かく見ると微粒子、すべて原子や分子である。しかし詰まり方、構造や性質は三態で異なり、運動も大きく変わる。

水は「強固で柔軟」「自由自在」：水分子(H_2O)は「一粒の水」である。水素(H)と酸素原子(O)が結合して、「単純で強固」とされる。擬人化すると、球形の微粒子でチャーミングな「二つ目」になる。ところが、水分子間が接近すると「二つ目」が「クルクル」動く。同時に不思議な「水素結合」が現れ、柔軟に「強く弱く」、無限に連結して、激しく振動する。静かな水でも、水分子間の水素結合は、超高速で切り替わる。そのため、液体の水は自由で滑らかに動く。なお水分子の「激しい踊り」の図と説明は**10-2**。

液体は「強固で柔軟」：液体は形を変えてよく動くが、気体ほど自由ではない。固体と液体は、柔軟さやマクロの運動は全く異なるが、密度はほぼ同じとされる。つまり液体中の原子や分子は、固体と同様に密着して詰まっている。したがって液体に圧力を加えても殆んど縮まらない。一方、気体では原子や分子は自由に動いて、体積は圧力で容易に変わる。これは、気体と液体の大きな違いになる。液体での原子や分子は詰まっているため、頻繁な衝突で相互作用は強い。これは流れや波などの「マクロ」の運動とは異なるが、液の粘性などで、「マクロ」の運動に影響する。

水面の変化「風・波・水」：静水面に風が吹くと、その圧力で水面に波が立つ。しばらくすると再び静水面に戻る。これは逆、向きの「反作用の力」が同時に働くからである。力が働くと物が動く。止めるには、逆向きの力が必要となる。水の微細な動きは見えないが、密着した水分子は頻繁に衝突して、「作用・反作用の力」を受けている。その微調整の「力の釣合い」で静水面になる。水の表面張力もかなり強く働く。水分子は、全体に「オシアイヘシアイ」で、水は「静水（水平）面」になる。水の「静と動」はまる反対ながら、水分子は相互作用が強く、微細な激しい運動で自由な「自然の形」になる。

8-2　どちらも大切「静と動」…「おそ乗り自転車と剣法」歌「カタツムリ」

不思議だが、「静と動」は対で、一方だけでは成り立たない。昔、自転車の「おそ乗り競走」があったが、細かいハンドル操作で止まっていた。筋肉も激しく動いて、調整するのだろう。体操の倒立では、筋肉で調整しないと、すぐ倒れる。静水面は平面で静かだが、水分子は超高速で動いて釣合う。

剣術の「静と動」：動きが際立って見える。達人の宮本武蔵には鵙（もず）の画「枯木鳴鵙図」もあり、重要文化財である。真っすぐのびた枯れ枝に眼光するどい鵙である。張りつめた静止だが、動く画にも見える「動の前の静」ともいわれる。いつどこに飛ぶか分からない、激しい緊張感がある。武蔵の兵法書「五輪書」には「水乃巻」もあり、「観の目つよく、見の目よはく」と説く。水の「静と動」から学び、剣や画を鍛えたらしい。静には動が、また動には静がないとリアルとはいえない。「強弱」「集中と分散」も必要だろう。

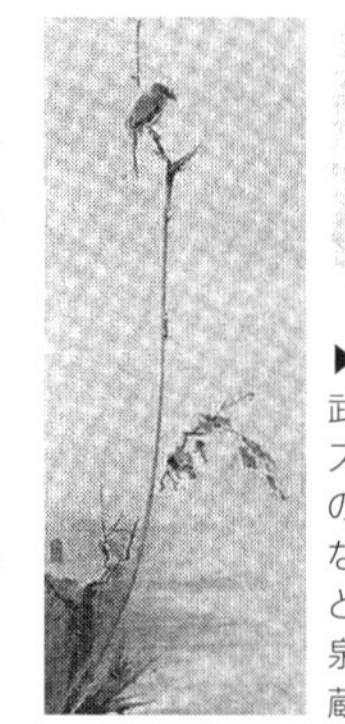

▶ 宮本武蔵筆「枯木鳴鳥図」：武蔵は剣法と絵画の達人。モズはくちばしや足も鋭く、狩の達人。どこに飛ぶか分からない。微細で激しい剣法「静と動」の構だろう。原画は和泉市久保惣記念美術館に所蔵。

武蔵の古里：岡山県北部、私の古里から遠くない。天狗のいそうな深山ではなく、小川や水車に神社もある。武蔵の「二刀流」は、神社の太鼓の「バチさばき」から学んだともいう。静かな奥の深山では「動」を、ざわめく麓の小川では「静」を知り、修養したらしい。

動く蝸牛「禅堂と不二の山」：禅堂は静かに座禅する所だ。動くと、「ビシャリ」と叩かれる。その禅堂でも、蝸牛はよく動く。「禅堂に動く者あり蝸牛」（巌谷小波）。禅堂のカタツムリの動きは、墨絵のだるまさんも見守る。さらに、カタツムリを「そろそろ」と応援する俳句もある。「かたつむりそろそろ登れ富士の山」「朝雨やすでにとなりの蝸牛」（小林一茶）。カタツムリはさわやかな雨後など、いかにも静々とよく動く。長い触角の先端には眼があり明暗を見る。ほかの触覚や皮膚では、水や匂いや風などを敏感に感知するという。「速いと遅い」「静と動」は、生きものにはどちらも大切になる。速く動くと、匂いなどは分からない。

カタツムリは巻貝：腹足類の軟体動物で、肺呼吸の巻貝である。海の貝が上陸して進化したという。祖先はカンブリア紀、５億数千年前に出現とされる。殻はタンパク質と石灰層の複合体、石灰層は、炭酸カルシウム（$CaCO_3$）の結晶で、水溶液から作られる。殻は細かな凸凹で汚れに強い。凸凹は水をはじき、平面には水の薄層が付着して油汚れを流す。イカやタコも太古に誕生した。頭足類の軟体動物である。貝類とともに、海で多種類が活動する。

▶ カタツムリ（蝸牛）：陸に棲む巻貝のこと。このうち殻をもたないものをナメクジという。

「蝸牛ソロソロ進み花盛り」？：カタツムリは「凸凹の殻」。この細かい構造は、風呂やトイレなど、住居の防汚技術にも利用されている。植物も細かな毛で水や汚染をはじき、虫も防ぐという。汚染物の上手な廃棄である。またカタツムリの進み方は、百足で動くムカデや腰を曲げるシャクトリムシとは違うらしい。特別「ソロソロ」で波に似ているのでという。

波の場合、微細な水の動きは見えないが、運動状態は、波で伝わりよく見える。カタツムリは遠くに行けないが、地域内はよく動き、多様な固有種に進化したとされる。

カタツムリとナメクジ：タニシやサザエと同じ巻貝の仲間なのに、陸上生活している。オスとメス区別のない雌雄同体である。冬は落ち葉や土の中で冬眠し、夏も雨がないと仮眠する。小笠原群島は、「カタツムリの王国」といわれる。固有種約90種。300万年ほど前に、日本列島から流れ着き、多数の固有種に進化したとされる。日本のカタツムリは800種いる。

ナメクジもカタツムリの仲間、巻貝からはじまり殻がなくなったとされる。

歌〈かたつむり〉：作詞・作曲不詳「でんでん虫々　かたつむり　お前のあたまは　どこにある　角だせ槍だせ　あたま出せ　でんでん虫々　かたつむり　お前のめだまはどこにある　角だせ槍だせ　めだま出せ」。「あたま」「めだま」だけで、周辺の様子が分かるらしい。その優れた特性で活動する。

8-3　水の流転…「流れ・波・渦・乱流」の話

水は「そよ風」にもよく動く。水は、静かで一様な流れにはじまり、大波・小波や渦もある。穏やかな水の波は、音や光とともに波として共通の特徴がある。つまり、反射、屈折や干渉も起こす。しかし、水の波は密度、圧力、地球の重力が大きく影響する。地震では、津波の大被害も起る。

「水の波」は、特異な波とされる。おだやかな「水の波」は単振動の形とされるが、荒れ狂った波や山のような三角波など、怪物に見えるだろう。水の波は水の運動状態を示すが、この中の水分子は、水素結合で連結している。このため、水には上下動や円運動もあり、四方八方に広がる。水中の音波（超音波など）のように、粗密波ではない。「水の波」の正体は何だろう？

水の流れ：春の小川など、静かな流れがある。この流線（道筋）は一様で、よく分かる。この流れは「層流」とよばれる。他方で、流れが速く障害物のある場所では、流線は乱雑、渦も生じる。この多様な川の流れや「ヒューヒュー」鳴る風は、「乱流」とよばれる。小川の流れでは、笹舟を流してよく遊んだ。笹舟や葉は水の流れのまま、途中で「グルグル」回る。行き先も毎回変わる。この乱流の理解には、確率や統計が使われる。水は乱流も含めて流転する。「ゆく河の流れは絶えずして、しかも、もとの水にあらず」（『方丈記』・鴨長明）。

水の流れ「層流と乱流」：速度が遅く粘性が効く流れは、規則的で層流とよばれる。流れが速くなると乱流が現れる。代表例は、大気や水の渦である。この場合、流線は交差し不規則になる。流速、圧力や温度などが、時間的に空間的にも不規則に変動する。また乱流は初期条件に大きく依存する。大気の運動、天気予報などでは、大気を細かい「メッシュ」に分け、その観測値を入れ計算する。メッシュが小さいと正確になるが、計算は膨大で、スーパーコンピュータが必要になる。層流から乱流への遷移は、非線形で、よく分かっていない。

静かな水面：静かな「さざ波」「表面波」がある。池でアメンボやミズスマシが動く時や、木の葉が落ちた時などに見られる。小さな波だが、夕方など、光の具合でよく見える。これは重力でなく、水の表面張力による。水分子は互いに引き合うので、表面に薄膜が張られたように、張力が働く。1円玉や針が水面に浮ぶのも表面張力である。

波の「発生と変化」：水の波は、まず接している空気、「風の動き」が関係している。池や湖では、風が吹くと「さざ波」が立つ。釣りではウキと並んでよく見える。海では、大波も押し寄せる。特に台風に押されると大波で荒れる。海の波は表面に沿って大きく動き、水の下方で消える。

この波の速さは、水が深いほど速い。浅いと水底で水にブレーキがかかる。従って、押し寄せる波は、水深により方向を変え、遠浅の海では、海岸にほぼ同時に到達する。このため砕ける白波は、海岸線にほぼ平行。波の形も、深さで変わる。沖では、波の山と山の間隔が大きく、岸に近づくと狭まる。それとともに高波になる。

「水の波」「津波」：地震では、海底が揺れ大波が発生し、津波も起こる。大波では、津波などの大被害もある。大波は遠くから押し寄せるが、水そのものが飛んで来るのではない。遠く伝わるのは波動の運動状態やエネルギーである。水自体は、上下動や円運動などをしながら、もとの場所の近傍で動いている。水に木の葉や板を浮かべると、波はそれらをすり抜ける。葉や水は、ほぼ上下動だけだ。ただ水に流れがある場合、水の運動は、流れと波が重なる。

▶ 水の波：海の大波や海岸の白波。おだやかな水の波では、水の粒子は近似的には円運動をしている。海岸で水深が浅くなると、この運動が崩れ、表面の磯波となって速く進む。したがって、海岸の波は海岸線に平行に白波を立てて押し寄せることになる。水の流れや波、水の流転は複雑・多様である。

「水の波」の正体は？：水の波で動くのは水である。しかし、動きは複雑で、様相はいろいろだ。怒り狂う怪物にも見えるだろう。水の部分、その運動は、波の進行方向だけではない。水は重力で上下に動く。水分子は水素結合網で連結しており、影響は縦横に伝わる。そのため「水の波」の運動では、円のつぶれた形もある。また表面の形には、山と谷の滑らかな正弦波や山のとがった三角波もある。満潮時は、恐ろしい孤立波(ソリトン)も起こる。河口から、ひとつの大波が上流に逆上る。「水の波」は遠くに伝わるが、水そのものの飛行ではない。

8-4 渦「台風・竜巻・鳴門・洗面所」…渦から見える「地球の回転」！

地球は1日1回転、24時間の周期で自転している。太陽に向いた時が昼、反対が夜になる。この自転は、地上では秒速何万ｋｍの超スピードである。これを感じないのは奇妙だ。しかし、大地の野山、水や大気、周囲がすべて一緒に動くので相互に気づきにくい。それでも、地球の高速回転で、運動が影響を受け、「渦巻」も起るとされる。地球の物体の運動で働く力は重力と遠心力だが、遠心力は重力に比べ小さい。他に、「コリオリの力」が働く。これは、渦も起こす大きな力になるが、個々の分子に働くので分かりにくい。

地球の自転と「遠心力」：地球の自転が超スピードであっても、感じることはない。高速列車でも、車内だけ見ると、高速とは感じないのと同じだ。しかし、回転体の上では、物体の運動が影響を受ける。例えば雨傘を回すと水が外に飛び散る。また遊園地の乗りものや洗濯機も、回転すると外向きの力が働く。

この力は、「遠心力」とよばれる。地球上では、自転のために遠心力が働いている。しかし重力、つまり地球の引力が大きく、遠心力は無視される。しかし人工衛星打上げでは、遠心力が利用される。赤道では、遠心力が大きく、燃料が節約できるという。

「フーコーの振り子」：地球の自転の様子が見られる。東京・上野の国立科学博物館では、大きな振り子が自転に合せて1日1回転している。なお、「フーコーの振り子」の実物は、パリの国立技術博物館に所蔵、28kgの鉄球と60mのワイヤーである。この振り子をパルテオン寺院の巨大ドームに吊るし、地球の自転も実証されたといわれる(1850年)。

地球回転—渦巻の「コリオリの力」：この力は、地球の自転による。同時に、物体の速さにも比例して、進行方向を曲げる。大気や海流もこの影響を受けている。水や大気などの流体はよく動く。動くほど、コリオリの力は大きく働らく。渦では、この力の効果が最も大きく現れる。渦には、川や海の渦巻、台風の目、竜巻など大気の渦がある。富士山には、丸い帽子のような「笠雲」も出る。富士山は高いので、強い上昇気流も起る。この気流は「コリオリ力」で回転する。「丸い雲」も発生する。身近では、風呂や台所の流しの渦もある。

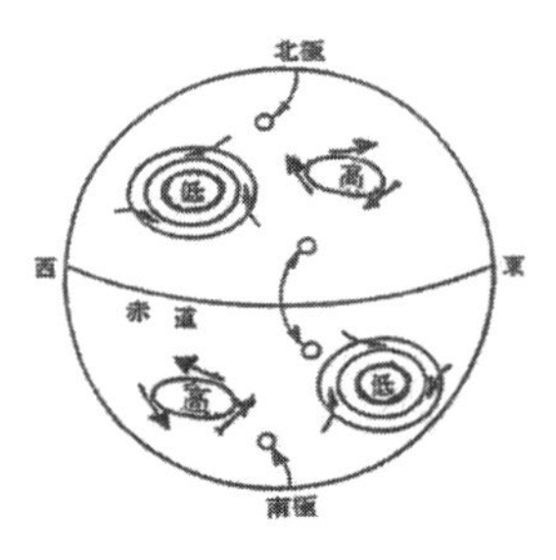

▶ 渦の発生と「コリオリカ」：この力は地球の自転から生じている。地上で動くすべてのものに働き進路を曲げる。個々の物質に微細に働くので、五感では感知できないが、全体として大きな回転力になる。また大気や海にも巨大な渦が生じることになる。小さな渦は川にも多数発生する。つむじ風も吹いている。

「鳴門の渦潮」：海の渦では、淡路島と四国間の鳴門海峡が有名である。大きい渦は30mぐらいもあり、世界最大級とされる。大鳴門橋には、ガラス張りの「渦の道」もあり、真上から眺められる。ただ大きな渦でも、寿命は数十秒で流れて消える。鳴門の渦潮の発生は、潮の干満と海峡両側の深いくぼみの複雑な海底地形によるとされる。

海峡は紀伊水道と瀬戸内海をつなぐ1300m幅の狭いもの。潮の干満時には、この海峡を挟んで大きな海面差が生じ、海水は「満ち潮」から「引き潮」の側に、なだれ崩れ落ちる。その白い海水の脇から、大小さまざまな渦が生まれる。水や空気は、落差や上昇気流など、流れが速いと渦を巻く。

渦の「巻き方」：北半球と南半球では反対になる。北半球では、台風や水の渦は左巻き（反時計回り）、高気圧から吹き出す風は右巻きである。台所、洗面所、風呂場などの渦も同様の回転力による。小さな渦は逆回転出来そうだが、無理である。こま回しのように、水分子には「ひも」がつけられない。コリオリの力は小さいので、その影響は通常感じない。しかしこの回転力は、速さに応じて流体の小部分、個々の水分子に働き、方向がそろっている。従って、全体が強力な回転になる。

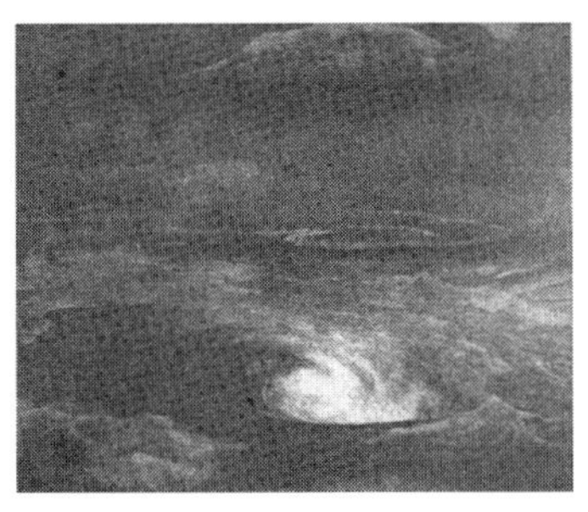
▶ 奥村土牛画「鳴門」：代表的な日本画家の一人。200回もの塗り重ねで、微妙な色加減の作品が特徴とされる。山種美術館の絵はがきより。

台風の「渦と目」：夏、赤道直下の太平洋では、水蒸気が大量に蒸発、湿気を含む激しい上昇気流が起る。この気流は上空で冷却され、大量の雲となる。同時に、コリオリ力で台風の渦も発生する。気象衛星の画像では、雲は白く写り、中心の黒い円が「台風の目」となる。ここでは、天気は晴れだが、周囲は激しい暴風雨圏になる。警戒と防災が必要になる。

8-5　全身で感じる「音や水」…三重苦で最初に分かった言葉「WATER（水）」、生命の「細道」

目が見えない、耳が聞えない、口がきけない。この三重苦を克服したヘレン・ケラーの物語はよく知られている。彼女は、生後１年半ほどで熱病にかかり、視力や聴力を失った。言葉や理性は身につかず、暴力的な子どもになった。しかし、家庭教師のサリバンは、根気よく指でアルファベットを教えた。また、少女ヘレンの並はずれた努力が続けられたといわれている。この生活の中で、彼女が「WATER（水）」という言葉をつかんだのは、手が井戸水に触れた時という。

水（WATER）を知った井戸水：少女ヘレンがコップの水をこぼした時は、何か分らなかったという。水は無色・無臭の上、こぼすと形も残らない。理解しにくいであろう。彼女が「水」を理解した井戸は、今もアラバマ州の生家に残っているという。ポンプは、大型の手押し・吸上げ型である。ここから井戸水が勢いよく落下する。水の自由自在な変形、熱的性質、圧力や振動、全体として「生命の水」が感知されたのだろう。

三重苦の克服：ヘレンはサリバンとベル博士に連れられて、「ナイアガラの滝」にも立ったといわれている。この滝は、アメリカとカナダの国境にあり、世界一の規模である。ベル博士は電話機の発明者で、著名な教育者でもある。ヘレンは、この時の事を「断崖の上に立って、空気が振動し大地が動揺するのを感じた時、激しく感激し心をうたれた」と、自伝で語っている。彼女は並はずれた努力で、三重苦を克服するとともに、「公民権運動」「障害者の人権」で、世界的に貢献した。1937年に来日した。

触覚と体感「微力や温度・熱」の感知：皮膚感覚には圧点、痛点、温点、冷点など、「触覚」「温度感覚」「痛覚」の３種類がある。そしてそれぞれにセンサー（受容器）があり、そこで検知した情報は、電気信号として脳に伝えられる。触覚は、主に皮膚の表面近くに分布、４つの感覚受容器「マイスナー・メルケル・ルフィーニ・パチーニ」の各小体で感じる。前の２つは、押すとすぐ反応、後のものは押し続けて反応する。「静と動」「速さと遅さ」のどちらも感知する。感覚受容器は、どれもタンパク質の複合構造とされる。

不思議な「水感覚」：生物は、水がないと生きられない。水は、「いのちの源」である。従って、水は全身、全感覚で感知するだろう。液体の水は「大きく小さく」、自由自在である。水は多様で、生命も支える特異な物質である。生物細胞の最小の「水の道」も発見され、「水感覚」ともいわれる。この「水の道」の発見は、生命科学で画期的とされた、最近のノーベル化学賞研究である。水「いのちの源」の通る生物最小の道である。縦横につながり、生命と生命活動を支えている。生物の「水の道」「イオンの道」は引き続き述べる。

第Ⅱ部　水は自由自在「大きく小さく」「強固で柔軟」

——水の探究「マクロとミクロ」

第9話〜第15話

あらまし

水は自由自在で、「大きく小さく」「強固で柔軟」である。また、「単純で複雑」の両面を持つ。これは身近な水の性質ながら、不思議で、水以外にないだろう。水の解明と利用は、太古から模索された。そして、近代科学とともに大きく進み、現代の科学や技術も発展した。ところで、水とは何だろう？　この探究は、身近な「マクロの世界」から、原子・分子の「ミクロの世界」にも入る。この世界では、五感を越えた「超常現象」も現れる。第Ⅱ部では、水の探究の歴史を辿り、原子・分子の構造や性質、水の多様性を考える。

まず水には、三態の変化「気体（水蒸気）－液体（水）－固体（氷）」がある。気体の水蒸気は水分子の集団で、水分子が飛び回る。液体の水では、不思議な「水素結合（網）」が現れる。そして水分子は「強く弱く」柔軟に連結。網になり超高速で踊り出す。氷は結晶で、水分子は格子状に並んで振動する。雪も微結晶で「自然の美」になる。さらに水の電気的性質や他物質との相互作用は多様で、水は生命も支えている。水は「いのちの源」である。科学では、水は「世界の謎」「複雑系液体」といわれ、探究が続いている。

水物語「こんにちは」：水は「生命と健康」の大もと、大切で不思議で美しい。しかも奥が深く、昔は「万物の根源」とも考えられた。水は「大きく小さく」、自由自在、さらに熱による「三態の変化」で変幻自在である。この状態変化で、水の物性（体積、密度、分子運動など）は激変する。水は、この変化をくり返し、大気とともに地球を循環、自然を緑に整え、動植物の活動も支えている。水蒸気は見えないが、水分子「一粒の水」の集団で、天気・天候に大きく影響する。

水は「大きく小さく」自由自在――「一粒の水」の発見「こんにちは」

紀元前から、水は空気、火や土とともに「万物の根源」とみなされた。自然の「森羅万象」も、この根源によると考えられた。これが、古代ギリシャ時代からの「四元素説」である。この「四元素」は、今も大切さは変わらない。特に水は「いのちの水」「自由自在」「強固で柔軟」、特異で多様性を持つとされている。また地球は「水惑星」「生命の星」といわれる。

これら「四元素」を微細に分割すると原子・分子が現れるが、これは極微で、五感で直接感知できない。しかし、科学は近代から現代へ進み、四元素は微細に研究された。その結果、多数の元素が発見され、極微の原子・分子の「ミクロの世界」が開かれた。水分子「一粒の水」も出現した。その経過を辿って考える。

9-1　元素「万物の根源」の探究…元素・原子・分子の話、水を分割すると？

「万物の根源」は何か？…これは太古から探究された。微細な分割や燃焼などの実験が積み重ねられた。この中で、水分子「一粒の水」も分かってきた。これは2個の水素原子（H）と1個の酸素原子（O）が強固に結合した微粒子である。また他方では、天体や太陽系の探究から、地球は約46億年前に誕生、太古から水は豊かで、ほぼ一定と分かった。しかし淡水はわずか1％程度で、海水が地表の2／3を覆う。

この水は「三態の変化」で地球を巡り、自然を整え生命も支えている。水の状態で「天気や天候」「緑の自然」は大きく変わる。生物は、この環境に依存して、その中で活動を強めて来ただろう。水は大切で不思議な「生命の水」「いのちの源」である。万物を潤し「森羅万象」に影響する。自然での交流・共生では、情報源にもなる。この水の理解が進むとともに、地球は「水惑星」「生命の星」とよばれ、多くの衛星画像も出された。また地球の気象観測も詳細に進められた。図は水分子の形。

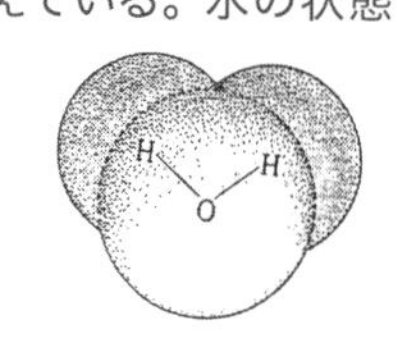

原子・分子は「極微で無限」「科学の出番」：原子・分子は、極微「ミクロ」で、五感で直接には分からない。個数は無限、巨大「マクロ」で数えられない。自然を知るには、五感が基礎でありながら、原子・分子は五感の範囲を超える。そこは

「理科や科学」の出番だろう。人間は科学や技術とともに、難題の「極微と無限」も段々と分かってきた。

「自然の階層構造」：自然は「拡大と縮小」により、細菌、原子・分子から宇宙まで見えてきた。「虫メガネ」でも、数倍詳しく分かる。どの程度の拡大・縮小で何が分かるかは「自然の階層構造」として整理されている。水は、この階層も何段も越え、水分子から宇宙まで、20ケタ以上変化して活動する。水は特異な物質で、「世界の不思議」として探究されている。

「ミクロの世界」の入門：この世界は五感では直接感知できないが、入門は五感で「自然から学ぶ」になる。ここは理科の分野で、物理や化学の寄与も少なくない。ただ受験などでは、物理は難解な「暗記科目」とか、逆に容易な「点取り科目」ともいわれる。しかしそれは誤解だろう。自然は不思議、疑問、「分からない」が続く。その疑問を捨てると「分かる」も消える。

疑問や興味は大切だ。その基礎から考えた方が分かり易くなる。暗記の苦労も減らせる。一般に科学では、五感での実験とともに、思考や論理が大切になる。これは、科学の開拓者や先人が、繰り返し教えてきたことである。暗記は大切だが、それに偏ると知識が断片になり、何が分かったか、ぼやける場合が多い。常に思考、知識や経験の蓄積が大切である。自然は複雑だが、論理や法則で分かり易くなるだろう。

9-2 「気体」の研究から「化学革命」…見えない原子に「こんにちは」！

原子や水分子の探究は、17～18世紀の近代化学の誕生とともに進んでいる。その基盤は、神秘的な「錬金術」や医術も含むとされる。錬金術は、鉛などの卑金属に、さまざまな熱処理を加えて、「不滅の黄金」や「不老長寿の薬」作りなどを目指した。星占い、占星術とともに、昔から長く続けられた。古典力学で有名なニュートンも、錬金術にこったともいう。結局、錬金術は成功しなかったが、そこで培われた経験や知識は、その後の科学の発展に生かされた。中でも「気体の研究」は、近代化学の先端を開いたとされる。占星術でも、星を観測する。その観測結果が蓄積され、暦も作られた、活用された。

「ミクロの世界」の入口：原子・分子は極微で、この解明は、精密な実験と思考のくり返しで進められた。これが、未知を解明する「科学の方法」とされる。「ミクロの世界」は分かりにくいが、「燃焼と発生物」の研究、特に「気体の研究」が入口となった。この研究から、水分子「一粒の水」も現れた。気体は見えないが、一様な微粒子の多数の集団である。全体の重さや体積は、五感と実験器具で測定できる。小・中・高校での実験もある。

気体の正体は？：空気、水蒸気や二酸化炭素（炭酸ガス）などは微細で、正体は容易には分からない。しかし微細な物の探究には、気体が最も有利だろう。細かく砕く労力なしで、そのまま調べられる。見えない「不利」は、そのまま研究できる「有利」にも転化する。ただ微細な物の解明には、精密な測定が必要になる。まず有無、つまり「ある」「なし」を精密に調べなければならない。

「柳の成長」「万物の根源」の探究：生物分野でも、物質の根源が探究された。ベルギーの錬金術者で化学者のヘルモンドは、「柳の実験」を行った。柳の若木を水だけで５年間育て、成長前後の重量変化を詳しく比較する。燃やすと、火が燃えて灰（土）が残るが、土の重さに変化はない。この結果から、柳の成長のもとは水と結論したとされる。

▶ ファン・ヘルモント

水が「万物の根源」と考えたのは、ギリシャの自然哲学者タレスだが(2-3)、ヘルモンドは、柳の研究から、植物での「水の役割」の大きさを確認した。また研究には、「総重量の保存」関係も使われた。これは「質量不変（保存）の法則」につながる内容である。この「柳の実験」は、物質の構成を知る上で画期的とされる。柳の変化を精密に重量分析している。この定量分析は強力で、水の理解、物質の微細な探究が進展した。物質の解明では「定量と定性」分析が２本柱になっている。

柳は多種で柔軟：ヤナギは、北半球を中心に約400種ある。日本では約百種、中国から渡来したとされている。昔から人々の関心を引き、川辺のネコヤナギやシダレヤナギの街路樹も多い。昔、故郷の小学校にも、ヤナギとポプラの大木があり、遊び場だった。柳は水に強く柔軟で、身近に使われた。

▶ ネコヤナギ

▶ しだれやなぎ：中国から渡来した落葉樹。広く栽植。葉や枝は柔軟。

「空気」とは何か？：空気は、混合ガスであると分かったが、五感では容易には分からない。この難問は、「火の空気」「汚れた空気」などと名づけられ、分別されて「ジワジワ」と分かってきた。発見の道は、一つではない。これらの研究は植物の「炭酸同化作用」「糖分の光合成」の発見にもつながった(第20話)。

「炭酸ガスや酸素」の発見：18世紀中頃には、ブラック(英)が「汚れた空気」「固定空気」(炭酸ガス)を発見した。これは炭酸カルシウムを熱した時に発生、生石灰の溶液に吸収される気体である。1770年代には、プリーストリー(英)やドイツ系スウェーデン人のシェーレが「火の空気」(酸素ガス)を発見した。当時ヨーロッパは産業革命で、石炭が蒸気機関に使われ、空気汚染が問題になっていた。

プリーストリーの研究は、「汚れた空気」と生物、特に植物に注目した研究である。そこから無機物の燃焼実験に移り、酸化水銀や二酸化マンガンから、酸素ガスを得たのである。これは「汚れのない空気」とよばれ、その後、ラボアジェが「酸素」と名づけた。シェーレは、種々の薬物を扱い、塩素ガスも発見した。しかし、発表がおくれて、「酸素の発見」の優先権はプリーストリーらしい。

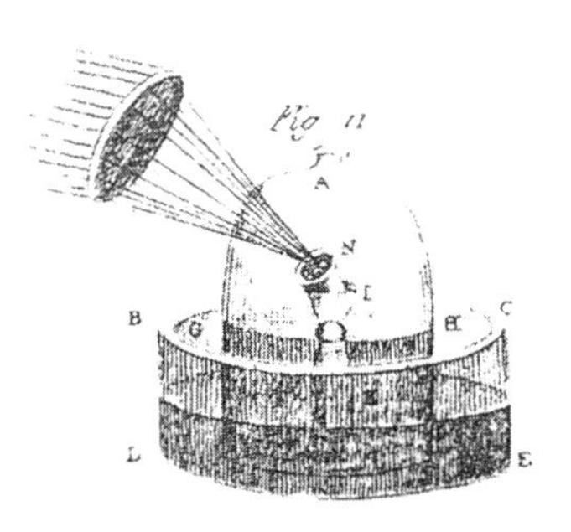

▶ ラヴォアジェの装置：太陽光を集光し、強熱して燃焼実験に使った。

ブラッグの実験装置類「燃焼の研究」：これで「汚れた空気(二酸化炭素、CO_2)」を発見した。このガスは、「地球温暖化」「温室効果ガス」で削減が急がれている。

プリーストリー：「火の空気(酸素ガス、O_2)」を発見。

火・燃焼とは何か？：古代、火は万物の根源「四元素」(火・水・地・空)に数えられ、昔から注目された。火は危険だが、料理、暖房、燈火や焼き物など、太古から利用された(7-1)。まず各種ガスが発見され、燃焼は、燃える素「フロギストン(燃素)」によるとする説が有力になった。つまり、火は元素のように考えられたが、その後の精密実験で変更された。近代化学では、火は化学反応の酸化で起り、高エネルギーが発生するとみなされた。つまり、火は「元素」ではなく、高温・高エネルギーの状態なのである。

原子は、高温では、まず赤色光を発光する。さらに、青色光も入り、高温の太陽の白色光に近づく。物は一般に、高温で発光する。温度とともに、発光の分布が赤から青側に移る。揺れる火は、気体が燃えているのである。火は大切だが、激しい化学反応で危険、猛獣も逃げる。火や高熱では、細胞や生体分子が破壊される。

燃焼から「燃焼の理論」「質量不変の法則」：18世紀末、ラボアジェ（仏）が、密閉容器中で、金属・燐・硫黄などの燃焼実験をくり返し、生成物やガスの重量を天秤で精密測定した。彼は、ボイルの元素の予見（化学的に分解できない物質を「元素」とする）に従い、多くの実験から広範囲の成果をあげた。これから、「燃焼の理論」「質量不変の法則」を発見した。「極微の世界」の大発見である。

なお、フランスの国立技術博物館は、実験に使われた天秤を所蔵している。全真鍮製で、巨大で精巧な装置である。高さに2.2m、腕の長さ1.1mとされる。腕が長いと高感度である。天秤での質量（重量）の測定は、アルキメデスの「テコの原理」による(3-3)。

ラボアジェの装置：太陽光を集光し、強く熱し、燃焼実験に使った。密閉の容器内で燃焼させ、ガスを閉じ込め正確に分析した。この精密な実験で、「燃焼の理論」「質量保存の法則」が発見された。これは、原子・分子の「ミクロの世界」を開く大発見である。また水を詳しく研究し、自然を知る基準や単位に選んだ。

「化学革命」：17～18世紀の化学の発展は顕著で、今日では「化学革命」とよばれる。実験を重んじたボイルは、「近代化学の祖」、ラボアジェは「近代化学の父」といわれる。ボイルは気体を研究し、温度一定の場合、圧力と体積の積は一定という状態式をえた（ボイルの法則）。ラボアジェの「質量不変の法則」は、現在も自然界の大原則とされている。

物質は多様に変化するが、元からある元素は質量不変で、「無から有」「有から無」も生じない。理想気体の状態方程式は「ボイル・シャールの法則」と同内容である。等温で気体の「体積と圧力」の関係を表す「ボイルの法則」と、体積の温度変化を示す「シャールの法則」を合せたものである。この式で、見えない気体の状態が正確に表せるようになった。

燃焼と酸化：紙、木や油は燃える。燃焼は身近だが、何であるか問うと、難しい。精密な研究の結果、燃焼は、「極微の世界」の化学反応とされた。ラボアジエの理論では、燃焼とは酸化（酸素と化合）、つまり水素・炭素・金属などが「酸素と結合」することである。また、反応前後で、元素の質量（重さ）は変わらない（質量不変の法則）。それまでの燃素説「フロギストン」が、精密な実験で否定された。そして、燃焼は物質の酸化という新しい考えで解明された。さらに、ラボアジェは有機物の主成分は、炭素・水素・酸素として成分を分析した。燃焼は、生活に欠かせない身近な現象である。その基礎が、化学で解明された。

燃焼「酸化と還元」：精密な研究の結果、燃焼は：「極微の世界」の化学反応「酸化と化合」とされている。酸化とは酸素（O）と、他の炭素（C）などの結合（化合）

のことである。この時、火や熱が発生し二酸化炭素（CO_2）などのガスも出る。これは新しい物質で、「化合物」とよばれる。生物の場合は、呼吸で酸素を取り、体内で栄養物を酸化する。ここで発生する熱エネルギーが、活動源になる。廃棄物CO_2は呼吸で、水分は尿や汗で排出している。生体内での酸化は、触媒の助けで、「ジワジワ」進む。

還元は、酸化の反対、酸素を奪う反応である。冶金などが例になる。これら化学反応は酸素に限らず、原子間の電子移動で起る。そこで現代では、一般化して、電子放出の原子を酸化、受ける原子を還元側とされる。電子は、極微の素粒子で、原子を取り囲んで、化学反応に寄与している。

「極微の世界」で「こんにちは」…「原子の質量」も分かる？：19世紀初頭、ドルトン（英）が酸化物などの成分比を詳しい研究、「倍数比例の法則」を発見した（1803年）。これは、「２種の原子が化合する時、質量が簡単な整数比を取る」とする法則である。この「整数比」を細かく詰めると、最小単位の化合物になるが、その質量が原子の整数比で表されるという結論である。これは一定の質量を持つ「原子」の存在を表し、同時に化合物の質量も示していた。原子の質量が一定でない場合、化合物での質量比は、測定ごとに「バラバラ」、実験や法則とも矛盾するだろう。

結局、厳密な測定と「倍数比例の法則」をもとに、化合する各原子の質量が定められた。原子量とよばれ、原子を示す基本量とされている。これが整数で数えられるようになった。一番軽い水素原子の質量を基本単位「１」として、各原子の質量も定められた。また原子の化学記号も作られた。これらが「ドルトンの原子論」の内容とされる。

ドルトンの原子論：この原子論は、原料と生成物の分離や精密測定が基礎とされている。スエーデンのベルセリウスも、約2000種の化合物を根気よく精密測定し、分析した。これも、原子論への大きな寄与である。原子論の推論では、難しい数学は使われていない。小・中・高校の「比の計算」が主だろう。それでも画期的な推論とされる。原子や分子は、「極微の世界」である。人間の五感では、原子の質量は全く分からないが、ドルトンの原子論で解明されてきたのである。まず、細かく苦労の多い精密実験の蓄積、この威力だろう。

▶ドルトン：酸化物などの精密な化学実験から、成分比を正確に決め、原子論を立てた。五感での精密な測定から、見えない極微の原子に「こんにちは」だろう。

昔、万物の根源は４元素「空・火・水・土」と考えられ、また原子（アトム）は最小の微粒子で、それ以上分割できないとされた。しかし、想像に留まっていた。この古代原子論を、「ドルトンの原子論」が飛躍させ「実体的原子論」にしたとされる。これで、原子の質量も数えられるようになった。そして、「質量数」として「ミクロの世界」での重要な指標になっている。

水分子「一粒の水」の出現…魔法も出現!?：「水は化合物」としたのは、燃焼説のラボアジェである。彼は灼熱の鉄に水蒸気をあて、水素と酸素ガスへの分解を発見（1774年）した。また、リッター、カーライルとニコルソンが、電池の電極の水の泡から、「水の電気分解」を発見した（1800年）。これらの実験から、水が「水素と酸素」の化合物と分かった。

身近な水の泡が、大発見のカギだった。今日でも水の泡は、自転車のパンク探し、各種ガス配管の洩れ探し、発電所などの高圧配管やバルブ検査など、細かい測定や検査に使われている。分子レベルの微細な穴まで検出する。さらに気体では、ゲイ・リュサック（仏）が「水の気体反応」を精密に実験した。この結果は、「ドルトンの原子論」では説明出来なかった。ここでアボガドロにより、水の「分子仮説」が出された。これは「魔法」のような内容を含んでいた。

9-3 「水分子」の出現！…魔法のような「アボガドロの仮説」

燃焼と気体の研究などから、元素の水素、酸素、炭素、窒素などが次々に発見された。さらに「ドルトンの原子論」で、「極微の世界」が見えてきた。しかし原子論だけでは、気体の実験が説明できなかった。水素と酸素の化合、水蒸気実験では、気体の体積が一瞬で「ドローン」と消えるのである。そこに魔法のような、アボガドロの「分子仮説」が現れた。通常、体や体積が突然消えるのは「魔法や化け物」とされる。「分子仮説」も同様、一瞬で体積がどこかに消えるのである。

キャベンデッシュの水蒸気実験：金属製装置で水素（H_2）と酸素（O_2）の混合ガスを爆発させ、水蒸気（水分子、H_2O）を発生させた（1784年）。この燃焼と水蒸気の発生は大発見で、「水分子の発見」につながった。しかし、彼は燃焼で「燃素説」を信じており、「水の発生」を説明できなかったとされる。「見えない」燃素ガスが燃え、後に「見える」水が現れるとは？ 燃素説では「無から有」が生じる奇妙な現象になる。

現代では、水素の発生・捕集・点火は中学・高校の理科実験で学ぶ。ただ水素ガスは点火する時、「ポン」と瞬間的に爆発するので、実験には十分注意が必要になる。キャベンデッシュは、英国の天才的科学者で、多分野で活躍した。金属球間の極微の引力（万有引力）を精密に測定、これと地球上の重力と比較して地球の重さを見積もったとされる。

原子の種類と水分子：原子（アトム）は最小の微粒子で、それ以上分割できないとされていた。そして原子は、次々に発見された。水素（H）、酸素（O）や炭素（C）などで、現在では百種を超える。他方、水の化学反応では、ゲイ・リュサックが、反応ガスを精密に測定した。そして気体が同温・同圧の場合、「反応ガスの体積比」は「水素：酸素：水蒸気＝2：1：2」になることを示した（1808年）。

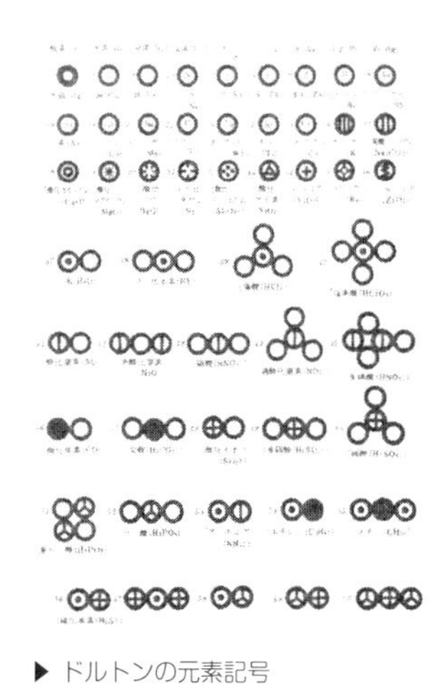

▶ ドルトンの元素記号

この結果は分かり易い整数比である。しかし、「ドルトンの原子論」では説明できなかった。この原子論では、原子は最小の微粒子で分割不可と仮定していた。この仮定と合わない実験結果の場合、無理に合わすと、さらに原子の分割が必要になり、原子論の根本仮定と矛盾した。つまり論理のつじつまが合わず、原子論が揺らいだ。

アボガドロの「分子仮説」の出現：原子論が揺らぐ中、矛盾の解明にもつながる「分子仮説」が出された。この内容は、「温度や圧力が一定の場合、気体は種類によらず、同一の微粒子（気体分子）を含む」である。この分子仮説は、気体の実験をよく説明した。しかしこの仮説は、50年間も認められなかった。当時、微粒子は原子に限られ、新しく分子の導入には抵抗が多かったらしい。また分子の証拠となると、実験や理論もなかった。

原子と分子は、どちらも微粒子ながらも異質だった。それが気体反応に現れていた。一般に気体反応では、原子の種類や個数など、物質は保存される。しかし、体積が「ドローン」と消える場合も起った。そのこと自体が、新しい微粒子－分子の誕生や存在の証拠だろう。しかし当時、分子仮説を支持する理論もなく、仮説はそのままにされた。

水の気体反応…水分子の出現：ゲイ・リュサックの「水の気体反応」の実験では、分子は原子の結合（化合）した微粒子とされる。水素ガスは、水素原子（H）2個の結合した水素分子（H_2）の集まりである。酸素ガスの酸素分子（O_2）は、酸素原子（O）2個で、水蒸気の水分子（H_2O）は、水素2原子と酸素1原子の化合物である。そうすると、水素ガスと酸素ガスから水蒸気（水分子の集団）ができる反応は、次の化学式や図で表される。水分子も出現する。

右の図では、□の囲いは気体の同一の体積を示す。○と●は、それぞれ水素原子と酸素原子である。分子は、それらの固まりの模様で示した。つまり水素分子はH_2（○○）、酸素分子はO_2（●●）、水分子はH_2O（○●○）である。左右で○と●の個数は不変（物質の保存）。しかし□は減る（体積は非保存）。体積、箱が消えるのは不思議だ。ここで、魔法のような「アボガドロの仮説」が現れた（1811年）。

水素分子			酸素分子		水分子		
$2H_2$		+	O_2	=	$2H_2O$		
○○	○○	+	●●	=	○●○	○●○	
□	□	+	□	=	□	□	?

アボガドロの分子仮説：この内容は「温度や圧力が一定の場合、気体は種類によらず、同一の微粒子（気体分子）を含む」のである。この仮説は、気体の実験をうまく説明するが、50年間も認められなかったという。原子と分子は微粒子ながら異質で、それが、気体反応に現れていた。分子の現れる気体反応では、原子の個数など、物質は保存されるが、体積が正確に「ドローン」と消える。体積が消えることが、新しい微粒子－分子の誕生や存在の証拠だった。しかし当時、分子仮説を支持する理論もなく、仮説のまま続いた。それでもアボガドロは、勤勉に仕事を続け、新発見もあったとされる。

▶ アヴォガドロ：「アヴォガドロの仮説」は分子の存在を示している。この仮説を使うと、見えない極微の分子に「こんにちは」だろう。しかしこの仮説には、「超魔法」の様な内容が含まれている。ものが突然に消え、何も痕跡がないのだ。

アボガドロの仮説は法則に：気体では、各種の気体で精密な実験が進み、仮設が検証されてきた。他方で、熱や熱力学の研究も発展した（7-4～6）。特にボルツマンによる「気体分子運動論」（1977年）は、アボガドロの分子仮説の明確なしじになった。仮説が出て以来50年以上たったが、19世紀後半には、仮設が法則として認められた。ミクロの世界では、実験の理論も、より厳密さが必要になるが、この検証を経ている。

「ミクロの世界」の解明：19世紀後半には、「ミクロの世界」の解明が進み、元素も約60種発見された。また分光学や電気分解などの発展で、諸元素の原子量や化学的性質が解明された。この研究はメンデレーエフ（ロ）の「周期律表」（1869年）に発展した。この周期の存在は予想外だった。この根拠を示したのは、20世紀の現代物理学－量子力学になる。

周期律表の予言：原子を原子番号順に並べると、化学的性質の周期、つまり似た性質の繰返しが発見された。メンデレーエフは、この表の欠けた部分から新元素を予言した。「原子の重さ68、比重6、融け易くさびにくい物質」などがある。そのうち、岩石から予言通りガリウム(Ga)やゲルマニウム(Ge)など、新元素が発見された。半導体などで重要な元素である。

▶ドミトリ・メンデレーエフ：ロシアの化学者。元素の周期律表を作成した。すでに発見されていた元素を並べ、周期的に性質を同じくした元素が現れることを確認し、発見されていなかった数々の元素の存在を予言した。

元素の周期律表：元素は万物の根源である。周期律表の縦並びは、同族元素で似た化学的性質を持つ。横並びの周期は、原子の電子配置にかかわり、解明は20世紀になった。元素は、メンデレーエフ以後も多数発見された。「ランタノイド」は希土類(レアアース)で、「ハイテク」で重要になっている。原子番号26番の鉄(Fe)までの軽い元素は、星の中心部での核融合でつくられ、Feは地殻に大量に存在する。原子番号92のウラン(U)より重い元素は自然にはほとんど存在しない。

地表に最も多い元素は、酸素である。水と大気、土や岩石の酸化ケイ素などに含まれる。鉄より重い元素は超新星の爆発によるとされる。超ウラン元素では、人工放射性元素が続く。20世紀になると、元素の周期律は、現代物理の量子力学で解明され、重要な原子番号や質量数とともに、周期律表に整理されてきた。今日では周期律表は化学分野をはじめ、かなり広く利用されている。

新元素「コペルニシウム(Cn)」：国際化学連合は、新しい「元素112番」に命名して、周期律表に加えた。コペルニクスの地動説に合わせた命名である。地動説では、太陽を中心に惑星が回るが、原子構造の解明も、「ボアーの原子模型」で開始された。この模型では、原子核を中心に電子が周りを取り巻く。

原子番号「113」は日本で発見：この新元素は理研グループが合成したものである。アジア初の命名権をえて、「ニホニウム(Nh)」が提案、決定された(2016年)。原子核を光速の10%に加速、ビスマス原子核に衝突させ、核融合させた。衝突回数は1兆の1億倍で、9年間で新元素を3回発見する。ミリ秒程度でα線を出し崩壊する。原子は、極微で、正面衝突は極めてまれな現象で、発見はさらに難しいとされる。

元素、原子と構造：物質の根源は元素とされる。また元素には、最小単位があり、原子(アトム)とよばれた。元素は水素(H)、酸素(O)や炭素(C)など多数発見され、元素の「周期律表」に整理された。これら原子もさらに分割され、微細な構造が発見された。中心は重い原子核で、陽子(プロトン、正電荷)と中性子(ニュートロン、電荷ゼロ)が核力で強く結合している。周りは、軽い電子(エレクトロン、負電荷)が取り巻く。

これら「電子・陽子・中性子」は、原子の構成要素で「素粒子」とよばれる。原子核の直径は約10^{-14}m、外側の電子軌道は直径約10^{-10}m、これが原子の大きさになる。原子核は、正電荷の陽子(プロトン)と電荷ゼロの中性子(ニュートロン)から構成されている。原子で一番簡単なのは水素原子で、原子核は、陽子1個、周りに電子1個がある。陽子の大きさは10^{-13}(10兆分の1)cm程度とされている。

原子番号と質量数：原子内の微粒子には決まった数があり、これで原子が指定されている。原子番号は、核内の陽子の数、また外側の電子数にも等しい。水素は1、炭素は6、酸素は8。これは原子の化学的性質も表す重要な数とされる。原子の質量は、原子核に集中しており、陽子と中性子による。この質量はほぼ同じで、原子の質量数は、「陽子と中性子」の合計数になる。原子には、陽子数は同じで、中性子数の異なるものもある。これは同位体で同位元素(アイソトープ)とよばれ不安定である。寿命などの測定に利用されるが、核汚染水のトリチウム除去は困難で、大問題で続いている。

第10話

水分子の「形と性質」…「強固な球」に魅惑の「二つ目」、連結した激しい運動

水の分割を続けると、何になるだろう？ 見えないが、非常に小さい水分子「一粒の水」になる。ではコップ一杯の水を約200㎤として、何回ぐらい分割すると水分子か？ まず10等分すると20㎤。それをまた10等分すると2㎤…。10等分を20数回続けると、水分子に到達するはず。しかし回数を重ねると、水の量が急速に少なくなる。スプーンなどでは、数回しか分割できない。

ところが自然はうまくできている。水は、温度が上ると自然に分割され、水蒸気ー水分子となって飛び回る。コップ一杯には、水分子が10^{24}個(1の後に0が24個)ほど入っている。莫大な数なので、いちいち数えらない。水分子は極微で、個数は巨大である。この水分子は、どんな形や性質だろう？

10-1　水分子：H_2Oとは？…　極微の「強固な球」！

極微の水分子の研究は、長い歴史を持つ。20世紀では物理や化学の進展とともに、微細に解明された。特に分子の内部構造では、原子物理の発展によるところが

多い。これで原子・分子の構造が分かってきた。実験ではマイクロ波、赤外線、X線などで調べられた。水分子は、水素と酸素原子の化合物で、それぞれの外殻電子の化学反応により、強固に結合している。しかし、化合では、原子核は変化しない。

水分子は「一粒の水」「単純で強固」：水分子は1個の酸素原子(O)と2個の水素原子(H)の化合物である。分子の中では、原子数の少ない、比較的に単純な球形分子である。化学式はH_2O、構造式はH－O－H。ここで(－)は酸素と水素間の「共有結合」で非常に強固である。ダイヤモンド並みで、分子の骨格や形を決めている。水分子全体を覆う電子雲はほぼ球形で、大きさは約10^{-8}（1億分の1）cmである。これが水分子の大きさや形とされる。原子・分子の構造や共有結合は、引き続き取上げる。

水分子は強固「火に強い」：水分子は小さい「固い球」だ。火にも強く、消火に使われる。この強固さは、水素原子と酸素原子の共有結合による。通常、水は大きさや形を自由に変え柔軟である。物にあたると細かく飛び散る。「水は固い」とはいわないが、それは、身近な水の滑らかな動きからだろう。1個の水分子は、強固で容易には壊れない。強い火にも殆んど分解しない。

水の「強い研磨力」：超高圧の水の噴射は、厚いガラスや金属板も自由に切断できる。柔らかいもの、キャベツや寿司でも、形を壊さないで正確に切れる。「雨だれ」も、歳月を重ねれば強固な石に穴を彫る。水は、歯の洗浄やコンクリートの壁、水道管の洗浄などでよく使われる。水分子の固さは、金属を上まわる。ダイアモンドは、最高硬度とされるが、水もダイアモンドのカッターやペースト並で、強力な切断・研磨力を持つ。なおダイアモンドは、炭素が主成分で、炭と同様な物質である。空中では、燃えて炭酸ガスになるが、酸素がない場合は、水と同様に熱にも強い。ダイアモンドは共有結合の構造である。

ダイヤモンド構造：説明追加。この構造は水分子での「正四面体配置」に類似。

10-2　強固な水分子と柔軟な水集団…回る「二つ目」「手足」も踊る！

水分子は、強固で柔軟。よく動き、万物と相互作用する。どこでもいつでも「こんにちは」だろう。しかし通常、強固なものは柔軟性に欠ける。水は「強固で柔軟」で、不思議だ。そこで水分子を詳しく見る。まず水分子(H－O－H)の形は、直線状ではなく、約105度の角度で曲がっている。また水分子をとり巻く電子雲は、球形から少しずれ、2つの丸い盛り上がりがあり、奥に水素の原子核、陽子がある。

この水分子を戯画化すると、強固な球形分子でチャーミングな「二つ目」。この「目」は殆んど動かない。しかし水分子は、双極性で電気作用が強い。このため水分子間が近づくと「二つ目」が「クルクル」動き出す。さらに、水分子の集団では、不思議な「水素結合」が現れ、無限に連結する。これで水は「強固で柔軟」、自由自在になり、生命も支えて活動する。「いのちの源」も出現する。

水分子は双極性で電気活性「電気分極」：水分子は、水素と酸素ガスの化合で発生する。この反応で、負電荷の電子が水素から酸素側に移動する。これで水分子の電荷分布は、水素側が正（+）、酸素側が負電荷（−）に偏る。このような分子は、「双極性分子」とよばれ、電気的に活性である。電場がかかると「二つ目」が反応して分子が回転し、全体として電場の方向に並ぶ。つまり電場方向に水分子が整列する。これは「電気分極」といわれ、分極作用は誘電性ともいう。

電気分極：電気の「オン・オフ」や電気エネルギーの「出し入れ」に関係する。特に水分子は極微の双極性分子で、微細なすき間にも入り、電気作用を微調整する。また水分子が集団になると、不思議な「水素結合」が出現、水分子は「強く弱く」柔軟に連結する。これで水は、多様な性質を持つことになる。「水と電気」の関係の一まとめは**第14話**。

不思議な「水素結合」の出現：水分子は強固だが、双極性のため電気的活性で、他物質に接近すると「二つ目」が激しく動く。「二つ目」の奥の陽子（プロトン）は水素の原子核で、素粒子である。また正電荷なので、負電荷の酸素に向けて動き易い。正負の電荷が引き合う「クーロンの電気力」である。この働きで、水分子の酸素間が連結される。結局、水分子間は柔軟で、網状につながる。これは、「水素結合（網）」とよばれる。不思議な水素結合の出現で、「一粒の水」から「無限の水」集団が誕生する。この網で、水は「強固で柔軟」「大きく小さく」、自由自在、万能性で、生命も支えている。

水の相転移「三態の変化」：水素結合の出現で、水は、「大きく小さく」「強固で柔軟」、自由自在である。さらに「三態の変化」で変幻自在である。この変化は、水分子多数の協力現象で、「相転移」とよばれる。水素結合は水分子間の化学結合で、原子間の化合より弱い。しかし、陽子の位置で「強く弱く」、柔軟、極めて不思議な結合である。強固のみでは、動きにくい。柔軟のみでは形が崩れる。

水分子は両方の性質で補い、緑の自然を作り、生命も支えている。気体の水蒸気では、水素結合はゼロになる。液体の水では、水素結合の強さはいろいろで、滑らかに変形する。固体の氷では、強い水素結合で、石のような結晶になる。水はこの「三態の変化」を繰り返し、大気とともに地球を循環し、環境を調整する。

水の万能性「矛盾の統一」：「小さく強固」は、水分子固有の性質である。「大きく柔軟」は、水素結合の柔軟性と無限の連結による。強い時は氷のように、弱い時は自由に離脱する。水分子の強固な共有結合の主役は、電子である、水素結合では陽子である。どちらも素粒子だが、電荷や質量、性質は異なる。水分子では、それらの素粒子が前面で補い合い、微細に働く。身近な水は、水分子の単なる寄せ集めではない。連結して柔軟に働いている。

水分子の「二つ目」は電気作用で、「クルクル」敏感に動く。出入りして、水分子間を柔軟に連結、手足の役割も果している。しかも、動きは超高速である。結合状況は、頻繁に変わる。よく動き、よく踊る。水分子の「目・手・足」はよく動き回り、生命も支えている。身近な水は、自由自在、「強固で柔軟」「単純で複雑である」。水は、矛盾した性質を統一した、極めて不思議な物質である。その大もとは、水素結合網になるだろう。

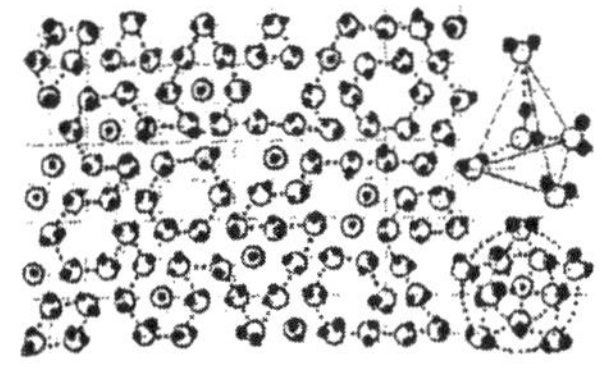

▶ 水分子の「激しい踊り」：図の右上は水分子の結合の基本形（平均）で、「正四面体構造」といわれる。この頂点と中心（重心）に水分子があり、水素結合でつながっている。この正四面体をつなぐと、右下の糸設構造や模様も現れる。これは球状の正二十面体である。ギリシャの昔では、元素の水を表す形とされている。通常、球は自由自在に動きやすい。左の平面図は水素結合網の一断面である。この水素結合を１個１個変えると三角、四角、五角や星型、円、渦巻や雪の六角形や花など、無限の形が現れるだろう。身近な水では、この様な構造が超高速で生成・消滅している。この複雑さ・多様性は「科学の難問」「世界の不思議」とされている。

踊る「水分子の集団」：水分子は擬人化すると、丸くてチャーミングな「二つ目」である。目は「クルクル」動き、「手足」にもなる。仲間と一緒に、まず二拍子「イチ・ニ　イチ・ニ」、次いで三拍子「イチ・ニ・サン、イチ・ニ・サン」、その他、さまざまな調子で手をたたき、スッテップ踏みふみ、踊るだろう。しかし「水分子の踊り」は超高速、見えない「ミクロの世界」になる。

水分子の振動・回転：電気作用は見えないので、分かりにくい。電荷、電場、電気力、電気分極や電磁波…。どれも大切な働きで、現代生活の隅々まで及んでいる。水分子の双極性では、マイクロ波や赤外線の放射・吸収がある。水分子は電場がかかると、伸縮やよじれなど高速の振動・回転が強まる。水分子の回転・振動のエネルギー状態は間隔せまく詰まり、その状態間の励起が、丁度マイクロ波や赤外線の振動数で起こる。水分子は、強固でほとんど形を変えない。しかし電磁波で揺さぶられると、微細な振動・回転が強まる。

「電子レンジ」の加熱：マイクロ波加熱を利用した料理器である。照射したマイクロ波が食べもの内部まで侵入し、個々の水分子を直接揺さぶり、温める。通常の加熱料理では、食べものは熱伝導で外部から「ジワジワ」温められている。この場合、熱は種々の分子の振動や熱伝導で伝わる。しかし電子レンジでは、電磁波が水を直接加熱して、励起の熱振動は異なる。それぞれ料理の工夫も必要になる。

水は万物を潤す：水分子は水素結合で連結して、「大きく小さく」自由自在である。多数の水分子は相互作用、協力現象で「三態の変化」を起す。この変化を続けながら、大気とともに地球を巡り、自然を整え、生物の活動も支えている。さらに、水は他物質と相互作用が強く、新しい「水和構造」「水の衣」「水のカゴ」も作るとされる。この構造は、栄養分の輸送など、生命活動に不可欠とされる。水は「いのちの源」であるが、これは栄養分など、安全輸送を含んでいる。なお原子・分子の構造は**第11話**。水素結合は**第11、12話**。

10-3　水は「踊り世界一」！…歌「むすんでひらいて」「森の小人」「兎のダンス」

水分子は、よく動きよく働く。これは「大きく小さく」「速く遅く」、柔軟で滑らかな「無限の踊り」だろう。この大もとは「水素結合」で、超高速で切り替えられている。子どもの楽しい歌や踊りにも、いろいろの形やリズムがある。ただ人間は水分子と大きさがケタ違い、超高速の踊りは真似られない。「ミクロとマクロ」の世界の差になる。

歌はいろいろ、手足も踊る！

〈むすんでひらいて〉：作詞者不詳／ルソー作曲：「むすんで　ひらいて　手を打って　むすんで　またひらいて　手を打って　その手を上に　むすんで　ひらいて　手を打って　むすんで…」。

〈靴が鳴る〉：清水かつら作詞／弘田龍太郎作曲：「お手つないで　野道を行けば　みんな加愛い小鳥になって　唄をうたえば　靴が鳴る…花をつんでは　お頭にさせば　みんな可愛いうさぎになって　はねて躍れば　靴が鳴る…」。

〈幸せなら手をたたこう〉：きむらりひと作詞／スペイン民謡：「幸せなら　手をたたこう　幸せなら　手をたたこう　幸せなら態度でしめそうよ　ほらみんなで手をたたこう　幸せなら足ならそう…　幸せなら肩たたこう…」。

〈森の小人〉：玉木登美夫・山川清作詞／山本雅之作曲：「森の木陰で　ドンジャラホイ　シャンシャン　手拍子足拍子　太鼓たたいて笛ふいて　今夜はお祭夢の国　小人さんがそろって…　ア　ホイョドンジャラホイ　おつむふりふり

ドンジャラホイ　かわいいお手手で　踊り出す　三角帽子に　赤い靴　お月さんにこにこ森の中…お手手つないで…　ピョンピョン　はねはね…」。

〈兎のダンス〉：野口雨情作詞／中山晋平作曲：「ソソラ　ソラ　ソラ　兎のダンス　タラッタラッタラッタ　ラッタ…　脚で蹴り蹴り　ピョッコ　ピョッコ踊る　耳に鉢巻　ラッタ　ラッタ　ラッタ　ラ…とんで　跳ね跳ね　ピョッコピョッコ　踊る…」。

〈相馬盆唄〉民謡：「ハー今年や　豊年だよ　ハーコリャコリャ　穂に穂が咲いてよ　ハー道の小草にも　アレッサヨー　花が咲くよー　ドンドンカラカッカ（太鼓の音が響く）」。

「自然・子ども・リズム」の発見：この発見では、フランスの思想家ルソーがあげられている。歌「むすんでひらいて」の作曲、ビバルディー作曲「四季」の編曲もあるという。「むすんで…」では、子どもと大人が 手をとり合い、リズムに乗って楽しく元気に手を動かす。昔の「わらべうた」「数え歌」「はないちもんめ」「ひらいたひらいた」なども、似た雰囲気やリズムがある。単純ながら、何か楽しい「元気のもと」が伝わる。

ルソー「子どもの発見者」：18世紀のフランスの思想家、フランス革命にも影響したとみなされている。「人間の自然性」「自然の成長力」に信頼をおき、知性とともに情操を重視した。また自然や原理に立ち返ることを説いた。さらに子どもの人格・自由を尊重する立場で発達段階に応じた教育を主張し「子どもの発見者」といわれる。著書「エミール」では「理性、判断力は歩いてくるが、偏見は群れをなして走ってくる」という。明治の思想家・中江兆民も、フランス留学でルソーの自由や人権思想を学んだとされる。この「子どもの発見」は、国連の「子どもの権利条約」にも生かされている(1-2)。

▶ ルソー

子どもの「知・情・意」の発展：ルソー曲「むすんでひらいて」は、理屈ぬきに子どもや大人にも分かる。自然ととけあい、流れに乗ってわき出したのだろう。人間と自然の共生は、ますます大切になっている。「知・情・意」は、全部が大切、バランスが理想だろう。これら三文字のつく言葉は多い。「知識」「知能」「情操」「情熱」「意識」「意思」…、これらは五感では分かり難いが、どれも大切である。またルソーは民謡が好きで、きれいな声で歌い、オペラ曲も作ったという。ハーモニカの音符「１、２、３…」で示す音符も発明したらしい。

昔の「わらべうた」も大切：現代に続いている。「はないちもんめ」「かごめかごめ」「ひらいたひらいた」「うさぎ」「とおりゃんせ」などいろいろだ。近年「わらべうた」が保育や幼児教育で重視されてきたらしい。歌いながら遊ぶ。触れて遊ぶ。子ども同士や親子の間でリズムや音を感じ合うのは、コミュニケイションに役立つという。子どもと大人も、相互関係や調和が大切である。楽しく遊んで、踊って進むのは、いいことだ。水分子「一粒の水」も、多様な踊りや運動で、生命をつなぎ支えているだろう。

「こんにちは」赤ちゃん「手形と足形」：赤ちゃんは「まるまる元気」「水で生きいき」。赤ちゃんの頑張りと「こんにちは赤ちゃん」の歌は**1-2**。赤ちゃんの「手形と足形」は小さいが、この「手と足」は、やがて「むすんでひらいて」「はねて踊れば」と動きだす。そして「みんなで手をたたこう」「シャンシャン手拍子足拍子」「ラッタ　ラッタ」と、「森の小人」や「兎のダンス」も楽しむだろう。

赤ちゃんと積み木：遊びながら三角、四角や立体の理解も進む。立体「タテ・ヨコ・タカサ」は「1次・2次・3次元」の世界。赤ちゃんは元気で「イチ　ニィ　サン」と飛躍する。その内、経験や知識も積み、時間を含めた「4次元の世界」で活動する。それぞれ大飛躍で「1・2・3」と順々になる。

「哲学者と赤ちゃん」の前進：フランスの哲学者デカルトは、「7色の虹」の解明や幾何学などで有名で、「近代科学の開祖」とされる。真理を探して万物を疑ったが、まず出発点で「我考える故に我あり」と、自己の存在を確かめて前進した。この考えに到達は10年がかりという。漱石の小説「我輩は猫である」での話ながら…。

他方で、赤ちゃんも「手振り足振り」で頑張る。そして、五感で周辺を知り成長する。泣いたり笑ったりする。人はそれぞれに、周辺に関心を持ち、相互に交流する。そして自他の「存在と関係」を知り、活動を広げるだろう。赤ちゃんと哲学者も、未知の領域では、同様な振舞で前進するようだ。

広がる「歌と踊り」：歌や踊りは多い。各地の学校では遊戯やダンス、バレーやいろいろの踊りがある。大きな踊りでは、徳島県の「阿波踊り」がある。笛、太鼓、鉦のリズムに乗り「踊る阿呆に見る阿呆　同じ阿呆なら　オドラニャソンソン」と歌う。上手な人は「水の流れ」「空気の調べ」のように踊るという。「水や空気」は踊りや歌の先生らしい。

山陰の「安来節」では、どじょうも踊る。「スルスルヌルヌル」の先生だろう。全国各地で、お祭りや盆踊りは多い。無形文化財もある。「五穀豊穣」「海の大漁」では、笛や太鼓も盛り上がる。「歌と踊り」は、収穫などの喜びと苦労、そのひと区切り、そして何よりも未来に期待して、盛り上り、広がったのだろう。

球形の「水分子・手まり・サッカーボール」：水分子は球形分子で、微小な水玉は球の代表である。手まりや球の表面には３角、４角、６角、それに５角形も現れる。特に球面には５角形の模様が現れる。球を正多角形ですき間少なく包むには、五角形も必要とされる。円や球、三角や四角などの図形は、自然を理解する基礎になる。

手まりの伝統：加賀市の真道寺（手まり寺）、伝統模様「アサ（ヒシ形）」「トモエ（５角や星形）」「マンジ（卍、タイヨウ）」が受継がれている。手まりには子の成長を願う母の思いが込められ、おばあさんも出番である。童謡「てんてんてまり…」も歌われた。球技では、平安時代の「蹴鞠」、現代は大小の球技。運動会の「玉転がし」もある。

球は「調和の形」だが…：古代ギリシャの哲学者プラトンは、「調和」や「真・善・美」を重視して、正多面体を自然の調和の形とした。水は、「正二十面体」とされる。これは球に近く、水分子や集団（塊）の模型と似ている。水の柔軟性や水玉からの推定だろう。

球は稠密構造で、「ギッシリ」詰まり、「コロコロ」動く。三角形とともに円や球は、自然の中に、どこでも現れる。そして、自然の理解の基本とされている。特に、子ども達は、楽しく遊び、図形に親しむ中で、図形の知識も積上げているのだろう。なお円や球は調和の形ながら、細かく見ると調和で終わらない。無理数や円周率πを含み、無限に続く内容を含む。

「二つ目」の遮光器土偶：青森県の七里長浜や亀ヶ岡遺跡などで出土した「遮光器土偶」。縄文時代晩期の女性像とされる。特徴は、顔の半分ぐらいの巨大な目。宇宙飛行士のかけるスノー・ゴーグルのようで、目の真ん中にはほぼ水平の直線がある。大きな目を細くあけたのか、ただの飾りか？ 腕や足も丸くて大きい。キューピーさんやダイコンにも似ている。「宇宙人の雪めがね」「謎のほほえみ」ともいわれる。

古代では、貴重な野菜のダイコンで、女性をほめたたえたかも知れない。この土偶は、東北から北陸・関東・近畿まで分布する。それだけ広がる願望や価値があったのだろう。土偶の目は水分子の大きな「二つ目」とも重なる。静かに寝ているようで、何かよく動く雰囲気もある。多くの可能性を持つだろう。

縄文土偶：縄文人は健康や自然の豊かさを祈り、「遮光器土偶」「火焔土器」などで、各地で勢を示した。また、山形県の最上川沿いは、天然ブナ林の「縄文王国」

とされた。ここにも国宝の土偶「縄文の女神」がある（山形県立博物館蔵）。縄は、農作業、神社や相撲の「しめ縄」、日常の荷作りなど、用途は多い。「よじる」「回転」で、縄は強く締めやすくなる。「縄（文）」は工芸の新発見・大革新だろう（2-2）。なお最上川河口は、「白鳥飛来日本一」「音の風景」百選になっている。

▶何を語る？ 大きな「二つ目」：宮城県恵比須田出土の遮光器土偶。国重要文化財で東京博物館蔵。土偶は王冠をかぶっている。静かな「二つ目」には活力と安らぎ、健康や五穀豊穣の願いもあっただろう。水分子は「二つ目」「強固で柔軟」。どこか土偶とにた雰囲気がある。遮光器土偶はかなり多く発掘されている。

10-4　自然数「0、1、2、3…」「魅惑の二つ目」数は何を語る？

数には、「0、1、2、3…」という自然数（整数）があり、奇数と偶数が交互に現れる。これら整数から作られる数は、分数を含み有理数といわれる。このほか無限に続く無理数があり、三角定規にも現れる。さらに実数でない虚数もある。実例は示せないが、「ミクロの世界」では頻繁に現れる。数は単に「数、かず」に留まらず、特徴や意味がある。数は抽象的で難しいが、具体的なものと合せて考えると、分かり易くなる。

数「0」：「ゼロの発見」は6世紀頃、インドでの発見とされる。中南米インカも、数の歴史は古いらしい。ゼロは何もない「空虚」「真空」とされる。真の「無」なら無視してもよいが、それは大混乱になる。「有無」の区別も計算もできない。コンピュータも「ある」「ない」を「1」「0」で区別し「2進法」で計算している。まず「ゼロ」は日常生活で大切で、物事の原点や基準とされる。

数「1」：「ものごとのはじまりの数」とされる。第一歩から「1・2・3…」と積み上げると大変な蓄積。一点に無限のものも集められる。一個の針穴の写真機でも田園風景が写る。一茶も、「うつくしや障子の穴の天の川」と、広い展望を詠った。しかし、一点に集中し過ぎると、どこから来た光か区別し難くなる。音や画にもならない。

数「2」：「生きもののはじまりの数」ともいわれる。数「2」になると、新しい情報が入る。人は「二つ目」。奇数と偶数が交互に現れる。これで距離が分かる。いわゆる「三角測量」ができる。さらに「2」には「疑い」「不和「矛盾」「対立」なども含まれる。文豪ゲーテは「2」は天地創造で生まれた数」と語った。中国の老子は「陰陽の二元」を重視した。草木の一つ芽から双葉も出る。「二本足」「二拍子」の調子もある。江戸時代の俳人ステ女は６歳で「雪の朝二の字二の字は下駄の跡」と詠んだという。赤ちゃんは「ヨチヨチ」歩きはじめ、活動や世界が広がる。

数「３」：「安定、調和、多様な発展の数」とされる。三点を直線で結ぶと三角形が、基礎の平面図形が現れる。３本足は椅子も安定。絵画には３原色、音楽も三拍子のワルツ軽快に流れる。人間が住むのは「タテ・ヨコ・タカサ」の三次元の世界。時間が加わると４次元になる。草木にも三つ葉や露草の花びらもある。ギリシャの哲学者プラトンの理想「真・善・美」、宗教の「三宝」「三位一体」もある。

数「４」：「物質的秩序の数」といわれる。四角、４面体、四則算、東西南北「四方向」「四本足」「四天王」「四重奏」「四拍子」、万物の根源「四元素」…秩序や安全の構造だろう、菜の花などは、「十字花」植物である。アジサイ、モクセイ、ドクダミ…柿の花も４枚だ。

数「５」：「生命と愛の数」といわれる。５＝２＋３。偶数と奇数でつくられる最初の数。人間の五感に関係する「生命と愛の数」とされる、手足も５本指である。植物では「構造の数」という。花びらは、５枚は多い。梅、桃、梨、リンゴ、みかん、柚子、スモモ、杏、イチゴ、キュウリ、スイカ、ヒョウタン、ジャガイモ、ツツジ、アサガオ、スミレ、キキョウ…正五角形はギリシャの昔から輝いていただろう。球面には、サッカーボールや毬の模様、人工化学物質「フラーレンＣ60」などのように、正五角形が出る。

数「６」：「被造世界の完全数」。６の約数の和と積はどちらも６になり「完全数」といわれる。平面図形の点は１点、直線は２点、三角形は３点で決められる。立方体は６面の正方形で閉じられている。六大地蔵もある。蜂の巣も六角形。有機化学で重要なベンゼンは６角形の分子構造。

▶ ベンゼンの構造式とその戯画

数「７」：「魅惑の数」である。「知恵の柱」「ラッキーセブン」といわれる。太古から、人間を魅惑してきた数とされる。一週間は７日、休みの日曜もある。

数「８」：８分割など分割しやすい。ドーム作りなどにも利用される。「吉兆の数」とされる。「八重桜」は華やかだ。タコは８本足で柔軟で強い。仏教では、「八正道」「八種の徳」を説く。

数「９」：「さまざまな意味を持つ数」。苦難をあらわし歓喜にも近づくという。９は３の２乗で「完全な10」に近い数である。ベートーベンの「第九交響曲」の合唱も、苦難から歓喜に向かって、毎年歌われてきた。

数「10」：「完成と完全を表す数」とされる。多くの文明で、標準的記数法で10

進法がとられている。これは指折り数える習慣によるとされる。最初の自然数の４までの和は10。また「１・２・３・４…」と、上から下に順に円を並べると、正三角形ができる。

整数の構造：数は「１」を積み重ねると、全部出る。他方で、「素数」の掛け算でも、整数全部出るとされる。しかし、素数の出る規則はわからず、「神秘的な数」といわれる。素数は、自しんと１以外に約数を持たない数である。俳句や短歌は、句全部が素数でリズムもあり、相互に伝わり易いだろう。特に俳句は入り易く、世界に広がっている。

第11話

自然界のさまざまな物質…「身近な水」は世界の難問！

自然には、空気、水、草や木、土や石、さまざまな物質があり、多様な性質や働きをするのだろう。水では、三態「気体・液体・固体」の変化も、日常身近に見られる。生きものの活動も、自然の中で、多様な交流や共生で進んでいる。これらの物は、微細に分割を続けると、極微の分子・原子になる。逆にいえば、物質は、これら微粒子で組み立てられている。

現代では、原子は水素(H)酸素(O)窒素(N)炭素(C)など、百種以上も知られている。分子は原子からなり、種類は極めて多い。物質はこれらの原子・分子の組み合わせと結合で、多種多様な性質を現す。物質の分別法も、原子の種類と構造により「結晶と非晶質」「金属と非金属」などがある。原子が千、万個と連結する化合物は「高分子」とよばれる。生物体は、ほとんど高分子で作られている。

11-1　物質のいろいろな形態…分子・高分子・結晶・アモルファス固体

複数の原子の結合（化合）で分子が作られる。水素分子(H_2)、酸素分子(O_2)、窒素(N_2)や水分子(H_2O)など。これらは気体のガスで、気体状態では、分子は１個１個「バラバラ」である。衝突しながら、殆んど自由に高速で飛んでいる。空気は、主に酸素と窒素ガスの混合気体である。水分子の水蒸気や炭酸ガス（二酸化炭素：CO_2）も、少量含まれている。「液体や固体」では、自由な気体と異なり、原子や分子は高密度で詰まっている。したがって、圧力を加えた場合も、体積はほとんど変化しない。物質の構造では、まず結晶は、規則的な格子構造を持ち強固である。

物質の三態変化「相転移」：三態とは、「気体・液体・固体」のことである。この変化は、多数の原子・分子の協力現象で、「相転移」とよばれる。この変化で状態（構造や物性）が激変する。科学では、この相転移は原子や分子の結合状況、相互作用などで解明されている。水は身近な物質だが、三態変化は特異である。人間が体験する温度範囲で、三態変化全部が現れるのは、水以外にない。この変化は、生命や地球環境の維持に不可欠、この特異性は水分子間の柔軟な相互作用－「水素結合」による。

固体の結晶：原子・分子の結合や並び方では、まず固体の結晶がある。この特徴は、原子・分子が規則的に格子状に並ぶことである。結晶は食塩をはじめ鉱物、金属、半導体や高分子などにも広く存在する。水晶やダイアモンドなどの宝石もある。また、氷や雪は水分子の結晶で有名である。

▶水晶は二酸化ケイ素（SiO_2）が結晶できた鉱物。結晶度が高く、石水晶（クリスタル）と呼ばれ、玻璃（はり）と呼ばれて珍重た。

「結晶と非晶質」：氷や食塩は、周期的格子の結晶である。ガラス、金平糖や氷砂糖などは、配列が不規則で柔軟、アモルファス（非晶質）といわれる。氷は結晶であるが、柔軟なアモルファス氷もある。さらに固体には、周期性はないが対称性のある「準結晶」もあり、固体の「第３の状態」といわれる。これは５角形の面を持つ球形構造で、フラーレン（C_{60}）なども発見された。

ガラスは固体？ 液体？：ガラスは硬く、固体に見える。しかし通常、個体は結晶のように、原子や分子が規則的に並んでいる。しかし、ガラスは、乱雑で液体の構造である。「動きが凍結した液体」といわれる。ガラスは、個体ともいえるが、液体ともいえる。また、どちらともいえない。結晶化する物質とガラスになる物質の差は何か？ これはまだ、未解決の不思議さなのである。物理学会の「物理学70の不思議」に取り上げられている。

ガラスは「強固で柔軟」：ガラスは昔から研究され、利用されてきた。強固で柔軟なので、ガラス細工、容器、実験器具や多彩な美術品も作られた。昔から、ガラスは不思議で、貴重品だった。研究では、ガラス転移や比熱の異常などは知られていた。しかし、構造変化は極微で、測定も理論も難しくなる。水には、アモルファス氷もあり、通常の「三態変化」以外に、相転移がある。ガラスと氷は、「強固で柔軟」では、よく似ている。

高分子の柔軟性：高分子は、炭素、水素、酸素や窒素原子などが多数連結している。分子量１万程度以上の化合物で、種類は非常に多い。糖類の炭水化物、脂肪や蛋白質などの生体高分子がある。ゴム、ポリエチレンや各種のプラスチックなどの人工化学物質も多い。高分子には、典型的な三態とは異なる柔軟性がある。古くは、天然ゴムからはじまり、各種プラスチック、樹脂膜など広範に実用化された。高分子は、原子が多数連結して、内部に伸縮や回転の自由度を持つ。そのため柔軟性を持つ。

生物の「糖分と蛋白質」：動植物の構成物質の多くは、高分子である。植物の主成分は、糖類（細胞膜や繊維のセルローズ、穀物のデンプンなど）である。これは、植物の緑の威力「光合成」で生産される。つまり、植物は日光の下、身近な水（H_2O）と二酸化炭素（CO_2）を原料に、糖類を生産して、自力で成長・形成する（第23話）。他方で、動物は、筋肉をはじめ蛋白質が主成分である。これは、窒素を含む高分子で、「万能素材」といわれる。この窒素分の大もとは、大気中の窒素ガス（N_2）だが、アンモニア（NH_3）の形で取り入れられる。この「窒素同化作用」は、マメ科植物による。

鎖状高分子のノーベル賞：鎖状高分子には、糖分のデンプン、植物繊維のセルローズや生糸の繊維状たんぱく質もある。これらは、「衣・食・住」で身近である。鎖構造は、基本分子の重合で作られ、何万も同じ形で連結する。この化学的性質は、基本分子とそう変わらないが、物理的には柔軟性など大きく変わる。この概略は知られていたが「鎖状構造」を提起したのは、シュタウディンガー（独）である。セルローズなどは、X線回折で証明もされて、ノーベル化学賞受賞（1953年）に輝いた。研究は、「鎖状分子化合物の研究」とされる。

「世界結晶年」「極微の構造解析」：近代結晶学から百年、国連は「世界結晶年」（2014年）と定め、記念した。まず、レントゲンがX線を発見し、第1回ノーベル物理学賞を受賞した（1901年）。X線は、電磁波で原子間程度の短波長である。危険だが、医療のX線写真にも利用された。ラウエやブラッグは、X線回折法でノーベル物理学賞を受賞した（1914、15年）。

これらを経て、近代結晶学が構築された。日本では、寺田虎彦博士が先端を開いた。さらに電子線では、デビソンとジャーマー、G・トムソンが、波動性を実証して物理学賞受賞した（1937年）。デバイも、X線・電子線構造解析で、ノーベル化学賞受賞した（1936年）。その後、電子顕微鏡が発展、近年では、筑波の高エネルギー研や兵庫県の「スプリング8」など、放射光での構造解析や微量分析が発展した。細菌などの構造は、光学顕微鏡で観察される。

しかし原子・分子レベルでは、X線、電子線や放射光による極微の構造解析になる。この精密構造解析は、複雑な蛋白質分子などで、大きく発展している。

11-2　原子・分子の構造…電子・陽子・中性子の話

物質の構造や性質を決める大もとは、原子や分子である。その大きさは、原子が10^{-10}m、分子が10^{-9}m程度である。それらが相互作用で結合し、結晶などさまざまな物質ができる。まず「原子の構造」は、原子核（しん）と周りの電子からなる。原子核は大きさ10^{-15}m程度、重い素粒子の「陽子と中性子」で、構成されている。この素粒子は、ほぼ同質量で、電荷はそれぞれ正（+）とゼロ（0）である。大きさは、10^{-15}m程度とされる。電子は、軽い素粒子で電荷は負（–）である。質量は、陽子の約1800分の1で、原子の質量は原子核に集中している。

初期の原子構造：19世紀末には、トムソンの「電子の発見」があり、その後、ミリカンの「電子の電荷」の測定、ラザフォードの「陽子の発見」、チャドウィックの「中性子の発見」があった。すべてノーベル物理学賞を受賞した。中性子の存在の予言はラザフォードで、発見はチャドウィック（英）である。結局、原子（アトム）は、原子核と周りの電子（エレクトロン）からなり、原子核は、陽子（プロトン）と中性子（ニュートロン）が強く結合している。この結合は核力による。

▶ ヨゼフ・ジョン・トムソン（J・J トムソン）

初期の原子構造では、太陽系に似た「土星型の長岡模型」も出された。中心の太陽が原子核、その周りの惑星が電子にあたる。しかし、天体と原子は大きさや運動はケタ違いで、運動法則も異なった。惑星の場合、運動は古典力学で計算されるが、「原子の世界」の解明は、現代物理を必要とした。

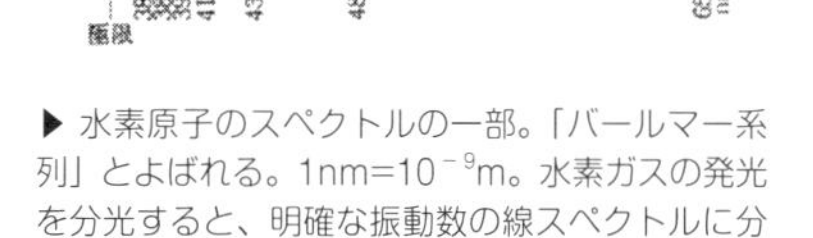

▶ 水素原子のスペクトルの一部。「バールマー系列」とよばれる。1nm=10^{-9}m。水素ガスの発光を分光すると、明確な振動数の線スペクトルに分かれるのである。数値は光の波長を示す。

原子の種類：原子の種類は多いが、基本の構成要素は、3種の素粒子「電子・陽子・中性子」である。原子の種類は、現在百十数種発見されている。水素原子（H）は、最も単純な原子である。原子核の陽子1個と周りの電子1個からなる。水素原子は活性が強く、2個が化合して水素分子（H_2水素ガス）になる。ヘリウム（He）は、原子核に陽子2個と中性子2個、周りに2個の電子がある。Heは、安定した「不活性ガス」である。原子番号は、原子核の陽子数、外殻の電子数と同数。原子の化学的性質を示す重要な番号である。「原子の構成」は11-2。

原子・分子の質量：原子の質量は、原子核に集中している。陽子と中性子の質量はほぼ等しく、原子の質量単位とされる。電子は、軽く、陽子や中性子の約1800分の１である。質量数は、陽子と中性子の合計数で、原子の質量を表す。水素原子は陽子１なので、質量数は１。分子の質量数は、構成原子の質量数の和である。水素分子（H_2）は陽子を２個含み、質量数は２である。水分子（H_2O）は質量数18（酸素原子は16、水素原子２個は2）である。

通常、原子の陽子と電子は同数で、全体の電荷はゼロである。つまり原子は、電気的中性である。原子核の陽子と中性子の数は、原子の種類で、それぞれ一定の個数に決まっている。なお､原子番号は､原子核の陽子と同数である。

シュレディンガー方程式

$$\left[-\frac{1}{2m}\left(\frac{h}{2\pi}\right)^2\Delta+V\right]\psi = i\frac{h}{2\pi}\frac{\partial\psi}{\partial t}$$

ψ：物質の状態を表す波動関数

$$\Delta \equiv \frac{\partial^2}{\partial x^2}+\frac{\partial^2}{\partial y^2}+\frac{\partial^2}{\partial z^2}$$

ラプラシアンとよばれる微分演算子（作用素）

m：質量　h：プランク定数

$i=\sqrt{-1}$（虚数単位）

π：円周率

V：位置のエネルギー

$\frac{\partial}{\partial t}$：時間の微分記号

▶ シュレディンガー方程式：量子力学における純粋状態の時間発展を記述する方程式である。

原子の「電子雲」：原子は、原子核と周りの電子で構成されている。初期の原子構造モデルは、太陽系のように、原子核の周りを電子が回ると考えられた。しかしその後、量子力学の形成で、考え方は変わった。平均的には、電子軌道と見えるが、電子の位置・速度を正確に示すものではない。原子核の周りの電子分布を示し､「電子雲」といわれる。

電子の軌道と配置：量子力学の計算によると、原子核の周には何種類か許容される軌道（電子雲）があり、殻のように分れている。この殻は、原子核に近いものから順番にK殻、L殻、M殻とよばれている。その殻には、それぞれ電子軌道があり、基本形は球形のS軌道、三方向に伸びたｐ軌道とされる。エネルギー状態は、内殻から外殻にむけ高い。また、同じ核内ではｐ軌道の方がS軌道より高い。K殻にはS軌道しかないが、L殻などではS軌道とP軌道がある。電子に許される軌道は､「トビトビ」である。これらの電子軌道に電子が配置され、原子は、さまざまな化学的性質を現わす。

原子の活性「原子価と価電子」：原子内の「電子の配置」は、エネルギーの低い内殻から順に埋められる。また、配置の電子数にパウリの「排他原理」があり、ひとつの軌道に2個までとされる。この定員が満杯になると、原子は安定で「原子の閉殻」とよばれる。閉殻の原子の例は、ヘリウム（He）、ネオン（Ne）やアルゴン（Ar）などで､「不活性ガス」とよび安定している。「パウリの原理」の発見（1924年）は、ノーベル物理学賞である（1945年）。

一番外側の軌道が閉殻でない場合、そこの電子（原子価電子）は外に離れやすい。また定員に少し足りない場合は、外から電子を引き入れ、閉殻になりやすい。この最外殻の状態により、原子には、電子の出し入れの難易に差がでる。この差が、原子間の相互作用と結合に大きく関係する。つまり価電子が、「化学結合」や化学的性質を決めている。なおこの量子力学の結果で、メンデレーエフの「元素周期律表」も解明された。

同位元素：陽子数は、同じで中性子数の異なる元素のことである。つまり原子番号は同じで、質量数が異なる元素である。同位元素の化学的性質はほぼ同じだが、放射能がある。この寿命は半減期で表され、非常に長寿命もある。水素の場合、重水素は中性子１個加わり、質量数２である。三重水素は質量数３で、放射性元素で危険だ。福島原発の地下水からも検出された。重水素や三重水素で、核融合反応もある。太陽では、この反応で重水素がHe原子へ変換、同時に太陽光の巨大エネルギーが放出される。同位元素は、岩石や古い木造建築の年代測定や、生体内での物質の追跡にも利用される。

三重水素（トリチウム）：水素原子（H）の同位体である。通常の水素と化学的には区別できず、原発汚染水の汚染処理が大問題とされる。原子炉での三重水素の発生源は、燃料のウラン（U）である。これが「三体核分裂」により、３個になる。その一つのかけらが三重水素で、質量数３、陽子１個と中性子２個で構成される。その中性子の一つが、電子を放出して陽子に変り、安定的なヘリウム３（陽子２個と中性子１個）になる。この半減期は、12年である。三重水素は放射性で危険である。三重水素は、原発の汚染水から取り除けないので、処理は将来に続く難題とされる。

奥深い「原子の構造」：原子は、原子核と周りの電子から構成されている。原子核は、正電荷の陽子と電荷ゼロ中性子が強く結合するが、これは、電磁気力や万有引力ではない。短距離で働く強い力で「核力」とよばれる。昔、原子は最小の微粒子とされたが、原子を構成する素粒子は３種「電子・陽子・中性子」にとどまらなかった。さらに極微の素粒子が次々と発見されている。

「中間子理論」で「新粒子の予言」：原子・原子核の研究が進展する中で、湯川秀樹博士は核力を研究、「中間子理論」（1935年）で新粒子を予言した。その後、宇宙線での観測、坂田昌一博士らの「二中間子論」も出され、理論が実証された。そして日本最初のノーベル物理学賞に輝いた（1949年）。この受賞は、太平洋戦争で敗戦直後の混乱と生活難のさなかのことである。当時、日本は米軍の占領と支配下、言論統制で「原爆の被害」さえも極秘で封じられていた。この中で、湯川博士の受賞は明るい話題であった。世間一般が勇気づけられ、喜びに沸いた。

中間子論と素粒子各種：湯川博士の「中間子論」は、核力の起源に関わる理論である。電磁気力は電磁波で伝わるが、「場の量子論」では、荷電粒子と光子（光量子）とのやり取り、つまり相互作用とされる。電磁気力には、電磁場がある。中間子論では、核力も「核力の場」があるとし、相互作用の新粒子—中間子が予言されている。電磁気力は、遠くまで伝わるが、この相互作用には、光子の質量ゼロが対応する。

核力の場合、核力の到達距離は、10^{-13}cm程度の距離とされる。これに対応して、核子の質量は大きくなる。中間子論では、この質量は、電子の約200倍と見積られている。その後、この理論は、素粒子間の「強い相互作用」の理論で発展した。また素粒子は、各種多数発見、分類された。原子核は、球状で強固だが、その後の探究から、陽子と中性子は、基本粒子「クオーク」による「複合粒子」とされている。

原子核の「分子的構造」：原子核は、陽子と中性子で構成されるが、そこに、分子的構造もあるとされる。アルファー粒子（ヘリウム原子核、陽子２個と中性子２個）を単位とした、いくつかの「クラスター」状態である。20世紀の後半、この「分子的構造」「池田ダイアグラム」が再認識された。まず原子核の崩壊、安定性に関係するとされる。原子崩壊にはα崩壊があり、アルファー粒子が放出される。これは、実験で知られていたが、そこにも新たな光があてられ、原子構造の理解が深まった。

11-3　原子間の「強い結合」Ｉ…イオン結合や金属結合、食塩や鉄

原子間が接近すると、外殻の電子軌道が重なる。それで原子間が強く結合して、固体が形成される。この電子軌道の重なり・混合状態により、固体の性質、特に電気的性質は大きく分れる。すなわち「絶縁体・半導体・金属」である。絶縁体の中には、「イオン結晶」もある。身近な例は食塩（塩化ナトリウム、NaCl）の結晶である。これは乾燥状態では絶縁体だが、水溶液は良導体の「電解液」になる。電気的性質では、まるごと反対に変化する。

食塩はイオン結合：食塩は、塩化ナトリュウム（NaCl）で、サイコロ形の結晶である。原子はナトリウム（Na）と塩素（Cl）である。Na原子の最外殻は、1個の電子で容易に離れ、残りの原子は、正電荷のイオンNa^+となる。他方、Cl原子は、最外殻にひとつ空席があり、外から1個の電子を受け、塩素陰イオンCl^-になり易い。このNa原子とCl原子が近づくと、1個の電子が容易に移動し、それぞれ

正負のイオン、Na^{+}やCl^{-}になる。このイオン間は、電気的引力（クーロン力）で結合する。

これがイオン結合で、結晶はイオン結晶といわれる。この電気力は直線方向で強固である。また、各イオンは閉殻構造で安定し、電子は電場でも容易には動かない。つまり、イオン結晶は電気の絶縁体である。しかし、水には弱く、イオンに分解され、導電性の食塩水になる。

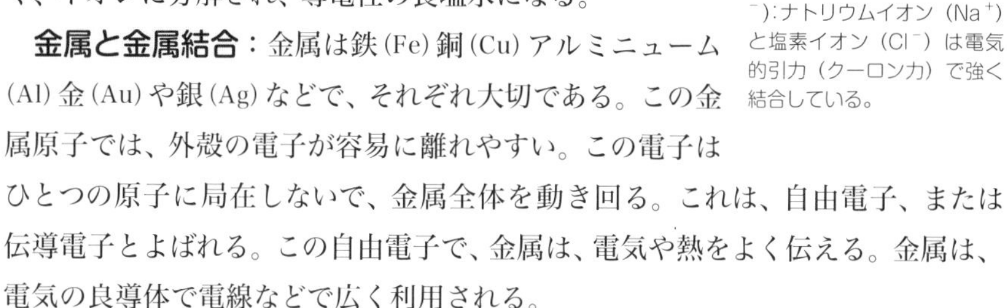

▶イオン結晶：食塩（$Na^{+}Cl^{-}$）：ナトリウムイオン（Na^{+}）と塩素イオン（Cl^{-}）は電気的引力（クーロン力）で強く結合している。

金属と金属結合：金属は鉄（Fe）銅（Cu）アルミニューム（Al）金（Au）や銀（Ag）などで、それぞれ大切である。この金属原子では、外殻の電子が容易に離れやすい。この電子はひとつの原子に局在しないで、金属全体を動き回る。これは、自由電子、または伝導電子とよばれる。この自由電子で、金属は、電気や熱をよく伝える。金属は、電気の良導体で電線などで広く利用される。

電子の離れた金属原子は正イオンとなり、一定の格子を組む。これは、金属原子の芯（コア）で、原子核とそれを取り巻く閉殻電子である。この周囲は電子雲が重なり、多数の自由電子が飛びかう。そして全体として正電荷の格子原子と負電荷の自由電子が引き合って結合する。これが金属結合とされる。

金属電子の「バンド構造」：金属の電子状態は、量子力学により、電子の波動性や結晶格子の周期性を取り入れ、扱われる。それによると、電子状態は密集したバンド（エネルギー帯）があり、そのバンドに電子が配置される。また電子は電場や光に反応して波動のように振る舞う。ここの電子は、「自由電子」としてよく動く。原子の閉殻の電子軌道からは、充満帯が作られる。ここでは、電子は満席で、局在した扱いになる。電子は、それぞれのバンドに応じた振舞になる。

11-4　原子間の「強い結合」II…共有結合、水分子・生体高分子・半導体

ゲルマニウム（Ge）やシリコン（Si）など、半導体結晶も、ダイアモンド形の結晶構造で、共有結合による強い結合である。このバンドギャップは、比較的小さい。この場合、温度変化や光で、電子が伝導帯に励起され、電気伝導が現れる。半導体の性質である。とくに不純物の添加では、伝導帯の電子濃度を変化させ、また価電子帯に「正孔（ホール）」を作ることができる。正孔は、「電子不足の穴」である。この穴に隣から電子が移ると、正孔は、隣に移ったことになる。また、正孔が正電荷を運ぶ。伝導帯では電子、価電子帯では正孔が、電気伝導の担い手になる。半導体機

器では、微細加工の半導体素子の中で、これらの電子や正孔が高速で働いている。

半導体の利用：半導体は、比較的バンド間が狭い。不純物添加でバンド間にも、不純物準位－電子の居場所ができ、n形とp形半導体も作られる。n型では電流の担い手が電子（エレクトロン、負電荷）、p型はで正孔（ホール、正電荷）である。半導体では、これらの電気的性質を微細に制御して、高速トランジスター、発光ダイオード（LED）、半導体レーザーなどの半導体素子が製造される。そして計算機、情報や画像機器、電気器具などに組込まれる。発光はpn接合層で、電子と正孔が結合して起る。また電子が軌道間やバンド間で遷移し、そのエネルギー差が光に変わる。

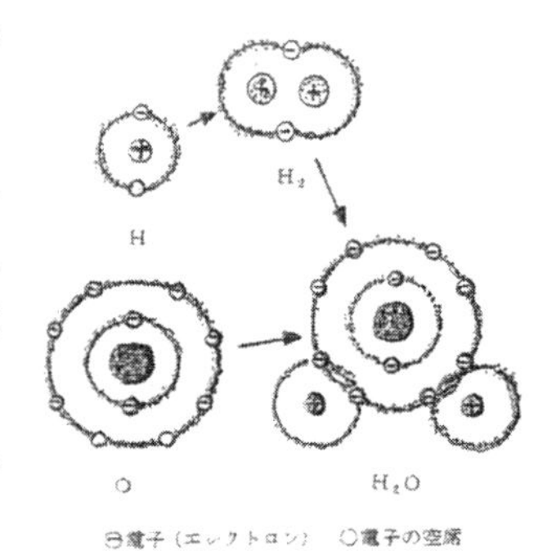

▶ 水素ガス（H_2）と水蒸気（H_2O）の分子構造：水素原子（H）と酸素原子（O）が電子を共有して、元の原子では、電子の空席が埋められている。これは「共有結合」といわれ、強い結合である。この解明は、現代物理の量子力学による。水分子は酸素原子（O）側は負電荷、水素原子（H）側は正電荷で、電荷に偏りがある。これは双極性分子といわれ、電気的作用が強い。

半導体と発光素子（LED）：電気エネルギーを光に変える半導体素子である。白熱電燈のように高熱でなく「高効率・長寿命・省エネ」。室内照明や携帯電話、大型カラーテレビ、信号機、医療や農水産業など、普及は広い。LEDはまず赤色発光で、化合物半導体GaAs（ガリウム砒素）を使い、ホロニアックにより実用化された（1962年）。光素子は、半導体の「pn接合」を利用して製造する。

青色LEDはノーベル賞：青色発光ダイオードでは、三氏（赤崎勇、天野浩、中村修二）がノーベル物理学賞に輝いた。身近に分かり、日本中がわいた（2014／10）。受賞理由は「明るく省エネルギーの白色光を可能にした効率的な青色発光ダイオードの発明」「白熱灯が20世紀を照らした。21世紀はLEDに照らされる」といわれた。現在、広く普及している。

難関突破の青色LED：この素子は、サファイア基盤に窒化ガリウム（GaN）を結晶化させ、n–GaN、InGaN発光層、p–GaN薄層の積層で作られるが、結晶作製や活性層の制御が難しい。GaNは基盤と原子の格子間隔が合わず、青色発光は20世紀では無理とされた。この難関が低温成長「バッファー層」や2気流の成長「ダブルヘテロ構造」で突破された。

ここには、失敗の連続、孤立の中でも毎日の実験と蓄積、そして「ひらめき」があった。その後「深紫外線LED」の製造と殺菌装置も開発中で、水の浄化で期待されている。近年、光関係の画期的研究が続き、国連は2015年を「国際光年」として記念した。

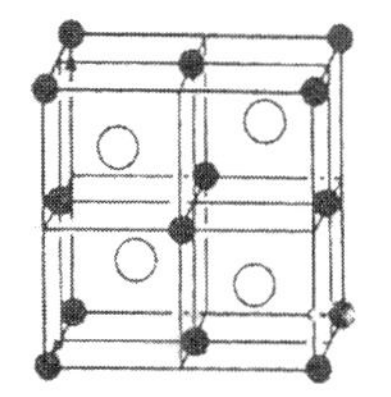

▶ GaAsの結晶構造：ダイヤモンド型の構造であるが、２種の原子（●がGa,○がAs）で構成され、極性などの違いがある。超高速素子や光素子用の半導体として研究された。

GaAs研究の過去：単体半導体のGeやSiにつぎ、1960年代から研究された。GaAs結晶は電子の高移動度、広いバンド幅などで、超高速トランジスター、スイッチ素子や光素子などで注目された。さらに、この結晶はバンド構造が特異で、発振の新現象も現れた。この研究などから、バンド構造への関心が強まり、「バンド・エンジニアリング」の新分野も開かれた。この分野はその後、化合物半導体の多層構造の光素子発展に生かされただろう。60年代、私も、GaAs結晶の研究のグループに配属され、新現象も経験した。

11-5　分子間の「弱い結合」…分子性結合と水素結合、気体の液化、極低温と超伝導

物質には、「強弱」両方の力が働いている。強い力で固定化されると、生物は生きられない。強い力では、化合物の「共有結合」があり、原子の外殻電子の配置換が伴う。他方で、「分子性結合」は、原子・分子間の弱い結合で、電子は閉核を作り安定する。この結合は、チョコレートや長鎖状高分子の結晶などにある。触っただけで軟化する。この分子間力は、水の「水素結合」とともに、生物体では常に働いている。

水素結合も分子間力だが、陽子（プロトン）が仲立になり、その位置変化で、強度が柔軟に変わる。極めて不思議な化学結合である。気体に高圧を加えると、温度が上がるが、その熱を抜くと、液化が起こる。ここでは新たに、極低温と超伝導など、不思議の世界が開かれた。

分子性結合…分子間力：この結合は分子間の弱い結合で、電子が閉殻を作っている分子間に現れる。生きものや食べものに広く存在。チョコレートや長鎖状高分子などの結晶にもある。分子性結晶は、イオン結晶などと比べて融点や沸点が低い。分子が閉核の場合、電荷が丁度打消し合うので、これらが並んでも電気力は弱い。しかし電荷分布が揺らぐと、その偏りで電気双極子が作られ、この間の相互作用で引力が生じる。この分子間力は「ファン・デル・ワールス力」、また「双極子揺動力」といわれる。この引力は弱いが、分子間の距離の６乗に逆比例するとされる。距離が近いと強力に働く。五感の触覚の感度とも関係するだろう。

気体の研究の発展：オランダのファン・デル・ワールスは「気体状態方程式の発見」(1873年)によりノーベル物理学賞を受賞した(1910年)。薄い気体など、理想気体の状態は「ボイル・シャールの法則」で表される。つまり「温度が一定の場合、体積と圧力の積は一定」である。しかし高圧下では理想気体から微小な「ずれ」が生じる。彼は、この観測も含む状態方程式を求め、気体分子の大きさや分子間力と結びつけた。まだ分子の実在さえ疑われた時代、微小な「ずれ」から「弱い分子間力」まで解明が進められた。

「気体の液化」…極低温の「不思議の世界」：気体の研究は「気体の液化」「極低温研究」の基礎にもなった。そして空気、水素やヘリウムガスなども液化、新たに極低温の「不思議の世界」が開かれた。電気抵抗がゼロになる「超伝導」や「超流動」などである。これらの「低温現象の研究」では、オランダのカマーリング・オネスがノーベル物理学賞を受賞した(1913年)。「超伝導磁石」などの応用も進められ、「MRIの医療機器」にも使われている。

高温超伝導の発見と利用：複雑な銅酸化物で、約30Kで発見された(1986年)。その後も他の銅酸化物で高温超伝導が発見され、構造解析も進んでいる。超伝導温度は液体窒素も超え、利用も進んでいる。しかし構造は、極めて複雑、理論も、電子、格子相互作用の「BCS理論」とは限らない。実験と理論は一段落せず、粘り強く進行中らしい。

第12話

水の不思議と多様性…強固で柔軟、単純で複雑

昔から、水は広く深く自然を潤し、また身近に使われて来た。水・自然は奥深い。生物は水とともに生き、活動を続けている。生命活動に水は必要・不可欠で「生命と健康」の水とされている。そして何千、何万年の長期間、水の経験や知識、科学や技術が蓄積されて来た。紀元前にもアルキメデスの「浮力の原理」の大発見がある。そして水上交通などに広く利用されて来た。水は「いのちの源」であるが、いのちを持たない無機物の水も「大きく小さく」自由自在。多様な性質で、「世界の不思議・謎」とされている。

12-1　何万年と続く「水の探究」…「不思議な水」の物語

水の研究は太古にはじまり、近代から現代で大きく発展した。15～16世紀のイタリヤ・ルネッサンスでは、ダ・ビンチが「水の多様性」「水の循環」を探究、詳細な「水の記録」を残した。17世紀には、静水圧の「パスカルの原理」が発見され、水の科学や技術は大きく発展した。またベルナールは、広く自然を観察し、地下水、井戸掘、水のろ過や流体力学を研究、提案したとされる。17世紀中頃では、デカルトの「虹の研究」があり、「水と光」の関係も解明された。18世紀には、ニュートン力学が形成され、水の力学的応用が広がった。

水は「単純で複雑」「自由自在」：科学は、近代から現代に発展した。特に化学では、微粒子の水も分かってきた。それによると、最小の水「水の一粒」は、水分子(H_2O)で、1個の酸素原子(O)と2個の水素原子(H)から構成されている。比較的単純な分子で、大きさは1億個並べて1cm程度になる。現代では、水の複雑・多様性が注目され、水・氷の構造や性質が探究されてきた。特にポーリング(米)の化学結合、「水素結合」を含む研究や、バナール(英)の「水の構造モデル」は画期的研究とされる。

▶ ライナス・ポーリング

水の異常性：水の「三態変化」「熱的異常」などは、19世紀末から注目されていた。この中で1920～30年代には、ポーリングが化学結合を体系化し、「水素結合」も「静電相互作用」として取入れた。これは古典的な電磁力(クーロン力)で、通常、中性の分子間では弱い。しかし、水の異常性と陽子の移動の可能性から、「水素結合」が引き出された。

▶ J. D. バナール

ポーリングは、「化学結合の本性の研究、特に蛋白質の本性と構造の研究」で、1954年ノーベル化学賞に輝いた(蛋白質も水素結合が多い)。また「ベトナム反戦運動」などで、ノーベル平和賞も受賞した。この反戦運動は、日本でも「10・21集会」など、全国的に取組まれた。

「水や氷」の原子構造解析：X線や電子線回折の発展で、原子・分子レベルの「水の構造」の研究が進展した。特にバナールとファウラーは精力的に研究「水の構造モデル」を出

▶「水の構造モデル」：ロンドン科学博物館蔵。

した(1933年)。彼らの間には、水の不思議について、多くの疑問が交されたという。なぜ霧は安定しているのか？ なぜ周囲の身近な水は液体で、気体でないのか？ なぜ水は氷になった時、縮まらないか？ なぜ水の密度は「4℃で最大」になるのか？

水は謎や不思議だらけ！ バナールらは、水の「無秩序の中の秩序」に確信を持ち、発見に莫大な時間と労力を使ったといわれている。これら水の不思議な現象の大もとは、「水素結合」が関与していたのだろう。なおバナールは生物物理学者で、科学史家である。大著「歴史における科学」もある。

水の「正四面体構造」：液体の水は自由自在であり、乱雑に動き構造は考えにくいが、バナールなどの探究で発見された。これが水素結合による、水の「正四面体構造」である。これが、液体の水の平均的な構造で、水素結合は高速で切り変り、水の不思議の大もととされる。ロンドンの科学博物館には、「水の構造モデル」がある。これは「正四面体構造」の集団である。

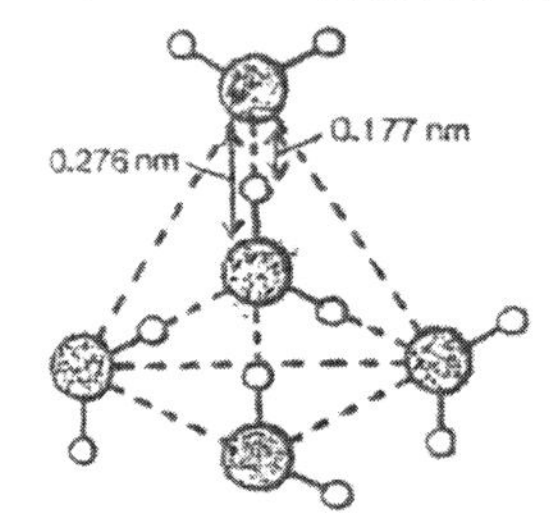

▶ 水分子の「正四面体配置」：正四面体の4頂点と中心（重心）に水分子がある。液体の水は平均では、この分子配置をとるとされる。しかし各水分子間の水素結合は超高速で切り換わる。ナノメートル(nm)は10億分の1m。

水の電気的性質の探究－水は「絶縁体・半導体・良導体」：1930年から50年代は電気的性質の研究も多い。水・氷は、純度が高い場合、電気を通さない絶縁(誘電)体である。また低周波の誘電率は、常温で約80もあり、異常に高い。しかし、固体の氷の場合、誘電率は5程度で、不純物や欠陥が入ると、半導体のような性質も示す。つまり温度とともに電気伝導が増える。

これは水素結合でのプロトン(陽子)の移動で、イオン伝導が増えるためとされる。そこで氷は、「プロトン半導体」ともよばれる。金属の自由電子の電気伝導とは逆の性質である。また水には、不純物がよく溶け、イオンが電気をよく運ぶ。つまり電気の良導体である。結局、水・氷は、「絶縁体・半導体・良導体」の全領域で多様に働く。そこでは、水素結合網でのプロトン移動が注目されてきた。

12-2 柔軟な水素結合網…どこでもいつでも「こんにちは」「こんばんは」！

水分子は「一粒の水」。水分子(H_2O)は単純な球形分子で、2個の水素原子(H)と1個の酸素原子(O)の化合物。この原子間(H－O)の結合(化合)は、原子の外殻電子を共有し「共有結合」とよばれる。この結合は強固で、分子の骨格や形を決めている。しかし不思議なことに、水分子間が接近すると相互に激しく動き、新しく「水素結合網」が形成される。これは、水の特異性や多様性の大もととされている。また、水分子は電荷の偏る「双極性分子」で、他原子と電気的相互作用が強い。どこでもいつでも「こんにちは」「こんばんは」で、相互作用だろう。

水分子の双極性：水分子は化合物で、化合の際、負電荷の電子が水素から酸素側に移動する。これで水分子は電荷の偏りが生じ、「双極性分子」とよばれる。水素側が正(+)、酸素側が負電荷(−)である。双極性分子は電気的に活性、電気作用で回転し向きがそろう。これは、「電気分極」といわれる。この性質は「誘電性」ともいわれ、電気の「オン・オフ」「利用と安全」の要である。

水分子は極微の球形分子で、微細なすき間にも入り、電気作用で周囲を微調整する。水分子間では、水素結合を誘起して、「水素結合網」を作り多様性を現す。なお水分子の双極性は、デバイがX線・電子線回折で解明して、ノーベル化学賞に輝いた(1936年)。

水の「水素結合」「不思議の大もと」：水は「大きく小さく」自由自在に形状を変える。この性質は、水素結合による。これは、全く不思議な化学結合である。この特徴は、イオン性の電気力と共有結合の混合にほかならない。イオン間の電気力は、遠距離にも達し、直線的に働く。これは、古典的な電磁気学の「クーロンの法則」による。他方、共有結合は、方向性を持つ強固な短距離力である。これは、現代物理の量子力学で解明された。水素結合は、これらの力が交じり、相補っている。

水素結合は、分子間の「距離と角度」の両方に依存して、「強く弱く」柔軟に変わる。個々の水分子は、共有結合で安定し、強固になる。しかし、身近な水は、水分子の単なる集団ではない。「水素結合網」で連結し、柔軟・多様な構造や性質を現し、生命も支えている。単純・強固から、複雑・柔軟な性質も誕生した。水素結合網は、水の不思議、多様性の大もととされる。

水素結合網：一個の水分子は、「単純で強固」な化合物である。しかし、不思議な「水素結合」の出現で、「強

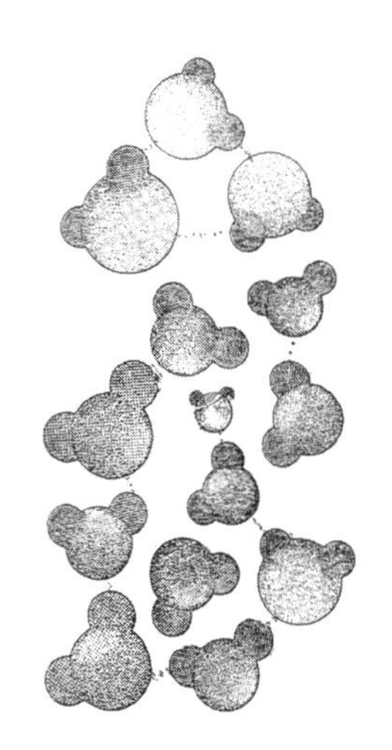

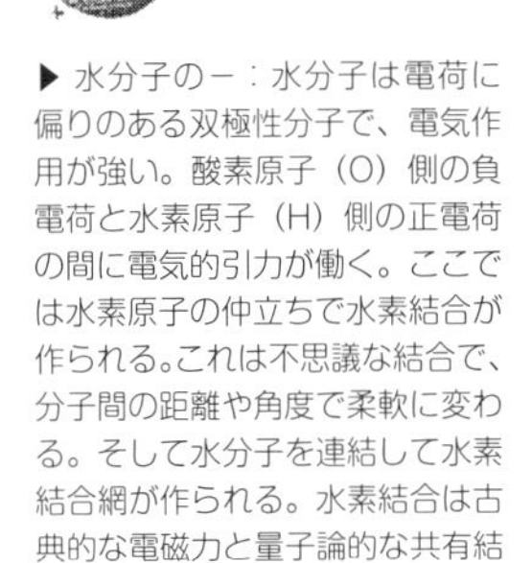

▶ 水分子の一：水分子は電荷に偏りのある双極性分子で、電気作用が強い。酸素原子（O）側の負電荷と水素原子（H）側の正電荷の間に電気的引力が働く。ここでは水素原子の仲立ちで水素結合が作られる。これは不思議な結合で、分子間の距離や角度で柔軟に変わる。そして水分子を連結して水素結合網が作られる。水素結合は古典的な電磁力と量子論的な共有結合が交じり合っている。

く弱く」無限に連結する。世界一緻密な「水素結合網」が誕生する。これで水は、「大きく小さく」自由自在、さらに熱による「三態の変化」で変幻自在になる。この複雑・多様な変化は、主に水素結合網の切りかえや状態変化による。水素結合は、陽子（プロトン）を仲立に、その位置変化で強度が柔軟に変わる。表示は「O－H…」で表される。他方、共有結合（化合）は、原子間で電子を共有する強固な結合である。方向性があり、分子構造の骨格になる。陽子は正電荷のため、化学物質の表面の電子雲の中に、また金属の「自由電子の海」にも潜り込む。通常は水とともに移動し、森羅万象に影響する。

水素結合「電子と陽子」の共同：「水素結合網」では、異質の素粒子「電子と陽子」が「相互協力」「相補的関係」で共同する。これで、水は自由自在、強固で柔軟、万能性で生命も支えている。陽子は重い素粒子で通常、原子核内に留まる。電子は逆で、原子の外部を取り巻く。しかし水素原子は陽子と電子1個の最小原子で、どちらの素粒子も表面に出て、「相互協力」「相補的関係」で働く。そして「森羅万象」に広く影響する。これが水素結合の不思議な働きになっている。

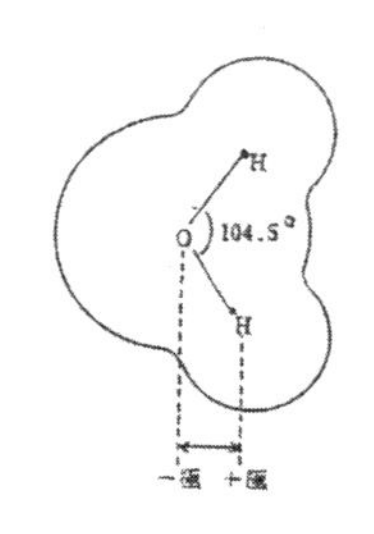

▶ チャーミングな「水の形」：水分子は酸素原子（O）1個と水素原子（H）2個で作られている。ほぼ球形分子で、水素側は「二つ目」の様に盛り上がっている。水分子は直径約3A（オングストローム、百億分の1m）。H-O-Hの角度は104.5度。電荷は水素原子側が正で、酸素則が負に偏っている。水分子が集団になった場合、「二つ目」が動いて、水分子間がつながってくる。これは水素結合（網）といわれ、水の不思議の大もとである。この水素結合網の働きで、水は大きく小さく自由自在。強固で柔軟・多様、不思議な性質が現れる。

水の柔軟性「水素結合の変換」：正四面体配置では、正四面体角－中心と2頂点を結ぶ角度は約110度、水分子の結合角は約105度、この角度差は誤差範囲の水分子の微小回転だろう。この微小回転で、水素結合は高速で切りかえられ「クラスター」も柔軟に変わる。これは水の柔軟性「大きく小さく」自由自在の大もとである。

乱雑の中の規則性「水クラスター」：通常、液体分子は、乱雑に動く。しかし、水では、水素結合で規則的構造も作られる。乱雑の中の規則性である。平均的な最小単位は、「正四面体配置」である。このような集団を「クラスター」といい、模型は多い。この離合集散は激しく、同じ形に留まる時間は10^{-12}s＝1ps（ピコ秒：1兆分の1秒）程度とされている。静かな水も「ミクロの世界」での生成・消滅は瞬間である。

柔軟な「水素結合網」：水分子の集団での水素結合は、「陽子が主役」、これが仲立ちの結合である。陽子（プロトン）は水素の原子核（芯）、「正電荷の素粒子」である。大きさは、10^{-13}cm程度、10兆個並べると1cm程度になる。重さは電子の約1800倍、重い素粒子である。しかし、陽子は水、金属や半導体の表面、l結晶の中でも比較的よく動く。電子は原子間に入り難いが、陽子は正電荷なので、他原子の電子雲にも近づき易い。特に陰性の酸素や窒素原子の間で、仲立ちとなり柔軟に結合できる。

結局、水分子の集団では陽子の仲立ちで、酸素と酸素の間に多数の水素結合が生じる。全体に、「水素結合網」ができる。そして、分子間の距離や角度により、強さが大きく変わる。強い場合は「氷の強固さ」が、弱い場合は「水の流れ」の柔軟さがある。双極性の水分子は、水素結合で万物と柔軟につながり、生命も支えている。

水素結合「強さと結合エネルギー」：水素結合は、共有結合とイオン結合が混合している。距離や角度に依存して、「強く弱く」柔軟に変化する。最も強いのは、直線的な場合で、曲がった場合は弱い結合になる。これが、水の柔軟性や多様性のもとである。水素結合の結合エネルギーは、15～25kJ／モルの範囲で、室温の熱エネルギー程度、共有結合の1／20～1／30とされる。したがって水素結合は、生物環境の温度で敏感に変化する。生物は、すべて温度に敏感なのである。水素結合は、水の熱的特異性「三態の変化」と地球循環「環境の緩和」でも、決定的役割を持つだろう。

水分子の「協力現象」「水和構造」：水素結合は、陽子の位置で「強く弱く」、柔軟に変わる不思議な結合である。この出現で、水は「大きく小さく、」自由自在である。また、「三態の変化」で変幻自在である。この変化は「相転移」とよばれ、水分子多数の協力現象である。さらに水分子は、他物質と相互作用が強く、水素結合で囲む「水和構造」「カゴ構造」も作る。これで物質が移動し、栄養分と廃棄物も効率的に輸送され、生体化学反応も進む。

水素結合「生命活動の大もと」：生物体のタンパク質や糖にも無数の水素結合がある。この結合で周りの水とつながって、生きものの多様な活動が進められる。生物体のタンパク質や糖にも、無数の水素結合がある。

この結合で、周囲の水とつながり、多様な活動になる。タンパク質の三次元「高次構造」や遺伝子のある「DNAのラセン構造」なども、水素結合ぬきには動けない。「水和構造」「カゴ構造」の生成・消滅も、水素結合の切りかえによる。特に生きものでは、水の水素結合網は生命活動の大もとだろう。代謝、増殖、遺伝など、生きものの特徴は、ほとんど水素結合に支えられている。

水は「万物を潤す」「複雑系液体」：水は相互作用が強く「森羅万象」に影響す

る。自然での交流・共生の広場や情報源ともいえるだろう。水は「命の水」、大切で不思議で美しい。水は奥深い物質で、いつでもどこでも「こんにちは」だ。科学では「世界の不思議」「複雑系液体」とされ、探究が続けられている。水は「自由自在」に流動する。水中で、水分子は柔軟な「水素結合」で連結するが、平均としては「正四面体構造」である。この構造は、「無秩序の中の秩序」とされる。複雑・多様で万能性ともいわれる。水は「生命と一体」で、また「いのちの源」である。

「水玉ちゃん」と「水滴くん」：東京水道局のマスコット。「一滴の水」でも、水分子は100億×100億個程度含まれている。

12-3　水は自由自在「自然の階層」も超える！

水とは何か？…「水素結合」は「超魔法」か？：「水素結合」は、その言葉じたい一般に通用していない。理科の教科書も、取上げていない。辞書や専門書にも記述は少なく、また分かりにくい。しかし他方、水の振舞・働きは、多様で活発、生命も支えている。例えば、水は「大きく小さく」、自由自在に変化する。これは「強く弱く」柔軟、極めて不思議な「水素結合」によるものだ。

水の「変幻自在」の変身・変態は、昔から話題の「オバケ」「魔法」を遥かに越える。科学では、この現象が「強く弱く」、柔軟な「水素結合」によるとされる。科学では、「お化けや魔法」は出ないが、水素結合は万能である。不思議さでは、「お化け」を超えるだろう。

「生命の水」「水中のイオンの移動」：水は、生命維持に不可欠だ。「いのちの源」である。その中には、血液など、電荷を持つイオン（ナトリウムやカルシウムなど）の安全輸送がある。生体中の大電流は、危険で、電気作用の緩和と安全輸送は不可欠である。このことに、水は応えている。まず水分子は双極性で、正負の電荷のいずれにも密着、電荷を中和して、水とともに安全輸送ができる。また水には水素結合網があり、このネットで陽子（プロトン、正電荷）の移動が可能になる。これで、分極作用と誘電率は大きく変わる。

特に水の誘電率は、低周波交流で100にも達する。異常に大きく、誘電緩和効果が大きい。これで、生体内の電荷の安全輸送も可能になる。最近、水素結合網でのプロトンの連鎖移動が測定され「グロッタス機構」とよばれる。これは、生体での電荷移動の原子レベルの機構を示しており、「生命の水」の解明にもつながるだろう。

水は地球最大の「巨大分子」：水分子は球形の強固な微粒子ながら、不思議な「水素結合」で、「強く弱く」無限に連結する。三次元の「水素結合網」が誕生する。これで、水は「強固と柔軟」を併せ持ち、「大きく小さく」自由自在になる。大海は、水分子の巨大集団で、水素結合網でつながる「巨大分子」といえる。大洋の「大波や小波」も含む。「宇宙の水」では、地球の海の150兆倍の水もある。これは120億光年前の明るい星「クエーサ」で観測されたという。水は、無限に広がり「自由自在」だ。このような巨大分子は、身近には水以外にない。このような巨大な「オバケ」もいないだろう。

水の探究…「ミクロとマクロ」「階層構造」：水は水蒸気の「極微の水分子」から、大洋、大海の「巨大な水」まで、水素結合網で広がっている。その規模は一般に認められる「自然の階層」も越えている。自然は、「巨大と極微」の間に、諸世界が続く。これは、自然の「階層構造」といわれる。各階層で働く法則も変わる。水は、この階層を何段も越える、特異な物質で、「マクロとミクロ」の両視点が大切になる。特に自然の階層間の境界領域では、多数の協力現象で、不思議なことが多い。

世界の不思議「4℃の謎」とは？：水には、古くから「4℃の謎」がある。水は「4℃で密度最大」という謎である。通常、液体は、温度上昇とともに膨張して、密度が下る。しかし、水の場合、0℃で氷が溶け液体になり、温度上昇とともに密度が高くなる。4℃で密度最高になり、その後は温度とともに軽くなって浮く。

この「4℃の謎」は、小さく分かりにくいが、「科学の難問」「世界の不思議」とされる。また、この現象は、水の循環、環境緩和と生物の生存にかかわる。例えば、魚は、凍結した湖でも、静かに湖底で春を待つ。湖底は、比較的温度が高い。魚は「4℃の謎」を身につけて、生きてきたのだろう。陸上での冬眠の温度も、4℃の近傍らしい。水は、生命とともに不思議に満ちている。

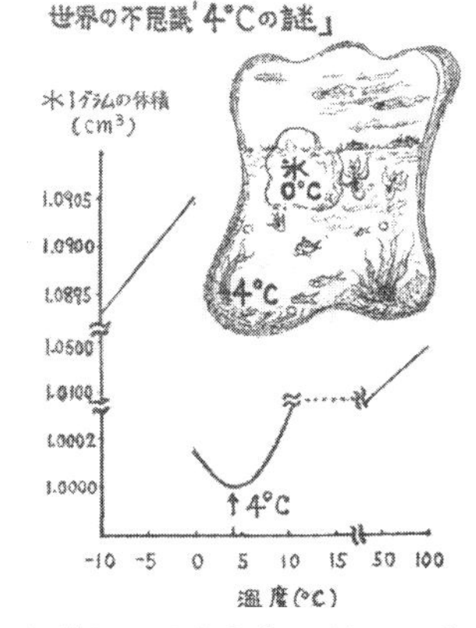

▶ 世界の不思議「4℃の謎」：水は0℃で氷に変化する。この時、体積は約1割増え、氷は水に浮く。また氷が溶けると、水は縮まり、4℃で密度が最大になる。この変化は微細（測定は5桁、10万分の1程度）ながらも環境調整と生物への影響は極めて大きい。水の温度変化は特異で、中でも「4℃の謎」は世界の不思議とされる。

「水・氷の構造」「4℃の謎」：氷の構造は、水分子が格子状に並んだ結晶である。また、液体の水にも、水分子の構造がある。平均して「四面体構造」といわれている。「4℃の謎」からすると、そのほかにも水分子の構造が隠れているだろう。近年、氷は、融点0℃近傍で、水の微細構造の研究が進んでいる。水は**第12話**「水は自由自在､大きく小さく」と、**第10話**「水分子の形と性質」にも書いた。

氷の「二段階」融解：氷は融点0℃で溶ける（固体から液体に相転移）。最近、氷は2段階で溶け、2種類の水が発見された。実験は、沃化銀（AgI）単結晶に成長させた氷の薄層で、表面観察は､「レーザ共焦点微分干渉顕微鏡」による（北大低温研）。まず氷は「−0.6℃」では､氷が1分子の段差で成長する。「−0.4℃」に昇温すると、粒状の丸い液滴が現れ増える。次いで「−0.2℃」で､層状の液体も現れるとされる。

それぞれ氷結晶上で動き回り、合体を繰り返すが、両液体は混合しない。つまり氷は2段階で溶け、2種の水「疑似液体」が共存するとされる「応用物理」（2013年2月号）。この現象は、液体内の「液液相転移」として研究が広がっている（アモルファス氷など）。

水・氷は不思議の山…氷の表面はなぜ濡れる？：これは、上記「液液相転移」」とつながる内容で、研究報告がある。（「物理学会誌」2017年9月号）。これは、「氷の濡れ」に注目した研究で、この「濡れ」がないと、雪玉や雪だるま、スキーやスケートもできないであろう。

雪道は､「滑って転んで、さあ大変」。氷は、氷点下でも、濡れ層があり、密着して滑る。この現象への注目は、ファラデーらしいが、難問のまま続いたという。1980年代には、表面に凍らない氷膜があると実証され、通常の「バルタ水」と区別して､「疑似液体層」とよばれた。難しいのは、この液体層は、数ナノメートルで、極めて薄いことである。精密測定が困難ながら、上記の装置の開発で､「顕微鏡その場観測」「疑似液体層の可視化」が進んだようだ。

「かき氷」状態の不思議：真夏には､「かき氷」も出番となる。「氷と水」の境界は、どんな状態か？ 氷の浮かぶ水は、2相「個体と液体」の混合物である。この氷を微細に分割すると、表面の面積は無限に広がり、取り巻く液体の水分子も増える。氷は、球形またはサイコロ型でも、微細にぎっしり容器に詰まる。水と凍りは、同程度の体積にもなる（砂と水の混合物と似た状態）。これは、氷か水か？ 見方によっては、どちらにもなるだろう。

水分子間の硬い部分では、動きにくく、粘性が高い。弱い結合部分では、柔軟に動き、液体の性質も現れる。「かき氷」を微細にかき回した類似物であろう。水の奇妙な性質、この大元は､「水素結合網」になるだろう。この結合は、矛盾する「強固と柔軟」両面を現し、不思議な性質である。

12-4　水から学ぶ「科学の方法」…分析と総合、要素還元、現代科学の方法

物事を科学的につかむ方法には、大まかに「分析と総合」がある。分析では、小さく分けて、詳しく調べる。そうすると、確かに微細に分かる。また総合も欠かせない。山や森、川の流れでは、まず全体を見渡すと、周辺の風景も分かる。草木、土、石や水も、細部だけでは全体は分からない。「木を見て森を見ざるがごとし」になる。

「分析と総合」は、誰でも日常使っている。意識しないが、大人と子どもも、まず五感で「分析や総合」を進めている。これは高感度ながら、五感で分かる範囲になる。科学はその先も目指す。特に水は、微細な水分子から宇宙にまで広がり、多様な性質を現す。科学は、この水や自然から多く学び、発展してきたのであろう。

どちらも大切「分析と総合」：科学の分野では、数学には「微分と積分」、化学にも「分析と合成」がある。物理でも「分析と総合」は重視されるが、混じる場合も多い。例えば、アルキメデスの「浮力の原理」やパスカルの「水圧の原理」は、水の総合的な振る舞いなので分析は難しい。水を水分子に「バラバラ」にすると、浮力や水圧、その原理も消滅する。他方、微細な原子や水分子の探究となると、分析や要素還元の方法が欠かせない。全体を細かく「要素」に分けて調べる方法である。実験と理論も、五感を超えた領域まで入る。この「分析」「要素還元」の方向で、水分子「一粒の水」も解明された。しかし水分子は水素結合で連結、大きな水になる。これは要素還元が難しい。

▶ 木と森も見る「キッコロとモリゾー」。

水の探究「分析と総合」：水は水素結合でつながるので、「分析」「要素還元」の一本道ではつかめない。水を水分子に分割すると、水素結合は消滅する。水素結合は水分子の集団の相互作用で現れ、集団が小さくなると無くなる。水素結合の働きを知るには、水分子の塊「クラスター」の研究が必要になる。他方では、他物質との相互作用や、微細構造も問題になる。水は水分子の単純な寄せ集めではない。水分子多数が、水素結合で柔軟に連結している。水の理解には、「分析と総合」がともに必要になる。水素結合は水分子１個から２、３…、クラス

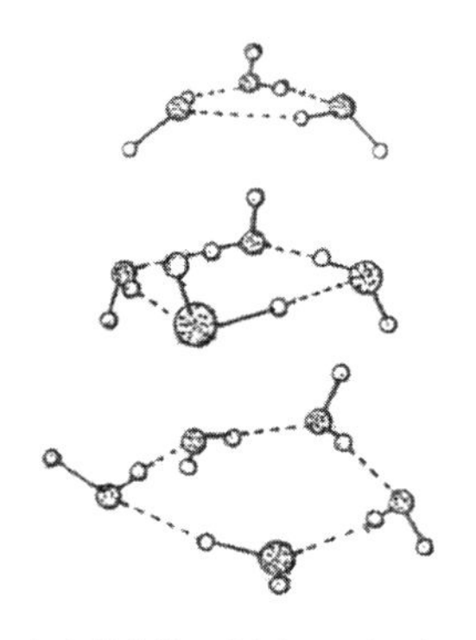
▶ 気体状態の「水クラスター」：水分子の集団（H_2O）の環状構造略図。実線は共有結合、点線は水素結合。水分子の集団は水素結合でつながり、気体では環状構造が安定とされる。分子数（n）が大きくなると、複雑によじれた構造になる。アメリカ科学誌「Science」1996 年の論文 (Liu. J.D.et al) などから。

ターから水素結合網に広がる。

第13話

美しい水の変態…自然の美、相転移や協力現象

13-1　水の「三態の変化」「４℃の謎」…水の変態は「世界の不思議」

地球は、「水惑星」「水の星」といわれる。水は、「霧・雲・雨・雪・霜・氷」など、さまざまに変化（変態）する。「自然の美」「自然の恵み」になるが、他方で、暴風雨や大水害もある。ここには、気体の水蒸気－液体の水－固体の氷の変化、つまり「三態の変化」がある。「相転移」ともよばれる。地球は水の三態変化と循環により、温度や湿度などが緩和されている。そして、自然は緑に整えられ、動植物が活動する。美しい風景も現れる。第13話は、水の「三態変化」「状態図」など、水の基本的性質を確認するとともに、水の特異性にも視野を広げた。

水の相転移「三態変化」：一般に物質には三態変化があるが、生物環境で三態全部が現れるのは、水のみであろう。変化が起こる温度は、１気圧下で100℃と０℃で、それぞれ「沸点」と「融点」とよばれる。この定点は、温度目盛の基準とされている。生物は、この液体の水の下で、活動している。

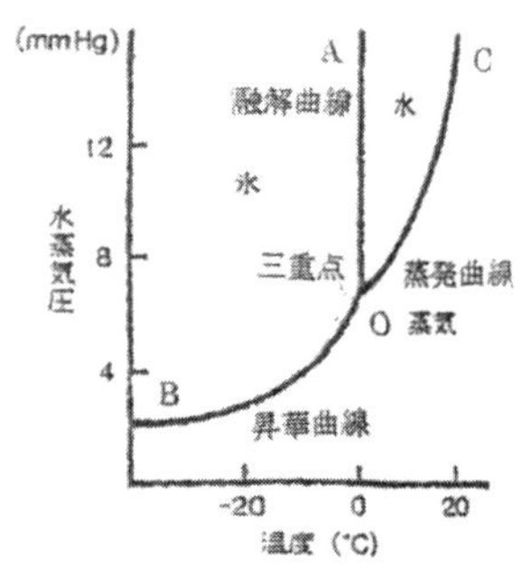

▶ 水の状態図：水は三態「水蒸気－水－氷」で変化する。この三態変化で地球環境は緩和・調整されている。図は水が温度や気圧でどう変化するかを示している。曲線 AO は水と氷の共存状態を示す融解曲線。わずか左に傾き、圧力が高いと融点が下がる。この曲線の延長は 760mmHg（１気圧）で０℃を通る。これは融点として「温度の基準」とされる。曲線 BO は氷と水蒸気の共存状態を表わす昇華曲線。点 Q は「水の三態」が安定に共存する状態で、「３重点」とよばれる。

三態の変化は、温度や圧力にもよる。高山では気圧が下がり、それとともに水の沸騰点も下がる。低い温度で沸騰し、「ご飯も生煮え」も起る。水は、矛盾する性質「強固と柔軟」「単純と複雑」を併せ持つ。水の相転移も特異とされる。

水は特異な物質：水分子は、球形の微粒子でチャーミングな「二つ目」である。単純で強固、容易には分解しない。ところが、水分子の集団では、不思議な「水素結合」が現れ、水分子が無限に連結、三次元の「水素結合網」が誕生する。これで、水は、「強固で柔軟」「大きく小さく」自由自在になる。さ

らに熱による三態変化(気体・液体・固体)で、体積や密度、水分子の運動状態も大きく変わる。固体の氷が、液体の水に浮くのは特異な性質である。

また、水が「4℃で密度最大」というのも、「4℃の謎」である。現在も、「世界の不思議」「科学の難問」とされている。

多数が協力する相転移：相転移は、多数の分子や原子が相互作用して連動、その協力現象である。空気や金属、高分子など、広く見られる現象である。水を沸かすと、沸騰して泡が「ブクブク」出る。これが液体から気体への「水の相転移」である。沸騰中は加熱しても、水温は一定、100℃で変わらない。液体の水では、水分子は、水素結合でかなり強く結びついている。加えた熱エネルギーは、この結合を次々に切るのに使われ、その間、温度は変わらない。そして自由な水蒸気が作られ、気体の泡になる。

三態変化の「熱の吸収・放出」「気化熱や融解熱」：液体から気体に相転移の時、熱エネルギーが必要で、「気化熱」といわれる。水の気化熱は異常に高い。かなり強い水素結合のためである。この性質は、生物環境の維持に非常に大切である。水は、土地などの温度の急上昇をおさえ、消火にも使われる。暑い夏でも、夕立の時は涼しくなる。江戸時代の知恵「打ち水」でも、涼しい。水が気化熱で大量の熱を奪うのである。氷が溶けるとジュースも冷える。逆に、温度が下がり、水蒸気が液体になると、熱が放出される。これで周囲の温度低下がおさえられ、生物環境は緩和・調節される。「氷の融解点」にも、大きな融解熱がある。水素結合の配置換に伴う熱エネルギーである。氷の結晶の水素結合はかなり強く、それを切るには、かなりのエネルギーを必要とする。

▶ 江戸時代の鯉のぼり：日本では5月5日に、男子の健やかな成長を祝い、こいのぼりをたてる。この風習は中国の故事にちなんでおり、男子の立身出世を祈願している(画：『日本の礼儀と習慣のスケッチ』より)。

水の循環「地球環境の調整」：地球全体で見ると、水は、相転移と熱の吸収・放出をくり返して、地球を循環する。そして、環境を整え、生命も支えている。水分子を連結する水素結合は「強く弱く」、柔軟である。それに応じて、相転移も多様性を持つ。なお、「水の熱的性質」「風雨や海流」は**第7話**。

13-2　美しい氷の結晶…雪・霜・霜柱・窓霜・氷柱・氷・ダイヤモンドダスト

水は氷点0℃で、氷に変化する。さまざまな形の氷、雪や霜もある。これらは、水分子が規則的に並んだ結晶である。昔から雪の「美と形」が探究され、画や写真も多い。着物などの模様にもなった。雪の形は千差万別、同じ形はないとされる。「一片の雪」にも、無限の水分子が含まれる。代表的な雪の結晶は「六花」といわれ、「針・角柱・角板・扇状六花・広幅六花・樹枝状六花」の6種類ある。この多様な変化は、水蒸気や水滴から固体への相転移である。水蒸気や温度で刻々変わり、雪や霜は全部異なる。高空の雲は、氷の微結晶とされる。

「雪は天から送られた手紙である」：人工雪の研究で有名な中谷宇吉郎博士の言葉である。さらに、「そのなかの文句は結晶の形および模様という暗号に書かれている」「暗号を読みとく仕事が即ち人工雪の研究」と続いている。「天の手紙」には、これらの内容が込められ、雪は、天空の気温や湿度、その刻々の変化を伝えるのである。近年では、大気汚染で「悪魔の手紙」の雪もあるという。なお、北海道大学内には、正六角形の「人工雪誕生の地」の碑がある。

▶「雪の結晶」のスケッチ：細胞の発見者フックの「ミクログラフィア」（1665年）。

人工雪の研究：雪、特に人工雪の研究で、中谷博士は約3000枚の雪の写真を撮り、千差万別の形を観察した。それとともに、実験室で世界初の人工雪を作り、雪の誕生や成長条件を研究した。北海道・十勝岳の麓で、実験室は零下50℃という。この結果は、「中谷ダイアグラム」といわれる。図表の軸は、水蒸気の過飽和量と気温で、その間に各種の雪を記入した。この表を使うと、地上での雪の観測結果から上空の気象条件が推測される。

多彩な「自然の美」：自然の多彩は「水の相転移」が大きくかかわる。それは場所により多様で多彩。田舎の寒い朝は、田畑や道端に霜や霜柱ができる。木や家の軒からは、氷柱（ツララ）が下がる。朝日が出ると、雫も「ポトポト」輝く。川や池、田んぼの氷もいろいろ。猫柳からも、氷の玉がぶら下がって光る。霜は空中の水蒸気が地上の物体で凍り針状に成長した結晶である。特に、稲わらや枯葉、枯れ草には「霜の花」が咲く。地面には霜柱が土を押し上げる。きのこのように生えるのは、不思議だ。踏むと「ザクザク」微妙な音がする。

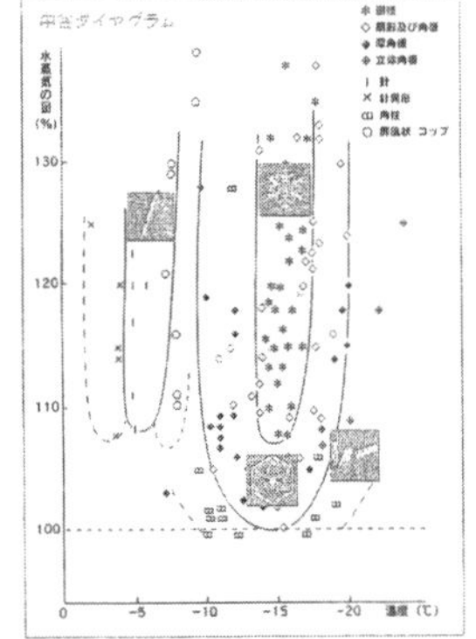

▶「中谷ダイアグラム」：中谷宇吉郎博士の「雪は天からの手紙」の内容を示す。「雪の科学館」（石川県加賀市）資料より。

「窓霜の花」：窓ガラスには樹枝状の花、「窓霜」が現れる。子どもの頃、寒いながら、窓霜は「朝一番の楽しみ」であった。日替わりで、珍しい「自然の美」である。見た後、指で「へのへのもへの」の顔を画き、隙間から、外の景色を望む。空や山、たんぼや川、雪景色も見える。これも日替わりで、景色を楽しめた。樹枝状の結晶成長では、近年コンピュータで図形を画き､研究されている。これは、「自己相似」「フラクタル」とよばれ、**19-8**に書いた。

▶ 雲粒と氷晶の顕微鏡写真

「ダイヤモンド・ダスト」：この風景は奥山などに現れる。太陽の下、ダイヤをばら撒くような豪華な「自然の美」である。水蒸気が、直接細かい雪の結晶になったとものである。針葉樹には、大きな樹氷も出現する。重なり「アイスモンスター」といわれる。水は屈折率が高く、微結晶はよく輝く。近年の研究によると、巨大な南極の氷は「ダイヤモンド・ダスト」の可能性が強いという。大気の温度に逆転が起こると、高層から「天の雪」でなく「地の雪」が積上る。それが、富士山のように積上がるらしい。

氷の種類：普通の氷(Ih)は、六方晶系の結晶である。水分子間の水素結合は「強く弱く」、柔軟で、超高圧では、多様な氷結晶に相転移する。ブリッジマン(米)は、超高圧で「氷Ⅳ－Ⅶ」を作り、ノーベル物理学賞を授賞した(1946年)。現在まで、氷結晶は17種作られたという。

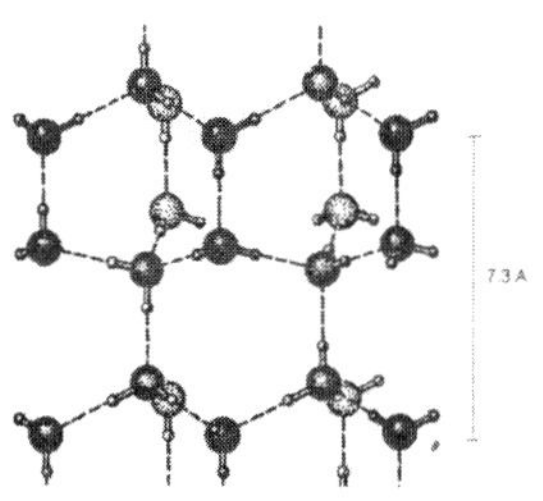

▶ 氷の結晶構造：氷は水分子が格子状に並んだ結晶である。身近な氷（Ih）は六方晶系の結晶で、底面や側面の酸素原子をつなぐと六角形や四角形が現れる。雪の結晶も六角、四角が微細に現れる。「雪の結晶」写真は多数あるが、「千差万別」で同じ形はない。単位 A（オングストローム）は 108（1億分の1）cm。

普通の氷以外は、水より密度が高い。普通の氷では、冬の氷がある。湖面やバケツの水の上の氷である。軒下に垂れる氷柱などは、無色透明、規則的な格子で単結昌が多い。夜の放射冷却でゆっくり凍った氷である。他方、冷蔵庫など急冷の場合、氷に気泡や不純物の欠陥が入り、多結晶やアモルファス氷になる。白い曇りは欠陥部での光の散乱による。

13-3 「ゾルーゲル」相転移…豆腐・こんにゃく・アイスキャンデー

豆腐やコンニャクは、子どもから老人まで優しい健康食品だ。「わびやさび」の味もある。子どもの頃は、正月や祭りのご馳走だった。夏の夜の「きもだめし」では、こんにゃくは「幽霊やお化け」に変身。突然触られると「ヒンヤリ」「ビックリ」。英語では「悪魔の舌」らしい。豆腐やこんにゃくには生きもののような弾力がある。しかし90%以上が水。骨や皮もないのに、多量の水がどうして固まるのか？ ヨーグルト、ゼリー、ジャム、寒天、ところてんやようかんなども弾力性。これらの変化は、科学で「ゾルーゲル」相転移とよばれ、生命の「誕生や構造」にかかわるとされる。

豆腐とこんにゃく：豆腐は大豆のタンパク質と脂肪。蛋白質は窒素も含む高分子、脂肪は炭化水素のつながる高分子。こんにゃくの材料はいもで、主成分は、糖類の「マンナン」。化学式は($C_6H_{10}O_6$)で、n、nは何千何万の大きな数を意味する。多数の原子による長鎖状高分子で、分子量は大きい。栄養素ではないが、健康に役立つ。

こんにゃく：水芭蕉に似た構造である。葉や茎には、暗赤紫色の丸い模様がある。サトイモ科でインド原産である。収穫には、植え替えで3年かかり、30cmの大きさにもなる。こんにゃくは、ネギとともに、群馬の下仁田が特産地。ここは、大地の公園「ジオパーク」で、富岡製糸場などの絹産業遺産群－世界文化遺産とも近い。

▶ こんにゃくの花芽：水芭蕉に似た構造。葉や茎に暗赤紫色のまるい模様がある。

高分子「コロイド溶液」「ゾルーゲル」相転移：高分子のデンプン、脂肪、タンパク質やマンナンは、水と混合しても固まらず分散する。これはコロイド液「ゾル」といわれ、生命体は大部分コロイド状とされる。分散のコロイド粒子は動きの遅い微粒子ながら引力がある。そして濃度、温度や添加イオンなどで急激に変化する。これは「ゾルーゲル」相転移といわれる。

コロイド粒子間の「引力と固化」：コロイド粒子間の結合は、「網や蜂巣」状の安定構造をしている。その間に、大量の水を保ち、体積が数千倍になる場合もある。結合の種類には、高分子の共有結合、水素結合やイオン結合などがある。これらの種々の結合における相互作用、協力現象で固化する。水も水素結合で、固化に参加するだろう。高分子ゲルのうち、高分子の結びつきの弱いのが、ゼリー、寒天、豆腐、こんにゃくなどの「物理ゲル」といわれる。さらに、高分子を化学結合させたのが「化学ゲル」で、コンタクトレンズや吸水剤などになる。

健康食品の相転移：豆腐やこんにゃくを固めるには、苦汁や石灰が使われる。これには、マグネシウムやカルシウムの金属イオン(Mg^{++}、Ca^{++}など)が含まれる。イオン間の電気力は強い結合力。ロープのような一直線の縛りである。水素結合や分子間力は、ロープ間も柔軟にかがる役割だろう。これらの協力関係で、うまく一様に固まる。健康食品と味には、良質の水と原料、添加物の量と温度の微調整など、伝統の技術が込められる。それらは固まり具合、舌触り、味、すべてにかかわる。結局すべて大切なのだ。もともと多数の協力現象で、協力関係は健康食品にも生きている。

豆腐と薬味「珍しいゴマ」：薬味はネギ、ショウガ、ミョウガ、シソ、サンショウ、ユズ、ゴマなどいろいろある。ゴマの原産は、アフリカのサバンナ、種類は約3000種にものぼる。日本では、3種（白、黒、金）に大別され、主産地は鹿児島県の喜界島である。煎り方をはじめ、料理で風味が変わる。精進料理の「ごま豆腐」もある。ゴマは江戸時代から、天ぷらなどで広がったという。栄養の脂質は、リノール酸とオレイン酸で、さらに最近、「ゴマリグナン」が注目され、抗酸化作用と老化防止になるという。

▶ミョウガ

▶フキ

▶ヨモギ

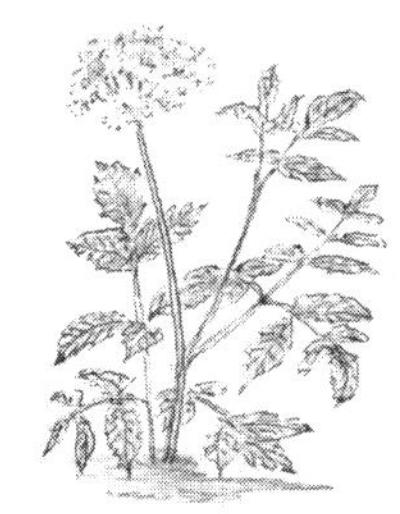
▶セリ

13-4　太陽系「水と生命」…水の神秘性「三態変化」「水和構造」

水は温度変化で相転移する典型的な物質。つまり「気体（水蒸気）－液体（水）－固（氷）」の三態変化で、水は形や密度、性質を変え、多様に振舞う。「生命の水」「宇宙の水」、すべて「三態の変化」で、複雑な振舞いである。また水中のイオンは、水と結合「水和構造」になり、動きや性質が変わる。「糖衣」や「羽衣」をつけたような「カゴ構造」である。生体物質は「水の衣」て、酵素やホルモンも加えて、「神秘の生命活動」が進められている。

宇宙の「水と生命」注目の彗星：太陽系や宇宙には水・氷が多量にあり生命の源だろう。太陽系は約46億年前誕生。彗星「ほうき星」は、その頃の「化石」とされ、太陽系の起源も示すと注目されてきた。彗星は「汚れた雪だるま」ともいわれ、太陽に近づくと、表面が溶け気体の長い尾で輝く。これまで「ハレー彗星」が有名（1910、86年）である、長周期の楕円軌道で、古里は、太陽系の辺縁の環「カイパーベルト」である。ここに準惑星「冥王星」もある。

2013年末には「アイソン彗星」が期待されたが、太陽に接近で崩壊した。「すばる」望遠鏡による、崩壊前の分光観測では、アンモニアなど生命物質が存在しているとされた。宇宙船「ソユーズ」の若田光一船長も、この彗星を撮影、無事帰還(2014.5)した。地球は、「青く美しい惑星」「ありがたい」と語る。

太陽系と探査「家族写真」：太陽系は太陽が中心である。周囲を惑星「水星・金星・地球・火星・木星・土星・天王星・海王星」が、この順で取り巻く。また太陽系には、電子や陽子流などによる、強い「太陽風」「磁気嵐」がある。米航空宇宙局(NASA)の宇宙探索機「ボイジャー」は地球発35年、全惑星「太陽系家族写真」を撮影した。

「木星と土星」：木星では、大目玉「大赤斑」「帯模様」や衛星「イオ」の火山活動がある。帯模様は巨大な大気の渦や気流である。衛星「エウロパ」は、表面十数キロの氷、その下は海らしい。木星には、強い磁場やオーロラもあるとされる。米のNASAの探索機が到達(2016年)、内部構造も観測した。土星は「二重の環」があり、主に氷玉、衝突と離合集散でさまざまの模様とされる。

土星の衛星に生命の可能性：日米欧の研究チームは、土星の衛星「エンケラドス」に生命の育つ環境(水、炭素、窒素、有機物、熱のエネルギー)があると発表した(英科学誌『ネイチャー』2015年)。NASAの探索機「カッシーニ」の観測データの分析から、噴出蒸気の有機物に加え、岩石と熱水による二酸化ケイ素の微粒子も確認されている。衛星の地下は、地球の海底熱水孔に似た状態で、硫化水素で生きる細菌、エビやカニも生息可能という。

地球外で生命の育つ可能性が初観測された。この衛星の熱源は、「潮汐による加熱」「放射性物質の崩壊熱」などらしい。なお、探査機は打ち上げ以来20年観測を続けたが、大気層に突入燃え尽きた(2017.9.15)。この探査機は、土星衛星に生命の可能性を示すなど、「偉業は消えない」とされる。寿命の尽きる寸前の観測「土星の環」は、テレビや新聞で報道された。白～黒までの微細な線で、「バウムクーヘン」の輪に似ていた。

土星と彗星と氷：太陽系や宇宙には、水・氷が多量にあり、生命の源である。太陽系は約46億年前に誕生、彗星は汚れた「雪だるま」といわれ、太陽に近づくと、溶けて気体の長い尾で輝く。これまで1910、86年の「ハレー彗星」が有名だ。長周期の楕円軌道で、古里は太陽系の辺縁「カイパーベルト」「輪の構造」とされる。冥王星もここにある。2013年末には「アイソン彗星」が期待されたが、太陽に近づき、崩壊した。

水星：太陽に最も近く最小で、岩石の地球型惑星。大気はほとんどなく、昼の表面温度は430℃、夜は零下170℃の「寒暖地獄」とされる。水星は米探査機「マリナー」などが観測したが、接近が難しく、謎が多いとされる。水星には、地球のように、磁場や火山活動の跡があり、内部には、今も溶けた金属核の存在が推定されるという。2018年10月には、日欧共同の水星探査機の打ち上げが成功した。7年の長旅とされる。

第14話

水と電気…電気をためたり流したり！

電気は、日常生活で広く使われている。現代生活は、電気なしでは成り立たない。物質の電気的性質では、まず電気の流れ易さ、つまり電気伝導度がある。この性質から、物質は「導体・半導体・絶縁体」に分けられている。では、「水と電気」の関係はどうだろう？ 水は、状態によって広範囲に変化する。「絶縁体・半導体・導体」にわたり、複雑とされる。通常、電気の話は身近な電気現象、電流などからはじまるが、ここでは水を優先して、水分子「一粒の水」の電気的性質から出発する。

14-1　電気の伝導、水分子の双極性…水は「絶縁体・半導体・導体」

水分子（H_2O）は2個の水素原子（H）と1個の酸素原子（O）が、共有結合で強固に化合し、容易には壊れない。この化合で、電子は水素から酸素側に移動する。これで水分子の電荷分布は、水素側が正（+）、酸素側が負（−）に偏る。このような分子は「双極性分子」とよばれ、強い電気的活性を持つ。まず電場がかかると、水分子が回転して方向をそろえる。

これは「電気分極」とよばれ、電気エルギーの蓄積と電気の充・放電にかかわる。特に水分子は最小の双極性分子で、微細な隙間にも入り、荷電情況を調整（誘電緩和）する。これで、生命活動を支えている。「生命と水」一体である。水分子は、比較的単純な球形分子ながら、柔軟な水素結合が現れ、無限に連結する（10-1、2）。この変化とともに、水の電気的性質は特異で、多様に変化する。

電気は「魔法」？ —曲がる水流：通常、身近な棒と水の間には引力はない。しかし、水の分極作用では、超能力のような現象も起る。触らずに、水道水も曲げられる。絶縁物のガラスやプラスチック棒は、乾いた布（絹や毛など）でこすると帯電する。いわゆる摩擦電気が起る。この棒を、落下する水流に近づけると、水流は「グニャ」と曲がる。

この不思議な引力は、帯電した棒により、水が分極して引きつけられたのである。帯電物に、ゴミが飛びつくのと同様だが、水流も曲げる大きな力になる。帯電物上の電子と水の分極電荷は多量で、その間の引力は大きい。また電気力は「遠隔力」で、離れた場所から働く。全く見えないで働くので、「魔法の杖」かと、驚かされる。ただ水流が大きく曲がるのは、分極電荷の引力だけではない。水は水素結合で、柔軟に連結しており、小さな力でも、自由に形を変えるのである。

水は多様に変化「絶縁体・半導体・導体」：水は電気エネルギーの「オン・オフ」も担い、電気の安全「充電や放電」に関わる。水分子は電気活性ながら、電荷全体は正負打消しゼロで、「電気的に中性」である。したがって、水分子は電気を運ばない。つまり純水は、絶縁体となる。しかし、不純物が溶けると、良導体になり、氷は半導体にもなる。結局、水は状況により「絶縁体・半導体・導体」になり、複雑・多様に変化する。

氷は「絶縁体と半導体」：水は0℃以下で、結晶の氷になる。もとの水が絶縁体の場合、氷も絶縁体である。しかし、不純物や格子欠陥が入ると、水素イオン、つまり陽子（プロトン）が水素結合網を伝わり、電気が流れる。この電気伝導は金属の電子伝導と異なり、温度とともに増大する。これは半導体と似た性質なので、氷は「プロトン半導体」ともいわれる。結局、水と電気の関係は、微量の不純物や格子欠陥で大きく変わる。水は「絶縁体・半導体・導体」まで、多様な性質を現すのである。水の複雑な電気的性質は、負電荷の電子と正電荷の陽子、正負の対立する素粒子の協力・共同による。

電気の「絶縁と放電」：電気は流れ過ぎると危険である。流れないと働かない。電気分極による電気作用の調節・緩和は重要で、電気作用を安全に保つ要になる。絶縁体では、電流が遮断される。しかし放電もある。絶縁体は誘電体ともいわれ、電気に反応（誘電作用）で、電気が貯められる。これで電気の「充電と放電」が起る。電気部品で云えば、コンデンサーの充・放電にあたる。

この充・放電で電気が有効に使える。また電荷は表面だけでなく、内部に微細に貯められる。特に水は水分子の双極性によって、「水素結合（網）」が作られる。この水素結合網で、陽子が連続移動する電気作用も起る。水は電気の安全性と誘電緩和で、働きが極めて大きいとされる。

14-2　いろいろな電気伝導…電気を運ぶ「電子・正孔・陽子・イオン」

物質には、「電気と電流」がある。まず電気には正負の２種があり、物質中を電気が流れる。電気を担うのは素粒子の電子（−）と陽子（+）、またそれを担う原子団のイオン（+、−）などである。物質は、電気の流れ易さから「導体・半導体・絶縁体」がある。

金属は導体の代表で電気は自由電子で流れる。絶縁体はガラスやプラスチック。半導体はシリコン（Si）などがあり、現代社会で広く使われる。まず金属から絶縁体の順で「物質と電気」の関係を見る。水の電気的性質は、条件により広く変化する。水の電気伝導は特異である。通常の導体、半導体、絶縁体とは種々の差異がある。まず身近な物質から電気伝導を取上げる。

金属は導体の代表：金属は「金・銀・銅・鉄…」などで、どれも大切である。金属の特徴には、金属光沢や莫大な数の「自由電子」もある。これは、金属原子の束縛を離れた自由な電子で、伝道電子とよばれる。金属、特に金・銀・銅などは、電子数が多く良導体である。銅は、電線の材料で広く使わる。金属は、自由電子で熱伝導度も高い。金属光沢も、自由電子の反射などによる。なお電流の方向は、正電荷の流れる方向と定められており、金属の場合、電流は電子流と反対に動く。水の電気伝導は、プロトンなどイオンによる。

半導体「電気伝導と利用」：電気伝導は、導体と絶縁体の中間である。しかし、範囲は広く、半金属や半絶縁体もある。半導体には、コンピュータで広く使われる単体のシリコン（Si）のほか、発光ダイオード（LED）や半導体レーザー、光素子用の化合物半導体など、種類は多い。電気は電子（エレクトロン、負電荷）と、電子の欠けた穴の正孔（ホール、正電荷）で運ばれる。

半導体素子では、Si結晶の薄膜トランジスター（TFT）が、コンピュータで広く使われてきた。またアモルファスSi薄膜の太陽電池も、盛んに研究されてきた。この半世紀の半導体工業の発展はすさまじく、半導体は現代社会の隅々に入っている。なお、半導体の「結晶構造」「電子や正孔」「バンド構造」などは**11-4**。

絶縁体の代表：絶縁体は誘電体である。その代表は、紙、ガラス、陶磁器、プラスチック、油、綿や毛の衣類など、種々である。水も純度が高い場合は絶縁体になる。ふつう絶縁体の電子は、原子に束縛されているが、激しく振動している。この振動状態は、電磁気の作用で変化する。つまり絶縁体も電気作用は強い。電気を止めたり、貯める働きもある。この電気作用は、物質により大きく異なる。

絶縁体では熱は伝わり難いが、水は電子レンジなど、電磁波で揺さぶられると温度が上がる。

高分子は絶縁体：人工物のプラスチックやポリエチレンなどは絶縁体の代表とされた。これは、「ひも状高分子」で、化学式では「$-CH_2-CH_2-CH_2-$」のくり返しである。高分子は、1万程度以上の分子量を持つ化合物とされる。これが注目されたのは1930年代のことである。植物のセルローズからはじまり、10年以上の議論の末、高分子の概念が確立した。弾性のゴムも長鎖状高分子で、タイヤや電気絶縁によく使われる。

液晶は誘電体の「ソフトマター」：液晶は生体に広く含まれる。現在はコンピュータ・テレビ・携帯電話・時計など、画象表示に広く使われている。「液晶」は、1888年にオーストリアの植物学者ライニツアの発見にはじまる。不思議な生体物質の「白濁と透明」「紫と青」「2つの融点」の発見である。コレステロールの化合物である安息香酸エステルなどを熱したのである。その翌年に、ドイツの物理学者レーマンが、この物質は液状ながら「長い棒状高分子」が結晶状に並ぶと確かめ「液晶」と名付けた。液晶は、ベンゼン環などを持つ細長い分子とされる。

液晶の特性：液晶は電気を流さない絶縁体（誘電体）である。これは、電場の作用で液晶分子が整列、光の反射・屈折も大きく変わる。これは、液晶分子が双極性分子であるためで、電場の作用でよく回転する。双極性分子は電気反応が強い。また誘電緩和は、電場への応答、分子の回転や復元状況を示している。これらの研究が集大成され、今日の液晶利用の基礎となった。

液晶の「巨大産業とノーベル賞」：液晶は、ヨーロッパでは学問的興味から広く研究されたが、応用は1960年代からとされる。今日では、液晶は世界で数十兆円規模の巨大産業になっている。液晶には、「スメクティック」「ネマティック」「コレステリック」などの配列がある。液晶素子では、液晶が導電性ガラスに挟まれ、電場で液晶分子の並びが制御される。これで、光の透過を調整、カラーフィルターを通し、色つき映像が表示される。多くの研究はドゥジェンヌ（仏）のグループにより、誘電緩和や分子運動の理論で集大成された。1991年には、ノーベル物理学賞に輝いた。授賞講演は「ソフトマター」であった。

表示機器の変換「ブラウン管から液晶へ」：昔のテレビなどには、大型真空管のブラウン管が使われた。現代になると、壁掛けテレビなどの液晶表示に変わった。機能や使用する科学・技術も大変換だろう。ブラウン管は、古典的電磁気学に基づく大発明だが、液晶テレビでは「光電効果」など、現代物理学の量子力学も必要とした。

導電性高分子の新発見：一般に、高分子は絶縁体である。しかしこの常識は、白川英樹博士らによって、「導電性高分子の発見と開発」で破られた。また2000年、ノーベル化学賞に輝いた。白川博士によると、発見は「偶然と失敗の結果生まれてきた」とされ、「現代の錬金術」らしい。この高分子は、ポリアセチレンの直鎖状高分子で、触媒を使いアセチレン〔H–C＝C–H〕の重合で合成される。もとは絶縁体だが、不純物添加で導電性が制御された。

高分子の炭素原子「動くπ電子」：この導電性高分子は、二重結合（=）と「π電子」1個を持つとされる。これは、π軌道にある孤立電子である。炭素原子の結合では、外殻の電子が混成軌道を作る。また三方向に120度の角度で伸びた軌道があり、それぞれ電子2個が入り安定化する。それ以外に、直角に立つπ軌道があり、そこの電子は不純物添加で、導電性を持つといわれる。導電性高分子の応用では、電池、電解コンデンサーや有機エレクトロルミネッセンス（EL）素子に広がっている。

14-3　イオンと電解液…電気の飛び交う食塩水

食塩は水によくとけ、食塩水になる。しかし「水と食塩水」は味では分かるが、色や匂いでは区別来ない。目では見えないが、食塩水では、電気を帯びた微粒子が飛び交っている。一般に、電荷を持つ微粒子、原子や原子団はイオンといわれる。またイオンで電気分解できる物質は、電解質、その溶液は電解液とよぶ。電解液は、血液など、生命と深い関係がある。

電解液「血液と海水」：これらの液には、多種のイオンが含まれている。ナトリウム（Na^+）、カリウム（K^+）、カルシウム（Ca^{++}）や塩素（Cl^-）など、イオン濃度も高い。上付きは、荷電を示す。電解液では、さまざまな物質のイオンが飛びかい、運ばれ、交換も起こる。特に生命活動は、電解液なしでは保てない。生体内での情報伝達も、まず水とイオンがかかわっている。植物の栄養素なども、根からイオンの形で吸収されている。例えば､肥料になるアンモニウムイオン（NH_4^+）など。

食塩水…身近な「極微の世界」：食塩（NaCl）は、イオン結晶といわれる。正電荷のナトリウムイオン（Na^+）と負電荷の塩素イオン（Cl^-）が交互に並んで、立方体の格子を組む。原子間の結合は、正負の電荷間の引力（クーロン力）である。この電気力は強く、食塩は固い結晶である。機械力ではイオンに分解は難しい。しかし水に入れると、容易に塩水になり、イオンとして「極微の世界」に入ることになる。

電解質の分解「水とイオン」：食塩は固い結晶だが、水に溶けて容易にイオンになる。それは、水分子が双極性で、電荷の偏りを持ち、食塩のイオンの電荷を微細に打ち消すからである。すなわち、ナトリウムイオン(Na^+)には水分子の酸素側(−)、塩素イオン(Cl^-)には水分子の水素側(+)が近接して作用する。

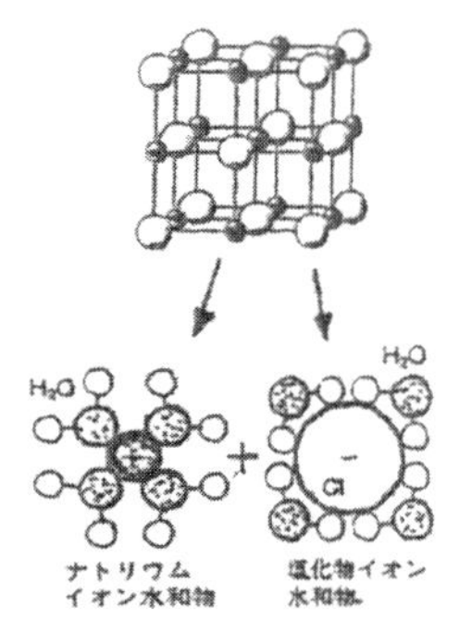

▶イオン結晶 (NaCl) と水和物。○：Na, ●：Cl

これで電荷は打ち消され、イオンは1個ずつ、水中に引き出される。電気力は機械力と異なり、原子や分子間に微細に働く。五感には感じられないが、強力である。そしてイオンは、水分子に囲まれ「水和物」の構造になるとされる。

水中イオン「ミネラルや養分」の安全輸送：水中に溶けたイオンは、容易には沈まない。したがって、血液などで輸送や循環に有利で、ここにも水の双極性が働く。イオンの電荷が水分子の分極作用で打ち消され、包み込まれる。この構造は、「水和構造」「カゴ構造」といわれる(15-2)。水は水分子の分極作用で、誘電率が大きい。これに逆比例して、イオン間の電気力は弱くなる。したがって水中の正負イオンは、比較的安定に存在できる。ミネラル分や栄養分も、水分子の「衣やカゴ」に包まれ、安全輸送される。イオンの再結合は、容易には起らない。食塩水では、正負のイオンが無数に飛び交う。

14-4　電池と電気分解…カエルの足から「電池の発明」!?

現代生活で電池は広く便利に使われている。おもちゃ、通信機、照明器具、カメラ、時計…。この電池はどう発明されただろう？ 発端は、イタリアの解剖学者ガルバーニの「生物電気」の発見といわれる。解剖後のカエルの足、メスが触れて痙攣した。この観察がきっかけとされる。電気では、感電が危ない。摩擦の電気でも、神経には「ピリッ」とくる。「生物電気」の発見は、当時の科学界で大反響だったという。

「生物電気」から「電堆」「電池の元祖」へ：カエルの電気現象の研究は続けられ、雷の日にも、カエルを窓枠にかけて実験したという。カエルでの発見は、ボルタに受け継がれた。彼は研究を続け、現象の本質は「生物電気」ではなく、足と２種の金属の接触と考えたという。そして、「生物電気」発見から約20年後、ついに「電堆」「電池の元祖」を発明したとされる(1800年)。

画期的な「電池の発明」：ボルタの「電堆」は、電解質を２種の金属電極ではさむ構造になっている。電池では、液体や固体中のイオンの動き、化学作用が利用されている。電気現象は速く、動きがつかみにくい。魔法のようにも考えられた。この中で、電池の発明は画期的とされる。これで安定な電源がえられ、実験から、電気の性質や働きが明らかにされた。電磁気学の大発展である。電池の発明で、電磁気の精密測定が可能になった。これはファラデー・マックスウエルの電磁気学に続いた。今日では多種の電池が広く普及する。

▶ A. ヴォルタ

電池の発展：電池は、電堆が原型で、電解質を二種の電極ではさむ構造になっている。例えば、食塩水でぬれた紙を亜鉛(Zn)と銅(Cu)ではさむ構造である。レモンの輪切りをはさんでも、電池になる。性能向上では、電解質や電極の選別が行われてきた。電池は液体ではじまるが、19世紀中頃には、蓄電器や固体のマンガン(Mn)乾電池が発明され、普及した。現在の乾電池とほぼ同じである。現代では、電池の種類は多い。90年代に、リチュウム(Li)イオン電池が製品化された、小型・大容量・長寿命で、広く普及した(携帯電話、デジカメ、自動車や飛行機など)。

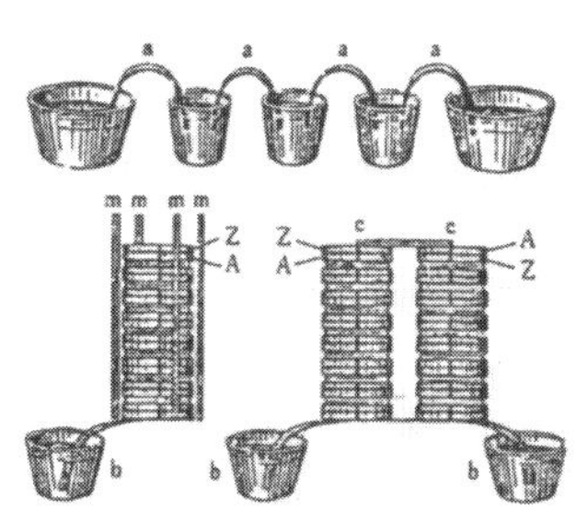

▶ ヴォルタの種々の電堆
(Philosophicaltransaction)

「リチュウムイオン電池開発」にノーベル賞：2019年のノーベル化学賞が旭化成名誉フェローの吉野彰博士と米国の2博士に授与された。この電池は、身近に使われており、トップニュースで日本中が沸いた。テレビ取材など、吉野博士の話によると、企業での基礎研究には、何段かの難関があるという。そこで芽が出ないと、研究テーマの切り替えになる(大学の場合と異なる)。基礎研究の難関を乗り越え、製品化に到達しても、製品が売れない時期は、「真綿で首」の苦しみとなる。

基礎研究は、難関続きながら、企業研究者にも、ノーベル賞受賞が広がった。2002年に、化学賞を受賞した田中耕一・島津製作所シニアフェローに続き、日本の企業研究者にも、ノーベル賞受賞が続いた。受賞への道も、さらに広がったであろう。

ノーベル賞の受賞理由：リチュウムイオン電池が、便利で高性能であるということに留まらない。授賞理由として、「脱化石燃料社会を可能に」すると述べられ、化石燃料からの脱却、環境問題解決の可能性に、言及されたことである。吉野博士は、「リチュウムイオン電池で巨大蓄電システムができることになり、太陽電池や風力発電が普及しやすくなる」と説明する。これまで、自然エネルギーは天気任せで、不安定と批判されたが、巨大蓄電システムが可能となると、最も安定で持続的な自然エネルギーを、人間と社会が利用できることになる。問題は安全性で、これも多くの衝撃・爆発実験で確かめられた。

難関・難題も笑顔で結ぶノーベル賞：今回の電池の受賞では、不思議で珍しいことがある。受賞者の吉野博士への取材やテレビ出演によると、厳しい難問・難題の話ながら、すべて「笑顔」で結ばれている。このようなノーベル賞は珍しい。また、受賞理由に、環境問題「脱化石燃料社会」があるのも稀である。

吉野博士が化学に関心をもった原点の質問には、小学４年生のとき、先生から、ファラデー「ローソクの科学」の紹介があり、化学は面白いと感じたということであった。この話がきっかけとなって、この本は売り切れで、大増刷らしい。多数の人が、科学に関心を寄せ、動いた――これは、科学の普及への一大貢献であるだろう。今回の受賞も、難しい内容ながら、お話は段差がなく、分かり易かった。

電池の安全性：電池の安全策では「全固体電池」「ナトリウム（Na）電池」などが研究されている。固体電池では電解液を難燃性の「無機固体電解質」に変えるが、問題は、液体に比べイオンが流れ難く性能が落ちること。どの電池でも電解質と電極材料は電気を流し易く、また流れ過ぎない歯止めが必要。この難題解決には材料研究が一層重要になる。固体電解質の電池は電気自動車や携帯電話など、期待は大きい。

太陽電池：太陽電池は、太陽光の光エネルギーを直接電気エネルギーに変える電池である。電力を広げられる画期的発明で、半導体工業の発展で、急速に広がった。通常の化学電池と異なる原理で、植物の威力「光合成」に似た働きになる。まだ効率は低いが「化石燃料」に変わる自然エネルギーで、世界で開発・導入が進んでいる。この分野では、日本は先進国だったが、「脱原発」のドイツなどに比べ遅れてきた。

水素燃料電池：燃料電池車などで、研究・開発中である。燃料の水素を使うが、燃さないで水素と空中の酸素を化合させて、発電する。理科実験の電気分解の逆反応である。水素と酸素は化合し易く、爆発性がある。自動車用の燃料電池では、水素イオンしか通さないイオン交換膜で、水素と酸素を分離する。

電池には、導電性の電解液や高分子膜が使われる。この電解質では、陽子（プロトン、H^+）が流れ、電子も入る。酸素電極の界面では、酸素も侵入する。そして化学反応では、白金の触媒を使用という。この反応効率を上げるため、ナノ粒子として、カーボン微粒子に分散される。燃料電池車は、まだ高価である。白金（Pt、プラチナ）が貴金属で生産量が少ないこと、イオン交換膜の耐久性などが問題という。

新しい「ツチニカエル電池」：有害物質を使わず、「土にかえる」電池を開発したと、NTT武蔵野研究所が発表した。この電池は、一辺が約2cmの正三角形である。電圧は1.1ボルトで、約24時間LEDを点灯できるという。新電池の電極は、生物組織を炭化させたプラスチックである。電解液は肥料成分で、ほぼ中性という。炭素電極は、昔なじみの電極材料だ。プラスチックの炭素電極は、微生物で細かく分解され、土に返るとされる。この電池は危険物を含まないので、火山や川の流れなど、環境調査に使えるという。

電気分解やメッキの話：物質を構成する原子は、それぞれで正負の電荷を持つ。特にイオン結晶や金属は、イオンになりやすい。電気分解は、電気作用で物質を原子や分子に分解することである。デービー（英）は、食塩などの電気分解を成功させ、ナトリウムやカリウムの元素を発見した。また電気分解は、電気メッキやアルミニウムなど冶金に発展した。なお、純水は絶縁性で、電気分解は難しい。薄い塩酸などを加え電解液で分解する。これは、中学・高校での理科実験になる。また工業用では、海水の電気分解がある。これは、食塩と水の混合型の電気分解になる。なお純水は絶縁体で、そのままの電気分解は難しい。

水の電気分解…「水の泡」で大発見：電池の発明で、安定な電源が得られ、電気の研究は飛躍的に進展した。まずニコルソンらが、「水の電気分解」を発見した。これは、電気の化学作用である。彼らは電気接触の改善に、電極に水をたらした。その時、偶然泡が発生した。この現象を確かめるため、両端をコルクで閉じたガラス管に水を満たし、白金電極を入れ、電流を流している。両方の電極から、泡が盛んに発生。そして、陰極では水素ガス、陽極で酸素ガスの発生を確認した。つまり、水（H_2O）が水素ガス（H_2）と酸素ガス（O_2）に分解された。「水の電気分解」の大発見である。また水は、「水素と酸素」の化合物と分かった。

14-5　極微も探る「電気分解の法則」…電気素量、原子と電気を数える話

ファラデー（英）は、電池の利用で「電気分解の法則」を発見した（1831年）。これはデービーの研究の発展で、これで「電気化学の基礎」が築かれることになった。

ファラデーは、天才的な実験家とされ、デービーの「最大の発見」は、「ファラデーの発見」ともいわれている。電気分解に出る「イオン」の名づけは、ファラデーとされる。ギリシャ語で「行く」「放浪するもの」の意味である。イオンは、動いて電気を伝えるが、金属の電子伝導とは異なる。それを分離して、法則も発見した。金属電子の流れは、瞬間、液中のイオンは「放浪」に似て、動きが遅い。

「電気分解の法則」：見かけは簡単で、実用的である。内容は、「電気分解で出る物質量は、その間流れた電気量に比例する」ということである。例えば、一定の電流を２倍の時間流すと、電極に２倍の物質が積る。メッキでは、２倍の厚さになる。さらに、この法則は、「極微の世界」にも通じていた。極微の「物質と電気」、原子数や電気素量を知る手段にもなった。つまり、「物質と電気」の比例関係は、原点近くで考えると、物質に最小単位（原子）がある場合、電気にも最小単位（電気素量）があることを、直接示している。

「電子と電気素量」の発見：電気の「最小単位と担い手」の発見である。「電気素量」とは、電子や水素イオン（陽子）が持つ、ごくわずかな電気量である。これが「電気量の最小単位」で、約1.60×10^{-19}C（クーロン）とされる。物質は原子から成立ち、原子は原子核と電子から、原子核は、陽子と中性子で構成されている。これらが段々分かってきた。

▶ マイケル・ファラデー

電子と陽子は、電気素量を持つ素粒子である。電子の電荷は負（−1）、陽子は正（＋1）である。中性子は、電荷ゼロで、陽子とほぼ同質量の素粒子である。これら電子や電荷の発見、原子の知識はファラデー以降のもので、19～20世紀に精力的に研究された。ファラデーの「実験と発見」は、原子・分子の「極微の世界」を探る先がけになっている。

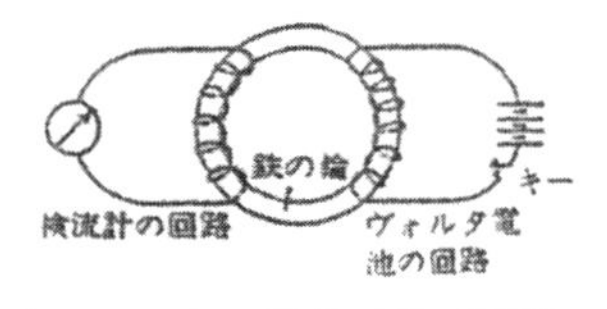

▶ ファラデーの電磁気実験の器具類：単純な装置で「電磁誘導の法則」など、電磁気学の基本法則を発見した。見えにくい不思議な法則である。発電機やモータの原理で、現代社会で広く使われている。

原子「個数や電荷」を数える!?：電気素量やそれを荷う原子やイオンは極微で直接には観測できない。しかし、「電気分解の法則」の発見で、電気量と物質量の比例関係が分かってきた。そうなると、電気量と物質量のどちらか原子単位で数えると、どちらも、原子単位で正確に測定される。つまり、原子の「極微の世界」が探れる。その後「電子の発見」「電荷の測定」があり、これらを合わせ、原子数や電気素量が正確に決められた。

電気分解での「ガス量・メッキ量・電気量」：これらの量は、装置と五感で精密に測定される。この測定量から、逆に電流を運ぶイオン数、メッキにかかわる原子数、ガスの含む分子数などが計算される。ファラデーの「電気分解の法則」を使った比例計算だけで、原子・分子の「極微の量」「莫大な数」が数えられるようになった。ただ個数は、極めて多数なので、物質量は、新しい「モル単位」に変更された。水の１モルは18g、この中に含まれる分子数は、約6×10^{23}個「アボガドロ数」である。

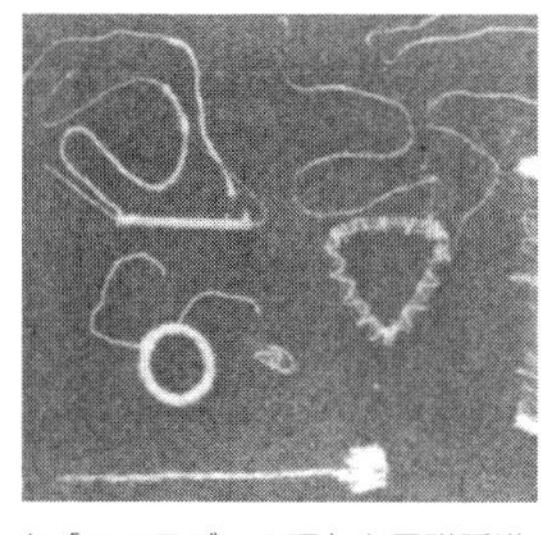

▶「ファラデーの環」と電磁誘導実験：電磁誘導実験の説明図。右のコイルの電流が変化すると、鉄心の磁場が変化する。それに伴い、左のコイルに電流が誘導される。鉄心には木綿の布が巻かれており、電気的には絶縁されている。

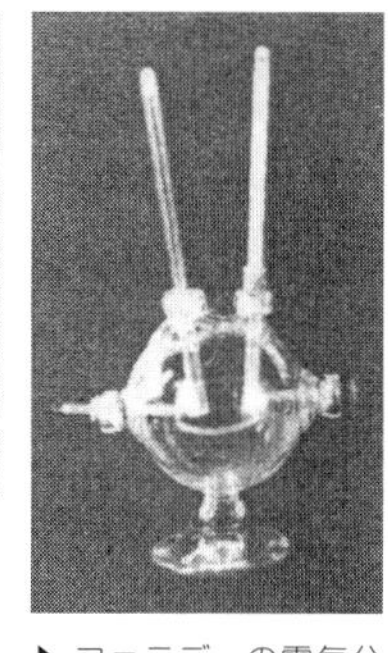

▶ ファラデーの電気分解実験装置。ロンドン王立研究所蔵。

第15話

水は「静濁あわせのむ」…水の高い溶解度と汚染

15-1　「水と河童」「妖怪と溶解」の話

溶解とは何だろう？ 溶解とは溶けること。食塩水や砂糖水などいろいろある。水は「清濁あわせのむ」とされ、栄養物と廃棄物、毒と薬、何でも溶解する。溶けてたちまち消え、またどこかに現れる。溶解は、妖怪のように奇妙で不思議だ。しかも、溶解は「水汚染」「環境問題」に深くかかわる。現代社会では、妖怪や幽霊はそれほど恐くないが、汚染の溶解は恐ろしい。妖怪はよく分からないが、突然現れ、消えるものである。また水と関係が深く、「有りがたさ」「恐ろしさ」の両面がある。妖怪と科学の「溶解」は発音とともに、似た内容も多いだろう。

「水の不思議…高い溶解度「清濁あわせのむ」：水は強力な溶媒である。固体、液体、気体、何でも溶かす。気体で溶けやすいのは、アンモニア（NH_3）や二酸化炭素（炭酸ガス、CO_2）である。酸素ガス（O_2）は、溶け難い。それでも、1リットル中に10mgぐらい溶け、魚も酸素呼吸で生きられる。水の溶解度は、物質により広範囲に変り、12桁以上も差がある。

水の溶解度が高いのは、水分子が双極性で、電気作用が強いためとされる。この作用で溶質を細かく分解して、水中へ引き込むのである。また身近な水では、分子間に水素結合の柔軟な力が働いている。この水素結合で「水のカゴ」が作られ、栄養や薬を運ぶ「天使の籠」になる。しかし他方では、環境ホルモンなど、難溶性の廃棄物や猛毒も運ぶ「悪魔の籠」にもなる。水が「清濁あわせのむ」には、注意が必要である。

妖怪の出現、平安〜江戸時代：鬼は古く「日本書記」「出雲国風土記」に出現している。最も活躍は平安時代で、その後、節分の豆まきなどにも広がる。天邪鬼もあり、鬼も形態を変え、現代にも現れる。もと天狗は深山にすみ、翼で自在に空も飛ぶという。古事紀の頃では、カラスやトンビに似たものであった。しかし、現在とは異なり尊重され、深山熊野の「ヤタガラス」は、神の使いとされる。平安時代には、天狗は異仏教の魔界や山伏にも近づいたという。

江戸時代には、「高い鼻の天狗」も出現した。これは上位の大テング、下位の小テングは昔の姿らしい。ぼやけた姿の幽霊は、平安時代の「今昔物語」で出現という。江戸時代には、真黒で赤い目や口を開ける「ウミ坊主」、舟を沈める「タコ入道」、美しい「人魚姫」など、さまざまである。妖怪では、河童が有名、江戸時代に出現「愛すべき妖怪」になった。妖怪は、その頃の自然や社会、風土に合わせて出現、精神界で「不思議な働き」があるとされる。

▶ かわいい鬼

河童は全国に：水陸両棲の妖怪で、伝承は多い。山里から身近な川に降りて来て、人間と自然の共生の大切さを訴える。夏は川、冬は山にすむ。キュウリや相撲好きといわれる。代表的な姿は、「オカッパ」の頭と皿である。いたずらもするが、田植や草取りもする。これは大仕事である。有名なのは、「河童の雨ごい」だ。旱ばつの時、頭の皿や甲羅も干あがるほどの「雨ごい」をする。涙ぐましい働きだろう。

「河童伝承大事典」では、河童は、「零落した水神」「水そのもの」である。人々は、「河童」の形で水への畏れと感謝を伝えたとされる。利根川には、大氾濫を治める河童の女親分もいたという。呼び名は全国で、さまざまである。ミンツチ、メドチ、カワランベ、ガタロウ、エンコウ、ヒョウスベ、カワッパ…。

「民話の里」の河童：岩手県遠野は、「昔話の里」「民話の里」である。「カッパ」「オシラサマ」「座敷ワラシ」「河童狛犬」もいて、妖怪が人気である。兵庫県・福崎町には、今も河童の兄弟「ガタロウ」「ガジロウ」が、水連や鯉の池に出るらしい（テレビ）。ここは、民俗学者柳田国男の古里である。遠野「民話の里」ともつながる。

かっぱ橋：長野県・上高地の梓川にかかる木製のつり橋である。上流を眺めると、雪の穂高連峰がそびえている。上高地は、中部山岳国立公園の一角、国特別天然記念物で毎年百数十万人訪れる。かっぱ橋では、「開山祭」が開かれる。河童は、高地にもいたらしい。

▶ 河童は、日本の妖怪・伝説上の動物。河太郎（かわたろう）とも言う。ほぼ日本全国で伝承され、その呼び名や形状も各地方によって異なる。水神、またはその依り代、またはその仮の姿ともいう。鬼、天狗と並んで日本の妖怪の中で最も有名なものの一つとされる。

東京の「河童伝説」：ほとんど聞かないが、長編アニメ「河童のクゥと夏休み」（木暮正夫原作・原恵一監督、07年全国公開）は、東京の武蔵野台地中央、東久留米市の南沢緑地が舞台である。ここは都内有数の「湧水の里」「東京の名湧水」とされる。200種類以上の植物20種以上の野鳥、魚類が観察できる。この付近には約３万年前の旧石器時代から人が住み、江戸時代は、食糧供給地だったという。ここで河童伝説が掘り起こされてきた。河童も人間も、清水は欠かせない。水は、「命と健康」のもと、「いのちの源」である。

河童のモデル：これは「ニホンカワウソ」ともいう。「水かき」があり、水に浮いて走るように泳ぐ。陸に立つと河童に変身？ カワウソは、哺乳類でイタチの仲間、さらに祖先はラッコの仲間という。明治時代まで、きれいな川辺に広くいたとされる。しかし高知県で撮影以来、約30年記録がなく、環境省では「絶滅種」とした。絶滅は、毛皮の乱獲や環境悪化という。

妖怪「お岩さん」：妖怪は、幕末から江戸へいろいろ出現。殿様秘蔵の皿を割り井戸に投げ込まれた女の、播州「皿屋敷」の伝説がある。この女の亡霊「お岩さん」は、北斎の浮世絵では、「南無阿弥陀仏」の提灯を割って顔を出す。目は鋭く、長い髪はきれいにすかれている。割れた提灯の下側は顎になり、「うらめしや」の皿らしい。上側は、おしゃれの「頭巾や帽子」になっている。「びっくり仰天」の変身である。殿様を吹き飛ばし、笑いもよぶ「お岩さん」？ ボストン美術館所蔵。江戸の化け物は、「化け方」を創意工夫している。「百鬼夜行画図」もあるらしい。

幽霊に足がないのは？：このはじまりは、江戸時代の画家—丸山応挙という。幽霊の絵を頼まれたが、この難題に悩む中で、足が消えたらしい。応挙は、山水画で自然を描いたが、草花や蝶など、極彩色の精密画が多いとされる。これら応挙の絵は、四国の金毘羅宮（「美の殿堂」ともいう）に多くあり、時々公開される。幽霊は、たぶん応挙も見ていないので、写実的には書けなかったのだろう。足があると、「足跡」で、つかまり易い。

幽霊は「仮想や幻想」ともいわれ、どこに出るか消えるか、分からないものである。直接危害を加えるものではない。子どもの頃は、幽霊が怖かったが、大きくなるとともに、幽霊は消えた。探したが、怖い幽霊は見つからなかった。ただ加害の悪人には、「恨めしや」と、幽霊が出るとされる。それは人間に反省を促す精神作用の一つで、誰もが、それぞれに持つとされる。人類がこれまで生き続けられたのは、反省の精神活動も生かされたからであろう。小泉八雲の怪談「KUWAIDAN」もあり、各地の民話や妖怪話が調査・復活された。

宇宙の幽霊をとらえた!?：宇宙の研究では「幽霊粒子」とよばれる「ニュートリノ（中性微子）」が科学で捉えられた。これは宇宙から飛来する極微の素粒子で、月でも地球でも自由に通過するとされる。怖くはないが、「出没自由」「超高速」である。不思議さでは通常の幽霊を上回るだろう。しかも、確実に捉えられたのには、驚かされた。ニュートリノは、高エネルギー原子核反応で、「ベータ崩壊」の時、超高速の電子とともに放出される。この素粒子は、原子炉や太陽からも出ている。

今回は「超新星」の大爆発のニュートリノが、巨大水槽「カミオカンデ」で観測された。これを主導した東大の小柴昌俊博士は、ノーベル物理学賞に輝いた（2002年）。次いで、「スーパーカミオカンデ」での実験では、ニュートリノに質量があると分かり（電子の100万分の１以下）、今後の研究では、宇宙の誕生や「物質の起源」に迫るとされる。この研究では東大の宇宙研究所長・梶田隆章教授らノーベル物理学賞に輝いた（2015年）。ニュートリノで、二度の受賞になる。

巨大水槽「カミオカンデ」：この観測装置は岐阜県・神岡鉱山の跡地に設置され、地下約千ｍという。かつては亜鉛（Zn）の鉱山であった。カドミューム（Cd）による「イタイイタイ病」の公害が発生した。この廃坑の有効利用である。外部からの放射線を遮蔽できる。「巨大円筒水槽」では「純水５万トン」が貯められている。この水槽にニュートリノが突入すると、「青白い光」（チェレンコフ光）を発光する。これが観測されたのである。水では「世界一緻密」な「水素結合網」が、自動的に作られる。したがって「抜け穴」なしに「幽霊粒子」を確実に捉えた。不思議ながら、巨大水槽で極微の「幽霊」が捕らえられた。なお、この装置の最初の目標は「陽子の寿命」の測定だったらしい。これは、宇宙の年齢ぐらい長いらしい。

現代の妖怪「鬼太郎」：鳥取・境港は、美味の「カニ」の水上げ、また水木しげる「ゲゲゲの鬼太郎」「妖怪の里」でも有名である。さまざまな妖怪が出現、「ねずみ男」「一反木綿」「悪魔くん」「河童の三平」…。人々を元気づけ、楽します。これらの妖怪は、日本の身近な風土や伝統に根ざすとされる。他方、南方パプアニューギニアのラバウルで、死線をさ迷った－作者の戦争体験が原点といわれる。戦争や環境破壊には、深い怒りが込められた。境港の弓ヶ浜は、白砂青松百選に選ばれている。美保関は、6100万年前の隕石が保存されている。内海は宍道湖、国宝の千鳥城・松江城や神々も集まる出雲大社がある。松江市は小京都「水の都」で、船で城巡りもある。

15-2　食塩が「水に消える」不思議…「イオンと水和現象」の話

水に溶ける物質は、「電解質」「非電解質」に大きく分けられる。電解質は、正負イオンの電気的引力での結合で、電気分解も可能である。食塩は、その代表。非電解質には糖分、蛋白質や油脂などの栄養分の外に、有毒化学物も含まれる。食塩は、強固で燃えない結晶である。しかし、水に入れると、たちまち溶けて見えなくなる。温度変化では、元の結晶にもどる。このように、溶質が水と相互作用して、溶けることを「水和」という。しかし「強固」な食塩が、どうして「柔軟」な水に消えるのか？「ドロン」と消えるのは、化け物と同様だ。何がどうなるのか？

強固な「食塩と水」：食塩の正式名称は、塩化ナトリウム（NaCl）である。ナトリウム（Na^+）と塩素のイオン（Cl^-）が交互に格子状に並んでいる。イオンの電気力で、結合したイオン結晶になり、立方体構造である。強固な結晶で、焼いても壊れない。水分が沸騰した後は、「サラサラ」の「焼き塩」が残る。他方、「液体の水」は柔軟で、水分子は水素結合で結合している。しかし、個々の水分子（H_2O）は強固な分子である。これも、焼いても壊れない。沸騰では、水の水素結合が切れて、水分子の水蒸気になる。また水分子は双極性で、電荷は水素側が正、酸素側が負に偏っている。この電気力で、相互作用が起る。

水分子の相互作用「水和構造」：食塩が水に入ると、微細なイオン（Na^+,Cl^-）と水分子が、個別に相互作用「こんにちは」だろう。水分子は、双極性のため、イオン1個1個に微細に働く。これで各イオンは、水に引出され、水になじむ「水和構造」になる。水分子は、イオンの電荷を打ち消す向きで並ぶ（18-1）。通常、水は水素結合網でつながり、平均的には1個の水分子を4個で取り囲む「正四面体配置」である（12-1）。

この配置の切りかえとともに、「水和構造」が作られる。非電解質は溶け難いが、水分子多数で囲まれた水和構造で、包まれ水中に分散する。これは、水素結合網で囲む「カゴ構造」「包む衣」で、この状態で溶液に分散する(14-3)。栄養分や廃棄物も水和構造で、安全に運搬され、生かされる。生体内を、裸の電気が走ると、感電して危険である。

15-3 「酸とアルカリ」の働き…「H^+とOH^-」「pH」とは？

酸とアルカリ(塩基)は、どちらも日常生活に出る。酸は、五感では酸味である。胃では、胃酸が出る。水溶液や食べものは、「酸性・中性・アルカリ性」がある。水は中性である。酸性度は食べものをはじめ、美容と健康、クリーニングなど、生活全体にかかわる。科学では、「酸とアルカリ」はイオンの話になる。イオンは、電気をおびた微粒子(原子や原子団)で「ミクロの世界」に入る。食べられる酸では、まず酢酸で、食酢は４％の水溶液である。リンゴ酸やクエン酸が続く。「ピリピリ」の炭酸水も、水に二酸化炭素が溶けた弱酸である。酸とアルカリのテストでは、青色リトマス紙(植物色素)が赤くなると、酸性である。赤色リトマス紙が青色に変わると、アルカリ性である。

「酸性」「アルカリ性」とは？：この性質は、極微の水素イオンと対応付けられている。酸は水素イオン(H^+)を出す物質、アルカリは、水酸イオン(OH^-)を出す物質とされる。水素イオンは水素原子核、つまり陽子(プロトン)で、特に水中でよく動き働く。この水素イオン濃度「pH」(ペーハーまたピーエイチとよむ)で示される。

リンゴのリンゴ酸

COOH
|
HO-C-H
|
H-C-H
|
COOH

純水は、pH7で中性、これより小さいのが酸性、大きいのがアルカリ性。イオン濃度は数ケタも変わるので、対数(log)目盛「14-2」になり、$pH=-\log 10\ [H^+]$で表される。pH目盛が「1」変わると、イオン濃度は10倍変わる。純水(H_2O)は、わずかイオン化している。この化学式は、$H_2O=H^+ + OH^-$。イオン濃度は$[H^+]=[OH^-]=10^{-7}$。$pH=-\log_{10}10^{-7}=7$。

強い「酸とアルカリ」は危険物：塩酸(HCl)、硫酸(H_2SO_4)や硝酸(HNO_3)などの水溶液は、強い酸で危険物である。薄い希塩酸は、トイレや洗面所の掃除や錆落しなどでも使われる。酸水溶液には、次の共通した働きがある。すっぱ味・炭酸カルシウム

レモン・ミカン類のクエン酸

CH₂-COOH
|
C(OH)COOH
|
CH₂-COOH

(貝殻など)や金属の錆などを溶かすなど。アルカリでは、石けん水、灰汁、アンモニア水(NH_4OH)などが弱アルカリ性である。水酸化ナトリウム($NaOH$)、水酸化カリウム(KOH)、水酸化カルシウム($Ca(OH)_2$)液(石灰水)などが強アルカリ性である。「アルカリ」は、水溶液中で水酸イオン(OH^-)を生じる物質である。これは水素イオン(H^+)や水素と化学反応、油や蛋白質などの汚れを溶かす。そこで、弱アルカリは洗剤になるが、強アルカリは皮膚も溶かすので危険、取り扱い注意が必要である。

生物は「pH」に敏感:日常生活での「pH」はほぼ決まっている。人間の体液や血液はpH7.4程度である。水道水はpH5～7.5、母乳や牛乳はpH6.6ぐらい。トマトジュース、日本茶、日本酒やビールは、pH5～6の弱酸性である。尿もその程度。胃酸(塩酸)はpH2～3で、かなり強い酸性である。この酸性でタンパク質の分解酵素「ペプシン」も活性化して、消化が進む。

雨は、空中の二酸化炭素が溶けていて、pH5.5の弱酸性である。工場や自動車の排ガスの窒化物や硫化物の微粒子でも、酸性度が進む。生物は、水の水素イオン濃度(pH)に敏感だ。特に魚の卵など、酸性雨や湖水の酸性化では、孵化できない。サンゴの減少も、海水温上昇や酸性化が問題とされる。生命と細胞には、特に成長の速い卵細胞や「万能細胞」では、適当なpHの水が不可欠だろう。

「酸とアルカリ」の中和「塩の形成」:アルカリ性液と酸性液を混ぜると、H^+とOH^-の働きが互いに打ち消し合う。量が等しい場合、ちょうど打ち消しあい、「化合物の塩(エン)」と水になる。これは中和といわれ、塩はさまざまである。例えば、塩酸と水酸化ナトリウムの水溶液を中和すると、食塩($NaCl$、塩化ナトリウム)になる。中和と塩は、生命と健康に欠かせない。酸性土の改善では、石灰散布で中和する。

15-4 海・湖・川の化学汚染…「公害と規制」「ダイオキシン」「環境ホルモン」

水は何でも溶かし、運んでいる。川を流れ、海に注ぐ。とりわけ海には、多種多様な物質が溶けている。まず食塩のもとのナトリウム(Na)、塩素(Cl)、そのほかマグネシウム(Mg)、カルシウム(Ca)やカリウム(K)など…これらはイオンの形で溶け、人間に欠かせない。近年、水の汚染で人工化学物質が大問題になった。いわゆる化学汚染で、五感では分かりにくく、注意が必要になる。また海の「マイクロプラスチック」が、海全体を汚染する新しい危険が指摘され、取組みが急がれている。

湖の汚染：琵琶湖は、日本最大の湖、京都や大阪の水道水の水源である。ここでは、1980年中頃、湖水の有機物が増えてきた。この傾向は、大きな霞ヶ浦や多くの湖で共通とされた。汚染の正体は、まず「フミン物質」である。これは複雑な構造で、「疎水性の酸性有機物」とされ、起源は、土壌中の有機物や植物遺体といわれる。これが、浄水過程で塩素と反応、発がん性の「トリハロメタン」を作るとされ、対策もとられた。さらに汚染では、新たに有機物「親水性酸」も取り上げられ、トリハノメタン生成は、フミン物質以上とされた。親水性物質の多いのは、生活用水、下水処理の高度化も求められている。なお琵琶湖や霞ヶ浦は**15-4**。

▶ 琵琶湖の水郷：写真は北湖。「近江八幡の水郷」は文部科学省の「重要文化的景観第１号」。

海の汚染「公害の原点」：1988 ～ 89年、北海のアザラシの大量死が報道された。その体内から、水銀（Hg）、鉛（Pb）、カドミュウム（Cd）などの重金属、BHC、DDTなどの殺虫剤PCBやダイオキシンなど、有機塩素系化合物が検出された。カドミウムは、富山県神通川流域の公害、1955年の「イタイイタイ病」の原因物質とされる。

有機水銀は、熊本県水俣湾の公害、1956年の「水俣病」の原因物質で、工場排水から海産物に濃縮された。この水銀は、プラスチックなどの原料となる、アセトアルデヒドの製造過程で排出されている。今日では、海のプラスチック汚染ともつながる。水俣病は、「公害の原点」とされる。またPCBは、1968年カネミ倉庫の公害で知られた。最近、深海生物の研究から、PCB汚染が検出された。深海は、海水も汚染も停滞、濃縮され、生物に広がる。

有機水銀：有機水銀は、わずかしか水に溶けない。しかし、工場廃水から海産物に濃縮され、水俣病を起した。公式の確認が1956年で、被害は熊本、鹿児島、新潟三県におよぶ。胎児性・小児性患者などに広がった被害の苦しみと恐怖は、世代を越えて現在も続く。水俣病50年の追悼式では、「水俣病は過去の問題ではない。…すべての被害者救援を」と企業や国の責任を問う。

「水俣条約」の発効：水銀の採掘や輸出を規制する国際場やである。これが、熊本県で開かれた国際会議で採択された（2013年、発効2017.8）。この条約名には、メチル水銀で深刻な神経障害を引き起こされた水俣病のような健康障害を二度と起こしてはならないという決意が込められている。条約の内容は、新規の水銀鉱山の開発禁止、一定量以上の水銀を使った蛍光灯や体温計などの製造輸入の禁止、水銀廃棄物の適正管理などである。

多種大量の化学汚染：DDTとBHCは、害虫駆除で世界で広く使われた。日本は、1971年に禁止されたが、外国では使われた。これは、ミミズ、モグラ、鳥、魚などにも蓄積される。毎年、河川と大洋には石油類、放射性物質、鉛、水銀、亜鉛、銅、カドミュウムなどの重金属類、殺虫剤、除草剤、肥料、洗剤やプラスチック類など大量のものが投棄されてきた。これらは、川や海の生物を汚染し、人間にも被害を及ぼす。ガンの原因ではヒ素(肺ガン)、鉛(腎臓、胃、腸のガン)、ニッケル(口腔、大腸のガン)、カドミュウム(あらゆる形態のガン)などがある。

海の汚染と生物：日韓共同の海洋調査で、地球規模の発泡スチロール汚染が示された。このポリスチレン・プラスチックは、広く使用され、海洋漂流ゴミは年数百万トンにのぼる。海における長期劣化で、4単分子「モノマー」と数分子の「オリゴマー」に熱分解される。環境ホルモンの危険とされる。プラスチックは、海流で「ゴミベルト」で、渦にも集積される。

公害と規制：「空気と水」は、健康と生命に不可欠である。この汚染では、多数の人が深刻な被害を受ける。しかし、現代生活では、汚染は人工的な微量物質に広がり、五感では容易に分からない。それだけ関心や取組みが必要になる。水質公害への行政的対応や法的規制も行なわれた。これまでの関心や共同による到達点だろう。

昭和30年代以降の水質汚染には、1958年の「工業排水の規制」「公共用水域の保全」の法律が制定された。さらに67年の「公害対策基法」、71年の「水質汚濁防止法」「環境基準」「排水水質基準」が施行された。これでも、現実の河川や湖沼の水質は保全がきないと分かり、各都道府県は、国の基準規制を上まわる規制を定めている。湖沼の汚濁、窒素・リンの規制では、80年の「琵琶湖条例」、82年の「霞ヶ浦条例」が施行された。琵琶湖や霞ヶ浦の汚染の取組みは**15-4**。

15-5　プラスチックの「善悪の二面性」…分解と処理法

プラスチックは、20世紀の5大発明の一つとされ、原料は主に石油である。軽くて硬軟両用、着色自在、成形・加工も容易である。長持ちで耐水性が高く、電気や酸など、化学薬品にも強い。そのため、プラスチック類は多種・大量に生産・消費された。日用雑貨品や包装、電気器具、建材、自動車や航空機機材など、さまざまに使用されている。水族館の透明な巨大水槽もある。しかし、プラスチックは大量の「生産と消費」とともに、「大量廃棄」が目立つ。これは環境を汚染し、生態系を乱す。処理法では、猛毒にもなる。プラスチックは、「善悪」両面で極めて強力なので、あらためて重視する必要がある。

プラスチック「構造と性質」：プラスチックは有機高分子で、炭素と水素元素が主成分である。これに、酸素や塩素元素が加わり、長鎖状の巨大分子になる。最も単純な構造は、ポリエチレンで、長鎖状に「$-CH_2-$」が繰り返される。この繰り返しの差で、多種類になり、性質も柔軟多様になる。炭素原子には、「結合の手」が４本あり、これを軸に結び目に他元素も加え、多様な特性になる。

汎用プラスチックは、化石資源（石油や石炭）で合成される。主なもので約30種、商品種は数百という。近年、廃棄可能な「生分解性プラスチック」も注目された。これは、トウモロコシ、サツマイモ、サトウキビなどが原料である。ゴミ袋、食器、農業用シートなどが注目されるが、食糧を工業原料に使用するのは、世界は食糧危機にある中で問題とされてもいる。

プラスチックと石油：PE（ポリエチレン、CとH）は、ポリ袋などで大量に使用されている。PP（ポリプロプレン、CとH）は、PEより強度大で、たらいやひもなどに使用される。PET（ポリエチレンテレフタレート、C、H、O）は、リサイクルし易い。プラスチック原料の石油は、主成分は炭化水素である。一番単純な分子は、メタン（CH_4）で、長鎖状分子になると、「ドロドロ」の油になる。数億年前の海の微生物の遺骸が堆積、地殻変動で地下に埋まり、熱と圧力で変性したとされる。

塩化ビニール：塩ビは水道管からおもちゃまで広く使われ衛生的で便利である。しかし、海水などで微細になり、生物内に取り込まれると、病原菌への抵抗力を弱め、有害である。ゴガイやアサリは干潟などに生息、水の浄化作用が大きい。しかし、ゴガイは魚や鳥の餌になり、「食物連鎖」上位の生物を汚染する。プラスチックは、便利で高機能だが、各種の添加剤を含む。これらが水や海水で微細になると、各種生物に入り、「環境ホルモン」にも変化する。

プラスチックの「善悪の二面性」：プラスチックは、鎖状高分子で作る、便利で優れた人工化学物質である。原料は、主に石油だ。20世紀の「五大発明」とされる。軽く硬軟両用着色・成形容易、耐水性もある。電気や化学作用にも強い。比較的単純な「ポリエチレン」も丈夫で衛生的、食品包装などに日常広く使用されている。しかし、「夢の物質」が「悪魔の物質」にも転化する。

プラスチックのゴミは、自然には分解しない。分解には、大エネルギーが必要とされる。環境汚染が広がり、「環境ホルモン」の危険もある。プラスチックの「大量消費と大量廃棄」は、「生命の危機」にもなる。生産者の責任、ゴミ処理や対策は緊急課題になっている。

新しい危険「マイクロプラスチック」：海に流れ込んだプラスチックゴミは「ゴミベルト」でもまれる。また、太陽光の紫外線による光化学反応などで、年月と経過で劣化し、分解される。５ミリ以下の細片は、「マイクロイプラスチック」といわれ、海鳥や海の生物誤飲などで被害が起きている。また、細分化とともに、海に広く深く分散する。表面積も拡大して、他の汚染物も吸着する。

プラスチックは便利で役立つが、ごみも微細化とともに、地球規模の汚染で、「新しい危険」も生じる。この汚染の回収は難しい。大量の「生産・消費・廃棄」は行き詰まり、「マイクロプラスチック」の問題が、近年注目され、取り組まれつつある。プラゴミの削減、3Rの（削減・再利用・リサイクル）が、差し迫ってきた。

クジラにも大量の「プラゴミ」：小型クジラが、タイ南部の海岸に打ち上られた（2018年）。このクジラの中に重さ８kgものプラゴミが見つかり、海洋汚染の深刻さを改めて示した。特に、プラゴミの投棄量の多いアジアやアフリカの対策が、遅れているとされる。EUでは、「海は魚よりプラスチックが多くなる」という緊急の警告もある。毎年800万トンものプラゴミが海に流れ込み、細かくなると、魚や鳥の餌になる。食物連鎖から結局、人の体内にも入り深刻な被害をひき起こす。国連も、世界にプラゴミ対策を訴え、使い捨てプラの生産や使用を減らす取組みを強めている。

プラゴミ量は日本２位：国連報告では、プラゴミを最も多く出すのは、中国で約４千万トン、日本は、８分の１程度である。しかし、１人あたりでは約32キロで２位、１位は米国で約45キロとされる。主要７カ国首脳会議（2018年）では、プラ使用の大幅削減などを目標に、「海洋プラチック憲章」が議論された。この署名を拒んだのは、消費１、２位の米国と日本である。

大量生産と大量廃棄…「善悪の逆転」：プラスチックは、便利で「大量生産」「大量廃棄」が目だってきた。そして環境を汚染し、生態系を壊す。強固で役に立つ特性が、廃棄段階では、逆に分解処理が難しくなる。処理の仕方で、猛毒にもなる。現在の「ダイオキシン発生源」は、ゴミ焼却場である。プラスチックや塩ビ製品は、焼却時にダイオキシンが発生する。

この物質の分解には、1000℃以上の高温が必要とされる。焼却炉の改善で、大気中のダイオキシン濃度は低下したが、焼却量が増えると発生量は減らない。一面では、非常に「優れた生産物」が、廃棄段階では極めて「悪い物質」に変わる。このプラスチックの「善と悪」「毒と薬」の二面性には、注目と対策が必要。今後、石油資源は枯渇し、大量の生産と廃棄は続けられない。

廃棄物の処理技術：現在用いられている有力技術は、①吸着・捕集法（活性炭やフィルターを使用)、②燃焼法、③触媒法(白金や酸化チタンなど触媒使用)、④微生物法(微生物や酵素を使用)、⑤プラズマ法(電子ビームやアーク放電で分解)、⑥その他(紫外線など高エネルギーで分解)である。このうち、処理能力の大きいのは燃焼法だが、汚染物の発生(ダイオキシンなど)、処理時間やエネルギー効率などが問題になる。プラスチックでは、高温・高圧の水で処理、リサイクル率が高められている。しかし、多種類の廃棄物の一括処理はできない。

大切な「減量と分別処理」:プラスチックは多種多様である。どの処理法も、一長一短である。量質の異なる廃棄物を一括処理するのは難しい。プラスチックはもちろん、ゴミ・廃棄物では、減量と分別処理が常に大切になる。大量生産・大量消費・大量廃棄では、人間と環境が維持できない。人工化学物質は、自然には安全にならない。

ペットボトルは「高温の水で分解回収」:この容器は、飲み物などの容器で日常便利に使われている。「ペット(PET)」は、「ポリエチレンテレフタレート」の略称である。この物質は、炭素や水素、酸素の有機化合物(高分子)である。ペットは、回収と再利用率も優秀とされるが、「高温の水」による分解・回収法の開発中という。産業技術総合研究所の研究である。ステンレスの密閉容器の中で、水とペット樹脂を約300℃に加熱する。すると、原材料(テレフタル酸とエチレングリコール)まで、効率よく分解・回収できるとされる。

高温の水は強い:一般に、水分子は、食品などを効率的に結合し、分解する「不思議な働き」がある。高温では、樹脂も分解できる。水蒸気－気体の水は水分子で、ダイアモンド並みに強固で壊れない。柔軟で弱そうなのは、液体の水である。現在のボトル処理法では、まずキャップやラベルなど異物を除く。その後洗浄・粉砕、分解処理、そのまま衣類などに加工とされる。これで、「ペット」のリサイクルが高められ、リサイクル率は60%を超え、古紙にせまるという。高温水の方法で、原材料にまで分解・回収し、そして既存の回収システムに組み込ませると、資源循環型にできると期待されている。

15-6 目に見えない汚染の濃度…「ppm」「ppb」「ppt」とは?

水汚染は産業排水、農業廃水、生活排水。また排ガスの溶けた酸性雨もある。汚染は、水に溶け自然に広がる。汚染の回収は、時間がたつと難しくなる。汚染は、早期に検知し、発生源で止めるのが大切である。微量の汚染物は、五感では分かり難い。微量は「ｐｐｍ」などで表される。しかしこの言葉も分かり難いので取上げる。

微量の濃度単位「ppm、ppb、ppt」：通常、微量の汚染は相対量で表わす。これは、汚染物質と汚染物全量を割合で示す。よく使うのは百分率（%、パーセント）、つまり100分の１である。例えば、１％の食塩水100gには、食塩１gが含まれる（100g× 1 ／ 100＝1g)。次は、同様な相対表示である。「ppm」（ピーピーエム）は100万分の１である。「ppb」は、10億分の１、「ppt」は、１兆分の１である。これらは微量で検出が難しいが、汚染物の分子・原子の個数は巨大で、生体には影響が大きい。

化学汚染では「微量が巨大」：「ppm」などは微量であるが、そこに含まれる汚染物の分子数は巨大である。1リットル、1kgの水でいえば1μg程度。この中にも水分子は1000兆個程度は含まれる。人間の細胞も50兆個程度とされ多数だが、その１個１個に多数いきわたる個数である。高分子の汚染物では個数は少ないが、それでも体全体に広がり有害になる。化学汚染は「ミクロの世界」に入り分かり難いが、危険物は巨大な個数なので注意が必要になる。

汚染は「根源で止める」：有害な化学物質は、割合で微量でも、分子数では巨大である。その一つひとつが有害で、ホルモンや遺伝にまで影響を及ぼす。有害物は、「水に流す」では消えない。そればかりか、拡散で危険が広がる。これは、厳重な注意が必要とされる。汚染は根源で止めるのが一番で、特に放射能汚染は寿命の極めて長いのもあり、危険である。根源で止めなければならない。

汚染の拡散：水溶性の危険物は水に溶けて、ただちに広く拡散する。PCBやダイオキシンなど、難溶性の危険物も油に溶け、微粒子になって、水で運ばれる。生きものにも、蓄積される。有毒な化学物では、水溶性であれ難水溶性であれ、放出すると危険は広がる。PCB汚染などの場合、大量の汚染土のため、大規模な処理施設が必要になる。まず、大規模な洗浄処理からはじめられる。また、洗剤は、油汚れに使う特別な洗剤が必要で、有毒物や危険物は大もとで止めなければならない。廃棄すると、行き先も回収処理も大規模になり、一層難しくなる。

「３R」「ZW」の考えと運動：自然や社会は、「物品の流通」「物質の循環」が円滑に進まないと、持続できなくなる。廃棄物が溜まり、あるいは汚染物が拡散すると、環境は元には戻せない。「３R」「ZW」は「大量生産と大量廃棄」を克服し、「もの」を大切に活用する――そういった考え方や運動であるだろう。対象や取組みは異なるが、環境や社会の持続化の目標は一致する。

「３R」は、「減量（reduce)、再使用（reuse）と再生利用（recycle)」で、まず減量を重視する。大量生産だと、廃棄過程が難しくなる。「ZW」は「ゼロ・ウエイスト

(Zero Waste)。つまり、廃物ゼロ化を目指す考えや活動である。日本には、世界の焼却炉の３分の２があり、ゴミは「東京ドーム140個分、処理費用は年間２兆円ともいう。これは、資源と資金の無駄遣いにほかならない。「ZW」は、日本古来の「もったいない」の精神や取り組みも生かし、各地域や分野に合う活動を広げ「廃棄物ゼロ」を目指すものである。

15-7 「メタンハイドレート」の話…水の「カゴ構造」「かごめかごめ」の唄

水には、不思議な「カゴ」がある。これに、何でも包んで運ぶ。水の分子間には、柔軟な「水素結合網」があり、それによって「カゴ」となる。栄養物や有害な化学汚染物、何でも運ぶのである。ただ通常の温度や圧力では、水は、ヘリウム(He)、ネオン(Ne)やメタン(CH_4)などの気体を溶かさない。空気の窒素(N_2)や酸素(O_2)も溶け難い。水とこれらのガスの間には、弱い分子間力しか働かない。また水の「水素結合網」も、ガスを溶かさないように抵抗する。

水に気体の溶解：水に気体は溶け難いが、種類によっては少しは溶ける。水素結合網は弱いので、破れからもぐり込み、包まれ運ばれる。酸素ガスは少し溶けるので、魚はエラ呼吸で活動する。また肺呼吸でも、酸素は血液中のヘモグロビンに結合して、全身に送られる。体内の糖分の消費では、細胞に二酸化炭素(CO_2)が発生する。このガスは、水に溶け、血液で運ばれ、肺呼吸で排泄される。

蛋白質の分解では、アンモニアガスが発生する。アンモニアは、水に溶け肝臓に送られ、尿素に変えられ、腎臓を通り、尿で排泄する。気体が水に溶ける程度は、ガス分子の電荷の偏り－極性による。水分子は双極性で、極性物質を溶解し易い。なお大気汚染では、炭酸ガスや窒化酸素などが溶け、「酸性雨」の被害が起る。

水の「カゴ構造」「化学の家」：水とガスに圧力が加わると、溶ける量は増える。圧力とともに、ガス分子の周りの水分子は動きにくくなり、０℃以上でも氷状に固まる。これが水の「カゴ構造」で「ガスハイドレート」「クラスレート」「化学の家」などとよばれている。「ハイドレート」は「水和物」で、水の「カゴ」「包み」といえる。

カゴの形は、正五角形と十二面体を基本に、六角形なども含む多面体である。「カゴ」は水素結合でつながり、正確な多面体で、柔軟に伸縮する。そのため、ガスの種類に応じ多様な形になる。そして低温・高圧では「水のカゴ」は、通常溶けないガスまで包み込む。炭酸水やビールでは、圧力を加え、炭酸ガスを詰めている。ふたを開けると、圧力が下り「ブクブク」泡が出る。

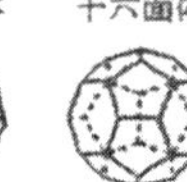

▶ 水分子の「カゴ構造」：このカゴ構造にメタン（CH_4）などが入り「クラスレート」「ハイドレート」になる。「メタンハイドレート」は凍土地帯や海底で発見されている。これは燃料資源で注目されるが、他方で、利用は地球温暖化を進める危険があるとされる。

「メタン・ハイドレート」：メタンの水和物である。十二面体２個と十四面体６個のカゴで、水分子46個による網目構造である。これに、メタン８分子が入る。シャーベット状で「燃える氷」とよばれる。世界の永久凍土地帯や深海、新潟沖の1000ｍの深海にもあるという。燃料源で期待もあるが温暖化ガスで問題。なお南極の「氷のカゴ」も注目されている。「エアハイドレイト」とよばれ、この分析で、太古からの気候変動が分かるとされる。

活性の「水の泡」「極微のカゴ」：極微の泡「ウルトラ・ファイン・バブル」が、研究実用化された。鮮魚の保存、動植物の成長促進、殺菌にも役立つという。大きさは、分子レベルのnm（10^{-9}m、約１ミクロン以下）で、この泡の製法は、①特殊ノズル（気体を縦横に切断）を使い気体を水中噴出、②極微の隙間の材料から気体を水中噴出、③気体を加圧で溶かし、一気に減圧するなどの方法である。

この程度の小さな泡には、殆んど浮力が働かない。そこでは、「浮かず沈まず」で、長く不思議な効力らしい。効力では、洗浄効果や極微の穴をふさぐことで、細菌や汚染を防止する。他方で、生物に不可欠の酸素などを細胞に運搬・供給する。つまり活性の「水と泡」になる。この泡の構造や効力の解明はこれからだが、水素結合の「極微のカゴ」が有効に働くであろう。

わらべ唄「かごめかごめ」：「かごめ　かごめ　かごの中のとりは　いついつ出やる　夜あけのばんに　つるとかめとすべった　うしろの正面だーれ　お腹がすいた　かごの中のとりよ　まだまだ出ぬか…　かごめ　かごめ　かごの中のとりは　はよはよ出やれ…　お星さま一つ　ちろちろ出たぞ　うしろの正面だーれ」。

第Ⅲ部　「生命の水」「草木と食べもの」

――「緑の自然」「米・稲・水田」は「日本の宝」

第16話～第23話

あらまし

「生命と水」は、一体で切り離せない。また、生物の活動や食べものは、水が必要・不可欠とされる。第Ⅲ部では、「生命と食べもの」と水の関係を探ります。この関係や水の働きは、日常生活に常に現れており、それに注目して確認することができる。また難問－水とは何か？…この回答も、日常生活に具体的に現れている。特に、水と食べものは、「生命の水」「いのちの源」であるだろう。

まず、名水とは何か？ からはじまり味覚、嗅覚に加え、不思議な「水感覚」を取上げる。食物の三栄養素「糖類・脂肪・蛋白質」と生命の三要素「水・蛋白質・核酸」では、それらの重要性と水との関連に注目して、蛋白質の高次構造や諸物質の「水和構造」を取上げる。そして、「生命の起源」を訪ねて、活力の不思議についても概観する。

植物には、「光合成」「糖類・炭水化物の生産」がある。これは植物の威力の現れで、また「衣・食・住」の大もとである。この光合成の研究の歴史を辿り、農業や農産物の価値を考える。もともと、食物は生命を持ち、工業的な生産効率では測れない。高い価値があり、主食の米は「日本の宝」だ。第Ⅲ部の終りは、各地の巨樹を一巡して「こんにちは」のご挨拶となる。巨樹は、風雪に耐え、貯水では「緑のダム」といわれる。また、大量の土砂も抱え、山を守っている。水は、これらの大樹を毎日静かに登る。水は「木登り」上手なのか、その「馬力」は何か？ も探ることにする。

稲・米は「日本の宝」：米は、日本の主食である。稲・米は「食の安全」「栄養とおいしさ」「自然と国土」を守る宝である。春から夏、忙しい田植、やがて水田は一面の緑となる。昼は、太陽の炎天下、緑の葉では糖分の光合成が行われる。夜は「蛍の舞」「蛙の合唱」、稲は涼風で、「お月見」の風情となる。これで光合成が進み、稲の病虫害も減るといわれる。秋には、波打つ黄金の稲穂が垂れ下がる。「稲や麦」は**第21話**。

稲の歌や風景：子どもの頃、農山村での記憶では、「田植雨霧立つ山に百合の花」「日は昇り緑一面稲の波」「泥に汗田の草取りで曲がる腰」「稲の影メダカに蛙光るフナ」「伸びる稲昼はお日さま夜は月見」「育つ稲蛙の合唱空は星」「蛍舞い蛙の歌に涼む稲」「稲穂ゆれあある驚いた跳ねる鯉」「稲の花匂うそよ風イナゴ飛ぶ」「秋風に稲穂で踊る赤トンボ」「里の秋米柿栗に松茸も」「お祭りだ五穀豊穣鳴る太鼓」。米・稲には、辛苦とともに、貴重な価値が込められている。

柿：柿は東洋原産で、甘柿は日本固有とされる。「KAKI」は国際語である。学名は「Diospros kaki」。「神の食べ物」の意味で、西欧では「王様の果物」だったらしい。御所柿は江戸初期、約4百年前の記録から、甘柿のルーツという。冬柿は、DNA鑑定では御所柿の系統とされる。実が多く、渋みも早く抜け、冬まで落果しない。完熟の味で柿色も長持ち、地味だが持続が特徴である。正岡子規は、「柿くへば鐘がなるなり法隆寺」と詠んだ。

農山村の子どもにも、柿が色づき山は紅葉になる。実りの秋は、「元気わく黄金の稲穂赤い柿」「空は青山は紅葉田は黄金」。柿は、日本の農山村の原風景を輝かせてきた。

▶ カキ：カキノキ科の落葉樹。東アジアの固有種。学名は「Diospros kaki」神の食べ物の意味。

▶ 小さな山柿

第16話

水の「安全とおいしさ」…「よい水」「名水」とは？

昔々から、水は、万物の根源「空・火・水・土」とされ、重視されてきた。そして現在も、水の大切さは変わらない。「よい水」「安全でおいしい水」は万人の望みである。この水はどんな内容・水質だろう？ まじりのない水は、純水である。これは、蒸留法やイオン交換樹脂で、ろ過して作られる。無色・透明で、「ハイテク」の材料や洗剤などで使用する。しかし、おいしいとか、健康によいとはいえない。

人間に「よい水」は、岩石のミネラル分を適当に含み、安全な水である。つまり有害化学物質を含まず、細菌なども殺菌・ろ過された水になる。昔、日本は各地に緑豊かな山々があり、「山紫水明」ともいわれた。そして、井戸や泉、名水が多かった。今もかなりある。水は身近で、「生命と健康」のもとである。また、万物と相互作用が強く、広い影響力を持つとされる。まず現在の「名水の里」を、主に地図で訪ね、周辺も一巡りする。

16-1　日本の「名水の里」

富士山は「水の山」「火の山」：地球は「水惑星」、真白い富士も「水の山」である。富士山は古くから親しまれ、また「富士山と信仰・芸術の関連遺産群」は、世界文化遺産とされる（2013年登録）。富士浅間神社は1200年の伝統があり、守り神「コノハナサクヤヒメ」は「水の女神」で噴火を鎮めるという。ここは「水の聖地」である。澄んだ水が「湧溜池」に湧上る。富士山の雪は水源で、玄武岩の多孔質溶岩層を通り、50～100年間濾過される。そして各所で湧水となり、富士を背景に「ゆうゆう」と流れる。歴史をになう名水とされる。なお富士山は、もと大噴火の「火の山」で、盛大な「火祭り」もある。「水の女神」も目覚めて踊るだろう。

富士山の名水：環境庁には、「名水百選」がある。特に富士山麓は富士山の雨や雪が、一大地下水となり湧水を作り、「白糸の滝」「富士五湖」にも広がる。富士山をとりまく山梨県・忍野村の八つの池「忍野八海」、神奈川県の「酒水の滝・滝沢川」「秦野盆地湧水群」なども、「名水百選」である。海に近い静岡県の「柿田川湧水群」は、「水質と水量」が豊富で有名。富士山を背景に、名水が「こんこん」と湧く。川には、梅花藻が揺らぎ、アユや清流の魚、カワセミ、トンボも約30種という。富士山をはじめ、「日本の名山」は「名水の里」が多い。雨や雪の水が名山を通り、長期間濾過され、適当にミネラル分を含む。

クニマス「幻の魚」：富士五湖・西湖で「クニマス」が確認され、「世紀の発見」と喜ばれた。この魚は、秋田県・田沢湖（深さ日本一）の固有種で、70年前に絶滅したとされていた。これを東京海洋大の「さかなクン」が発見し、京大の中坊教授が確認した。その後の調査で、産卵・孵化は湖底の湧水の砂層で行われていた。湖底は、冬眠の場所で、水の「4℃の謎」とも重なる。マスは養殖でかなり増えたが、産卵・孵化は湖底である。この条件を満たすのが難しいらしい。

東北の「水の郷」：奥羽山脈の麓、秋田県の「六郷湧水群」は、扇状地から「百清水」が湧き出す「清水の里」である。「名水百選」「水源の森百選」「水の郷」など「水の5冠」という。ここには清流にしかすめない小魚「イバラトミヨ」（ハリザッコ）が生息している。丸い巣を作る珍しい魚で、氷河時代から生き続けた。絶滅危惧種で、生態系回復の努力が続けられている。藤棚のある藤清水や「流しそうめん」も有名だ。山形県・小見川の「どんこ水」も「名水百選」である。ここにも、ハリザッコがすむ。地下から噴き上がる湧水で、やがて最上川に流れる。なお、この一帯は、スモモやさくらんぼの一大産地である。

「力水と小野小町」：秋田の名水「力水」。この古里は、東北の山地、湯沢市である。平安の女流歌人「小野小町の伝説」の地でもある。小町が生まれ育ち、亡くなったという。「小野塚」の「芍薬祭り」には、「七小町」が、「白い薄布」「市女笠」の旅姿で現れる。謡曲「通い小町」に合わせ、「花の色はうつりにけりないたずらに…」など七首を朗詠した。ゆっくり「平安絵巻」を繰り広げる。力水は美人や歌人も育てたらしい。小町伝説は、謡曲、箏曲、地唄「小町おんど」など、さまざまに伝わる。

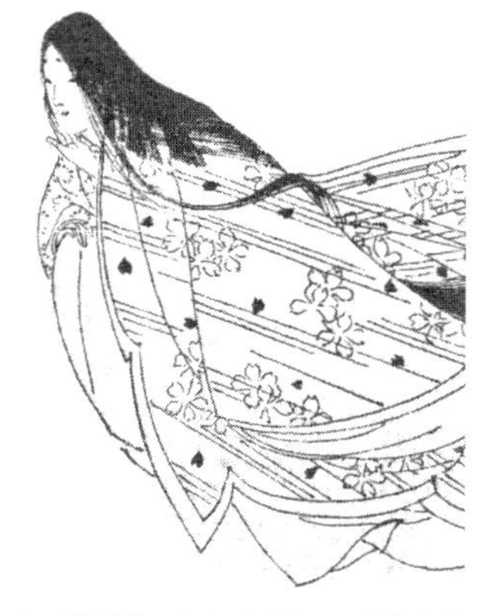

▶ 小野小町：クレオパトラ、楊貴妃とともに世界三大美女と称され、六歌仙に選ばれている平安時代の女流歌人。小野小町というのは本名ではなく、「小野家の美女」という意味のニックネーム。（菊池容斎・画）

北陸の「水の郷」：福井県大野市は「湧水の郷である。「御清水」は、「おいしい水」として知られる。最も生活に密着した「名水百選」という。ここは、昭和50～60年代、融雪と公共事業で地下水位が急激に低下し、水枯れの危機がはじまった。しかし、その後「おいしい水は宝もの」とする、専門家と広範な市民の取組みで、「大野の水」が守られたという。天然記念物「イトヨ」も生息している。希少種の小魚で、清澄な湧水に棲む。水草で巣を作り、子育てはオスがする。大野市の九頭龍渓谷は、断崖と渓流の名勝である。

▶ イトヨ（糸魚）：全長は10cmほど。腹に2本、尻びれ付近に1本とげがある。うろこはない。サケと同じく、川で生まれた稚魚は海へ下って成長し、産卵前に川をさかのぼる回遊（遡河回遊）を行う。

「天空の城」：大野市は、山々に囲まれた盆地で、越前大野城の城下町である。「北陸の小京都」ともいわれる。ここには、霧が立ち、雲海も現れる。寒暖差や放射冷却に伴う自然現象である。

その中に、「天空の越前大野城」が浮き上るといわれている。最近、高い城が注目され、この城も撮影された（2012年）。また「三大天空の城」は、兵庫県の朝来市の竹田城跡、岡山県の備中松山城と大野城とされ、国内外に人気である。

本州中央高地の名水：日本アルプスの高地、信濃川沿いには、日本一の河岸段丘や秋山郷・中ヶ窪」もある。この沼は、春は新緑、秋は紅葉を映し、祭神は八大龍王権現で行われる。龍神や水神様は、全国に多い。北アルプスの雪水は、黒部川の急流になり、富山湾に注ぐ。湾岸黒部川扇状地の湧水群は、名水百選に選ばれている。また富山湾では、この水はホタルイカなど豊かな海産物を育てている。不思議な蜃気楼も現れ、遠くの景色が逆転して見える。

阿蘇山や高千穂の名水：九州の阿蘇山の南は、熊本県の南阿蘇である。南阿蘇鉄道の白川駅近くには、白川の源流「白川水源」や高森湧水トンネル公園がある。砂から噴出の水は、無色透明である。藻から、時々「アワ」が出て水と分かるという。水草の光合成での「酸素のアワ」である。アワは、大切な目印になる。長い駅名「南阿蘇水の生まれる里白水高原」もあり、古事記の「神話の里」「夜神楽の里」も遠くない。

阿蘇国立公園には、大分県の「男池湧水群」もある。清澄で豊富な湧水で、阿蘇野川の源流である。鹿児島・霧島山麓の「丸池湧水」「出の山湧水」なども、「名水百選」に選ばれている。九州は、火山地帯で、名水も各地に湧いている。なお九州は、熊本を中心に大地震が続き、豪雨もあり大災害を受けた（2016～18年）。阿蘇山も、大規模な土砂崩れの大被害が起きた。救援と復興が続いている。

短歌で「名水を詠う」：千代女は「紅さいた口もわするる清水かな」、山頭火は「分け入っても分け入っても青い山　へうへうとして水を味ふ」「行き暮れてなんとここらの水のうまさよ」「岩かげにまさしく水が湧いている」「ふるさとの水をのみ水をあび」と詠む。

万葉集の水：大伴家持「新しき年の初めに初春の今日降る雪のいやしけ吉事」、山部赤人「田児の浦ゆうち出でし見れば真白にぞ富士の高嶺に雪は降りける、大伴旅人「わが園に梅の花散るひさかたの天より雪の流れくるかも」、志貴皇子「石ばしる垂水の上のさわらびの萌え出づる春になりにけるかも」、大伴坂上郎女「うちのぼる佐保の川原の青柳は今は春べとなりにけるかも」、高市皇子「山吹の立ちよそひたる山清水汲みに行かめど道の知らなく」、若倭部身麻呂「わが妻はいたく恋ひらし飲む水に影さへ見えて世に忘られず」、作者不詳「命をし幸くよけむといははしる垂水の水を掬びて飲みつ」。万葉時代の水は、生活に自然に溶け込んでいるだろう。

科学で「名水を見る」：名水は飲み水や料理、米作りや酒作り、多くの分野で大切に生かされている。科学ではどんな水か？　名水には順番がない。「所変われば水変わる」といわれる。

人間の味覚や健康に及ぼす影響は多様である。名水は、それぞれの土地と人間に適し、歴史的に試されているだろう。「おいしい」感覚は科学機器で評価するのは、非常に難しいらしい。

近年、水や酒の「おいしさ」を「水の構造」に結びつける説もある。水中の水分子は、「バラバラ」ではない。不思議な「水素結合」でつながる「クラスター（塊）」とされる。これを超音波で微細に壊すと、「おいしくなる」という。しかし、水素結合の切換えは超高速で、超音波とはケタ違い。これも「おいしさ」の「カギ」とはいえない。ただ不純物のクラスターの場合、効果があるかもしれない。ミネラルやクラスターも原子・分子の「ミクロの世界」に入る。

水物語「こんにちは」：水は「生命と健康」の大もと、大切で不思議で美しい。いつも身近で「こんにちは」である。しかも奥が深く、昔は「万物の根源」とも考えられた。また水は「三態の変化」で変幻自在である。三態とは、「気体（水蒸気）－液体（水）－固体（氷）」のことである。この変化で、水の物性（体積、密度、分子運動など）は激変する。水は、この変化をくり返し、地球を循環する。万物を潤し、自然を緑に整え、動植物の活動も支えている。水蒸気は見えないが、水の微粒子「水分子」で、天気・天候に大きく影響する。

水は「万物の根源」の元素：古代ギリシャでは、水は火、土や空気とともに、元素「万物の根源」とされた。これらの大切さは、現代も同じだろう。しかし、燃焼や気体の研究などから、元素とそのもとの原子は次々に発見された。まず水素（H）、酸素（O）、窒素（N）や炭素（C）などである（9-1、2）。現在、原子は約100種、それが結合（化合）した分子は極めて多数であることが分かった。最も単純な分子は水素ガス（H_2）、次は酸素ガス（O_2）、窒素ガス（N_2）や水蒸気の水分子（H_2O）である（下付き数字は原子数である）。

水は「極微で巨大」「科学の出番」：水には、極微の水分子にはじまり、宇宙に広がる巨大な水がある。水分子は、極微「ミクロ」で見えない。身近な水では、水分子の個数は、巨大「マクロ」で数えられない。原子・分子は、五感の範囲を遥かに超える。そこは、「理科や科学」の出番であるだろう。人間は、科学の発展で、難題「極微と無限」も段々分かってきた。例えば、「拡大と縮小」では、見えない細菌、原子・分子から宇宙まで見えてきた。「虫メガネ」でも数倍詳しく分かる。

原子・分子の「構造と結合」「激しい踊り」：原子は多種類で、さまざまな化合物がある。その結合では、強固な化合（共有結合）や金属結合がある（11-4、5）。また水分子間では、「水素結合」が現れる。これは「強く弱く」、柔軟で、極めて不思議な結合である（11-5）。水は「三態の変化」で、多様な性質を現すが、この水素結合の切換えによる。さらに、液体の水では、水分子は「水素結合網」で連結しながら、振動や「激しい踊り」の状態にある（第10話）。動植物の「糖類・蛋白質・脂肪」は、原子多数が連結した分子で、高分子の名でよばれる。生物体の主要な構成要素である。原子や分子の一般的構造は(第11話)。

16-2 水道水の水質…「カルキ・ミネラル・硬度」「機能水や活性水」

日本の水道は、諸国と比べて上級といわれている。欧米の水はミネラル分が多く、日本人には合わない。また「水道水の匂い」は、消毒用の塩素注入による。日本では、塩素注入は1922年にはじまり、現在の大量注入(0.4ppm)は、大戦後、伝染病を恐れた米軍の強制という。これが「カルキ臭」のもとになった。その他の臭気は、水道源の藻類、プランクトンや菌類などである。かつては、日本の水道水も「まずい」「くさい」の声もあり、自然環境、水源汚染は広くあった。しかし、改善が続いた。水道の浄化法では「緩速濾過法」「急速濾過法」がある。

水道「急速濾過法」：アメリカで100年以上前に開発され、浄化効率がよいとされる。日本の水道も、大部分がこの方法による。まず湖や川から取水、凝集剤を加えて、濁りを沈殿させる。その後、砂の層で濾過する。この方法は、化学や機械で、速く大量に処理できる。これだけでは細菌などが残るので、殺菌用に塩素が注入されるが、これでは、「水の味」が悪くなる。また残留有機物と塩素の間で発ガン物質ができるなど、問題が指摘されてきた。さらに湖沼では、肥料や洗剤に含まれるで窒素やリンなどが流れ込み、アオコの大量発生で、臭いがついた。この対策には「オゾン処理」や膜濾過など、高度処理法が開発され、利用されている。

水道「緩速濾過法」：ロンドン市は、水道水の100%が緩速濾過であるという。日本では、名古屋、群馬県高崎市や広島県三原市などで導入されている。東京・武蔵野市の堺浄水場でも、使用(主に研究用)されてきた。この濾過法は、管理を的確に行えば、長く使える。ただ、大量処理は難しい。水道業界から見放されたが、最近発展途上国などで再評価、JICA(国際経威力機構)も、日本発の技術と認定した。飲み水にも苦労するアジアやアフリカの人々にも喜ばれるという。

緩速濾過法は、細かな砂層でのろ過に加え、微生物のプランクトンや藻も働き、「生物浄化法」といわれる。天然の名水も生物浄化になる。「緩速濾過」は、約200年前に英国で開発された。河原で砂や礫の間の、きれいな湧水がヒントという。この湧水は日本の各地の山や川、自然にもある。

自然の生きる緩速濾過：これで「水がきれい」になるのは、まず微細な砂での濾過。さらには、糸状の藻類や微生物「プランクトン」の活動がある。この水浄化作用が、研究から分かったとされる。藻は、光合成で富栄養分を吸収分解、微小動物は細菌を食べ、カビの臭いも消すという。生物の食物連鎖が生きている。干潟などでもそうである。水の「確保や使用」の方法も、自然との調和が必要とされる。水の汚染は**第15話**。

魚は日常知っているが、微生物「プランクトン」(甲殻類やゴカイの仲間、植物の藻類)はもっと多い。最近の調査(京大など40ヵ国の国際チーム)によると、世界の海にはプランクトンが約15万種いるとされる。遺伝子も調べ、種を確定する。動物プランクトンには藻類と寄生・共生も多いとされる。形は球、細長いものやエビ形、それぞれひげ、脚や目などの微細構造を持つ。

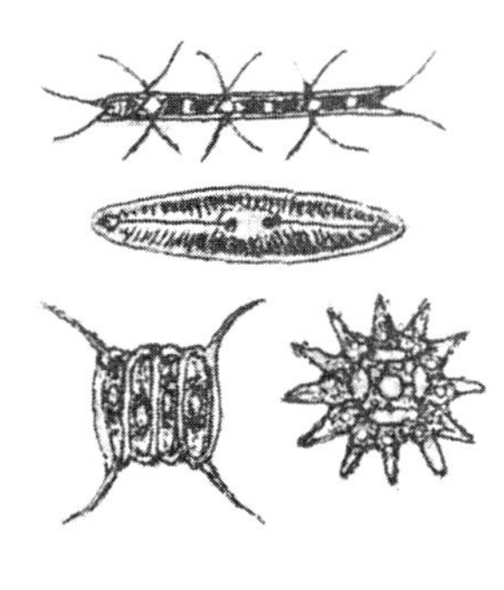

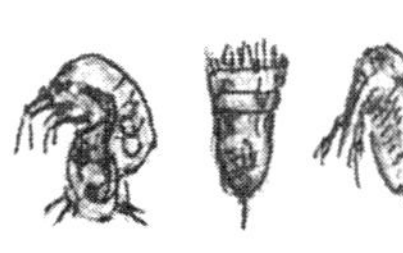

▶ プランクトン（浮遊生物）：水中や水面を漂って生活する生物。生態系では生態ピラミッドの下層を構成する重要な生き物である。上３段は葉緑素をもつ植物。最下段は動物プランクトン。

水の「味と硬度」：「水のおいしさ」には、まず「ミネラル分」がかかわる。特にカルシウム(Ca)とマグネシウム(Mg)が、適度に含まれる必要がある。それらの含有量を炭酸カルシウム量に換算したのが「硬度」である。すなわち、「カルシュウム(mg／l)×2.5＋マグネシウム(mg／l)×4.1」で見積られている。水道法の水質基準では、硬度は300以下とされる。安心して飲めるのは硬度は、100以下である。これが日本料理に適した水といわれる。

硬度の高いのが硬水、低いのが軟水である。日本は良質の軟水が多く、世界的に珍しい。軟水は「淡い味」、硬水は「しっこい味」がする。Mgが多いと、苦味や渋味が出る。炭酸ガスが溶けると、「爽快な味」になるが、多すぎると、刺激が強くなる。炭酸水では、加圧して詰められている。なお、Caは骨の主成分、Mgは植物の光合成－葉緑素の成分である。豆腐をかためる苦汁(にがり)にも、含まれる。

「ミネラル・ウォーター」：種類は200種以上といわれ、消費も急増している。この水は、必須ミネラル分の補給などが調整されている。名水に明確な基準がないように、この水の良否は、人により異なるだろう。一般に、外国産は硬水、国内産は軟水が多い。ミネラル分も適量でないと害になる。

「水飲み健康法」：『水博士の身体によい水、安全な水』(川畑愛義著、講談社)によると、水道水をおいしく「飲むコツ」は、冷やして飲む－塩素臭を抑える」「木炭や活性炭に浸しかび臭さを除く」「レモン汁、お茶の葉などを落とす－カルキ臭を消す」である。また「水のみ健康法」は、「生水を１日３杯３回３分間」「ゆっくり飲む」ことであるとされている。田舎の牛は、水を「ユウユウ」と飲んでいた。せき立てると、角を振り回す。

犬は音を立てて飲むが、一気ではない。なめ回して飲んでいた。酒はもちろん、水も「一気飲み」は、厳禁とされる。川畑博士の「衛生や健康」「公衆衛生」の講義は、大学で必修だったが、試験の記憶はない。しかし、分かり易い著書があり、それを読んで、通過した。その後、NHKの健康番組を偶然目にしたが、先生は小さい頃、虚弱だったが、長い山道を通学して、鍛えたという。私も、山道を遊びながら通学したので、足は強くなり、走るのは速くなった。

猫や犬の「水飲み法」：猫の「すご技」が、高速度カメラで解明された（米科学誌『サイエンス』2010年）。それによると猫は、舌先が水面に触れると、すぐ丸めて持ち上げる。その時の細い「水ひも」を落ちる前に口で受ける。つまり高速の「水引上げ」「舌巻き」「口受け」術の連動である。舌の瞬間の速さは78cm／s、1回に飲む水量は0.1cc、1秒に約4回という。犬は猫と異なり、「舌すくい」らしい。高速の「舌の術」は、虫とりでカエルやカメレオンなども使う。生物の「水飲み」は、高度である。上向きで、危険な「一気飲み」はない。

「活性水や機能水」：昔から話題の水である。水を物理化学的に処理して、新たに活性や機能をつけ加える。電気や磁気、赤外線や超音波などを加えて、活性や機能をつける。例えば成長促進、鮮度維持、殺菌効果や洗浄効果などである。実用化の進んだ活性化法や分野もあるらしい。活性水の構造は不明であるが、水素結合やクラスターに結びつける議論が多い。物理化学的処理でクラスターが小さくなり、活性化するという。しかし、クラスターは高速で切換るので、安定性の検証が必要だろう。

「水の泡」の活性：極微の泡「ウルトラ・ファイン・バブル」の研究が実用化された。これは、ビールや炭酸水と異なり、細菌より小さく見えない泡である。特殊なノズルの高速回転で、気体を分断し、水中に放出する。この泡で傷をふさぎ、腐敗を防止する。酸素を運ぶと、植物は「生き生き」となる。これは、水素結合による「水和と親和」と類似構造である。

「水と食」「水和と親水」構造：水分がないと、飲食物は喉も通らない。栄養分の摂取消化や吸収には、すべて水が必要。この水で、「水和と親水」構造が作られる。これは水分子の囲む、微細な「衣やカゴ」構造になる。その中に、栄養分やイオンなどミネラル分が入る。そして、水や血液に溶けで運ばれて、生体反応が進む。「衣やカゴ」は柔軟な水素結合なので、運ぶ物質の出し入れは容易だろう。水は柔軟・多様で、万物に応答する。やはり、水は、「生命の源」である。他方、科学では、水は世界の謎・難問とされる。

16-3　「味と匂い」「香りの風景」「蚕と絹の世界遺産」…「味覚・嗅覚・化学感覚・水感覚」とは？

「味や匂い」は、飲食をはじめ、生活全体に大切なこと。これらは、「もの」か「こころ」か？ 長い間分らなかった。結局、多種多様な化学物質と、その感覚（化学感覚）の両方だろう。水と「味や匂い」の物質は異なるが、その感知では、水の助けが不可欠である。水と食べ物は一体となって、活力になるのだろう。特に現代社会では、「味と匂い」には、微量の化学物質がかかわっている。この両性質を見なければ、飲食物の良否は分にくい。どんな「微量と感覚」なのだろう？ 最近では、不思議な「水感覚」が注目されてきた。

物理感覚と化学感覚：五感のうち「視覚・聴覚・触覚」は、光・音・温度・圧力で生じる感覚である。これは「物理感覚」とよばれる。これをおぎなうセンサーは、高度に発達している。これに対して、「味や匂い」は化学物質がかかわり、「化学感覚」とよばれる。すべて微細な分子レベル、多種多様な構造や働きになる。センサーは難しいが、匂いでは、犬に近い感度もあるらしい。

五感の情報：感知した情報は、すべて「脳に伝達」され、判断される。このうち、視覚、聴覚と触覚は、まず大脳新皮質で処理された後、大脳辺縁系へ伝わる。しかし、嗅覚は、ただちに大脳辺縁系にいく。辺縁系は、原始的・本能的な行動が関係するところとされる。それだけ嗅覚は、本能的で、生命に結びついた感覚らしい。匂いや臭いは、飲食や呼吸に関わる分子レベルの化学物質によるとされる。動物は、まず鼻でかぎ分け、状況を知るらしい。

「視覚と聴覚」の情報、つまり「光と音」は高速で伝わる。これは、かなり遠い所の情報が多い。しかし匂いや臭いは、「におい物質」の拡散なので、伝達は遅い。嗅覚は、「身近な情報」で、ただちに行動が必要となる。

和食の「うま味」：これには、コンブ（グルタミン酸）、シイタケ（グアニル酸）、カツオブシ（イノシン酸）、貝（コハク酸）などがある。グルタミン酸は、アミノ酸の一種で、池田菊苗博士がコンブだしから発見（1908年）した。このナトリウム塩が「味の素」である。シイタケは、乾燥させるとビタミンDも増える。またカツオ節も、コンブも、乾燥と熟成、カビの働きで「うま味成分」が出る。「うま味」は、日本料理の特徴である。近年、世界の料理で注目されている。うまみ「UMAMI」は、国際語で、通用するらしい。「和食」には、自然の「味や美」が詰められ、世界無形文化遺産になった(2013年登録)。和食や料理は**第16話**。

基本味「感知と伝達」：「塩味・酸味・甘味・苦味・旨味」が「五基本味」とされる。そのほか渋味、辛味やえぐ味など。この「味の感知」は、舌とのど、ここの味蕾(つぼみの形)という「化学センサー」による。そこに味細胞があり、その先端の細胞膜で、味を感じる。

塩味と酸味は、ナトリウムイオン(Na^+)と水素イオン(H^+)が細胞膜の「イオンチャンネル」(通路)を通り、その情報が電気信号で脳に伝達される。その他の味は、細胞膜のタンパク質「味覚受容体」で検知され、そこにカルシウムイオン(Ca^{++})が入り、電気信号が脳に伝達される。イオンチャンネルは、ノーベル賞研究である(**第23話**)。

チャ(茶)：ツバキ科の木である。芽や葉、花も、一風変っている。立春から「八十八夜」、夏が近づく頃、どこかで「茶摘み」の歌も聞こえる。茶は、日常の健康飲料、和食につきものである。癒し効果もある。カテキン・テアニン・ビタミンなどは、健康成分である。特にカテキンは茶の渋みで、強い抗酸化・菌作用がある。うがいは、インフルエンザ予防という。緑茶、紅茶、番茶、ほうじ茶、抹茶、その他…色・香・味もいろいろだが、まず良質の茶と水、それに温度が大切である。茶の話や木の図は**1-5**。

コーヒー(珈琲)：この木はアフリカ原産で、アカネ科の常緑高木である。熱帯で栽培される。花は白で、香気がある。生産と消費は、世界に広がっている。「珈琲」「水素と酸素」の用語は、江戸後期の蘭医・科学者の箕作阮甫の考案とされる。

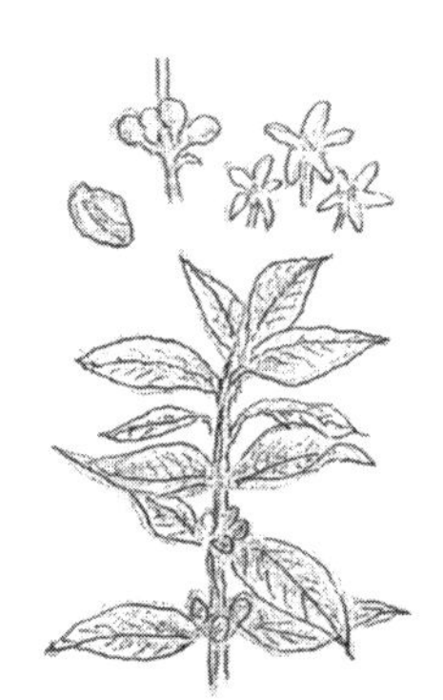

▶ コーヒーの木：アカネ科の常緑木。花は白で香気。アフリカ原産、熱帯各地で我培。

「香りの風景」百選：「味と香り」はさまざまである。味は、空中を飛ばないが、匂い物質は、かなり遠く飛ぶ。そこで環境庁の「香りの風景」百選(2001年)がある。例えば富良野のラベンダー、盛岡の「南部せんべい」、輪島の朝市、浜松のウナギ、富山の「和漢薬」、信楽の「登り窯」、神田の「古本街」、祇園の「おしろいとびん付け油」、奈良の「墨作り」、吉野川の「あい染」、別府の「湯げむり」、比叡山・延暦寺の杉や屋久島の照葉樹林の香りもある。

アイの色素「インジゴ」：難溶性なので、化学薬品や発酵で還元される。水溶性にして繊維につける。発酵の場合、原液は「味見」しながら温度管理するらしい。糸束を原液につけ、搾った後、手早く広げる。それで「パッ」と色変わり、鮮やかな藍染になる。空気による酸化反応である。一般に生体物質は、水や温度に敏感とされる。

▶アイ：茎は高さ50〜70cmまでになり、よく枝分かれする。原産地は東南アジアから中国。藍染めは奈良時代から続く歴史があり、海外では"Japan Blue"と呼ばれることもある。

におい「感知と伝達」：「花や料理」の匂いや香りはさまざまである。この感知は、鼻の奥の上皮にある嗅細胞とされる。この細胞は、人間では約500万個、犬では約2億個もあり、長い毛を持ち粘膜で覆われている。嗅細胞には、タンパク質の「嗅覚受容体」があり、そこで気体分子の「におい物質」を受け入れる。それとともに、カルシウムやナトリウムのイオンが細胞内に流れ込み、細胞内外に電位差が作られる。これが電気信号となり、嗅情報が神経で脳に伝わる。味の場合と同様の仕組みとされる。

人も数千種の匂いを識別するらしい。「においの効果」を脳波で調べると、ラベンダーの香りはリラックス効果、レモン・ライムなど柑橘類は集中力を高め、桃の香りは怒りを抑える効果がある。コーヒーやワインは、種類によりさまざまらしい。

嗅覚の仕組の解明：嗅覚の解明では、米国のアクセル博士らが、ノーベル医学・生理学賞を受賞した(2004年)。嗅覚受容体は約千種で、その情報が脳に伝わり、約1万種の匂いが認識・記憶される。嗅覚受容体の遺伝子を突き止め、嗅覚刺激の伝達の仕組みを分子レベルから解明した。匂いの種類は、嗅覚受容体の数の約10倍も識別できるのは不思議である。この認識は、個々の受容体のほか、各受容体の情報分布(組合わせ模様)で行うらしい。「味と匂い」の感知も同様とされる。

動植物の嗅覚：犬の嗅覚は鋭く、嗅細胞も多い。魚は、人間の30倍ぐらいらしい。サケが生まれた川に帰るのは、臭いによるといわれる。カイコガの研究では、オスは数キロ先のメスの誘引物質(性ホルモン)を感知するという。触覚の微細な毛にフェロモン受容体があるとされる。

化学感覚と「水感覚」…「無」の感知!?：水は、「無色・無味・無臭」である。無の感知は難しい。しかし、ハエは、足の裏の感覚毛で味を感じ、水は、水受容体で感知するらしい。生物は、すべて微細な細胞で構成されている。細胞は、すべて水が必要である。細胞膜は、「半浸透性膜」で、水は通るが、ミネラル分などは通らない。この細胞膜で、水の感知・調整が体全体の細胞で行われていることになる。水感覚「無の感知」がないと、他の化学感覚の有無も決めにくいのだろう。数でも、「ゼロの発見」は大発見とされている。

人間は、口や鼻で乾きを感じ水を飲むが、水はいつでもどこでも、全身で感知し、調整するのだろう。「水感覚」は、水の「感知と摂取」の両方の働きを持つ。この化学感覚は、細胞膜の生物最小の「水の道」と関係する。この道の発見は、「生命科学」では歴史的とされる。生命と健康で、各方面で発展している。

細胞膜「水の道」の発見はノーベル賞：近年の「細胞膜の研究」によると、細胞膜には、生物最小の「水の道」がある。水分子が一列で通る程度の細道で、生物に不可欠とされる。多種あり、植物に多い。ナズナは「春の七草」で、雑草「ペンペン草」といわれる。驚くことに、この草には極微の「水の道」「イオンの道」が30数種あり、ノーベル化学賞につながった(2003年)。これら細道の発見は、生命科学で画期的で、生命と健康の研究が広がっている。

「アクアポリン」「生命と健康」の細道：「水の道」は、アグリ博士による研究で、「アクアポリン(AQP)」とよばれる。これは、リボン状のタンパク質で、「生命と健康」の細道といえる。これら細胞膜の細道を、水分子、栄養分や廃棄物が高速で通過する。水と生命と細胞は、切り離せない。人体の細道も、腎臓をはじめ全身に分布するので、研究は広く発展する。また、特にカエルなどの両棲類は、「水に敏感」である。カエルは、腹の膜に独特の「水の道」があるとされる。そして、カエルはホタルとともに、水環境の指標にも選ばれている。「水の道」は、五感ともつながり、鋭敏なのである。

「春の七草」「ペンペン」弾き語り：ナズナは、「春の七草」で雑草「ペンペン草」といわれる。農山村から都市まで広く分布する。アサガオとともに、小学校の理科や生活科で出番になる。ナズナは、菜の花と同様、十字花植物である。「ペンペン」は、実が三角形で、三味線の「バチ」に似ているためという。驚くことに、この草には、生物最小の「水の道」「イオンの道」が多数あった。そして生き生きと、自然を語り、歌っているらしい。「なずな花仲よし小道水の道」「水の道なずなペンペン弾き語り」だろう。芭蕉は、「よく見ればなずな花咲く垣根かな」と詠む。ナズナの図は**23-2**。

16-4　料理や酒類…発酵食品での「発酵菌」の大活躍

日本料理には、煮物や吸い物など水をたっぷり使う。味噌や醤油など調味料や漬物も伝統の味である。このように、料理には、「良質の水」が必要不可欠である。野菜などの食材を育てるにも、まず水が大切だ。日本の伝統料理の緑茶などは、日本の良質の軟水で育ったとされる。だしをとるのも軟水である。硬水のカルシウムやマグネシウム分は、食品の主成分を硬化させる。西欧や中国では、硬水が多く、水をさける油料理が多い。しかし、コーヒーは硬水に合う。また紅茶やウーロン茶などの発酵タイプの茶は、硬水の多い地域で発達したとされる。

酒類と名水：酒・ビール、ワインなども、まず水が大切だ。名酒の条件は米、麦、ブドウなどの原料とともに「水・土・気候」が重要になる。水は、どの飲料でも最重要だが、他に微生物の大活躍がある。酒の名水では、兵庫の「灘の宮水」、京都の「伏見の御香水」や秋田の「力水」もある。どれも名水百選に選ばれている。宮水は、六甲山系の花崗岩層を通る硬水で、酵母をよく発酵させ、「辛口」の酒になる。他方、京都・伏見の御香水は軟水で「甘口」の酒を生む。

ビールの原料は、大麦とホップと水である。ホップは、クワ科の植物で、未受精の雌花ををいう。これが苦味成分、香や泡立ちにも役立つらしい。日本のビールは、軟水で淡白なものが多い。硬水では、味や色も濃く、ドイツの黒ビールが有名である。名水も名酒も硬軟、さまざまである。鉄分は、一般の生物界では大切ながら、酒作りでは、「色と香」を落す悪者とされる。

▶ ブドウ：ブドウ科の蔓性低木。日本では中国から輸入されたヨーロッパ・ブドウ系が自生化して、鎌倉時代初期に甲斐国勝沼（現在の山梨県甲州市）で栽培が始められた。

和食は「世界文化遺産」：日本料理は、良質の水を土台に、特に自然の味で注目され、すしや天ぷらなども世界的人気。「和食」は、世界無形文化遺産に登録された(2013年)。和食は、平安時代の「一汁三菜」からはじまり、「おせち料理」など、「新鮮で多様な食材」「バランスと健康的」「自然の美しさ」「年中行事」が認められるという。すしはいろいろあるが、もとは千年以上前、中国からの伝来という。

「茶の湯」「和菓子」も「和食」につながり、自然の「味と美」「高度の技」だろう。料理の無形文化遺産には、「フランスの美食術」「地中海料理」やメキシコ、トルコの伝統料理などがある。その他、無形文化遺産には、能楽、歌舞伎やアイヌ古式舞踊などが登録されている。

不思議な「発酵と醸造」…「コウジ菌や酵母菌」の活躍：酒類、味噌や醤油は、どのように作られるか？ これらは「微生物の発酵」、不思議な化学変化とされる。まずコウジ菌が米などのデンプンを糖に変え、ついで酵母の活動でアルコール分が作られる。「アルコール発酵」で、泡「ブクブク」は炭酸ガス(二酸化炭素)である。

発酵温度によって「酢酸発酵」が起り、すっぱくなる。子どもの頃、コウジ菌による「甘酒作り」をはじめ、味噌や醤油も自家用に作られていた。

調味料「酒・味噌・醤油」のルーツ：日本は、世界でも醸造業がよく発達した国である。酒、味噌や醤油など、大切な産業である。酒の歴史は、世界各地で古い。味噌のルーツは、中国の「醤」(動物や魚の肉をつぶし酒と塩をまぶした発酵調味料)といわれる。奈良時代に、「飛騨味噌」「志賀味噌」が古文書にあるが、詳細は不明らしい。

味噌汁の登場は鎌倉時代で、武家や禅寺からという。庶民に広がるのは室町時代で、大豆の生産増からという。結局、味噌は、日本の「最古級の調味料」「伝統の味」である。また「醤油」の発明は、室町後期といわれる。これら「発酵や醸造」では、細菌の活動があり、発酵の化学反応が進められる。

コウジ菌は「国菌」：この菌は、味噌、醤油、酒、酢やみりんなど、「日本食」の「うま味の要」「酵素パワー」である。この菌は、「オリゼ」とよばれ、日本のみという。江戸・東京、神田明神前には、「こうじや」があり、地下に「麹とむろ」が保存されている。当時、この地は、「文教の中心」であった。儒教の「湯島聖堂」もある。東大の赤門も近い。コウジは、江戸の「ハイテク」で、長年の蓄積とされる。

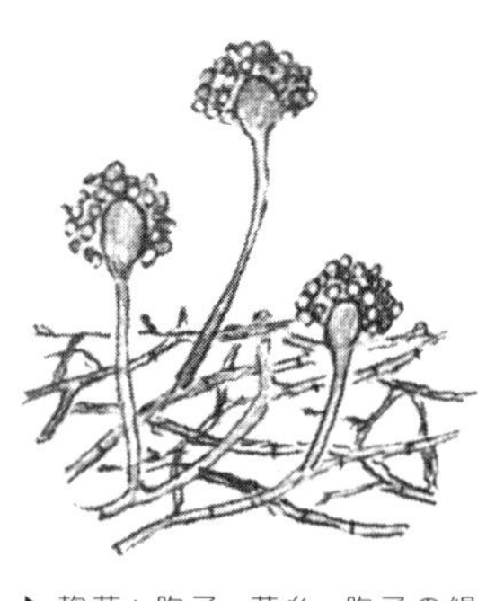

▶麹菌：胞子－菌糸－胞子の繰り返しでつくられている。適当な水分、温度、栄養源と空気の上に胞子が落ちると、水分を吸収して２～３倍に膨らむ。胞子は30～35℃で数時間後には発芽し、菌糸は枝分かれしながら次々に連鎖していく。日本では千年も前から、この「麹カビ」を使った酒造業が始まり、味噌・醤油業が栄え、甘酒や漬物が嗜好されてきたのだ。麹菌は糸状菌で青カビや黒カビも仲間である。

「オリゼ」は、DNA分析では、類似の毒性雑菌から長年選別し、「家畜化」したという(東大農学部)。そうなると、日本独自の菌で、伝統の技だろう。日本醸造学会は、麹菌(コウジ)を「国菌」と定め、国の誇りとした。「米の糖化」では、まず「甘酒」が作られ、さらにアルコール発酵で、日本酒が作られる。糖化はコウジの「酵素パワー」による。コウジは「国菌」、料理や日本酒に欠かせない。

菌類「善玉と悪玉」：菌類は、動物でも植物でもない。カビの仲間である。人間には「善悪２面」「毒も薬」もあり、注意と共生が大切になる。約150万種あり、確認されているのは、約10万種である。起源は、「原生代」「始生代」で、10億年を超えるとされる。通常、細菌は見えないが、菌類の一生では、タケ(茸)などの大きな形態も現れる。体内には、細菌が多く、1gのフンにも1兆個程度すむとされる。

整腸の乳酸菌など「善玉」がいるが、大腸菌など「悪玉」もおり「善悪」せめぎ合っている。また「善悪」は、時や場所による。例えば、腐敗菌がいないと、排出物や草木も山積みになる。物質循環が止まり、生物は生きにくい。蛋白質生産の窒素同化作用では、「根粒菌」の活躍がある。なお、菌類から医薬品の発見・開発は（第28話）。

大発見「アルコール発酵」「酵母の酵素」：アルコールは、酵母菌の助けで、糖類から作られる。酵母菌には酵素が含まれ、この作用とされる。まず酵母菌は、ブフナーによる発見で、ノーベル化学賞を受賞した（1907年）。またこの研究は、「生化学のはじまり」とされる。この実験は、酵母菌の抽出液に糖を加えたもので、そこで、「二酸化炭素の泡」やアルコールを発見した。

実験では、酵母は潰されており、生物ではない。そこから、生物のような神秘的な「アルコール発酵」の発見である。酒作りは、昔から行われているが、その機構は分からなかった。それが、酵母菌の発見で分かってきた。その後、数十年の探究を経て「酵素の正体」も解明されてきた。

酵母菌は「カビの一種」：この細菌での発酵は、「原子や分子」が変化する化学反応とされる。原子や分子は細菌よりも、さらに極微の粒子である。この変化の過程は見えないが、化学記号や化学式で便利に表されている。

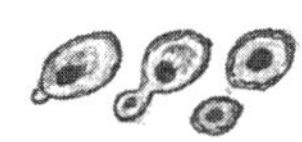

▶ 酵母菌：アルコールを生成することができる微生物。パン作りなどにも利用される。数ミクロンの単細胞生物。出芽で増殖する。

「発酵の化学式」：化学式の左は原料、右が生産物。原料から生産物までの変化、極微の原子や分子が、見える形の化学記号や反応式で書かれている。原子の記号は炭素原子（C）、水素原子（H）、酸素原子（O）などで、下つきの数字は、それらの原子の個数である。また原子が結合したのが分子で、分子式は、原子記号の塊で表されている。

アルコール発酵：$C_6H_{12}O_6$（糖）→$2C_2H_5OH$（アルコール）＋$2CO_2$（二酸化炭素）

酢酸発酵：C_2H_5OH（アルコール）＋H_2O（水）→CH_3COOH（酢酸）＋$2H_2$（水素ガス）

自然界の大原則「物質保存の法則」：ミクロの世界は直接感知しにくいが、記号や化学式を使うと見やすくなる。しかし反応式の前後では、分子の種類は、全く変化する。物質の消滅とも見える。発酵での原子の組み換えである。しかしこの反応では、原子の種類や個数は左右で同じである。つまり原子は化学反応で無くならない。また増えもしない。これは「物質保存の法則」といわれ「自然界の大原則」とされる。

酵素の大活躍：酵母菌（コウボ）や麹菌（コウジ）は、発酵や醸造で大活躍する。

ここでは、酵素（コウソ）の働きが大きい。「酵素パワー」といわれる。酵素は「生き生き」だが、生物ではなく、「酵素タンパク質」が働く。酵素自体は、化学反応前後で変化しないが、触媒として働き、化学反応の経路を変え、反応を促進する。触媒は、斜面と同様な働きである。高い所には、一度には飛び上れない。しかし斜面を「ジワジワ」上ると、時間はかかるが登れる。体内には、「消化酵素」など多種の酵素があり、水とともに、生命と一体で活動している。

酵素の正体：酵素の発見と触媒作用の探究は、数十年を経て、「酵素の正体」の蛋白質が分かりはじめた。今日では、多数の酵素が発見されている。酵素自体は、反応前後で変化しないが、反応推進の触媒として働く。この酵素の触媒作用により、難しい生体化学反応が常温で、円滑に進められる。酵素は、「活力のもと」とも見られ、生命活動では極めて大切なものである。酵素は多数発見され、「酵素タンパク質」も解明されてきた（17-6）。

大発見「オートファジー」…生物の新陳代謝：昔から、酵母菌は広く利用され、光学顕微鏡でも、よく観察されてきた。この酵母菌の研究から、大隅良典・東京工大特別栄誉教授によって、「オートファジー」（自食作用）が発見された。そしてノーベル医学生理学賞にも輝いた（2016年）。この現象は、細胞が一部を分解して、栄養源にリサイクルする――この新陳代謝の一つとされる。

また、これは、生物共通の生命現象で、寿命を長く保つ基本活動である。その存在はかなり知られていたらしい。寿命は命そのもの、誰のも大問題である。しかし、この基本活動は想像上で、実態は不明のまま続いた。これが「オートファジー」の発見で、大転換したのである。

タンパク質の必要量：タンパク質は、生命のあらゆる営みに必要で（21-5）、人は1日に約300gのタンパク質を作るが、食事での摂取は70～80g、不足分はオートファジーによるとされる。この仕組みは、細胞の栄養源、浄化、免疫作用、がんやパーキンソン病などと関連し、研究は、多分野で発展しているようだ。この研究のはじめは、大隅教授によると「人がやらないことをやろうという興味」からとされる。寿命につながると確信したわけではないとして、基礎科学の重要性が強調されている。

光学顕微鏡で何が見えた？：大隅教授は、酵母菌から研究をはじめ、1988年にオートファジー現象を発見した。その後、詳細な研究になるが、はじめは、光学顕微鏡による酵母菌の観察である。装置は高度ではない。中学生も知る光学顕微鏡で、観察は、酵母の中の「液胞」である。この存在も専門家には知られていたが、役割は不明で、老廃物の「ゴミ溜」と見られていたという。教授がオートファジー現象を発見したのは、飢餓状態下の酵母菌とされる。ここで沢山の小さな粒が「ピチピチ」「踊る粒」になり、生命力に溢れる躍動している。つまり、生命と触れ合う自然「現実そのもの」が見えたらしい。

酵母菌の「終りと新しい始り」：極微の生体化学反応の大発見である。飢餓の極限ではじめて顕になった現象である。酵母菌の「生成・消滅」である。その後、ハイテクの電子顕微鏡などで、精密構造解析や関与する遺伝子の決定など、多くの研究が続けられ、大発見につながっている。

オートファジーの役割：タンパク質は、アミノ酸がつながって、できている。人では、２万種以上のタンパク質が作り変えられるという。この時利用されるアミノ酸は、食事とオートファジーなどのリサイクルとされる。タンパク質の作り変えは水中で行われるので、生体化学反応には、水が不可欠なのである。タンパク質分解には、他に「ユビキチン」系も発見されている。

日本は「漬け物大国」：細菌の活躍では、醸造とともに漬け物がある。特に「ぬか漬け」は、世界に誇るものだ。江戸時代、白米を食べるようになり、はじまったとされる。ぬかは、精米の時できるものである。白米食は、ビタミンＢ不足で脚気などの病気を起す。ぬか漬けは、ビタミン不足を補い、乳酸菌も加わって、江戸時代の人々の健康を救ったという。漬け物では、多くの菌が有機物を分解する。味や香りが自然に変わるのは、多数の菌の活躍による。特に「植物性乳酸菌」は、味噌、醤油、漬け物など、伝統的発酵食品に多いとされる。

ヨーグルトの乳酸菌：ヨーグルトは、細菌が働く健康食品である。繊維成分や整腸効果が大とされる。乳酸菌は各種ある。なお乳酸の化学式は、$CH(CH_3)(OH)COOH$である。

納豆やくさや：納豆には、納豆菌がいる。１グラムあたり、20億個もいるらしい。稲わらや土などに広く存在する。「ネバネバ」は、納豆菌が作った細い糸である。環状のアミノ酸（グルタミン酸）が数千個連なったタンパク質で、健康食品だ。しかし納豆菌には、危機の場合での食べもので、ウイルス防御の鎧ともいわれる。魚の「くさや」も有名である。これを作る樽の汁には、多種の菌が何百年も棲んでいるらしい。これは、動物性のタンパク質を種々のうまみに変える。伊豆諸島、新島や三宅島は、「くさや」の産地である。天然記念物の鳥「アカカッコ」ツムギ科の鳥もいる。

▶ アカカッコ

食物の「ネバネバ」：納豆のほか、野菜の「オクラ」、和紙のつなぎの「アオイ」も、「ネバネバ」である。これは植物繊維、つまり炭水化物や蛋白質が長くつながる高分子が多い。これらが水分子を抱え込み「水和構造」を作ると、「ネバネバ」になり、さまざまな機能になる。生物の耐寒構造もある(17-2)。水和構造は、水分子の水素結合で調整される。

第17話

水中の「三栄養素」…糖類・脂肪・タンパク質の水中の変化

生物には、すべて食べもの、栄養分が欠かせない。植物にも、養分や肥料が必要である。動物の栄養は、主に「三栄養素」(糖分・脂肪・タンパク質)とされている。そして日常の代謝作用「摂取・吸収・排泄」で、生活が維持されている。この代謝では、水の助けが欠かせない。食物を含め、物の大切な性質に、水に溶け易さがある。「親水性」は、水になじみ溶けやすい性質である。その反対が「疎水性」。生物にはどちらも大切で、「衣・食・住」すべてに関係する。食べものや代謝作用では、常に水に助けられている。生物と環境には、「優しさ」が必要で、「水とのなじみ」が欠かせない。

17-1 「親水性と疎水性」の話…アルコールと水、混合の不思議

食べ物では、砂糖のように溶け易い物と、溶けにくい油類がある。衣類と住居には、疎水性に適度の親水性が加わるだろう。疎水性の代表は気体で、空気やメタン(CH_4)などがある。固体では、ガラスやプラスチックは水に溶けない。親水性では、まずアルコールがある。この種類は多く、「親水性と疎水性」いろいろある。これらの性質は、物質を構成する微粒子、つまり原子や分子の構造から説明される。アルコール類は「親水性と疎水性」をよく現すので、ここから、水と生体物質の関係を考える。

アルコールは多種類：身近なアルコールは、エチルアルコール「酒の精である」。酒類は、料理にもよく使われている。一般に、アルコールは、「気体に似た」炭化水素と「水に似た」水酸基で構成される。そして、「疎水性－親水性」の二面性を持つ。水H_2Oの構造式は、(H－O－H)で水酸基(－OH)を持ち、水になじむ。(－)は、強い共有結合を示す。頭部分は気体のメタン、エタン由来で、この部分が大きいと、疎水性になる。

例えば、気体のメタン、エタンやプロパンの水素原子1個がとれ、代わりに水

酸基がつく。それぞれ、メチルアルコール（CH_3-OH）、エチルアルコール（CH_3-CH_2-OH）やプロピルアルコール。メチルアルコールは、燃料や洗剤で使われるが、有毒で危険である。さらに、鎖状分子の「高級アルコール」が続くが、石油のような「ドロドロ」液や固形物である。

共有結合と「化学の基」：共有結合は原子間の化学結合で、電子を共有した強い結合である。これは、分子の骨格になり、形を決めている。化学基は、分子の枝のような原子団である。化学反応では、一まとまりで他分子に移り、独自の働きがある。アミノ基（$-NH_2$）やカルボキシル基（$-COOH$）なども、生体物質で重要とされる。

メタンやアルコールの化学式：

原子間の強い「共有結合」：この結合の最も単純な例は、水素ガスの水素分子（H_2）である。また、水分子（H_2O）や生体高分子も、共有結合である。強固なダイヤモンドも、この結合による。共有結合の特徴は、強固で壊れ難いことである。また結合には、強い方向性がある。

これは、分子の骨格になる。水分子も赤熱でほとんど分解しない。原子は、それぞれ外殻に電子を持つが、その電子が、原子間で共有され安定化（結合）する。これが共有結合で、「電子が主役」である。この結合は、現代物理の量子力学で解明されている。原子や分子の構造、自然の多様な物質は、11-3～5。

「水とエチルアルコール」…混合で体積が減る!?：どちらも無色透明、圧力を加えても、液体の体積はほとんど変わらない。それぞれ分子がぎっしり詰まっている。ところが混合すると、大幅に体積が減少、静かに消える。どこに消えたか？ それは、原子・分子の「ミクロの世界」に踏み込んだためとされる。この液体の混合では、原子の種類と個数は変わらないが、体積は減る。つまり、この混合では「物質保存の法則」が成り立つが、体積は保存されない。

通常、五感では、液体に隙間があることはは分からない。しかし「ミクロの世界」に入ると、水分子はアルコール分子より小さいので、隙間に密着して潜り込む。そして、混合液の全体の体積が減少することになる。

エチルアルコールは、水に99%溶けるとされる。ごく少量に水に溶けて、一様な混合液になり、全体の体積は減ることになる。水と油の場合、ほとんど溶けないで分離して、全体の体積は変わらない。

液体の水の構造：液体の水は固体の氷と違い、水分子は、乱雑に動いている。しかし、水蒸気のように自由ではなく、水素結合で連結したクラスター（塊）である。平均では、「正四面体構造」とされる。しかしこの構造は不安定で、まだ隙間があり、切り替わる。したがって、水がアルコールや生体分子などと接触すると、水分子は、新しい配置に変わる。これは「水の構造化」で、「カゴ構造」「水和構造」といわれる。特に生体では大切で、活力の源になる。血液での栄養分や廃棄物の輸送などは、このカゴに乗り、安全に輸送される。

水分子の「正四面体配置」：液体の水では、水分子の位置は乱雑に変化する。しかし、平均の構造は水素結合で連なる「正四面体配置」の塊（クラスター）とされる。水素結合と「正四面体配置」の図と説明は12-1。

神秘の「水素結合網」「生命の水」：水分子は球形の微粒子で、擬人化すると、チャーミングな「二つ目」である。この奥には、水素原子核－陽子（プロトン）がある。水分子は、「単純で強固」で、容易には壊れない。ところが不思議なことに、水分子間が接近すると「二つ目」が電気力で「クルクル」動く。同時に、「強く弱く」、無限に連結し、「水素結合網」で激しく踊る（第10話）。水素結合網は激しく切換り、水は「強固で柔軟」「大きく小さく」自由自在になる（第12話）。この万能的な働きで、水は、生命も支えている。水素結合の役割は極めて大きい。図は水分子の連結。

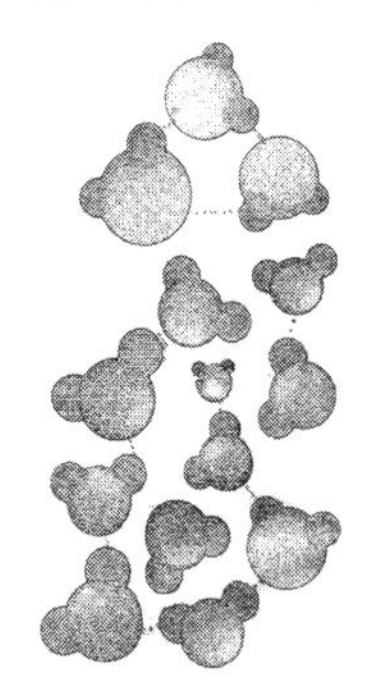

17-2　糖類－「生物の活力源」…糖分の「水和・耐寒・耐乾」構造、和紙は「世界文化遺産」

生物の三栄養素は、「糖分・脂肪・蛋白質」である。糖や脂肪は、静かに燃えて、エネルギーを出し、活力源になる。これはごはん、めん類やパン類など、一番多い食べ物だろう。子どもは、アメなどを欲しがるが、大人も疲れるとそうなる。糖類は活力の素である。

蛋白質は、動物の体の主成分で、「万能素材」といわれる。これらの食べ物、栄養分の消化や吸収には、水分が必要・不可欠である。水が乾くと、食物はのども通らない。栄養素の働きも出ない。水のある場合、栄養分の周りに水分子が集合して、「水和構造」「水の衣」「耐寒や耐乾」構造も作られる。植物体の糖類「セルローズ」は溶けないが、「衣類や紙」などの原料になり、日常生活に欠かせない。また和紙は世界文化遺産である。

動植物の構成「糖分と蛋白質」：植物の主成分は糖類で、細胞膜や繊維のセルローズ、穀物のデンプンなども含まれる。これは、植物の緑の葉の「光合成」で生産される。つまり植物は、水と二酸化炭素を原料にして、太陽光で糖類を生産、自力で成長・繁栄する。

他方で動物は、筋肉をはじめ蛋白質が主成分である。これは、窒素を含む有機物で、動物体はほとんど「水と蛋白質」とされる。この蛋白質は、主に植物からで、動物の栄養は殆んど植物に依存している。なお植物の光合成も、葉緑素－蛋白質複合体で行われている。結局、蛋白質は、全生物に不可欠で、必須「三栄養素」「生命の三要素」とされる。植物では、蛋白質は特に豆類に多い。

ブドウ糖や砂糖はエネルギー源：糖類の最小分子が、ブドウ糖（グルコース、$C_6H_{12}O_6$）である。元気をつける「ブドウ糖注射」もある。ブドウ糖は、呼吸で取入れた酸素で除々に酸化される。これでエネルギーが出るとともに、分解物の水と炭酸ガスが放出される。水は尿や汗、炭酸ガスは呼吸で排出する。ブドウ糖は連結すると、２糖から多糖類になる。甘い砂糖（しょ糖）は２糖類ある。サトウキビやテンサイ（砂糖大根）などから、生産される。トレハロースも２糖類で、シイタケや昆虫類にも多い。これは薄い甘さで、化粧品や入浴剤にも使われる。

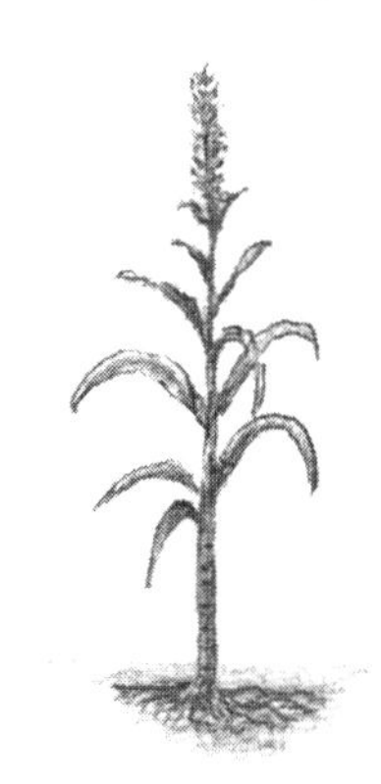

▶ サトウキビ：砂糖の原料となる農作物で、熱帯、亜熱帯地域で栽培される。

「デンプン」「グリコゲン」：麺やパンの多糖類でよく知られている。デンプンは、植物の種子や芋の中に貯蔵されている。グリコゲンは、動物体内に広く分布する。植物でのデンプンに対応し、「動物澱粉」ともいわれる。肝臓や筋肉に特に多い。植物では菌類、細菌や酵母に含まれる。デンプンやグリコゲンは、巨大な分子である。分子式は、$(C_6H_{10}O_5)$で、nは何万の大きな数である。これらは、疎水性の部分が大きく、水に溶けにくい。その形で生体内に貯蔵する。酵素の作用で分解され、またエネルギー源にもどる。

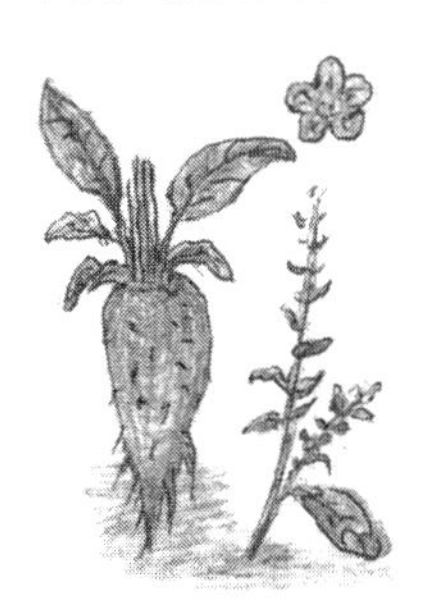

▶ テンサイ：サトウキビとならんで砂糖の主要原料であり、根を搾ってその汁を煮詰めると砂糖がとれる。

「糖類と水」「水和と耐寒」構造：糖類には、水に溶け易いものと溶け難いものがある。まず糖類は、「炭水化物」ともいわれる。二酸化炭素（炭酸ガス、CO_2）と水（H_2O）から、酸素（O_2）がとれた分子になる。これは植物の「光合成」で、生産されている。糖類は炭化水素（CH3－）で、部分は疎水性で水に溶けず、水酸基（－OH）部分は、親水性で「水和構造」が作られる。

低糖類は、親水性の水酸基をかなり含み、水素結合でつながり、よく溶け「ニチャニチャ」になる。これは、糖の近傍で、水分子の再配置、構造化が起るためである。糖分子は、水分子に比べるとかなり大きい。そのため熱運動は遅い。それに引かれて、周囲の水分子の運動も、遅くなる。水素結合の影響である。水分子は拘束され、動きにくくなり、また凍りにくい。糖分による耐寒構造である。

麺類やパンの「ねり・こね」「水和・親和」構造：うどんやそうめん、パン類も小麦粉をもとに作られている。小麦粉は、デンプン（糖分）を主成分に、グルテン（蛋白質の混合）も多い。うどんは小麦粉に水や塩を加え、よく「ねり」「のし」「のばし」で作る。水の量とねり具合などで、固さ・伸び・弾力は全部変わる。材料と水の間の微細なつながりである。

デンプンは、「ラセン構造」の高分子で、こねや踏む効果が大きい。特に水との「なじみ」は、「水和」「親水」構造とよばれる。水分子は、極微で栄養分の分子を囲み、こねる回数に応じて、分子レベルの微細構造も変化、食感も「ツルツル」、微妙に変わる。「そうめん」「そば打ち」「餅つき」「パンこね」「ラーメン」「マカロニ」…「ねり・こね」は大切だ。水は多機能、生体高分子に、豊富な水和構造が作られる。

水は多機能「４℃の謎」「耐寒構造」：水は「４℃で密度最大」で、この重い水が底に沈む。そのため凍結の湖でも、生物は生きて春を待つ。４℃近くは、冬眠の温度らしい。牛乳の低温殺菌も、この程度の温度という。「４℃の謎」は、水の相転移「三態の変化」とともに特異な現象とされる。現在も「世界の謎」「科学の難問」とされる(13-1)。

また生物では、生体高分子が多数の水分子を集め、耐寒構造も作られる。例えば、糖分が「水あめ」状に変わると、昆虫や植物も凍り難くなる。多糖の高分子が水を抱え込むと、貯水や耐乾構造になる。ユリ、ラッキョウやタマネギなどの球根も耐寒・耐乾構造とされる。

生物の「耐寒と耐乾」：草木や昆虫は、厳冬に強い種類があり、冬眠もある。冬眠はカエルやヘビなど、両棲類や爬虫類、リスやクマなど、哺乳類にもある。気温が５℃ぐらいで冬眠するという。植物もそうらしい。生物は凍結すると、生きられない。生物には、４～５℃は凍死の危険信号で、耐寒の水和構造が作られる。水分子が糖に拘束されると、氷の結晶化が起りにくくなる。つまり、耐寒構造である。

生物には乾燥も厳しい。クマムシやネムリユスリカなど、超「耐乾・耐寒・耐熱」の生命力があるらしい。植物の種子では、多くが水分含有量５～20％で、カバノキは１％以下でも生きるという。花粉やカビの胞子も乾燥に強い。酵母菌やカビの胞子、杉の花粉も乾燥に強い。生物が「厳しい環境」に耐えられるのは、「糖類の水溶液」の構造化による。つまり「ガラス状の構造」で包まれて、生体の蛋白質などが守られる。糖類は「生物のエネルギー源」、同時に「生体の維持・保護」の働きもあるとされる。

▶ クマムシは、さまざまな極限環境に対する耐性を示すことが知られていて、地球上で最も強い動物ともいわれる。

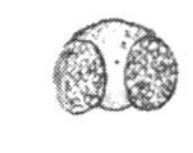

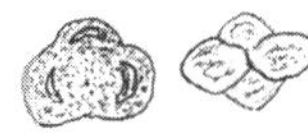

▶ 花粉の形：マツとスギ、カタバミとベコニア。

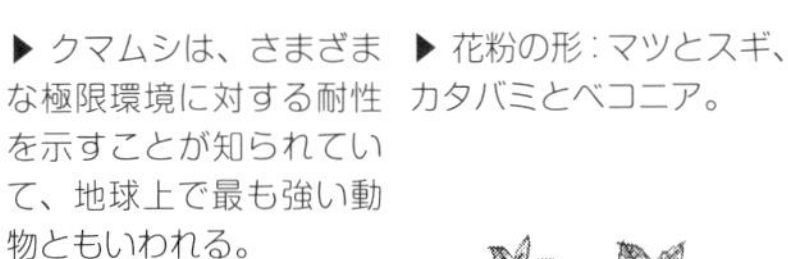

糖類の「セルローズ」：セルローズは、最も巨大な多糖類。細胞膜、木綿や紙の主成分で植物体の構造を作っている。この高分子は巨大で水に溶けない。疎水性の代表とされる。綿や麻は衣類で、和紙やパルプの紙は印刷などで、種々に利用される。多糖類で水に溶けないが、適当に湿度を保つと、水になじむ。これは肌触り、染色や書き具合に影響する。このなじみは水酸基（－OH）による。綿の繊維は、長いセルローズで、実を包む。

▶ ワタ：アオイ科。熱帯、亜熱帯地域が原産。種子表面からは白い綿毛が生じ、これが綿として利用される。

紙の発明：昔の中国では、記録には、竹を削った「竹簡」や絹布を使ったとされる。日本でも出土されている。その後、紀元前３世紀頃「紙の誕生」があった。後漢の蔡倫が、技術を集大成し、紙を皇帝に献上したとされる（BC105年）。樹皮、麻くず、ぼろ布や魚網などで作ったらしい。

▶ 竹簡：竹でできた札。東洋で紙の発明以前に書写の材料として使われた。

紙は文化「生活の必需品」：新聞、雑誌、広告、本、ノート、手紙、印刷用紙、ちり紙、包み紙、折り紙、紙箱、障子、ふすま、張り紙…、フィルターもある。紙は自由自在、用途は広い。特に情報伝達の意義は大きく、文化に欠かせない。原料は、樹木の植物繊維「セルローズ」である。これは、原子多数が連結する長鎖状高分子で、食物の糖分と同類の炭水化物である。原料の樹木は、滑らかな紙では、ユーカリなどの広葉樹、封筒など強い紙の場合、松や杉など針葉樹で作られる。トイレ用紙などは、「強さと柔軟」の２層構造になっている。和紙や紙幣には、コウゾやミツマタが原料になる。

和紙は世界文化遺産：和紙の繊維は繊細で、紙すき技術も高度である。世界文化遺産にも登録されている（2014年）。紙幣、日本画や水墨画などの紙である。色彩の濃淡や広がりは、紙の親水・疎水性に最も影響されるだろう。和紙は、三叉やこうぞの皮を材料に、伝統の技「流し漉き」「溜め漉き」などで作られる。良質のセルローズを水に一様に分散させ、流れや溜めを使い、厚さを五感で精密に整えるらしい。和紙には、材質、水質や技術、どれも大切である。製造と使用すべてで、水との関係が深い。

「和紙や手すき技術」：島根県「石州半紙」、岐阜県「本美濃紙」、埼玉県「細川紙」は、世界文化遺産である。「美濃和紙」には、1300年の伝統がある。近くの山々に原料のコウゾが育ち、長良川の清流に伝統の技が加わる。上中流域の「清流のアユ」も世界農業遺産である。和紙は太陽光で純白、反射・透過光が自然で、燈明や照明に最適である。これは、細い繊維が全面一様に漉かれているためである。「五箇山和紙」も有名だ。白川郷・五箇山は世界文化遺産である。コウゾは、雪の上で天日干しにする。水と氷、太陽光で酸化・漂泊。これで紙は白く強く優しくなる。白川郷の三角屋根の障子、輝く模様の和紙の笠…。

▶ 白川郷の「合掌造り」：日本の豪雪地帯に見ることのできる住宅建築様式。イラストは『日本大地図』（平凡社）より。

草木で生きる「動物や細菌」「水は不可欠」：牛や山羊は、野原の草木を「おいしそう」に食べる。しかし、人間は真似できない。強い木材も年とともに、カビがつき、虫も食う。枯れ草も「枯れ草菌」で分解とされる。草木の主成分「セルローズ」は強いが、食べものになる。牛は複数の胃を持ち、何回もかんで反すうするが、「かむ」だけは消化できない。微生物が分解酵素「セルラーゼ」を持ち、セルローズも加水分解でエネルギー源になるとされる。牛や山羊は、この菌と共生しているのだろう。生物の消化では、「細菌と酵素」の働きが大きいが、まず「生命の水」が欠かせない。

動物と人間の消化器官：共生する微生物が異なる。牛には、酸を分泌する胃の前に、三個の前胃があり、ここに細菌を棲まわせ共生する。鶏は、小石も食べる。鶏には、歯がない。その代りに、砂嚢の石ですり潰すという。動物はそれぞれ、消化器官が異なる。人間は胃一つ、石は食べないが、歯でよく噛みすり、潰す。その間、水とともに、消化酵素「ジアスターゼ」などが働いて、デンプンが糖になり、甘くなる。これは、体験する通りである。胃には、かなり強い酸があるが、蛋白質や油脂を分解する細菌や酵素が働き、腸でも、多種の細菌や酵素が参加して、栄養分の摂取が進む。人間にも、細菌との共生がある。

17-3　油とは？「水と油」の関係…「生体膜」の誕生物語

脂肪も、健康に必要な三栄養素である。料理も、煮物、焼き物と油料理がある。

油は、水になじみにくい。疎水性の物質で、相反し溶け合わない。この関係は、「水と油の関係」といわれる。しかし水に溶けないで、どう栄養になるのか。そもそも、油とはどんな物質か？

油には、食用油、つまり動植物の油脂や脂肪がある。また石油など、機械油がある。これは食べられないが、炭化水素の混合物で、「ドロドロ」の液体や固形物である。加熱、気化と分留により、ガソリン、灯油、軽油、重油などが得られる。ここでは栄養分の油脂を概観する。

油脂：食料油や脂肪は、３価アルコールのグリセリン（$C_3H_8O_3$、甘味や薬剤など）と脂肪酸が結合した複雑な化合物や混合物とされる。脂肪酸は、カルボシル基（－COOH）を持つ。酸は、水素イオン（H^+）の出る物質で、カルボシル基から出る。最小は酢酸（CH_3-COOH）で、「食酢のもと」である。これは水に溶け、食用で貴重である。一般に脂肪は、動植物に広く分布し、生物の栄養素で高エネルギー源となる。消化には、「ペプシン」など、消化酵素が必要である。また加水分解なので、水も必要・不可欠だ。これで脂肪は多数の糖分に分解されエネルギー源になる。なお、「酸とアルカリ」は**15-3**。

「水と油」の「深い関係」：「水と油」を混合すると、何が起こるだろう？ 相反する性質で、分離して、油が浮くだけのように見える。全体の体積も変わらない。しかし、「水と油」の界面には、分子レベルの微細な変化が起こる。つまり油の疎水基は水にはじかれ、親水基側は、水に引きこまれる。これで油分子は、整然と並び油膜ができる。また、疎水基が内側に、親水基が外向きに並ぶと、丸い集合体になる。これは「ミセル」とよばれ、内側に油性のものを包む。外側は親水基で水につながり、細かく水に分散することになる。

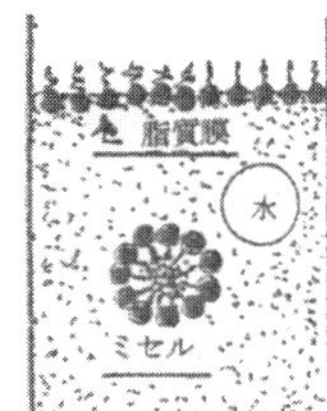

▶「水と油」の深い関係：水と油は混合しても完全に分離する。無縁とも見える。しかし表面には薄膜が広がり、水中にも「脂質膜とミセル」が誕生する。生命を包む細胞膜も脂質膜で、「水と油」の関係は生命の誕生にもかかわるとされる。

細胞の「二重脂質膜」…「生命の膜」の「自己組織化」！：「水と油」は相反するが、界面では、「周囲の水」にも微妙な変化が起る。通常、液体の水では水分子の配置は完全な乱雑ではなく、平均で「正四面体構造」とされる。その水秩序が崩れ、同時に分子膜と「水のカゴ構造」が作られる。全体では、水の秩序が崩れるが、完全な乱雑化ではないとされる。水－油界面では、部分的に新しく秩序構造「分子膜や球状構造」が自動で作られる。これは、自然での「自己組織化」といわれる。

この構造は、「生物の細胞膜」などで、とりわけ大切とされる。細胞膜の主成分はリン脂質で、疎水基の一端に親水性のリン酸基（$-PO_4$）がある。この脂質が疎水基を内側に、二重に並んで細胞膜が形成されている。この膜には、水や栄養分を運ぶポンプや通路があり、複合構造のタンパク質とされる。生命は、この「二重の脂質膜」で包まれ活動している。

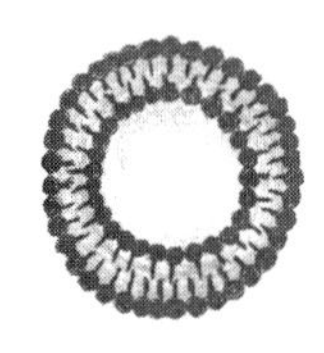

▶脂質二重層：極性脂質が二層となり膜状の構造をとったもののこと。生体膜の最も基本的な構造の１つで、極性脂質、とくにリン脂質からなる。

大切な脂肪：脂肪は、「高エネルギー源」で利用されるが、皮膚の保護などにも欠かせない。脂肪は、乾燥や低温にも強い。らくだは、砂漠の乾燥に強く、古代から「絹の道」の輸送に使われた。背中のコブに脂肪の塊があり、酵素の助けで分解すると、エネルギーとともに水も作れるらしい。また油は凍り難い。熱伝導も低く、保温効果も大きい。もともと脂肪の変化は、「加水と脱水」の反応で、常に水が出入りする。脂肪と水は、「深い関係」で直結しているともいえる。

「脂肪や筋肉」で「脳も活性化」！：脂肪は、高エネルギー源で、大切だが、これに留まらない。「脂肪細胞」は、脳へ情報を伝達する物質を持つらしい。この分泌で、脳は活性化し、情報に応じて脳の指示・調整する。この欠陥は、難病にも関係するようだ。この話は、NHK（2017年）での、山中伸弥京大教授の話による。教授は、ノーベル賞受賞者である。

「脂肪細胞」は、脂肪が留まると、丸まる膨らみ、体の脂肪層も太ってくる。ここで、細胞の役割は終わりではない。細胞が満腹になると、情報の伝達物質が分泌される。これが脳へ伝わると、脳の指示で、食欲を抑えるという。この伝達が不調では、食欲も止まらず、食べ続けの深刻な病気も起こるという。「筋肉細胞」では、細胞は細長い。ここも、伝達物質の欠陥では、痩せや異常な肥満体も起こる。骨細胞など臓器にも、情報伝達とされる。

生物は「有機的統一体」：生物の臓器や細胞は、それぞれ独自に活動する。同時に、情報伝達物質も分泌して、脳につながり統一的に活動する。生物は「有機的統一体」といわれるが、その通りであろう。「脂肪細胞」「筋肉細胞」にも、情報の伝達物質があるらしい。脳や病気との関連も研究され、薬の開発もはじまったという。しかし具体的進展は、最近らしい。「生命と健康」の切実さから、生体のより詳細な研究が強く望まれる。

17-4 「クリーニング」と界面活性…表面張力と水玉の「話と歌」

人間はもちろん、生物にはすべて、汚れや廃棄物がある。これを払い、落し、洗い流す。これも、生物に欠かせない大切な活動である。この洗濯の記録は、エジプトでは紀元前2千年頃、古墳の壁画に詳しく描かれている。まずもみ洗い、たたき洗い、すすぎや絞りなどである。古事記も、洗濯は川で行う。「桃太郎」のお婆さんも川だった。現代の洗濯は変わったが、昔は、自然の流れを活用するのが伝統文化であったのだろう。

洗濯と洗剤…洗剤の２面性：洗濯は、まず水洗いである。水は、溶解性が高く安全である。総合的には、最高の洗剤ともいえる。日常の石鹸や洗剤は、「界面活性剤」ともいわれる。石けんの主成分は、脂肪酸のナトリウム塩やカリウム塩である。動植物の油脂と苛性ソーダ（NaOH）などで製造される。その他合、合成洗剤が多い。どの洗剤にも、親水性（親水）と疎水（親油）性の部分がある（17-1）。

水性の汚れは、そのまま水に溶ける。油性の汚れは、親油基と結合して丸まり、外側の親水基で水に溶ける。なお洗剤には、「有用と有害」の両面がある。汚れ取りでは、有用だが、食品や生体へ入ると有害である。特に合成洗剤には、生物にない化学物質も含まれ、食べると有害である。河川や湖水の生物も、洗剤汚染に弱い。なお親水性と疎水性は17-1。

「しゃぼん玉」石鹸「ブクブク」：通常「水の泡」は、すぐ縮んで破れる。これは水の表面張力が大きいためである。しかし、石けん液では、多くの水素結合が切れ、表面張力が下る。このため泡の膜は、すぐには縮まらない。大きな「シャボン玉」も膨らみ、「ユラユラ」と飛んでゆく。シャボン玉はさまざまで、名人もいて、二重のシャボン玉や人間入りも作るという。純水に、ノリ材や洗剤を加えて調整らしい。お風呂では、赤ちゃんも石鹸「ブクブク」「チャプチャプ」で遊ぶ。お風呂の「ブクブク」と童謡の「しゃぼん玉」、どちらも薄膜の水玉である。虹色は、太陽光（混合光）など、光の「干渉」による（4-5）。膜厚は、光の波長程度で、分子レベルの厚さとされる。

水の表面張力と水玉：シャボン玉は、全部が「まん丸」である。草木の朝露も丸い水玉で「キラキラ」輝く。水玉が丸いのは、「表面張力」による。液体の表面の分子は、内側の分子から引かれている。このため表面の凸凹が消え縮まる。ついに表面積が最小になり、安定な球形になる。力学では「表面エネルギー最小」の状態とされる。水の表面張力は、異常に大きい。これは、水分子間の水素結合による。静水面には、1円玉や針を浮べられる。アメンボなどが自由に飛び歩く。なかなか捕まえられない。アメンボは、カメムシの仲間で

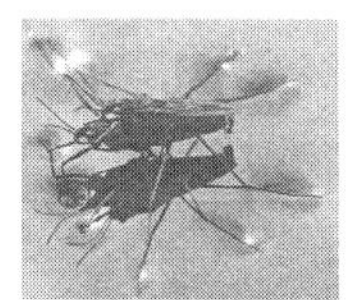

▶ 面張力は、表面を出来るだけ小さくしようとする力のこと。

ある。

サトイモの「葉と水玉」：「植物の葉」は、水をよくはじく。特にサトイモやハスの葉では、大小さまざまの水玉が滑り転んで、よく光る。昔、サトイモは親芋や子芋、茎も「ずいき」として重宝とされた。水芭蕉に似た花もあり、高級な野菜で葉っぱの水は、「書初め」の「墨すり」用だった。空中の水蒸気が結露した朝露。この「滑り転び」は露の丸さだけではない。葉は「スベスベ」ながら、一面の微細な凸凹がある。その上を、小さな水玉が滑って転ぶ。水玉は蓮、萩や稲の葉でもよく、光りよく転ぶ。「白萩のしきりに露をこぼしけり」(子規)。

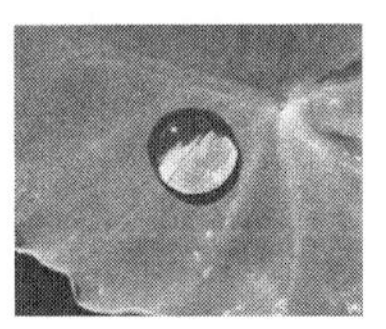

▶ 里芋の葉と水玉：里芋は親芋から子芋、孫芋がどんどんできることから、昔から「子孫繁栄の象徴」として縁起物あつかいされてきた。秋の名月には団子を供えるが、これは昔里芋を供えていたなごりである。茎も「ずいき」として重宝にされていた。花は水芭蕉に似ている。高級な野菜だったのだ。

おはようございます
こんにちは

▶ インド南部のマラヤーラム語。Dr.Prabhakaran

葉の微細構造：ハスやサトイモの葉の電子顕微鏡写真によると、「ナノ構造」の凸凹がある。「ナノ」は10億分の１で、ナノ構造は分子程度の大きさである。ナノ構造と技術は、医療、医薬品や再生医療でも、精力的に研究されている。葉の表面は、微細な枝葉の茂る杉林に似ているという。この形は、「自己相似形」といわれる。この葉が水をはじき、水玉が滑り転ぶ。水をはじく性質は、「撥水性」「防水性」といわれる。雨具や自動車の車体などで大切である。草木の葉の表面も、撥水性がある。撥水性は、「ロータス(ハス)効果」とよばれ、表面は微細な毛の凸凹構造とされる。

▶ 蓮：インドの国花。お釈迦様も座る花。イラストは日本の「古代ハス」。

17-5　蛋白質は万能素材「高次構造」…日本の「伝統の技」「折り紙・切り紙・袋」

蛋白質は、「生命の三要素」「栄養の三要素」の両方に含まれる。生命維持には、水につぎ必要とされる。動物の体の大部分は水、とタンパク質である。タンパク質は、強く柔軟で、「万能素材」といわれ、特に動物では、体の各部を構成している。「繊維と球」「折りたたみ」「ふくろ」など、「高次構造」があり、多様な機能を持つ。他方、植物は、大部分が糖類と水だが、蛋白質も欠かせない。植物の葉緑素も、蛋白質の複合体とされる。この葉緑素がないと糖類の生産、光合成はできない。

タンパク質は「万能素材」：動物には多く含まれ、欠かせない。特に血液、筋肉、毛髪や爪、酵素やホルモンでも、母体とされる。動物では、各種臓器が作られ、「万能素材」といわれる。蛋白質は、強い高分子ながら柔軟性があり、立体・高次構造に有利である。酵素蛋白質など、微細な働きもある。色素タンパクなどは、複合蛋白で、種類は多い。人間では、蛋白質は10万種ぐらいあるようだ。蛋白質の形状は、大まかに繊維と球状に分れる。

タンパク質とアミノ酸：蛋白質は、多数のアミノ酸の連結した、長鎖状の高分子である。アミノ酸は、炭素原子(C)の持つ４本の化学結合に、水素(－H)、アミノ基(－NH_2)とカルボシル基(－COOH)がついた分子である。残る１つの結合に、炭化水素がつき、その種類でアミノ酸が異なる。アミノ酸は500種以上あり、約20種は、「必須アミノ酸」とされる。その中で、グルタミン酸は小麦粉などに多い。

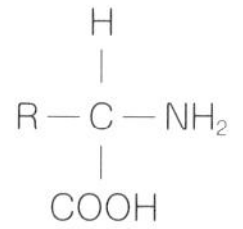

H
|
R — C — NH_2
|
COOH
(Rはアミノ酸の種類による)

▶ アミノ酸の構造式

タンパク質の「折りたたみ」「高次構造」：蛋白質の分子は大きいので、水中では、イオンや単糖のようには動けない。しかし、蛋白質分子の側鎖には、水に「なじむ」親水基と「反撥する」疎水基がある。それぞれよく働き、アミノ基など親水基は水の中へ、炭化水素の疎水基は水をはじ厳しい中側に丸め込まれる。そして蛋白質は、アミノ酸の種類や配置に応じて鎖、球やラセン状などに変形する。これは蛋白質の「高次構造」「自己組織化」とよばれる。蛋白質は水中で自然に折曲り丸まる。水と蛋白質の相互作用で、自動的に高次構造が形成される。

高次構造で働く力「水の活躍」：高次構造では、水の「水素結合」の働きが決定的である。常温で、熱エネルギー程度の仕事の積上げで、「ジワジワ」自動的に高次構造が作られる。これで、精密な生命体が形成される。「三つ組み」のひも構造、歯車や各種の部品構造もあり「マイクロマシーン」ともよばれる。この高次構造は「現代科学の難問」とされる。

日本の「伝統の技」：この中には糸取り、編物、ふろしきや折り紙などもある。単純から複雑・多様な形が作られ、蛋白質の水中変化とも似ている。一本の毛糸からも、多様な模様の糸取りや編物が作られている。千年の「京の都」には、「かざり結び」もある。一本のひもから、とんぼ、桜、藤や葵などの飾りが作られている。室町時代からは「包み紙」も発展したらしい。

「扇つつみ」「草花つつみ」「万葉つつみ」「年玉つつみ」など。「ふろしき」の包みもいろいろで、近年、人気という。「すいか包み」「びん包み」「お使い包み」「ふろしきリュック」に、「うららか雛」もある。ふろしきは、使わない時は自由に縮小、丸められる。不思議なことだが、「一本の糸」「一枚の紙」から、多数の動植物も紡がれ、織り出される。一部だけなら誰でもできる単純作業である。しかし、その積み重ねから、多数の昆虫も現れる。

ふろしきの変化：風呂敷は単純な「四角の布」ながら、柔軟で用途は多い。ただちに鉢巻、包みや袋になる。買い物袋では、持ち手は「真結び」である。ほどく時は、耳をそろえ「結び目」に手をそえて引きぬく。すっぽりぬける。

折り紙：子どもにもできるが、段々と高度の技になり、さまざまな形が現れる。福井県加賀市には折り紙博物館がある。約5000種、10万点が展示されている。「四季の折り紙庭園」「百万石時代絵巻」「昆虫や恐竜」…顕微鏡で見るのもあるらしい。世界最古、江戸時代の折り紙絵本「秘伝千羽鶴折紙」(1797年)もある。現在「ORIGAMI」は世界共通語である。伝統の技は、子どもから大人、お年寄りも、それぞれに楽しめる。

高度の技…「折り紙・切り紙・切り絵」「折り紙工学」：一枚の正方形の紙から舟、箱や冑、鶴やお雛さま、昆虫や人物像まで、さまざまの形が折り出される。数百種の昆虫を折った名人もいるらしい。各段階は、そう難しくない。折ったり、曲げたり、広げればよい。「折り曲げ」では、左右の線対称が作られる。この「シンメトリー(対称)の法則」の積上げで、不思議な美しい形が生まれる。しかし順序を間違えないことが大切である。折りが10回もあると、間違い方も莫大になる。

折り紙も「高次の形・構造」：折紙の利用では、屏風や扇子などもある。現代では、人工衛星のアンテナの折りたたみもある。最近では「折り紙工学」へと広がる。「雲竜型」「サイクロン型」「ミウラ折り」などの方式があり、ペットボトルなどの円柱や、おわん型の曲面がコンパクトにたためるという。「ミウラ折り」は数回の「山折り」「谷折り」で、天体観測衛星の太陽電池パネルが円滑に広がり、たたまれる。発明は宇宙工学専門家、その長年の蓄積、単純化の伝統の技らしい。

17-6 タンパク質の「柔軟性」「水和構造」…「酵素や抗体」の活力

蛋白質の構造や性質は、柔軟で多様である。卵や肉の蛋白質は、料理の時間や温度で、大きく変わる。頭髪や衣類も日常的に変化する。特に生命と関係の深い「酵素タンパク質」は、極めて精密とされる。酵素は触媒として、消化・吸収や成長など、生体反応を円滑に進めている。酵素は、水とともに働き、「活力のもと」だろう。タンパク質の形や働きは複雑ながら、分子レベルの探究が続けられている。これらのタンパク質の構造と複雑・多様な働きは、水と密接に関係している。

水中のタンパク質「働く力と柔軟構造」：蛋白質の高次構造が作られるが、

「働く力」は何だろう？ 蛋白質の親水基では、「水素結合」が働き、周囲の水の水素結合網とつながる。この結合は、水素原子核のプロトン（陽子）が仲立ちで、酸素原子間を柔軟につなぐ。また蛋白質では、窒素原子との水素結合もある。水素結合は強く弱く、柔軟である。蛋白質の疎水基では、「ファンデル・ワールス力」も働く。これは、弱い分子間力で、微細な調整に効く。常温の熱エネルギーでも、微妙に変化する。これらの働きで、柔軟な「蛋白質の高次構造」が形成される。

タンパク質の高次構造：球（糸クズ型）構造や円筒（ラセン型）構造がある。水分子はタンパク質を衣のように包む。この水和構造が機能物質として働き、生命活動が進む。この機能性の大もとは、水分子特有の「水素結合」である。水分子は、極微の球形分子で、どこでも入り易い。同時に電荷の偏よる双極性分子で高機能である。糖分、脂肪、蛋白質などの生体高分子を包み、柔軟に結合、神秘の生命活動も支えている。生体高分子は「マクロ」だが、水分子は広い範囲の構造で、多様な水和構造で働いている。

タンパク質の水和構造：水中の蛋白質には、高次構造が作られる。同時に、周囲の水も変化して、「水和構造」になる。高次構造では、まず球状タンパク質が、前世紀中頃から研究された。これは数千〜数万個の原子で構成され、表面の親水基は水素結合で周囲の水とつながる。その水は蛋白質に拘束された水和構造で、低温でも凍らない。

水分子が拘束された場合、水分子の回転運動の尺度、つまり緩和時間は10^{-8}秒程度より低いとされる。その外側の数分子層も拘束されるが、その外側は、普通の水で緩和時間は10^{-12}秒程度とされる。蛋白質は、大きさや形はさまざまで、水和構造もそうだろう。この研究は難しいが、90年代には精密なX線解析やNMRなどで進められている。蛋白質の活力や柔軟性に迫る研究だろう。塩分やミネラルなどのイオンの水和構造は(15-2)。

酵素タンパク「構造と働き」：タンパク質の「構造や性質」は、柔軟多様である。特に「酵素タンパク質」は、極めて精巧で、球状で凸凹が多い高次構造になる。反応分子をはめ込む「カギとカギ穴」の構造という。この構造解析は、筑波の高エネルギー研の放射光施設や、兵庫の「スプリング８」の強力X線などで行われている。

酵素は、反応中に構造自体は変わらないが、微細な「揺らぎ」は常に伴う。生物環境での「熱エネルギー」程度の「揺らぎ」である。凸凹構造は、完全にはまり込むと動けない。時計なども、歯車がピッタリ合うと、動かない。水や油の通る程度の細かな隙間や「ガタツキ」は、必要である。生体分子の反応も、「水和構造」と

「熱揺らぎ」の下で、円滑に進んでいる。

抗体タンパク「生体防御の免疫」：病気のもとは「抗原」、対抗は「抗体」である。この「抗原と抗体」のタンパク質が、「カギとカギ穴」の関係で、多様な微細構造になるとされる。抗原の細菌・ウイルス・カビに対して人体を守るには、百億種類ぐらいの抗体が必要という。人間の遺伝子は数万個とされる。その情報で莫大な抗体がどう作れるのか？ この「抗体の多様性」は「ゴッドのミステリー」とされ、免疫学での謎だったとされる。

ウイルスとの闘い「ゴッドのミステリー」：インフルエンザや鳥ウイルスなど、次々に新型が現れる。病気との闘いはつきない。病気の「抗原と抗体」の多様性は、「ゴッドのミステリー」といわれる。抗体遺伝子では、環境での微細な「変異と選択」がすごい速さという。「ダーウインの進化論」と相似ながらも、時間のスケールが全く違うとされる。

抗体遺伝子では、変異・選択は高速で、微生物の進化は、通常の動植物と大きく異なるらしい。この謎は利根川進博士が解明して、ノーベル医学生理学賞に輝いた（1987年）。免疫の解明では、ジュール・ホフマン博士らがノーベル医学・生理学賞を受賞（2011年）した。原始の「自然免疫」でも、敵を見分ける複雑な「センサー蛋白質」「樹状細胞」があるとされる。

ダーウインの進化論：生物種の「自然淘汰（選択）説」ともよばれてきた。著書の「種の起源」（1859年）は有名で、生物種は自然淘汰、生存競争で進化するとされる。その時代は「種は不変」「神の創造」とする「天変地異説」が根強く、それだけに大論争だった。しかし19世紀終り頃には、進化論は大筋認められ、今日では当り前とされる。その後の探究では、進化の過程－形態やスピードは多様で複雑であることが分かってきた。自然環境で、大きく変わるのである。

いろいろの進化論「棲み分けや共進化」：進化論では、今西錦司博士の進化論「棲み分け」も有名である。これは、川のウスバカゲロウの研究から出発したといわれている。進化は、単純な「優劣の生存競争」ではなく、「棲み分け」も

▶ アリとアリジゴク：アリジゴクはカゲロウの幼虫で、すり鉢状の穴にアリを落して食べる。

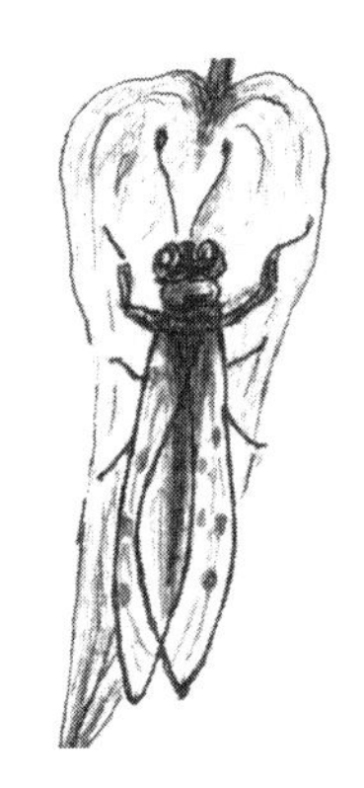

▶ ウスバカゲロウ：今西錦司氏はカゲロウの生態に関する研究を通じ「棲み分け理論」を提唱した。これは生物は互いに競争するのではなく、棲む場所を分け合い、それぞれの環境に適合するように進化していくというものである。

あるという。西欧の流れとは離れた異説らしいが、自然をありのまま観察すると、生物は、棲み分けながら生活していることも分かる。生存・進化は、環境に依存する。その第一は水の存在で、食物連鎖もある。進化は、さまざまなレベルがあるらしい。生物の「分子進化の中立説」もある。

第18話

「生命と水」を考える…水と活力の不思議・神秘性

18-1 「生命の誕生」物語…「生命の起源」は？

「生命」「生物」とは何だろう？ これは、誰でも五感で知っている。日常の知識や経験を並べると、およそ正しい答になるだろう。まず、生物と無生物は異なる。高等生物はむろん、細菌も、無生物から「自然発生」はしない。これは19世紀中頃、パスツールが実験で確かめている。「白鳥の首」の形のフラスコを使った、水蒸気殺菌の実験である。殺菌後は、フラスコ内のスープは腐らなかった。つまり外気から細菌が入らない限り、微細な腐敗菌も、自然には発生しない。現在も、水蒸気殺菌の缶詰から、生物の自然発生はない。

無生物から生命誕生？：20世紀になると、オパーリン（旧ソ連）が「生命の起源」を出版した（1924年）。これは、「無生物から生命誕生」という画期的考えである。単純な物質から複雑な物質への「化学進化」、その末に「生命の誕生」といった説である。その後「ユレー、ミラーの実験」が行われた（1953年）。これは混合ガス中の放電実験で、この結果、生体物質の尿酸や酢酸が作られた。この実験は化学進化の可能性を示し、生命化学史上、極めて重要とされている。

▶ パスツール

▶ 白鳥の首フラスコ（右）：フラスコの首の部分が長く、S字に折り曲げ加工をしたもの。曲がった首の部分に液体を溜めることで、フラスコの内部と外部を遮断することができる。

生命誕生は超難問：化学進化の研究は進み、生体物質のアミノ酸も実験で作られた。しかし複雑な生体物質を多量に作るには、放電などの地上のエネルギーでは不足である。そこで、宇宙線の陽子(水素原子核)や水素結合も注目された。また生命は、「地下で発生し海に出た」との説もある。粘土に吸着した有機物質が地殻変動で地下深部に運ばれ、高温・高圧で「生命の核」ができたという。しかし、生物の誕生は、まだ「現代科学の超難問」とされる。また「生物と無生物」「ウイルスと細菌」の境界も不明確だ。研究は進みつつも、生命誕生の実証は、まだ見通せない。他方で「生物の進化」を示す化石があり、また分子生物学が急速に発展した。

▶オパピーリン：ソ連の生化学者。化学進化説の提唱者。

化石は語る…原始生命は海で誕生：最古の生命の痕跡は、グリーンランドの38億年前の岩石。これが含む炭素化合物が、生物による「化学化石」とされる。同じくグリーンランドで、オーストラリアなど国際研究グループが、37億年前の生命の痕跡を発見する(ネイチャー、2016年)。これは「ストロマトライト」の層状構造で、光合成の微生物が、分泌する粘液で、砂や泥を固めたものという。それまでオーストラリアでは、35億年前の岩石から管状構造も発見され、深海の微生物と見られている。

現世の「ストロマトライト」：この発見は、1950年代、西オーストラリア沿岸で、現在は「ナンバン国立公園」とされる。この海岸は、石灰岩地帯で、白砂の大砂丘、奇岩群や湖もある。湖畔には、「ストロマトライト」観察地があり、桟橋も通じている。公園の案内板には、「地球最古の地より」と標示され、「ストロマトライト」の構造図や11ヵ所の観測場所の案内がある。構造は、層状構造など数種類あるとされる。この微細構造は見えないが、集団は石の不思議な模様として、間近に観察できるという。ここは『理科教室』(2017.12、本の泉社)巻頭口絵を参照した。

画期的—藍藻「光合成生物」出現：古の海底の岩、石英からも、熱水跡と「メタン生成菌」の痕跡が発見された。石英に封じられているガスの炭素同位体分析からである。この菌は、火山ガスの水素と二酸化炭素からメタンを作ったという。南アフリカでも、海中で冷えた溶岩で、管状構造が多く発見されている。これは微生物がガラスを分解し、養分として摂取した痕跡という。遂には20数億年前に、葉緑素を持つ「光合成生物」が出現した。海での藍藻の「誕生と繁栄」である。これで、大気中に酸素ガスが増え、酸素呼吸でエネルギーを得て活動する生物が出現した。

深海の「単細胞生物」：マリアナ海溝約1万mの海底で、「原始的単細胞生物」が、日英の共同研究により多数発見された(2005年)。無人探査機「かいこう」が採取した土の分析結果である。棒やヒョウタン、数珠状など、アメーバに近い有孔虫の仲間という。8～10億年前から同じ形の「生きた化石」とされる。数億年前では、ゴキブリ、カブトガニ(岡山県笠岡市に博物館がある)や、シーラカンスも出現「生きた化石」とされる。

深海の「生きた化石」：シーラカンスは、数億年前から姿を変えない「生きた化石」である。その後、インドネシアでも発見され、生物学では、「20世紀最大の発見」といわれる。古代では、浅海から深海まで広く分布、化石は、約100種ある。南アフリカのサンゴの深海では、生態調査があり、テレビで報道された。これによると、ヒレは独立にオールのように動き、泳ぎは自由自在である。目や嗅覚が発達、逆立で静かにエサを待ち、敏速に捕獲する。エサはエビ、カニやウナギの祖先のシギウナギなど。

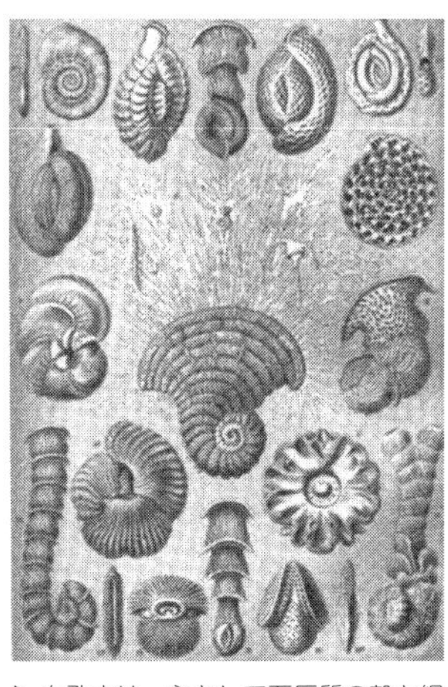

▶ 有孔虫は、主として石灰質の殻と網状仮足を持つアメーバ様原生生物の一群である。現生・化石合わせて25万種が知られており、各種の指標生物として使用されている。殻が堆積して石灰岩を形成することがあり、サンゴ礁における炭酸カルシウムの沈殿にも貢献している。

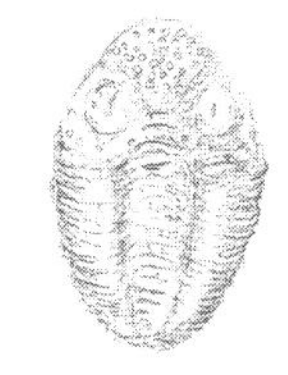

▶ サンヨウチュウ

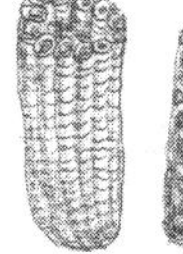

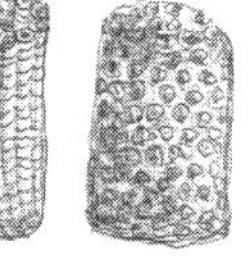

▶ クサリサンゴ
▶ ハチノスサンゴ

▶ モモイロサンゴ

シーラカンス後、両生類の出現：魚類は、肺呼吸も進み上陸し、手足も出て両生類が出現した。爬虫類－哺乳類－人類の誕生に続く。最近、シーラカンス類の化石で、四肢が発見された。カナダ北部、約4億年前の地層という。

▶ シーラカンス：白亜紀末期以降化石が途絶え、永らく絶滅したものと考えられていたが、1938年に南アフリカでが確認され、現生種の存在が明らかになった。「生きている化石」と呼ばれている。

18-2　生物の特徴…「代謝・成長・増殖」「酵素やホルモン」の話

生物は、「代謝・成長・増殖」の特徴がある。これが、日常の生活だ。代謝とは、食べものや栄養を取り、老廃物を排泄することである。呼吸、消化や吸収も含まれる。成長は、栄養やエネルギーを使い、大きくなり活動することである。増殖は、子どもや種子を作り、仲間を増やすことである。これらの営みは、大きな動植物では身近なことである。

この「生物らしい」変化は、どのように生じるだろう？

食ものの体内変化…消化・吸収・利用：食べ物は、そのままでは消化・吸収が難しい。米・麦のデンプンは、唾液の消化酵素「アミラーゼ」の助けで、麦芽糖やブドウ糖に変わる。御飯をよくかむと甘くなるのは、その糖の味とされる。糖分は成長や増殖の活力・エネルギー源。脂肪も高エネルギー源になる。この分解には、消化酵素「リパーゼ」が働く。

蛋白質は卵、肉や魚に多い。食べると筋肉などになる。しかしそのままでは筋肉にならない。蛋白質は、まずアミノ酸に分解される。これは胃腸で分泌される消化酵素「ペプシン」などの助けによる。アミノ酸は、体内で新しい筋肉タンパク質に再生され、成長などに使われる。これら食物の分解・吸収では、いつも多くの酵素が働く。同時に、水が不可欠。常に摂取と排出が必要である。

酵素の不思議、何だろう？：酵素の発見は、19世紀に酵母菌ではじまり、現在では、3000種以上とされる。「消化と味」「昆虫の変態」の酵素など、働きは各種多様、不思議で神秘的である。酵素は、球状タンパク質を主成分とする微量物質である。生体反応を円滑にする触媒である。生きいきと働くが、生物ではない。一般に化学反応には、「エネルギーの障壁」があり、これを越えないと反応は起らない。ところが酵素が加わると、反応経路が変わり、障壁の低い経路を通り、反応が進む。この間、酵素は壊れない。山登りでいえば、崖をさけ曲がり道を「ジワジワ」登ることにあたる。時間はかかるが、安全で確実である。この「酵素の働き」は、「生物の活力」にかかわる。酵母菌や酵素は、ノーベル賞研究である。

細菌と酵素の活躍：胃腸などには、乳酸菌や大腸菌をはじめ、多種類ある。数百兆個の細菌がおり、それが作る酵素も数千とされる。三栄養素の消化酵素では、糖分はジアスターゼ、蛋白質はペプシン、脂肪はリパーゼなどが働く。

生物の増殖と遺伝情報：増殖には物質やエネルギーのほか、遺伝情報や時間も欠かせない。「カエルの子はカエル」との情報伝達である。生物は、それぞれ遺伝子を持ち、本体はDNA（デオキシリボ核酸）とされる(18-4)。これで遺伝情報が伝えられる。「ヒトの遺伝子」は２～５万とされる。また「代謝・成長・増殖」には、酵素やホルモンの助けがあり、水中の「生体化学反応」が円滑に進められる。

酵素は多種多様で神秘的：「消化と味」「昆虫の変態」など、酵素は多種多様で、不思議な働きで、神秘的でもある。ホルモンとともに、活力そのもののようにも感じられる。しかし、これは生物でなく、有機化合物である。「酵素タンパク質」は、極めて精巧、球状で凸凹の多い高次構造とされる。また、神秘的な活力を現すのは水中である。水は、無機物の球形分子ながら、「大きく小さく」、自由自在である。万能性で、生命も支えている。水には不思議な「水素結合」があり、水分子は「強く弱く」、柔軟、無限に連結する。この働きと酵素が合わさると、「超魔法」とも見える活動がある。

ホルモン「アドレナリンやインシュリン」：ホルモンは、体内の細胞で合成され、他の細胞に情報を伝達する化学物質である。酵素と同じ働きで、活力と深い関係にある。成長や性ホルモン、昆虫の変態ホルモンなど、いろいろある。脳下垂体、副腎、すい臓、甲状腺、睾丸や卵巣などから、血液やリンパ液などに内分泌される。他方、酵素は、各器官に外分泌される。血圧や筋肉にかかわるアドレナリンや糖尿病の薬のインシュリンなどは、化学構造が解明されている。アドレナリンは、高峰譲吉博士により、副腎の抽出物から発見され合成された（1901年）。

不思議な「鏡面対称」「毒と薬」：実物と「鏡の像」は、裏返すと丁度重なる。これは、「鏡面対称」とよばれ、昔から不思議とされた。「鏡の像」では、手足など、左右が全く逆転、どちらが本物か区別がつかない。上下は、反対にならない。しかし次のプリオンなど、生物に対して、「毒と薬」に大きく分かれる場合がある。

狂牛病「蛋白質のプリオン」：左右の構造差は、生物には「毒と薬」の差にもなる。蛋白質「プリオン」は、狂牛病の病原で、核酸なしで増殖する。この病原の発見者のS.プルシナー博士（米）は、ノーベル医学・生理学賞を受賞した。プリオンには、「善玉と悪玉」があるが、「善玉」は動物にありふれたもので、構成するアミノ酸は「悪玉」と同じである。通常の化学分析では、「善悪」の分離ができない。この病原でも、増殖には、必ず水が伴う。プリオン病の機構は、アルツハイマー病とともに「現代科学の難問」にあげられている。

18-3　「生命の三要素」の話…水の伴う「蛋白質の生成・分解」

生物には生命特有の組織や活動がある。また不思議や神秘に満ちている。それを担う物質は何だろう？ 昔、ギリシャの自然哲学者タレスは、水を元素「万物の根源」と考えた。そうだと、生物の根源も水で、確かに水は「水みずしい」「自由自在」だ。生命にふさわしい。しかしその後、近代科学の発展で、元素は多数発見された。その多数から生命が探究され、「生命の三要素」（蛋白質・水・核酸）が発見された。

「生命を担う物質」の探究：エンゲルスの『自然の弁証法』は、1873～1883年に執筆された。そこには、有名な言葉「生命とはタンパク質の現象形態（あり方、活動様式）である」がある。これは、「タンパク質」の重要性を先見的に示したとされる。20世紀の中頃では、現代科学が発達、いわゆる「分子生物学」が進み、生物が分子レベルで解明されてきた。そして、「蛋白質・水・核酸」が「生命の要素」とされた。

▶ フリードリヒ・エンゲルス：ドイツ出身の国際的な労働運動の指導者。政治経済と並んで自然科学についても学び、哲学的な唯物論の立場から、自然の弁証法の解明と論理的把握を試みた。マルクスとともに活躍。「資本論」をはじめ、多数の著書がある。

江上不二夫『生命を探る』には、エンゲルスの言葉とともに、「生命とは水の存在状態である」「生命とは核酸の存在状態である」といった言葉もある。これら表現は異なるが、対立ではなく、全部合わせて生命であるだろう。生命とは「三要素の複合物」、どれ一つ欠けても生命活動は続かない。

蛋白質は「万能素材」：蛋白質は19世紀中頃発見され、「プロティン」と名づけられた。ギリシャ語で、「第一人者」の意味という。蛋白質は、高分子でアミノ酸の分子が数百個連結した構造で十万種におよぶらしい。そして「生命の万能素材」ともいわれる。筋肉、目、皮膚、毛髪、爪などを形成し、酵素、抗体やホルモンの働きも多い。

筋肉の蛋白質は、アクチン、微小管はチューブリン、目の水晶体はクリスタリン、赤血球はヘモグロビン、血液凝固はフイブリン…。中でも、「コラーゲン」は哺乳動物で最も多い繊維状の蛋白質である。近年放射光による構造解析が進み、３本より合わさった「ラセン構造」が明らかにされた。酵素は球状構造が多いという。

「蛋白質と水」…相互変身「ドローン」：生命活動では、頻繁に「蛋白質の生成・分解」がある。それと同時に、「水の生成・消滅」が起る。蛋白質と水は「こんにちは」と同時に、「ドローン」である。不思議な変身で、神秘的だ。「蛋白質の生成」は、化学では「脱水反応」といわれる。つまり、２個のアミノ酸から、水分子一個が脱水され、新たに水分子が出現する。逆に蛋白質の分解は、「加水反応」で、水分子が加わる。体内での蛋白質の変化には、水の生成・消滅が伴う。「蛋白質と水」は、酵素の助けで同時、相互変換している。

蛋白質の分別・分解「廃棄と利用」：生命活動には食べ物と不要物の廃棄がある。この蛋白質の分別・分解では、A.チカノバー博士（イスラエル）ら三氏がノーベル化学賞に輝いた（2004年）。「ユビキチンを介した、蛋白質分解の発見」である。細胞内で不要の蛋白質は、目印の「ユビキチン」という蛋白質が結合して分解される。

ユビキチンの異常は、パーキンソン病やガンにもつながるとされ、治療や予防で期待されている。なお、蛋白質の分解・利用では、「オートファジー」（自食作用）がある。この発見では、大隅良典・東京工大特別栄誉教授が、ノーベル医学生理学賞を受賞した（2016年）。

18-4　「核酸とDNA」の発見物語…新型「コロナウイルス」の襲撃、感染拡大で世界的危機

核酸も、「生命の三要素」である。遺伝や増殖にかかわり、主体はDNA（デオキシリボ核酸）である。しかし、DNAは栄養物でなく、色香もなしで、発見過程も異なっていた。研究は、リンパ球の「細胞核の研究」（1870年頃）に遡る。スイスのミーシャの「傷のウミ」の研究という。ウミは、細菌と闘った「白血球の死骸」である。その細胞核の特徴的物質が、核酸とされた。

この核酸は、ウイルスにも存在した。しかし、これは生物と無生物の境界に置かれ、隠れてよく分からないものだった。ところが最近、新型「コロナウイルス」が、突然、急激な感染拡大で襲撃、世界的危機を引き起した。現在、この拡大阻止が緊急課題で、各界・各所から取組みが強められている。この内容は本節の最後に続く。その前に、核酸やDNAとは何か？ を取上げる。

核酸は廃棄物から発見…ウイルスにも存在！：核酸は、「白血球の死骸」から発見された。これは栄養や蛋白質でもない。リンも含み、分離・精製が難しく、研究の主流から外れたという。しかし約70年後、「タバコ・モザイク病」の研究から再び関心を引いた。スタンレーによって、「ウイルスの結晶」が作られたのである。結晶は、無生物の代表である。しかし水に接すると、細菌と同様に増殖する。このウイルスの結晶に核酸が存在しており、核酸は「増殖に不可欠」とされた。電

子顕微鏡では、このウイルスは、「針状の円柱」といわれる。またウイルスは増殖するが、代謝がないので生物ではないとされる。

核酸の主体はDNA…「DNAと遺伝」の関係：核酸は、生物の増殖にかかわり、主体は、DNAと分かってきた。他方、遺伝も「増殖や進化」に関連して研究され、メンデルの「エンドウの実験」から、「遺伝の法則」が発見された。また「遺伝子仮説」も出た。核酸の発見も同じ頃である。しかし核酸、DNAや遺伝子は、原子・分子の「ミクロの世界」である。解明は、「ジグザグ」の道を、数十年をへた。

結局、このDNAの中に、遺伝情報が遺伝子として組込まれていることが分かった。これは、医者エイブリー（米）の『肺炎菌の実験』(1944年)などによるらしい。肺炎菌は、単細胞生物で、ウイルスではない。病原性のS型とそうでないR型があり、その間の転換物質は、蛋白質ではなく、DNAである。この実験から、DNAが「遺伝と増殖」の基本物質と分かった。

DNA「二重ラセン構造」の発見：DNAの構造は、ワトソンやクリックらにより、X線回折で決定された(1953年)。また「核酸の分子構造発見と生体での情報伝達に対する意義」により、ノーベル医学・生理学賞を受賞した(1962年)。有名な「DNAの二重ラセン構造である。ただこの賞では、女性差別の非難があり、正確には、女性科学者のロザリンド・フランクリンが加わるとされる。

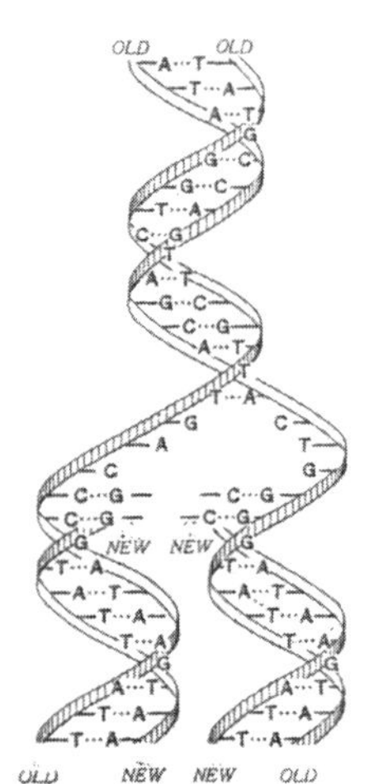

▶ DNAの構造：ワトソン「二重らせん」による「DNAの二重らせん構造とその複製」想像図。4種の塩基（アデニン)、T（チミン)、G（グロニン）とC（シトシン）が、A-T、G-Cと相補的に対になっている。2つのラセンは塩基対の間の水素結（点線）でつながっている。この結合は柔軟で、水分子の協力で切断・複製される。

「二重ラセン構造」は、2本の高分子の鎖が「はしご状」に結合している。核酸の基本単位は、ヌクレオチド(糖・リン酸・塩基が結合した分子)である。鎖は、「デオキシリボース」という糖とリン酸が、交互に「エステル結合」で多数(数十〜数万)つながっている。遺伝情報は、この結合と組み合わせに書き込まれている。

DNAの「エステル結合」「遺伝記号」：水酸基(−OH)とカルボキシル基(−COOH)が化合により、水(H_2O)がとれた結合である。鎖の塩基部分は、アデニン(A)、グアニン(G)、シトシン(C)とチミン(T)の4種からなり、この並びが遺伝記号となり、情報が書き込まれている。これが、遺伝子とされる。2本の鎖は相補的にA−T、G−Tと、はしご状につながって「二重ラセン構造」になる。

「遺伝情報の伝達」：DNAに遺伝情報が全部書き込まれているが、このままでは使えない。DNAの二重ラセンが１本にほどけ、RNA（リボ核酸）に転写、コピーされる。RNAには、DNAに書かれていない化学物質などの「修飾」が多くついているとされる。日常の生活で必要なもの、例えば蛋白質の合成には、DNAから必要部分だけがRNAに転写され、アミノ酸などが運ばれる。これはコピー、伝達と復元に便利なのである。無駄を省く即応態勢に驚かされる。

DNAの「はしご状」構造：この結合は「水素結合」によるものである。これは、柔軟な結合で、結合と切断に好都合である。DNAの「二重ラセン構造」は、すべて「水の中」にある。遺伝情報のコピー、遺伝や増殖の働きはすべて、水中で水素結合に支えられる。DNAの複写酵素の発見と複製機構の解明は、コンバーグ博士（米）らで、ノーベル医学生理学賞を受賞した（1959年）。博士は、「科学は知識の集積ではない、ものを理屈で考えることだ」と自ら示し、日本人を含め多くの弟子を育てたといわれる。

DNAの折りたたみは柔軟：DNAは二重ラセンの細長い糸である。直径約２ナノ（10億分の１）mで、全長約２mほどある。これが染色体に束ねられ、棒状構造（直径約700ナノm、長さ数ミクロン）とされる。従来、DNAは、規則的な巻きたたみとされた。しかし、国立遺伝研などの研究では、DNAの収納は、柔軟で遺伝情報のアクセスも容易らしい。規則的な密着では、強固過ぎて動けない。物が動くには、相応のすき間や揺らぎが必要である。この柔軟性では、「水素結合」の役割が大きいといわれる。

「ヒトゲノム」の解読：ゲノムは生物種の持つ全遺伝情報である。この実態はDNAで、主な部分は遺伝子として確定されている。人間のヒトゲノムの解読は、米、英、仏、独、中、日の共同で、2003年に解読終了と宣言された。ヒトゲノムは約30億の塩基で構成され、遺伝子は、２万２千個程度とされる。ヒトと共通祖先のマウスと比べると、臭覚や免疫、生殖機能など、千余の新遺伝子があるらしい。

「ポストゲノム」の「健康と医療」：今後は「ポストゲノムの生命科学」の時代という。この「生命科学」は「蛋白質の研究」「健康や医療」の科学だろう。ただ核酸も「水なし」では動けない。単純に見える水が、高次構造の蛋白質や遺伝情報の核酸も動かすようにも見える。遺伝情報には形態に加え、時間や進化の情報も含まれている。さらに、DNAには遺伝子の情報のほか、他の部分にも重要な遺伝的情報があることが分かってきた。「DNAスイッチ」とよばれる。

ウイルスとは？：ウイルスは増殖するが、代謝がないので生物ではないといわれる。細胞膜をもたず、蛋白質の外殻を持つ。また増殖では、自分の遺伝子を他の細胞に注入、その細胞の機能を利用する。「生物と無生物」の境界とされている。

ウイルスには、インフルエンザ、エイズ、天然痘、ヘルペス、ノロウイルス…などの病原体もある。特効薬が殆んどないとされ、抗体ワクチンが急がれている。

ウイルスは多種・多様：ウイルスは微小だが、膜表面には、他細胞に出入口を作る２種のタンパク質がある。これを使い、他生物の細胞に寄生して増殖する。最近、南米チリ沖の海底で、細菌並みの巨大ウイルスが発見された（米科学誌『サイエンス』2013年）。単細胞のアメーバ類に、寄生増殖する。このウイルは直径400ナノメートル（10億分の1m）で、極めて大きく、光学顕微鏡で見えるという。「ミミウイルス」とよばれ、DNAが約250万塩基対、正20面体構造で、密な鞭毛もあるらしい。古典的なウイルスとは異なり、細菌に似ているという。

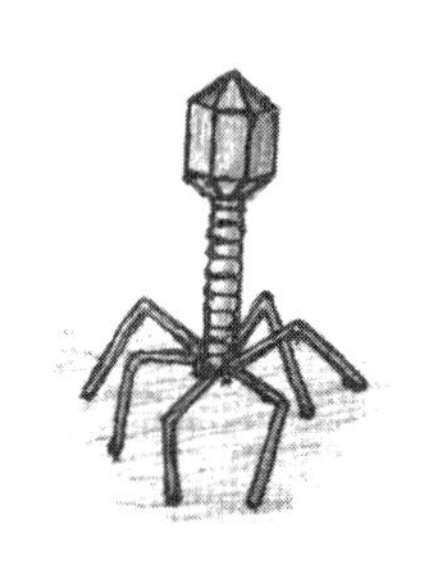

▶ウイルス「バクテリオファージ」：病原性大腸菌「0-157」に寄生するウイルス。これがベロ毒素をつくり、大量出血を起こす。宇宙船のような形で有名。皮膚に針を刺し、DNA を注入して増殖する。大きさは細菌の 1/10 程度。

生物と無生物の境界：巨大ウイルスの新発見の中で、微生物の分類の見直がある。ウイルスと細胞生物は、一つの「地球生命界」と見る説も出されている。ウイルスは極微から大きいのも発見されたが、生物と無生物の境界のままだろう。しかしウイルスは、外部から水を取り入れると、すぐ増殖、細菌同様に変化する。出入りの水が活力源となる。生物と無生物の境界であるだろう。ウイルスは、内部に水を持たないが、出入り口を開くと「生命の三要素」は全部調達でき、細菌同様に振舞うとされる。地球最大の生物にも見える。

人間に「ウイルスの遺伝子」!?：DNA解析では、人間にも少数だが、ウイルスと共通の遺伝子があるらしい。これには驚くが、進化論の立場では、共通の遺伝子があってもおかしくない。もともと、各種の原子から、「化学進化」で生体分子が作られた(22-1)。無生物から、生命の誕生である。さらに多様な進化で、人類も誕生した。これら一連の進化には、何か共通のものや構造が引き継がれたであろう。現在も、ウイルスや細菌がはびこる地球で、人間の生まれ、闘いながら、共生している。

新型「コロナウイルス」突然襲撃―感染拡大で世界的危機：2019年終わりに、中国の武漢市に、「コロナウイルス」による新型肺炎が発生、世界的に感染をひき起こした。イタリヤ・ヨーロッパ型も日本に入り込み、一年近く過ぎても、感染が止まらない。死亡者も増えている。また感染経路や仕組みが分からない場合が多くなっている。感染拡大の防止に、全国的活動、検査や治療態勢の構築が緊急に必要になった。

政府は、突然小・中・高校の全国的休校を要請し、実施された。しかしこれは、子どもと支える態勢、関連分野への影響を後回しにした、政権中枢の「政治判断」であった。専門家の意見も聞かないまま、全国一律の休校は大きな社会的混乱を起した。ついで集会の自粛要請などもあり、スポーツ大会も観客・応援なしとなった。誰でもできるコロナ対策は「手洗いとマスク使用」とされるが、マスクは早くから枯渇して、店頭にはなかった。その後、政府は数百億円もかけ、マスクを配ったが欠陥があり、回収と検査で、5月半ば過ぎにも届かなかった。

東京都、各地で「非常事態宣言」：新型コロナウイルスの感染と被害は、大都市を中心に、全世界に広がり、感染は、「リーマン・ショック」を超え、国連や世界保険機関WHOはじまって以来、最大の危機とされ、世界的大流行「パンデミック」といわれる。新型コロナは急増殖して、感染経路も分かりにくい。いま特に必要なのは、真実の報道と、感染爆発・医療崩壊阻止への共同である。現在、PCR検査が遅れているが、救急病院は病床がうまっている。救急車も受付を断られ、行き先、探しが困難とされる。感染と分かっても、ホテルか自宅待機とされている。

政府や東京都は、2020年4月「非常事態宣言」を出し、感染拡大阻止に向け一丸の共同を要請した。事業者には「休業」を、一般には「外出自粛」も求めた。感染急増に自粛も大切だが、同時に休業保障や、生活保障が必要になる。それがないと、生活全体回らなくなり、破綻の危機にもなる。感染爆発・医療崩壊阻止をするために、政府・行政は最大の権限と責任を持つ。また必要な予算をつけ、実行もできるのである。事態打開は、「休業と自粛」には頼れない。まず頼れるのは、各自の粘り強い頑張り、それに協力・共同だろう。

新型ウイルスとは、その対策は？：通常の風邪の原因となるウイルスは、ほとんどの人が6歳頃までに感染して、多くは軽症とされる。ほかに動物のウイルスが人に感染する場合があり、今回はコウモリが感染源の可能性があるらしい。また変種、新型や潜伏期間での伝染もある。新型コロナウイルスの特徴は、強い感染力とされる。

人の間の伝染では、くしゃみ、せきやつばなどによる「被膜感染」、それに加えて「接触感染」とされる。つまりウイルスのついた場所を触り、口や鼻にも触り、感染が無意識のまま広がるのである。これらを意識的に避けるとともに、まず大切なのは、手洗いとマスク、それに健康第一の姿勢、日常生活だろう。これまで、一般的対策には、「三密」(密集・密閉・密接)を避けることとされたが、それは「目安」で、ウイルスは、見えないルートを通って侵入して、襲うので、細心の注意がいる。

テレビ画像の新型「コロナウイルス」：太陽の丸い「コロナ」に似た画像はよ

く出される。特徴は、「スパイク(S)タンパク質」とよばれる、多数の突起がある。これが、ヒト細胞につき、感染になるとされる。この「正体」は、まだよく分からない。感染を抑えるワクチンや治療薬は、世界で研究が集中的に行われているが、まだ使えない。この状況で、「爆発的感染」だけは、ぜひ避けなければならない。爆発阻止は、まず行政の責任になるが、それ任せにはできない。最大の力は、一般庶民で、自らコロナにかからない、うつさないことである。危険があることを知り、知らせ、身近な具体策を進めることである。これは目立たないが、感染拡大阻止の最大の対策だろう。

新型「コロナウイルス」退治の「消毒と手洗い」：このウイルスの本体は、RNA（リボ核酸）とされる。これは、通常の遺伝での二重ラセンのDNA（デオキリシボ核酸）より短く、ラセンも一本だが、遺伝情報を持ち、増殖するので、危険になる。この本体を保護しているのは、「脂質二重層膜」とされる(21-3)。これを破るのは、アルコール消毒(70～80%)である。また、界面活性剤をよく泡立て、丁寧な手洗いも有効とされる。

新型ウイルスとの闘いは長期戦：５月末には、感染の増大はおさまり、「緊急事態宣言」は解除された。６月には、学校がはじまり、子ども達の笑顔も見えてきた。営業もはじめられたが、元にかえるのは長期に困難とされる。また、第２、第３波の感染拡大も警告されており、新型コロナウイルスとの闘いは、長期戦とされる。感染は、世界的に、また全国的に拡大している。

７月になると、１日の感染者数は、東京では300人、大阪では、100人を超え過去最大が続く。東京の合計は、１万人を超えている。「緊急事態宣言」の時より、事態は厳しい。日本では、検査・医療体制整備は緊急課題とされたままである。新型コロナウイルスは、変化して、感染力が強く、正体や振る舞いはまだよく分かっていない。しかし、実態や正確なコロナ情報に日々注目し、警戒と対策を、日常的に身につけなければならないだろう。

18-5　生命の「主役・脇役・舞台」…「水の役割」「負のエントロピー」

生命の三要素は、「蛋白質・核酸・水」とされている。蛋白質は、生物の形態の基礎構造を作る大もとである。核酸は、DNAの遺伝情報を伝え、生物の持続と発展にかかわる。では水の役割は？ 水は「大きく小さく」、自由自在である。まるで生きもののように、変化する。体内でも、多様な変化で、養分などの供給や排出にもかかわる。蛋白質や核酸も、「水なし」では動けない。水は「生命と活力」の主役にも見える。なお、生物の最小単位は細胞で、生命維持には、水をはじめ、栄養素や廃棄物の出し入れが必要になる。これは、細胞膜の穴「細道」による。この「水やイオン」の細道は発見は、生命科学で歴史的であった。最近のノーベル化学賞である（23-2）。

水は「自由自在」「活力のもと」：水は「生命の水」で、不思議な物質である。その大もとは「水素結合」で、活力とかかわりが大きい。水分子は、水素と酸素原子の強固な化合物である。この水分子は、電荷の偏る双極性分子で、電気的に活性を持つ。つまり、酸素原子（O）側が負電荷、水素原子（H）側が正電荷に偏り、電気力が働くことになる。

水分子は、全体として正負の電荷が打消し合い、電気的に不活性とされる。しかし、水分子は双極性分子で、分子の近傍では、電気活性である。この水分子が集まると、水分子間に、新たに水素結合が現れる。これは、水素原子核の陽子（プロトン）が仲立ちで、この動きで水素結合は「強く弱く」「自由自在」に働く。結局、水は水素結合の働きで、他原子や分子との相互作用が大きくなり、「活力のもと」にもなっている。

「生命の水」の万能性：水分子は、水素と酸素原子による双極性分子である。擬人化すると、球形でチャーミングな「二つ目」（奥に水素原子核の陽子がある）である。この水分子が接近すると、「二つ目」が「クルクル」動き、「強く弱く」無限に連結する。不思議な「水素結合」の出現である。これで水は、「大きく小さく」自由自在に、さらに熱による「三態変化」で、変幻自在になる。

この三態変化で、水は地球を巡り、自然を緑に整え、生命活動も支えている。水の「自由自在」は、万能性といえる。水分子は、単純・強固な分子ながら、無限の連結で「生命と一体」である。また水和構造で、生体物質と相互作用し、森羅万象に影響する（13-4、15-2、17-6）。また生体の化学反応はすべて、水と酵素などの支えで、「ジワジワ」進められている。

不思議な「水素結合」「強く弱く」柔軟：一個の水分子は、強固な双極性分子で、赤熱にも容易に分解しない。しかし、水が集団になると、陽子の仲立ちで水素結合が作られる。陽子の位置の変化により、結合は「強く弱く」、柔軟に変わる。結合エネルギーは、共有結合の1／20程度で、環境の温度とともに、水分子間の距離や角度が柔軟に変化する。水素結合は、弱い時は「流れる水」のように、自由自在である。分離も容易で、気体の水蒸気にも変化する。しかし強い時は「固い氷」のように強固になる。この柔軟な水素結合が、水の不思議や多様性の大もととされる。

「生命の主役」は？：生命活動はさまざまで、主役は見方によるであろう。「生物の活力」では、「水が主役」である。水素結合の柔軟性と酵素やホルモンの触媒作用を合わせ、「代謝・成長・増殖」すべてが、「生き生き」「ジワジワ」進められる。また水は、生物体の大部分を占め、生物体を柔軟に構成している。生物の大きさ・形など「生物の構造」では、「蛋白質が主役」になる。

蛋白質は、「生命の万能素材」ともいわれる。植物のばあい、糖分のセルローズが主体とされる。生物の「遺伝情報や進化」では、「核酸が主役」になる。DNAには生物進化の長い時間も刻まれている。「生命の三要素」は、どれも特有の役割を持っており、生命に欠かせない。

生命は「三要素の複合体」：「生命の三要素」は、生命に不可欠だ。しかし、三要素「バラバラ」では、生命は消滅する。生命や活動は「三要素の複合体」で、はじめて生命になる。水は相互の情報もつなぎ、生かしている。水は、状況に応じて、「主役・脇役・舞台」の何でも果たすであろう。それで、生命が誕生・維持されている。また、生命の維持には、水をはじめ環境が重要で、それに依存している。「生命の三要素」は解明されたが、それだけでは活力は出ない。活力のもと－生体の化学反応には、少なくとも、酵素や水素結合の助けが欠かせない。水素結合の重要性は(11-5、12-2)。

生命の維持「エネルギーとエントロピー」：生物には代謝の活動、つまり飲食や排泄などがある。ここには、「エネルギーとエントロピー」両方の変化がある。生物は、熱に敏感で、熱の「出し入れ」や温度調節も必要になる。エントロピーとは、乱雑さ、秩序の程度を表す状態量である。また、熱の出し入れと時間変化に関係した量である。

生物の活動を「エネルギー」勘定で見ると、ほぼ釣合う。また「エネルギーの保存法則」も満す。しかし「エントロピー」勘定では、生物の場合は差し引き負になる。つまり、摂取より排出のエントロピー量の方が大きい(7-6)。生物の秩序や構造は、「負のエントロピー」状態で維持されている。そこで、シュレディンガーによると、生物は「ネゲントロピー(負のエントロピー)」を食べて生きるという。彼は、現代物理の量子力学を確立した一人で、ノーベル物理学賞に輝いている。生物では、常に廃熱による温度調節が必要となる。廃熱には、水の働きが最も大きい(尿や汗など)。

生命の維持…水で「温度と環境」の調節：生物は熱変化に弱い。生命の維持には、温度調整が大切になる。廃熱は、「エントロピーの排出」「負のエントロピー」にあたる。この廃熱と温度調整でも、水の役割は決定的だ。水は熱容量が大きく、また三態変化で、熱を有効に移動する。温度調節では、最も重要な役割だろう。動物は、汗や尿によって廃熱する。植物も、天気で光合成の盛んな時は、葉から水蒸気が大量に蒸発して、放熱している。生物環境の温度・湿度などの、環境緩和では、地球規模の水循環が決定的役割を果している。水の熱的性質やエントロピーは7-5、6。

水は「神出鬼没」「生成消滅」：食物の消化、吸収や排泄など、生体分子の化学反応では、水分子は「神出鬼没」である。「有から無」「無から有」の「変化や働き」がある。水は、「不思議のもと」「活力のもと」で、神秘性もある。「ビックリ箱」でいえば、箱に入った物が、内に見えない。どこから出たか、また外に出る。しかし超高速の「筒抜け」ではない。この変化では、水や生体分子自体が「加水分解」「脱水反応」で、変化している。化合物は相互に生成・消滅して、他物質に変わり、生命活動をしている。化学反応では、「質量保存の法則」は成り立つが、物質は頻繁に変っている。微粒子の個数や体積は、保存されない。そこには神秘性も潜むだろう。

脳は無限：脳のニューロン（神経細胞）は千億個、1立方ミリの脳にも約10万個という。この細胞には、長い突起の「軸索」、さらに樹状突起「スパイン」が多数つき、高速で電気情報をやり取りする。先端は、情報交換の現場、小さなすきま「シナプス」が1万個以上あるとされる。脳の概略の構造・働きはMRIなどで調べられる（18-6）。しかし神経回路の先端は分子レベルの「ナノ構造」、見るにも電子顕微鏡が必要である。

近年分かったことで、神経細胞を包むグリア細胞は、神経情報を感知、交信し合い、監視・変更さえ行うという。脳は重層構造で、より正確な判断を行うのだろう。なお、グリア細胞は脳内血管を囲む導管を形成し、それが脳の老廃物を排出する。この排出機構は、長年の謎だったという。脳細胞で、ニューロンは15%、グリア細胞は85%とされる。脳は複雑、回路と情報も無限で、解明は難しいが、大切に使うと可能性は無限らしい。

脳の「網目構造」：最近の脳科学では、脳は神経系の「網目構造」で、水を多く抱え複雑である。空間認識も、GPS機能のネット細胞といわれる。水は「網目構造」を柔軟に支えるとともに、イオンなど情報伝達も担う。脳神経の回路網は、三次元の網目構造で、迂回路も多数である。脳の神経細胞の「ネットワーク」は、地球25周分ともいう。この細胞は、「メッセージ物質」で伝達され、記憶・認知される。この情報処理は、無限である。大切に使う、と機能は増える。つまり、みんなの脳は、それぞれ高度なのである。ただ大部分が隠れていて、生かすには、適当な働きかけ、刺激や情報が必要とされる。

傷害の場合も、「リハビリ」で、迂回路の可能性も高いとされる。３歳の頃、遊び仲間を追って、椿の花を取りに行った。その時、古墓が倒れた事故があり、私は何日間も意識不明になった。一度だけ「カァチャン」と呼んだのみで、気付けの大きな「お灸」にも動かなかったという。この脳傷害の体験からも、リハビリの大切さはよく分かる。小児科医の手当て（輸血など）、家族をはじめ多くの方々の支援で生き返ることができた。しかし顔面神経マヒは残り、頭の骨にも溝ができた。この事故で、私は、見えないもの（神仏、幽霊や魔物…）へ恐怖が続いた。他方では、物事をよく知らないのは欠点だが、「天罰」を受ける悪事は働いていないと、反抗心も起きてきた。

18-6　「生物の水」を見る「メガネ」…「朝顔や人体」の「水の像」

水は生物にとって不可欠である。人間は、体重の約65%は水といわれる。植物にも、水が多く含まれている。体内を、比較的自由に動く水。糖や蛋白質などに束縛されて働く水もある。通常、水は「無色透明」で見えにくい。特に生体中の水の動きや働きを、そのまま見るのは難しい。しかし近年、生物の「水の像」も撮影されるようになった。

アサガオの「水の像」…中性子線で見る：アサガオなどの花や茎で、美しい「水の像」が撮影され、白く浮上った像が新聞で報道された。水の流れとともに、養分の微量元素の運ばれ方も分かるという。水は透明なので、光では見えない。この「水の像」の撮影には、光やX線ではなく、中性子線を使用という。これは、日本の女性科学者が先端を開いた研究である。

▶ アサガオ：アジア原産、左まきのつゆ草。園芸種。色や形はいろいろ。

この中性子線像は「生物の水」も見る「メガネ」といえる。特に作物では、非常に貴重なメガネだろう。さらに土質と作物の生長関係なども、解明されるらしい。例えば酸性土と稲の成長関係は、稲作に生かされているという。ただ中性子線は非常に危険で、細心の注意が必要とされる。

中性子…重い素粒子で石も貫通：中性子は、陽子とともに原子核を構成している。質量は、陽子とほぼ同じで、最も重い素粒子である。中性子は、電荷ゼロで、正電荷の陽子や負電荷の電子もすり抜ける(18-6)。そのため、物質への透過性が強く、水より土や石の方が貫通しやすい。水は、陽子や中性子が稠密なので通りにくい。X線写真では、荷電の多い重い原子の骨などを白く写すが、軽い水は通過して写りにくい。

中性子線の場合、X線とは逆に、水が浮上して写る。アサガオなどの「水の像」の通りであろう。これまで「水や氷」の原子構造解析では、中性子線回折も使われた。アサガオの「水の像」は回折像ではなく、水の状態、動きのままの画像になる。

中性子の発見：中性子を予言したのはラザフォードで、発見したのはチャドウィク(英)である。ベリウム(Be)にヘリウム(He)の原子核(陽子と中性子、各2個)を衝突させ、発生する放射線の分析から発見(1932年)し、ノーベル物理学賞に輝いた(1935年)。原子核反応の研究で、原子核崩壊で発生する強い放射線(α粒子)から、未知の重い中性子の発見である。

中性子は陽子とほぼ同じ重さの素粒子だが、電化ゼロでで、検出は難しい。この実験で、発見は中性子の単独ではなく、α粒子、つまり電荷を持つ陽子と合体である。α粒子は、陽子以外に中性子を持つので、質量が変わり、運動も変わる。この運動の分析から、中性子が発見されている。この分析は、古典力学による。

現代医療「MRI」…水を見る装置：「人体の水」の画像化には、MRI(磁気共鳴断層撮影装置)がある。これは、放射線の被曝のない、安全な「水メガネ」だろう。この装置の原理NMR(核磁気共鳴)は、物理学では、以前から知られていた。この発見者のブロッホとパーセルは、ノーベル物理学賞に輝いている(1952年)。もとブロッホは、金属や半導体の電気伝導の理論家で、核磁気(原子核の持つ磁気)の実験へと移ったとされる。この研究が水での実験になり、さらに医療機器などにつながった。

現代医療に核磁気共鳴：原子は、原子核を持ち電子、陽子や中性子で構成されている。これらの素粒子には、極微の磁気があり「スピン」とよばれる。最小単位の磁気である。ブロッホらは水を使い、水素の原子核、陽子の核磁気を電磁波の共鳴で測定した。通常、水の磁気作用は弱いが、極微の精密測定である。この核磁気測定法が、80年代から大きく発展した。強力な磁場で核磁気の方向を変え、さらに電波も加え磁気共鳴を起す。その緩和過程から、原子・分子のミクロの状態を探る。水分子の場合、2つの水素原子の陽子(プロトン)が小さな磁気を持つ。この状態をMRI装置で探査する。つまりMRIは、「水分子の結合状態」を見る装置で、病気の診断にも使われる。

広がるNMR装置…MRI「水から病気診断」：核磁気測定法は、80年代からガン診断、脳機能や血液診断などに発展した。この測定で水の状態が分かるため、水と密着する病気の診断にも使える。疾患の蛋白質では、周辺の水も変化する。水は水素結合で、陽子を仲立ちに生体物質と柔軟に結合している。

特に、脳の神経細胞の周りに集る。従って、その水を調べると、脳の機能、疾患部の状況も分かるとされる。コンピュータ技術の発展で、情報の解析法も進められ、アーンストがノーベル化学賞を受賞した(1991年)。さらに、ロイテバーとマンスフィールドは、画像医学に実用化し、ノーベル医学・生理学賞を受賞した。MRIは現代医療に不可欠の機器に発展している。日本では、数千台が稼動中という。

第19話

「生きいき」の生物…「菜の花や根っこは水に葉は光」！

19-1　生物の最小単位「細胞」…細胞の「核や液」「遺伝子とDNA」「分子ポンプ」

生物の体を顕微鏡で見ると、小さな部屋に分れている。これが「細胞」で、生命を持つ最小単位とされる。細胞は通常小さいが、大きいのもある。植物の種子や動物の卵である。綿毛や毛根(根の先端)などは長い。細胞は、光学顕微鏡でよく見える。花粉、薄切りのトマト、スイカ、タマネギやナシの石細胞、アオミドロ、単細胞生物のアメーバ、ミドリムシやゾウリムシなどの動きも、よく観察されている。

ツクシの胞子は、弾子の4本足、ダンスのように動くという。微生物の乳酸菌、納豆菌、酵母、こうじ菌…細菌も見える。動物の細胞は見にくいが、人間の細胞などいろいろある。神経細胞は細長く伸び、よくつながる。細胞には、最近注目の「万能細胞」もあり、再生医療などで期待されている。細胞も、「ミクロの世界」では、「遺伝子とDNA」「分子ポンプ」などが、次々に発見されている。

細胞の発見…顕微鏡観察の発展：細胞は、生命の担い手だけに、大切なものが「ギッシリ」つまっている。この研究の歴史は、17世紀から20世紀におよぶ。まず「細胞の発見」は、フック(英)による。顕微鏡観察で、コルク(樹皮)に「蜂の巣」、六角形の小部屋を見つけた。「ミクログラフィア」(1665年)には、コルクの細胞、昆虫の複眼やノミなど、顕微鏡観察の図が多数掲載されている。顕微鏡は、レンズ２個の複式顕微鏡で、倍率は数十倍とされる。フックは、「ばねの弾性」、負荷と伸びが比例する「フックの法則」でも有名である。この古典力学の分野では、彼の貢献は、ニュートンとも比較されている。

広がる「微細な世界」：さらに、レーウエンフック（オランダ）が、高倍率の顕微鏡を多数製作した。これで、「ヒトの精子」「サケの赤血球」も発見され、人々に衝撃を与えた。細菌までも観察でき、「コウボ菌」も見たという。顕微鏡は、単レンズの虫めがねながら、精密な磨きで、約200倍の高倍率であった。18世紀から19世紀半ばにかけ、多大な実績を残した。レンズ磨きの輝きだろう。

多くの観察は、『あばかれた自然の秘密』にまとめられた。顕微鏡は、望遠鏡とともに、自然の理解を画期的に広げた。なお、シュライデンとシュヴァン（独）は細胞説を立て、「生物は細胞からなる」とみなした（1838年）。顕微鏡観察では「藻の胚のうの細胞」「オタマジャクシの軟骨の細胞」などが写生されている。細胞の千変万化を現すだろう。

ミドリムシは植物、動物？：ミドリムシは、単細胞生物で、「ユーグレナ」ともよばれる。尻尾を回し、よく泳ぐことでは動物である。しかし、葉緑素を持ち、水中で光合成をしており、コンブやワカメの仲間で藻類とされる。藻類は、約30億年前誕生、光合成で酸素を排出、地球環境を劇的に変化させた。どちらの分類にしろ、まず生物で生命を持つ。近年、ミドリムシは増殖に成功して、食品にも利用されてきた。

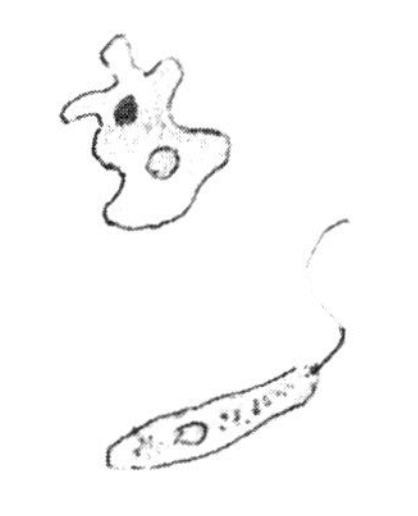

▶ 動物細胞：蛙（左）と豚（右）の細胞。シュヴァンの観察（1838年）。

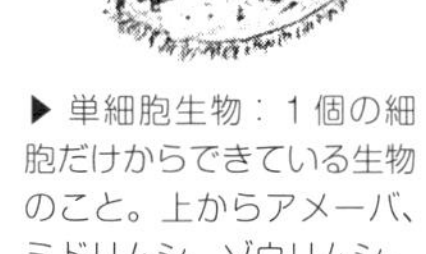

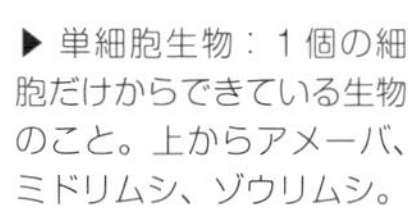

▶ 単細胞生物：１個の細胞だけからできている生物のこと。上からアメーバ、ミドリムシ、ゾウリムシ。

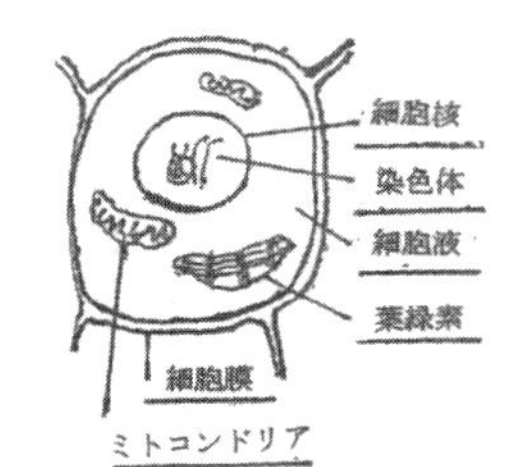

▶ 植物細胞の模式図：細胞は生物の最小の単位で、細胞膜で小部屋に仕切られている。その中の細胞核には染色体や遺伝子がある。また微小体ミトコンドリアではエネルギーを発生、葉緑素では光合成が進められる。細胞膜にも各種のポンプや通路があり、水や栄養分が出入する。

アオミドロは「不思議で奥深い」：この藻は、池や田でよく見られる。緑の糸状の藻類である。顕微鏡観察では、細胞が一個ずつ整列しており、身近で、単純な細胞例とされた。中学や高校の教材でも取上げられてきた。ところが最近の研究では、アオミドロの仲間は、多種で群をなし、生殖の仕組みも複雑で、奥が深いとされる。これは、東大などの学会発表で、新聞でも取上げられた。

これによると、アオミドロの仲間は、数百種もある。また、有性生殖の場合、細胞から管が伸び、隣り合った糸の２つの細胞が結合する。これで、細胞質が移動して、次世代となる「接合胞子」が生育する。また、接合の様式などで、アオミドロの仲間が誕生する。

陸上植物に最も近い藻類：近年の研究では、アオミドロなどの接合藻類は、陸上植物に最も近い藻類として、脚光を浴びているという。植物の陸上進出は、地球を大きく変えた。地球の誕生後、地上の岩盤は、水と藻類、またコケの働きで、土も誕生したといわれる。それで、動植物も、大幅に進出できるようになった。藻類が、その先端を担ったらしい。

細胞の構造「細胞膜・細胞質・細胞核」：細胞の外側は細胞膜で、中には、水溶性の細胞質がある。卵白に似た原形質には、蛋白質、糖や脂質、種々のイオンなど、つまり栄養やミネラルが溶けている。この液の中には、細胞核がある。この核には染色体があり、遺伝子を含むとされる。そのあと、この細胞核が、細胞の「分裂と増殖」の中心と分かってきた。細胞核と合せて、「ブラウン運動」の発見は、ブラウン（英）による。どちらも、画期的発見とされた（1827、1833年）。植物のランの細胞で、観察したらしい。

「ブラウン運動」「花粉の水中乱舞」：花粉など、ミクロン・レベルの微粒子が、時々進行方向を変え、乱雑に動き回る。ブラウンは、非常に綿密に研究を進め、どの微粒子にも「乱雑な運動」を発見した。「ブラウン運動」とよばれる。この発見の数十年後には、アインシュタインが「ブラウン運動の理論」（1905年）を解明した。微細な花粉物質の乱舞には、水分子の莫大な個数、その乱雑な衝突が関係していた。

よく見える「ブラウン運動」：分子は見えないが、「花粉の乱舞」の形で一端が見えていた。また自然の本質には、「乱雑や確率」が含まれていた。現在、高校の物理実験などでは、水で薄めた牛乳やクリープを湯で薄めて使うらしい。これで、１ミクロン（1000分の１mm）程度の脂肪粒が得られ、ブラウン運動が数百倍程度の顕微鏡でよく見えるという。

細胞膜の「水の道」発見はノーベル賞：近年の「細胞膜の研究」によると、細胞膜には生物最小の「水の道」がある。水分子が一列で通る程度の細道で、生物に不可欠とされる。多種あり、植物に多い。ナズナは「春の七草」で、雑草「ペンペン草」である。この草には、「水の道」「イオンの道」が30数種あり、ノーベル化学賞につながった。これら細胞膜の細道の発見は、生命科学で歴史的とされる。

細胞核と遺伝「エンドウ豆の実験」：細胞核に染色体も発見された。染色体には遺伝を担う遺伝子が含まれるが、この解明には長期間かかっている。顕微鏡でも見えない小さな粒子である。まず修道士のメンデルが「エンドウ豆の実験」で「メンデルの法則」を発見した(1866年)。しかしこの検証実験は進められないまま無視され、20世紀に再発見とされる。現在では「優性の法則」「分離の法則「独立の法則」として整理されている。また今日ではメンデルは「近代分子遺伝学の父」とよばれる。

▶ メンデル：オーストリアブリュン（現在のチェコ・ブルノ）の司祭。

日本に「エンドウ豆」の原論文！：無視されたメンデルの原論文は、失敗した「ヤナギタンポポ」(当時の実験植物で学者から実験をすすめられた)の論文とともに、三島の国立遺伝学研究所で発見され、貴重品として展示していたようだ。これは、修道院を訪問した日本の学者の貰い物で、この子孫が「お宝」として保存、研究所に寄贈したという。２論文が揃うのは、メンデルの祖国チェコのみらしい。

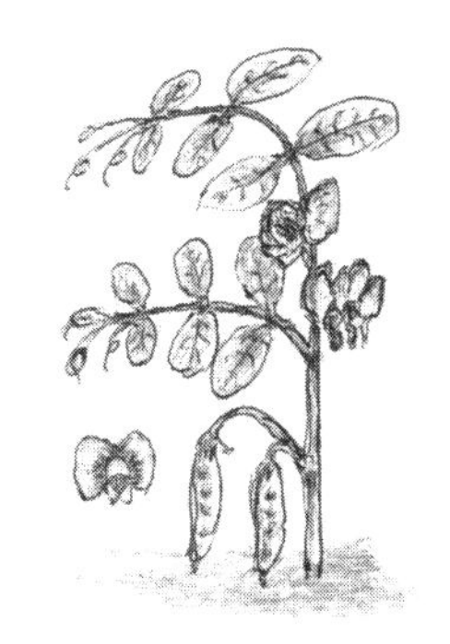

▶ エンドウ：古代オリエント地方や地中海地方で麦作農耕の発祥とともに栽培化された豆。

遺伝に「優劣」はない：最近(2017年)、日本遺伝学会は「優性」「劣性」という言葉遣いをやめると発表した。代わりの新しい言葉は、「顕性」「潜性」とされる。難しい文字だが、科学では、その訳語の方が正しいだろう。もともと遺伝やその法則には、優劣はない。ある性質が表に顕わになるか、裏に潜むかは、何代にもわたる確率や環境にもよる。これまで、遺伝にあった「優性の法則」は、商品などの「優劣」の選択とは、内容や働きは異なり、狭い局面で「優劣」は決められない。自然や遺伝、その法則は、人間の出現以前からである。まず自然に学ぶ必要があるだろう。

「遺伝と遺伝子」「進化の複雑性」：メンデルの法則に光が当てられたのは、20世紀、ド・フリースやチェルマックなどの再発見とされている。この経過には、遺伝の複雑さがあるだろう。「生物の種」には雑種があり、交配で、育種や品種改良が試みられてきた。しかし、雑種は変異し易く、「ダーウインの進化説」(自然淘汰)のままでは説明がつかなかった。

遺伝・進化には、新しく「確率の出現」：メンデルは、何千、何万の試料で、「花の色」「豆の形」などを粘り強く観察した。「数世代の雑種」「量と質」を分析し、遺伝法則を発見したと。遺伝法則には、遺伝をになう物質－遺伝子の仮説も含まれていた。「種や遺伝」は「一世一代」で決まらない。その奥には「極微の遺伝子」や「偶然の確率」があり、複雑だった。遺伝の法則は、「確率や統計」も入る法則で、自然科学でははじめてのものである。今日では、確率・統計は、科学の重要な分野である。

20世紀「遺伝の研究」：ショウジョウバエなど、動物の遺伝研究も進み、遺伝は、染色体の遺伝子によるものとされてきた。このハエは、世代交代が速く、遺伝の研究に有利らしい。20世紀中頃には、「遺伝子はDNA」に分布すると分かった。今日では、「DNA分析」が大発展した。「細胞の研究」は、「細胞核－染色体－遺伝子」へと、極微の「分子の世界」に入った。また分子生物学や生物化学が発展した。応用は作物の品種改良で、育種分野が大発展している。

▶ ショウジョウバエ

「獲得形質」を巡る遺伝論争：獲得形質は遺伝するというルイセンコ（旧ソ連）を巡る論争がある。これが独裁的政治と結びつき、大被害が起きたとされている。その後、遺伝子を基礎にする「メンデル・モルガン説」が確認された。現在は、ルイセンコ説はすたれたが、どう整理されただろう？

最近の研究では、「DNAスイッチ」が多数あり、環境、情報やストレスなどで遺伝も変わる。つまり、スイッチの入り具合で、生活や運命も変わる可能性も指摘されてきた。例えば、ガンへの耐性が変わるなど。そうなると、ルイセンコ説の復活の可能性もあるが、単純復活ではないだろう。遺伝の実態、過程や時間のスケールが全く異なる。短期間の強制（温度処理など）で、遺伝は変わらない。しかし、長期では、生物は環境に依存して、変わっていくだろう。

生命は環境に依存：生物は環境に依存、適応しなければ、生命は維持できない。ただちに食べ物や水にもこまる。遺伝や進化も断ち切られる。生物は、その破局を避け、環境に適応した獲得形質も残しながら、生命を維持・発展させてきたのだろう。遺伝子には、それぞれの生物が生きる上での不可欠な情報が記録、固定化され、遺伝する。しかし、環境も変わる。その事態にどう適応するのか？獲得形質も必要だが、DNAや遺伝子への組み込みはどうなるのか？ これは未解明で、今後の課題である。

「DNAスイッチ」の役割：DNAの中で、遺伝子に情報が記録されているのはわずかに２％程度で、DNAの大部分は、かつては「ジャンク（ゴミ）」とも見られたという。しかし、ここに多数の「DNAスイッチ」が存在した。この入り方で、姿態（髪や鼻など）や耐病性なども変わる。全体に、運命も変わる可能性があるとされる。これが、数多くの研究から解明されてきた。茶の風味や地域差なども、この部分に記録らしい。DNAスイッチの存在と解明は、遺伝と進化を巡る議論の大発展だろう。

細胞液「原形質の中味」：酸素呼吸でエネルギーを出すミトコンドリア、蛋白質の合成・移動を進める小粒子「ゴルジ体」などがある。また、緑色植物には層状の「葉緑体」があり、糖類を生産する。細胞液には、これらの物質が、細胞核とともに詰められている。これらを動かすエネルギー源は、ATP（アデノシン3リン酸）で、細胞の「エネルギー通貨」とされる。

ミトコンドリア：ATPは、3個のリン酸基が直列につながる構造で、結合の具合でエネルギーが出し入れされる。これを進めるのが「ミトコンドリア」で、その酵素の助けで、ATPが加水分解されてADP（アデノシン2リン酸）に変化する。ここで呼吸の酸素が使われ、化学エネルギーが発生、利用される。ミトコンドリアは、人間の細胞で約千個という。なお、ミトコンドリアは、細胞核の一般のDNAとは別に、独自のDNAを持つといわれる。これを辿ると、現代人（ホモサピエンス）の祖先は、数百万年前、アフリカにはじまるとされた。

蛋白質合成の小器官：「リボソーム」は、タンパク質合成の小器官である。タンパク質とリボ核酸（RNA）で構成さ、巨大で不安定な分子である。この結晶化とX線構造解析で、立体構造が解明された。この研究と新しい抗生物質の開発では、三博士がノーベル化学賞を受賞している（2000年）。また、「小胞体」の研究も発展している。「小胞体」は蛋白質の品質管理を担う器官で、糖尿病パーキンソン病など、発症メカニズム解明に役立つという。

その他、細胞液には多くの「分子機械」が含まれている。なお日本物理学界誌の「物理学70の不思議」（創立70周年記念企画）にも「生物分子機械」があげられている。大腸菌でさえ、千種類もの分子機械が数百万個あるらしい。

分子モーター：ミオシンやキシネンなどがある。ミオシンは筋肉力の発生を担い、キシネンは物質輸送とされる。細胞は微小で、小器官やエネルギーも小単位の分子レベルになる。細胞内外の物質輸送も、「分子ポンプ」「分子モーター」などで行われ「分子機械」とよばれる。これらは蛋白質の複合体で、その分子構造も次々に解明されてきた。ナノメートル（10億分の1m）の大きさである。

運動や物質輸送にも、「並進と回転」があり、分子モーターもリニアと回転モーターがある。これらは、ミトコンドリアからのエネルギーで働く。さらには、細胞膜では、内外をつなぐ「プロトンポンプ」（22-5）や「水の道」「イオンの道」も発見された（23-2）。最近では、「分子自動車」の競争も行われている。体内で薬の輸送にも使える可能性があるという。

太古のクラゲ「不思議と生物発光」：海を「ユラユラ」漂い体はほとんど水。海水の浮力は真水より少し大きい。縁に無数の触手があり、餌をとり生き続ける。クラゲは殆んど水で、一見単純だが、5億年前の太古から続く生物。さらに局在する目を持つ最初の動物とされる。「水の活力」を体に組入れ、浮力を利用した動物らしい。水の温度、水質、水流、浮力や水圧などに敏感という。「オワンクラゲ」は蛍、海ホタル、ホタルイカとともに生物発光の生物とされる。

ノーベル賞の蛍光「オワンクラゲ」：クラゲは、数億年の太古の生物で、種類は多い。体は殆んど水、水乗りで「ユラユラ」浮遊する。日本各地の沿岸に、各種のクラゲが生息する。オワンクラゲでは、アメリカの海洋生物学研究所の下村脩博士をはじめ、2博士がノーベル化学賞を受賞した(2000年)。下村博士は、「緑色蛍光タンパク質」を発見した。構造解析と応用による。実験で採ったクラゲは、85万匹にのぼる。殆んど失敗でも、実験を貫いたといわれる。

▶ オワンクラゲ：日本各地の沿岸で見られるヒドロ虫綱に属するクラゲ様の無脊椎動物。最大傘径は20cm。刺激を受けると生殖腺を青白く発光させる。新江ノ島水族館でオワンクラゲの標本が展示されている。

この労力と基礎研究が、広い応用にも発展した。例えば、この蛍光タンパク質を生体分子につけると、生きた活動が蛍光で追跡できる。この研究は、細胞の分子も見る「超解像蛍光顕微鏡」の開発にも発展して、3氏がノーベル化学賞を受賞した(2014年)。生物・医学などでは、画期的である。

ノーベル賞講演で原爆批判：下村博士は、疎開した長崎で、原爆の閃光と爆風を体験、「黒い雨」も浴びた。ノーベル賞の受賞講演では、原爆や戦争体験を紹介、原爆投下を厳しく批判し、核兵器廃絶を強く訴えた。ノーベル賞講演でも、核兵器廃絶の主張は重点だっただろう。ノーベル賞は、平和と人類の福祉を願い設立されており、この精神に立ち返った講演といわれている。

蛍光蛋白質と「レーザー蛍光顕微鏡」…「記憶が見える」？：蛍光物質とレーザー光を組合せた顕微鏡である。細胞が生きたまま、動きも見える。ミトコンドリアは、大きさが1万分の1mm程で、糸が複雑に絡まった形とされる。注目の蛋白質に目印の蛍光物質をつけ、レーザー光で励起、光らせて追跡する。蛍光物質は、原子・分子レベルなので、生きた細胞も微細に調べられる。

蛋白質の種類は、つける蛍光物質で区別され、緑や赤に発光する。細胞の核をはじめ、微小体や蛋白質の輸送状況も、分子レベルで見えるらしい。脳皮質では、「記憶が見える」という。この研究は、理化学研究所などで行われて、「ライブイメージング」とよばれ、日本は最先端という。

万能細胞はノーベル賞：生物は全て細胞で作られ、細胞は生物の基本単位である。微細な「水の道」も通じている。人間の諸器官も細胞で構成され、その大もとは受精直後の卵細胞とされる。これは、細胞分裂で各種の器官・臓器に成長する「万能性」を持つ。しかし、成長後、細胞は「若返り」「逆戻り」はできない。つまり、元状態に「初期化」は不可能とされてきた。ところが、山中伸弥京大教授らによって、万能性を持つ「ヒト人工幹細胞」）が作られ、常識が覆えされた（2007年末）。またこれは、iPS細胞（induced Pluripotent Stemcell）とよばれている。

「iPS細胞」の作製・発展：皮膚の体細胞に4つ遺伝子を導入して、「初期化」して作製する。この万能細胞を適当な遺伝子とアミノ酸で培養すると、各機能の細胞が作れるとされる。この研究で、山中教授と英ケンブリッジ大のガードン教授は、ノーベル医学生理学賞を受賞した（2012年）。テレビ画像では、万能細胞は丸い「おにぎり」「だんご」形。凸凹の体細胞から変化する。万能細胞は、再生医療、難病の解明や新薬開発などで急速に発展している。

世界が注目の「万能細胞」：万能細胞は「生命と健康」で世界的な関心を集め、急速に発展している。すでに、ミニ肝臓、腎臓の糸球体、血の赤血球や血漿板などが作られ、目の網膜治療（理研）、心臓治療（阪大）も臨床実験に入った。自動の心筋細胞のシートを作製され、患者に移植される。難病治療の三つ目は、パーキンソン病で、京大のiPS細胞研究所が臨床試験（治験）をはじめると発表、公共保険による治療を目指すとされている。

ヒトの細胞「連結と活動」：ヒトでは、細胞数、は約60兆、脳細胞、各種器官、血液や免疫細胞など200～400種ある。この大もとが、万能細胞とされる。成長後の各種細胞は、それぞれ役割で、見事なパーツ・部品に見える。しかし、山中教授によると、「パーツ」でなく、活発で驚く働きをもった「戦略」とされる。特に脳細胞は約800億個で、再生しないが、生きるため奮闘している。カタツムリの目玉状の触手「スパイン」では、縦横に回路を作る。これは若い頃の経験・学習とともに急速に拡大する。老化では、飛ばしの高速処理もある。生物は、機械と異なり、学習と発展がある。

細胞の再生機能「人と動物」：人間の体細胞から万能細胞が作れるとなると、臓器や組織をなおす再生医療が現実的になる。人間には、トカゲの尻尾やイモリの手足のような再生機能はないが、人工で補える可能性が出たことになる。それまで万能細胞の代表は、胚性幹細胞（ES細胞）とされていた。しかし、ES細胞は「生命の萌芽」の受精卵を壊して作られており、倫理問題から批判が強かった。また

ES細胞は、患者本人と異なるため、免疫拒絶反応が問題であった。iPSの研究は、その障害をさけた画期的な方法とされる。安全性が学際的に検討されつつ、多方面に進展している。

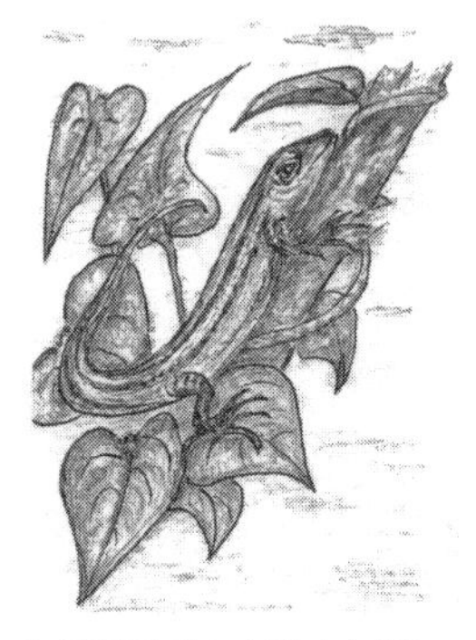

▶ ニホントカゲ：「トカゲのシッポ切り」で有名。切れたシッポも踊る。猫などがそれを追うが、本体は逃げる。

生物の再生能力：川の石に付くプラナリアは、細断しても全再生する。トカケは尻尾、イモリは各種部分、タコ・コオロギ・ゴキブリは足、メダカはヒレ、ヒトも、肝臓は高い再生能力を持つ。回虫は、再生能力なしという。

日常働く万能細胞：テレビ報道（2017年）では、東北大医学部で、新しい万能細胞が発見された。「MUSU細胞」とよばれ、数年で実用化も目指すという。ES細胞とiPS細胞に続き、第３の万能細胞と期待されている。この細胞は、ES細胞と似た「おにぎり」形である。誰でもが持ち、障害を日常的に修復するという。ありがたい細胞だが、存在は、当然かも知れない。一般に生命は、変化・発展しており、修復機能がないと長く維持できない。ただ大きな障害の場合、外部から万能細胞の注入が必要とされる。

免役力を生かしガン退治：2018年のノーベル医学生理学賞は、京大の本庶佑特別教授と米国の教授が共同受賞した。「免疫制御分子」の発見とがん治療への応用研究とされる。２氏は、免疫をガン治療に生かす手がかりの分子を発見した。これを活性化する新薬の開発を進め、ガン治療の革命とされる。従来、ガン治療は外科手術が中心だったが、免疫による治療の、新しい道である。

通常、体内では免疫が働き、ガン細胞を異物として排除する。しかし、免疫細胞には、働きを抑えるブレーキ役の分子があり、ガン細胞はこれを使い、攻撃を避けるという。このブレーキ役の分子を発見、この活性化による、ガン治療を提案した。

新発見・開発の「分子・薬・効能」：本庶教授のグループの発見は、タンパク質分子「PD-1」、開発の薬は「オプジーポ」と名づけられている。「分子標的薬」なので、周辺を傷つけず、副作用は少ないとされる。皮膚がんの治療薬として承認され、次いで肺がん、腎臓がんの治療に使われ、胃がんにも効果があるという。

基礎研究での「心掛けや課題」：ノーベル賞報道後の対談では、本庶教授は不思議への好奇心、そして簡単には信じないことが大切であると語った。「自分の目で確信できるまでやる。自分の頭で考えて納得できるまでやる」。それが基本的姿勢とされる。また、基礎研究の強化の必要性、「ライフサイエンスは期待できる」

と、語る、そして、「多くの人に、チャンスを与えるべきだ、とくに若い人に」と、訴えた。これには、多くの人の共感の声があがった。

現在、大学などの研究、特に基礎研究では、研究費が驚くほど低く、苦しんでいる。研究室単位では、10万円単位での厳しさで、これでは実験の消耗品も賄えないとされる。研究に熱意を持つ若者も研究から離れ、また近づきにくくなった。この現状の変革は、若者の願望であるが、同時に、国の将来にかかわる国民的課題になっている。

基礎的研究での大切「六つのC」：この「C」の必要を、本庶教授は説いている。「C」は、英語表記で好奇心（Curiosity）、勇気（Courage）、挑戦（Challenge）、確信（Confidence）、集中（Concentration）、継続（Continuation）、の頭文字である、さらに混沌（Chaos）も加わるらしい。混沌の中に、新しい可能性があるのだ。

19-2　根の「構造と働き」…「草の根」の運動、水を探して何万キロ！

草木の根は、土の中にあるので分かりにくい。しかし、「根強い」活動がある。この根も、すべて細胞で作られている。季節が来ると、種子から根が出る。そして水を吸収し、芽や葉が成長する。根は茎を支え、水や養分を吸収して、茎や葉に送っている。逆に、葉や茎からも、光合成の生産物－糖類などが根に送られている。草木の「生き生き」の活動は、「葉－茎－根」の相互協力になる。

根の「構造と働き」：「根の先端」には、帽子のような「根冠」がある。その内部の「成長点」を保護する。先端に近い部分には、多数の根毛が生え「水や養分」を吸収。根毛は一つの細胞で、長く伸びている。根の中心部には、放射状の「維管束」が並んでいる。ここは、「水と養分」の輸送路である。なお、シロイヌナズナの遺伝子解析から、根の先端の成長ホルモンが名古屋大で発見された（米科学誌『サイエンス』2010年）植物生産を支える根を理解するうえで画期的といわれる。

根と血管…伸びる伸びる！　どこまで？：「根の伸び」は穀物、野菜、アサガオの種やドングリなどでも、容易に観察できる。では根は、どこまで伸びる？　ライ麦では、箱で「一粒の種子」を数ヶ月間育て、根の長さを測定したという（1937年）。結果は、「根は622km」。東京－大阪間を越える長さである。「根毛は1万km」を越えるともいう。この結果は微細な観察、実験と分析による、初の大成果だろう。

水や養分の吸収には、緻密の「長い根」が必要。根には大きなポンプはないので、一気に「水の吸上げ」はできない。なお「人間の血管」は、毛細管も含め約10万kmで、「地球の２周半」もあるらしい。生物は、驚くべき長さの「根や血管」「広い細胞膜」を使い、水や養分の吸収・補給をしている。この長さは信じ難いが、水の輸送路は極微の細管なので、計算からも推定される。

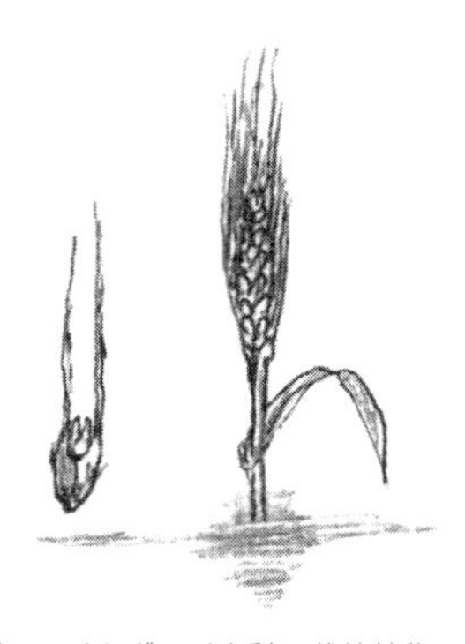

▶ライムギ：イネ科の栽培植物。寒冷な気候や痩せた土壌などの劣悪な環境に耐性がある。ライ麦パンは、小麦粉のパンよりも密度が高く、水分の抜けが少ないので日持ちする。

「草の根」の運動：土の中、根は容易には動けない。「手探り」「首ふり」「ジワジワ」「イキイキ」！ 人間の五感を上回る化学感覚、触覚や重力感覚もあるとされる。これは神経を持つ動物の感覚と異なるが、それぞれ「自然の法則」に従う反応である。「根の先」は、まず水、空気や養分の方向に動く。その濃度や温度差もある。根はこの状態を感知しながら反応する。つまり植物は「化学物質の感覚」を備えているとされる。細胞膜では、微細な「水の道」「イオンの道」を通って、水やイオンが移動する。「水と養分」の感知と吸収で、植物の感覚ともいえるだろう。

「根の首振り」運動：トウモロコシの根は、先端が６時間に１回、太さの３倍程の「首振り運動」で伸びるという。「稲の根」も回転するらしい。一般に、ラセンは進むのに有利である。人間も、「穴堀り」にはラセン状のキリを使う。「柔軟な根」は敏感な「手探り」「足探り」だろう。「植物の根」にも触覚、根冠の仕掛がある。根冠細胞は抵抗の多い所では、「ボロボロ」に傷を負う。しかし、その細胞の糖分で微生物が増加し、土壌が柔かくなる。細菌の作用である。障害物も「ジワジワ」と除かれ、根はまた成長することになる。

植物は「根の口」で食べる？：植物は、根を前進させ、生体の化学反応を伴ないながら、水や養分を吸収している。さらに草の根は、かなり大きな有機物を包んで「食べる」らしい。70年代末、「稲の根」が「ヘモグロビンを食べる」現象が発見され、電子顕微鏡で撮影されている。ヘモグロビンは、血液などで酸素を運ぶ有機物で、大きさは、水分子の10倍程度とされる。細胞膜が柔軟で「ふろしき」状に包み、細胞内に取り込めるのである。

根の細胞膜は、「植物の口」ともいえる。西欧では、「火星人」の戯画が描かれたが、植物の「根の口」で、養分を食べる戯画も描かれたらしい。科学の画とは異なるが。根の不思議な作用が、分かり易く表現されている。

植物の「重力と水」の感覚：「植物の根」は、「重力感覚」「上下感覚」を持つ。重力は地球から受ける引力で、常に下向きで、物の落下も重力による。暗闇でも、「根の先端」は下向き、つまり「土や水」に向って伸びる。逆に「芽の先端」は上向き、太陽の方向に伸びている。種を上下逆に植えると、ひっくり返えって、伸びる。植物は、上下方向を間違えない。生物はすべて、誕生以来いつも重力の影響下なので、重力感覚も自ら備え、進化したのだろう。

「重力感受細胞」「水分屈性」「制御の遺伝子」：最近の研究では、アサガオの芽や根の先端には、「重力感受細胞」があり、成長方向が分かるという。重力の感知は、細胞内にあるデンプンのかたまり（アミロプラスト）であるとされる。この重りが水の下（重力の方向）に沈むことで感知される。さらに、成長ホルモンも働いて、成長らしい。

なお根は、水を探す性質「水分屈性」を持つが、その制御の遺伝子も発見されたという。陸上植物のシロイヌナズナやイネなどにあるが、水生植物の藻などにはないとされる。生物は環境について、生きるに必要不可欠な情報は、遺伝子などに記録・保持して、日常活用しているらしい。

19-3　菜の花と大根…俳句「菜の花や…」「植物宣言」「地動説」

昔から大根は有名である。十字花植物で、花は十字の「菜の花」だ。「一面の菜の花」の迫力には、何か新しい「息吹き」も加わって来る。「一面の菜の花」は、次のようにも歌われた。ただ一面の菜の花にも、何かどこからか次々に加わり、新しい魅力で広がっている。

〈風景　純銀もざいく〉　山村慕鳥（1915年）

「いちめんのなのはな　いちめんのなのはな　いちめんのなのはな　…　…　…　いちめんのなのはな　かすかなるむぎぶえ　いちめんのなのはな　いちめんのなのはな　…　いちめんのなのはな　ひばりのおしゃべり　いちめんのなのはな　いちめんのなのはな　…　いちめんのなのはな　やめるはひるのつき　いちめんのなのはな」。

大根の活力：「菜の花」には、大根、菜種、水菜やカラシ菜など種類は多い。どれも十字の花がいっぱい。しかし「菜の花」の根は、まず「太い大根」である。大根は白首や青首、赤色にも彩られ、「根の活力」が満々である。コンクリートの間を出た、親子「ど根性大根」もあった。通常、大根は、花より前に収穫されるが、大地をふまえた大根は壮観である。「大根や月の光に仁王立ち」だろう。子どもの頃は、洗いたての「白い大根」、吊るされた漬物用の「大根行列」、切り干しの「土色大根」、また秋祭りには、白木の容器に「神様の大根」もあった。

▶ ダイコン：アブラナ科の野菜。地中海地方や中東が原産で、古代エジプトから食用としていた記録がある。ユーラシアの各地でも利用されており、日本では弥生時代に伝わった。

大根の元祖：大根の原産地は、地中海から黒海沿岸一帯らしい。古代エジプト、ギリシャ・ローマ時代には、栽培も行われた。エジプトのピラミッドの壁画には「大根の絵」が刻まれ、ギリシャのアポロン神殿には、「金の容器」で奉納されたとわれている。大根は「白い根」で、大地に立ち、味とともに消毒や免疫などの薬効を持つ。「神聖な野菜」とされ、魔除けとも見られたらしい。「大根の道」は南北の２ルートある。北では中国、韓国から、「華北系大根」が日本に到達した。アジアには「シルクロード」経由で入ってきたという。南ルートでは、インドや東南アジアや中国南部をへて、「華南系大根」が到来とされる。

大根の伝来：日本渡来は、千三百年以上前という。古事記（712年）では、「つぎねふ　山代女の　木鍬持ち　打ちし大根」は、「根白の白腕」「さわさわに」と、恋歌にも詠われた。万葉集では、ダイコン（スズシロ）やカブ（スズナ）は「春の七草」「正月の七草粥」。「健康祈願」がこめられている。大根は、奈良・平安時代には高級野裁だったが、鎌倉時代には広く栽培され、「庶民の味」となったという。

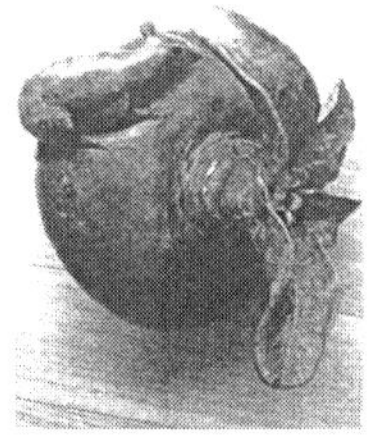

▶ 大根の記念碑と漬物樽

大根「健康野菜で多様な変化」：京野菜の「聖護院大根」は古い。東京の「練馬大根」は、江戸時代からという。かつて「練馬といえば大根、大根といえば練馬」といわれた。関東ローム層の土で育ち、大きい。大きな「練馬大根碑」「漬物たる」も残されている。江戸は一大消費地で、精米のはじまりとともに、「ぬか漬け」も作られた。「たくあん」「おでん」風味もあったかもしれない。おでんでは、まず「大根・卵・こんにゃく」に、ちくわやコンブ味も加わる。なお味噌、醤油や漬物の風味、菌類の大活躍は（16-4）。

大根は多種「遺伝資源で文化財」：大根は、「日本の風土」に恵まれ、現存だけで300品種以上ある。また次代に残す遺伝資源、文化財ともいわれる。重さ20～30キロをこす太い大根もある。１mを越す細長い大根。色合は白、青、赤、紫、茶、灰や黒など多様である。現在、日本は、世界最大の大根産地で消費地とされる。大きさや長さも世界一の野菜だ。原種の保存、育種と栽培には、昔から多くの労力が払われてきた。単純なようで、複雑・多様、不思議な植物だ。

▶ カラシナ：川沿いの土手などに野生化して生えている。高さは1～1.5m。春に開花し、アブラナに似た黄色い花を咲かせる。

大根の不思議「水の吸収と配分」：大根は、空中まで伸びている。専門家によると、これは茎の部分らしいが、大根も水を吸収しないと太れない。また大根は、ひび割れや中のす（隙間）ができると、野菜として不良品になる。水は大量に必要で、水の吸収や配分は、不思議である。大根では、小さい穴が２列「ズボンの折り目」のように並んで、そこから微細な根が多数出ている。その根で水を吸収する。水の吸収・配分は大切で、「水やり３年」らしい。

大根の「小さい根」は、抜く時切れるので分からない。しかし、微細な根や毛根が縦横に長く伸びて、水を吸収だろう。それが単純な2列に並ぶのは、不思議である。また太い大根内での水の配分など、調整は微細で不思議である。大根は遺伝や変化の多様性があり、多彩な野菜になるのは、品種改良のためらしい。なお、枝葉の出方にも規則性があり、「植物にひそむ数学」ともいわれる（19-8）。

カブ：「春の七草」の「スズナ」である。地中海沿岸アフガニスタン付近が原産のようだ。日本到来は、千年以上前とされる。国内に80品種程あるらしい。アジア型とヨーロッパ型に分れ、代表は、大きな聖護院かぶと金町小かぶという。京都には、「京野菜」やカブの「千枚漬け」の伝統もある。北の大原の山里、豊富な地下水があり、上賀茂神社や貴船神社には、「水の神様」が祭られる。世界文化遺産も多い。これらの伝統は、水の支えが大きいだろう。

▶ コカブ

「大根・わさび・からし」「辛味と効能」：すりおろすと「ツーン」とする辛味。わさびは寿司や刺身に欠かせない。からしもおでん、トンカツや餃子などに合う。この辛味は、どれも菜の花－アブラナ科特有の成分で、「アリルカラシ油」とよばれる。ただこの成分は細胞内でブドウ糖と結びつき、最初は辛くない。すり下ろしで細胞膜が破れると、膜外で酵素にふれ、カラシ油とブドウ糖に分解する。そこで、アリルカラシ油が発生、辛味が出るらしい。生ものや料理では、微妙な生体反応で、味や効能が出るとされる。

「カラシ油」：辛味とともに、かび退治に効く。カビは、酵素の助けで有機物を分解する。つまり、腐敗を進める。カラシ油は、この酵素と結びついて、カビの活動を抑えるらしい。特にわさびの殺菌や抗菌作用は、古くから知られ、7世紀後半には、薬草で使用されたという。近代では細菌学者コッホも、研究したとされる。なおワサビ栽培には、きれいな水の流れが不可欠である。「わさびの里」は「名水の里」なのだろう。

備前焼の「カブやダイコン」：備前焼は、岡山県にはじまり、全国的に有名で、獅子、狛犬、鶏や鯉などの名品があるらしい。日用品の茶椀や皿類、大きな壺や鉢も、生活に溶け込み、広がってきていた。備前焼は上薬なしで、色彩は土色で、火の回り具合で微妙に変り、偶然が入る。

最近では、野菜のカブ、ダイコンやニンジンなどが備前焼になっていた。焼き物は珍しい。意図は何であれ、フレッシュな活力と勢い、健康の願望も込められているのだろう。野菜の備前焼では、まず大カブがある。それにネズミが乗り、元気に飛び跳ねる寸前のものもある。銘はないが、「雅」かも知れない。子どもの頃、故郷では大カブもネズミも身近でよく知られていた。カブ、ダイコンやニンジンなどは、備前焼の箸置きにもなり生きていた。

菜の花の「植物宣言」－「菜の花や葉っぱは光根は水に」：蕪村は「菜の花や月は東に日は西に」と詠んでいる。これは菜の花から、天空を望んだ情景だろう。しかし、菜の花は、身近で見ると「菜の花や葉っぱは光（空）に根は水（土）に」になる。植物すべて、葉は「光や空」に、根っこは「水や土」に向かう。見る通りながら、不思議である。植物は生物として、太陽光－「エネルギー源」と水「生命のもと」に向う。この自然に逆行すると、生物は生きられない。これは植物の「生存宣言」「自然の法則」だろう。

なお、蕪村の句「菜の花」の中国語訳は、「菜花金黄染大地　月上東天日沈西」（王岩、南山大講師）。これは「７・７」字で、俳句より短詩である。しかし発音は「ツァイファジンフゥァンランダーディ　ユェシァンドンティエンリーツェンシー」で、リズムがあり、音声は長く続く。

「菜の花プロジェクト」：一面の花を楽しむとともに、菜種油を生かすプロジェクトが広がる。中でも、原発被災地の福島県・南相馬の場合が注目される。チェノブイリ原発で研究した分子生物学者によると、菜の花は放射性セシウムを吸収するが、油に入らないとされる。これを生かし南相馬のプロジェクトは、田畑の除染と油利用で成功。油は石鹸製造、カスは発酵で、メタンガス発電に利用とされる。なお「菜の花」は全国で春を告げ、明るく輝く。

▶ 菜の花と朧月夜：画は原田泰治。『日本の童謡・唱歌 100選展』（朝日新聞社）より。

菜の花も知る「地動説」：蕪村の俳句の頃には、「菜の花やお日さま東月は西」の情景も現れる。朝夕の半日間で、「月と日」が東西方向を変え、情景がほぼ逆転する。天が動くとは、奇妙なことである。これは、地球の自転、地動説で説明される。コペルニクスやガリレオの地動説である。地球は、1日1回転。朝夕で半回転する。したがって、地上で眺めると、「月と日」の位置はほぼ反対になる。朝夕で「菜の花」は、そう変わらないで、天地の大回転とは？

地動説も信じ難いが…：地球の自転は、五感で感知できないので、地動説も信じにくい。でも、夜中に「太陽と月」が追いかけ合い、「空中マラソン」とも考えにくい。そうなると、「地動説」かも…。地球の代りに自分が半回転すると、確かに、周りの景色は左右反対側に見える。菜の花も、田畑や野山とともに、自然の動きに合せて回転している。菜の花は、この回転の情報を自動的に体内に取り込む。それが日常生活なのだろう。なお運動は相対的に変わるもので、地球から見ると「天動説」で、太陽から見ると「地動説」になる。また地動説のほうが他惑星の運動も分かりやすくなる。

19-4 細胞膜の不思議「浸透圧」…岩も割る「松や桜」「根の威力」とは？

生物はすべて、水が不足すると活力を失う。葉っぱは、すぐしおれる。この「水の出入り」の調節は、細胞膜で行われている。これが、「半浸透性の膜」である。つまり、水は通すが、ミネラルや養分、つまり溶けている物（溶質）は放出しない。大きな半透性膜では、「腸の膜」「ボウコウ膜」がある。水溶液が半浸透性膜で仕切られると、水は、低濃度から高濃度側へと自然に移動する。そして、膜の両側では圧力差が生じる。これが浸透圧である。草木の根の圧力にもなる。主に「水の移動」ながら、生物の死活にかかわる。

浸透圧で「水の移動」…草木「いきいき」：半浸透膜では、塩分など高濃度側に水が移動して、高圧になる。例えば、塩水の取り過ぎは、腸壁から水が吸出され、脱水症になる。植物も「濃い肥料」は禁物だ。根から水が吸出され、枯れる。逆に、水の吸出しが有効な場合もある。漬物や「野菜の塩もみ」では、味がしまる。さらに病院の点滴液や生理食塩水の場合、浸透圧が丁度合うように、成分が調整されている。

浸透圧が違うと、血液中の白血球などが破壊される。草木は水で「生きいき」とする。根から吸収された水が各所に送られると、各細胞に水が入り、浸透圧で「ピン」となる。細胞内の溶質の濃度差で、水が動き浸透圧が働くのである。豆など水浸しで膨れるのも、浸透圧による。

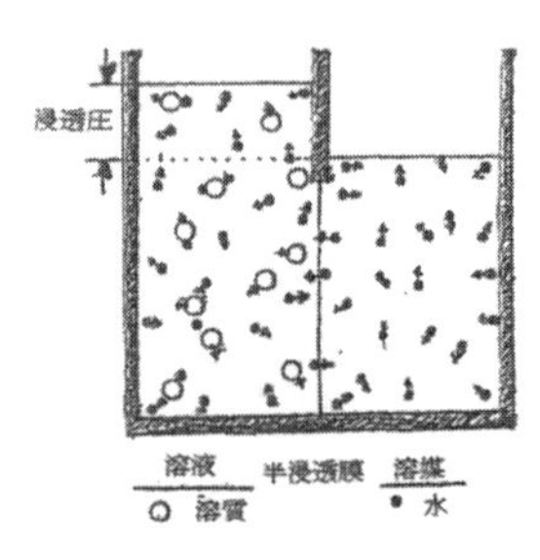

▶ 不思議な浸透圧：細胞膜やボウコウ膜などは半浸透性膜である。この膜は水を通すが、溶質は通さない。また膜の両側には不思議な浸透圧が現れる。この現象は「生物の活力」にもかかわっている。

植物の細胞の浸透圧：数気圧から10数気圧という。自転車や乗用車では、タイヤの空気圧は２～４気圧である。植物の浸透圧は、高くて威力がある。路面のすき間には、コケ、タンポポ、スミレやスギナ、時には「ど根性大根」も生える。山には、「岩を割る松」や「石割桜」もある。セルロースの細胞壁は高耐圧である。生物は「半透膜と浸透圧」「不思議な活力」を持つ。

ヤカンは語る「蒸気圧と浸透圧」：浸透圧の現象は、18世紀に知られており、実験でも証明されていた。しかし、当時の高名の物理学者も信じられなかったという。半浸透性膜はポンプも見えない柔軟な膜である。そこで高圧が生じるとは信じにくい。何が水を押込み引入れたのか？ 原因らしいものが見えない。そこでヤカンの語る「高圧の発生」の例をあげる。

ヤカン「ガタガタ」何だ？：ヤカンに「少量の水」があっても、特別何も起らない。しかし火にかけると「ガタガタ」と音がする。水が沸騰して、高圧の水蒸気になった。見えないが、水蒸気の水分子が多数、高速で飛び回る。フタに衝突して押上げている。高圧なので、押さえ込みは危険で難しい。同様に、溶質が水に溶けると、微粒子のイオンになり飛び回る。それは、溶液を撹乱し高圧が発生からである。浸透圧も、「水蒸気の圧力」と似た現象である。五感では分からないが、激しい「微粒子の運動」がある。イオンは、莫大な個数になる。微粒子の運動と衝突は、多数で大きな圧力が発生する。

▶ ヤカンで沸騰する水

浸透圧の解明：化学者ファント・ホフによる。第１回のノーベル化学賞（1901年）を受賞した。次いで、アレニュウスが「浸透圧や電解液」の研究で、さらにオストワルドも「溶液論や触媒」の研究で、ノーベル化学賞を受賞した。これらの化学者は、液体を極微の「分子やイオン」から解明、「物理化学の創始者」といわれる。浸透圧は、溶質の濃度が低い場合、その濃度に比例する。この関係式は、気体の状態式と同じ形になる。つまり、微粒子の運動から、圧力が出る。これらの研究は、19世紀後半で、原子・分子の「ミクロの世界」を物理化学面で広げた。浸透圧は、半分「ミクロの世界」に入る。

溶液は「固体と気体」両面性：液体は固体と同様に、分子が「ギッシリ」と密着している。圧力で殆んど体積は変わらない。分子間も拘束がかなり強く、固体と似た性質になる。液体の水分子も、気体のように自由には動けない。しかし水は「大きく小さく」、自由自在である。気体に似た流体である。また水溶液のイオンは見えないが、気体のように激しく動く。それに伴い不思議な浸透圧が現れる。液体は「三態の変化」で、固体と気体の間にあり、「固体と気体」両面性を持っている。

19-5 葉の「構造と働き」…光に向かう「緑の葉」「紅葉や花」の話

「春の芽吹き」「若葉に青葉」。葉は色や形を変え「秋の紅葉」、やがて「枯れ葉」で落葉になる。葉はどんなものか？ まず目立つのは緑である。葉の「緑の素」「葉緑素」だ。ここでは、植物の威力、光合成（炭酸同化作用）が進められる。太陽光の下、根から吸収した水と空中の二酸化炭素（炭酸ガス）から、糖類・デンプンが作られている。米麦、果物や芋など、糖分はすべて、この光合成の生産物である。

葉の働き：まず呼吸がある。呼吸では、酸素を取り入れ、それを消費して糖分からエネルギーを取出し、炭酸ガスと水蒸気を排出する。動物の呼吸と同様の働きである。通常、生物はこのエネルギーで活動している。また葉から水が蒸発し、廃熱が行われている。これも生命の維持に欠かせない。

「植物の呼吸」は、主に葉の裏側にある気孔で行われる。これは微細な穴で、「口びる形」の細胞で囲まれている。個数は平方センチあたり、数千から十万個ほどで、開閉して調節される。取り入れた空気は、細胞の間隙を通り利用される。哺乳動物では肺、魚は鰓、昆虫は気門、また皮膚呼吸もあり、全体に酸素が供給されている。

葉の構造：葉には表皮があり、この間に葉肉がある。ここで光合成が行われている。葉の上側はロウ状のクチクラ層で、雨をはじき水の蒸発を防いでいる。葉の下側は隙間の多い海綿状。葉の形は、草木によりさまざまである。また葉肉を通る筋、つまり葉脈も網状や流線状などいろいろである。葉脈は水、養分や生産物の通路で、「葉－茎－枝－幹－根」とつながっている。葉脈は、美しい形で強く「しおり」なども作れる。

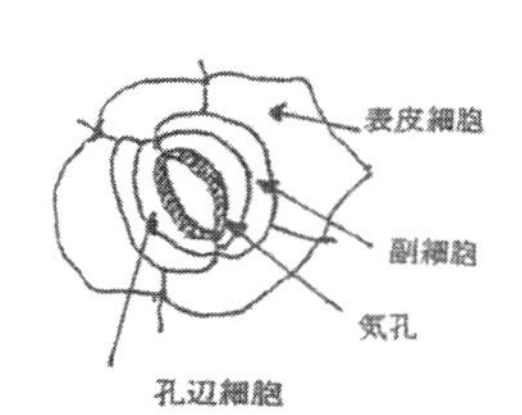

▶ ツユクサの「気孔」：細胞の略図。草木の葉の裏には多数の気孔がある。顕微鏡では良く見える。口の形に似ている。この開閉で空気の出入りが調整され呼吸や光合成、炭酸同化作用が進められる。

緑の葉から紅葉へ：春や夏は若葉に青葉が茂り、秋は紅葉の季節になる。日ざしも弱く、気温が下がると、「緑の葉」は赤や黄…モミジ、カエデ、イチョウ、さまざまな紅葉が輝いてくる。日本の「紅葉前線」は、北海道の中央、自然の豊かな大雪山・十勝岳連峰あたりからはじまる。東北の蔵王、関東の日光、中部の立山連峰など、山地を伝い段々と平地に降りる。「春は萌え夏は緑に紅のまだらに見ゆる秋の山かも」(作者不詳、万葉集)。

大雪山「高山植物群落と花畑」：高山植物群落は日本最大で、チングルマやリンドウなど、200種を超えるとされる。大雪山は「、北海道の屋根」とよばれ、9ヶ月間は雪の山である。雪解けの夏の短期間に、一斉に「芽・葉・花・実」を育て広げる。その間に、ナキウサギ、シカやクマにも食べられる。この厳しい環境で生き続けるには、昆虫との共生関係を含め、複雑に進化してきたらしい。一番の頼りは太陽光で、チングルマの花など、太陽を追って正確に回転するという。9月中頃は秋、紅葉がはじまる。

紅葉はさまざま：紅葉は、色も形もさまざまになる。日本全国、それぞれの紅葉があり、名所も多い。モミジ、カエデ、ブナ、ナナカマド、ダテカンバやハゼなどは、鮮明な赤や黄色である。柿、ドングリや桜などは、複雑な色の紅葉だ。「稲や麦」は黄金色、小麦色になる。葉の「緑の素」は葉緑素。

「紅葉の素」は？：夏が過ぎ秋になると、日ざしが弱くなり光合成も終る。そして葉緑素の分解がはじまる。「葉の養分」は、種子や茎や根に運ばれ、アミノ酸やブドウ糖として貯えられる。同時に葉では残る「糖とアミノ酸」から、さまざまな色素が作られる。これらが「紅葉の素」とされる。気温が下がると、まず赤いろいろ素「アントシアン」が作られる。この色素は昼間の光から葉を保護し、その下で葉緑素の分解反応で緑色がぬけ、それとともに赤などの色が作られる。

▶ 里の秋：画は原田泰治。「日本の童謡・唱歌100選展」(朝日新聞社)より。

黄いろいろ素「カロチノイド」は、最初から葉に含まれ、葉緑素の分解で、黄や橙色が表に現れるとされる。ブナの葉などでは「フロバフェン」という褐色の色素「枯葉の色」も作られるという。「美しい紅葉」には「秋らしい天気」が大切とされ、その条件で生体化学反応が円滑に進む。

花の色：紅葉と同様、花は色素の色になる。花の研究では、日本は先進国といわれる。青系統の色にも、赤いろいろ素のアントシアニンが含まれる。これに金属イオンが入って複合体となり、多彩になるらしい。研究が進んでいるのは、ツユクサ

▶ 紅葉：モミジ

とヤグルマギクという。フジ、アヤメ、ハナショウブ、スミレ、アジサイなど、紫系統の花も、アントシアニンを含み紫外線を止めるとされる。人間も黒いメラニン色素で紫外線から体を防御している。肌色もメラニン色素で、調節に化粧品もある。

アジサイの青の分子…化学構造の決定：アジサイは、日本生まれの花である。梅雨の頃、多彩に生き生き咲き、楽しめる。最近、この青色を出す色素分子の化学構造と、花が移り変わる過程が解明された。名古屋大の女性教授のグループによる。この研究は、細胞液を含め、高度の微量分析を必要とし、他分野との協力で行われた。極低温での試料凍結とイオン分析もある。

青の色素分子は、「アントシアニン」という有機化合物で、アルニューム(Al)を含む錯体分子である。さらに、これに色のない助色素がつくとされる。また、色素分子は、細胞液のAl濃度により色変わりする。アジサイは、酸性の土壌では青い花、アルカリ性土壌では赤い花を咲かせ、中間の場合は微妙な色彩になる。

冬芽…「紅葉の色」「落葉の音」へ：紅葉の陰では、冬芽が誕生する。それに合せ葉のつけ根には、離層－コルク状の組織が発達する。やがて「葉っぱ」は「落ち葉」で、寿命を迎える。冬芽も離層の「葉痕」も、独特の形で美しい。冬が近づくと、「紅葉の色」は消え「枯葉の音」が鳴る。

「落ち葉」を踏むと、音に驚く。走るとよく滑る。山道は落ち葉の「滑り台」である。滑って転んで、びっくり仰天だ。蕪村は「山くれて紅葉の朱をうばいけり」、猿丸大夫は「奥山に紅葉踏みわけ鳴く鹿の声聞く時ぞ秋はかなしき」(新古今集「百人一首」)と詠む。西欧では、詩で「秋の日のヴィオロンのため息の…」とか、シャンソンで「枯葉」が歌われる。

19-6　神秘の「植物の感覚」…「季節や時間」も分かる？

植物には、不思議が多く、神秘性もある。草木の芽や葉、茎や幹は、上向きに光の方に向く。根は下向きで「水と土」に伸びる。間違って逆立ちはしない。花も季節の変化、光や温度に応じて咲く。科学では、植物にも感覚があるとされる。植物には動物のような神経はない。感覚は神経とは限らない。生物はすべて、それなりに環境を知り、反応する。この感覚がないと、生命は保てず、進化もないだろう。植物には神経はないが、生きるための情報が遺伝子の中にあり、長期にわたり蓄積されてきたのだろう。

種子は光が分かる!?：種子は、「生き生き」発芽する。この発芽は、「温度・水・空気（酸素）」の３条件で、十分と思われる。暗闇の中でも、ダイズなどはよく発芽する。小・中学校の理科実験でも経験する。この発芽で、光は必要ない。豆のモヤシは、暗闇でも伸びる代表だ。しかし調査では、植物の７割程度は、発芽に「光が必要」らしい。身近な種子の例では、レタス、シソやミツバという。発芽に光も必要とは、種も光を感知して成長している。

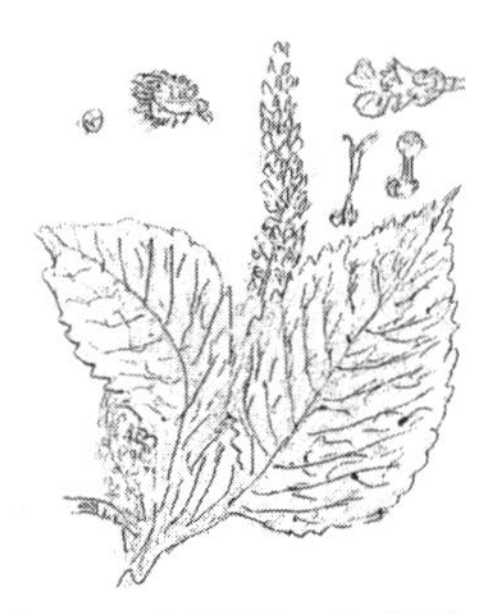
▶ シソ：中国原産。古く渡来。香味料として広く栽培。薄紫の小花が穂状に咲く。

種子は色も分かる!?：種子は「色も識別」するらしい。発芽後、葉が緑になり、光合成がはじまる。しかし、光合成に役立ない光では、発芽しないという。行先迄よんだ反応とは驚くが、光に反応する色素を持つのだろう。草花の種まきは、春が多い。アサガオ、コスモス、ヒマワリ、千日紅、百日草、矢車草、マツバボタン、ケイトウ、ハゲイトウ、オシロイバナやユウガオなどいろいろだ。それぞれ温度や光を選んでいるだろう。

「植物の緑」は「目の起源」!?：種子植物は、青色の光を感知する受容体を持つ。植物の緑「葉緑素」は、らん藻（シアノバクテリア）にはじまり、糖類の光合成で大繁栄した。その後、多様な生物が誕生し、進化してきた。ここで働く光タンパク質「ロドプシン」は、細菌から、原始的な動植物に受けつがれた。生物それぞれに、光を感知・利用してきている。進化論に立つと「目の起源」は、光を感知・利用した「植物の緑」になるであろう。

動物の「複眼とカメラ目」：昆虫では複眼の多数の目、脊椎動物では「カメラ目」で、レンズつきに発展した。この中で、光物質は受けつがれた。「人間の視覚」でも、光物質「ロドプシン」が見出され、構造も決定されているらしい。突然、目のある動物が出現とも考えられない。植物の葉に目はないが、太陽光を利用して糖類を生産、自ら生活している。植物は、目の機能の基本部分、つまり光の感知と利用で、繁栄しているのである。

生物は電磁波「光や熱」に敏感：生物と光の関係－光の感知と利用状況は、種類によってさまざまだろう。種子の発芽は暗闇もあるが、光の必要な場合もある。しかし、一般に生物は、「温度や熱」に敏感、生活には適温がある。生物は、温度を感知し、それに合せて生活する。光は電磁波であるが、熱も熱線、見えない赤外線である。可視光より波長の長い電磁波である。波長の短い紫外線やX線は有害、細胞が壊される。生物は、太陽光の電磁波、そのエネルギーを適当に選別・利用して活動している。

葉や茎には触覚!?：オジギソウは、触ると葉が垂れる。ホウセンカの実など、ミリ秒の速さで弾ける。アサガオ、ブドウやキュウリも、つるを巻く。かなり速い。モウセンゴケ、イシモチソウなどの食虫植物も、触るとよく動く。植物に神経はないが、触覚や情報交換「コミュニケーション」がある。それは見えないが、まず「水と化学物質」が大きな役割を持つだろう。

▶オジギソウ：ブラジル原産のマメ科。多年草だが、耐寒性が低い。日本へは江戸時代後期にオランダ船によって持ち込まれたといわれている。

接触と「葉の臭い」「ウルシ負け」：最近、キャベツやトウモロコシでは、情報交換の秘密が明かされてきた。虫（アオムシなど）に食べられると、信号で虫の天敵（ハチなど）をよび、自らを守るという。この信号は、「みどりの香り」とよばれ、アルコール、アルデヒドやテルペン類などの揮発性物質とされる。山野のウルシは触ると、「ウルシ負け」で皮膚がはれる。クサギは、臭気で近づき難いが、赤い花におしべやめしべが目立ち、芳香である。アゲハチョウなどは、蜜を求めて集まる。子どもはアゲハを追うが、クサギで止めていた。

触覚と水：アサガオの開花など、植物が自ら速く動く場合は、水が大きく関係するだろう。細胞膜には特別の「水の道」があり「アクアポリン」とよばれている。この発見は、最近のノーベル賞研究である（23-2）。オジギソウのつけ根は、アクアポリンが多いらしい。草木がかなり動く時は、機械的な力は水の圧力変化だろう。

葉は時を刻む!?：葉は、昼夜の長さを測り、季節の訪れを知るらしい。そして花も咲かせる。「梅・桃・桜」は春、キクやコスモスなどは秋。短日植物である。菊は、千数百年前に中国から日本には入り、それから和菊が発展したという。観賞用、春菊など食用、除虫菊などの薬用、野菊など雑草、花も大きさや色も、さまざまに発展している。

▶コスモス　▶シュンギク

コスモスもキク科で、メキシコ原産らしい。和名は秋櫻。東京・立川市の「昭和記念公園」には、28種、130万本が花をさかせる。。岡山県北部の真庭市「コスモス園」は、50種、500万本が賑うという。「コスモス」は、ギリシャ語で「秩序と調和」の意味である。

春の花「ウメ・モモ・サクラ・ツツジ…」：樹木も季節、夜の長さを葉で知るらしい。そこでアブシン酸が作られ、芽に送られるという。それがたまると、越冬芽ができる。同様に、「春咲きの樹木」は、開花の前年の夏、花芽・つぼみができる。そして冬眠で越冬、春暖かくなるとともに、花や芽が膨らむ。しかし細かな予報は難しいという。冬眠には、低温期間が必要で、暖冬では開花も乱れるらしい。

▶ 梅とウグイス

アサガオの開花時間の測定：植物が夜を測るのは正確で、多くの植物は15分の長さを識別とされる。「朝顔の観察」では、小学生も低学年から頑張る。アサガオは日没後約10時間で咲くいわれる。したがって夏から秋に移ると、開花は「朝早く」から「夜明前」に変わる。花の咲く時間の研究は、アサガオで詳しく行われている。

▶ ウグイス（上）とホトトギス（下）：ウグイス日本三鳴鳥の１つで、「ホーホケキョ」という鳴き声で有名。ホトトギスは自分では巣を作らず、ウグイスなどの目を盗んで他の鳥の巣に卵を産みつける。

開花指令の「植物ホルモン」：植物の開花指令は、「植物ホルモン」で「フロリゲン」とよばれた。しかし「正体は謎」だった。最近、日本とドイツの研究者によって、稲とシロイヌナズナで、ホルモンのタンパク質が同定された。遺伝子レベルの微量物質である。これが葉で作られ、花芽に伝えられる。そこで、新しく蛋白質を増産して、開花させるらしい。稲の研究では、開花は分子や遺伝子レベルで行われ、精密制御らしい。植物が夜を測るのは正確で、多くの植物は15分の長さを識別するという。

▶ アサガオ：ヒルガオ科、アジア原産のつる草。茎は左巻き。観賞用に古くから栽培され園芸種は多い。

植物の感覚：特に「水と化学物質」「ホルモン」「イオンの移動」が、関係するといわれている。また触覚では、「水の動き」「水の浸透圧」が関係する。さらに浸透圧や溶液の移動では、細胞膜の「水の道」「イオンの道」などが重要とされる。植物の感覚は動物に比べておそいので、すぐには分かりにくい。しかし年・月・時の単位では、正確な感覚とされる。

「根無し朝顔」に花が咲いた!?：そんな話はないと疑い、繰り返し調べたが根はなかった。猛暑続きの夏、水やりは忘れなかった。蔓は勢いよく伸び、葉も広がった。しかし花の様子はなく、夏も過ぎて下葉が枯れた。残念ながら、朝顔は終りと根を切った。数日後、ふと見ると白い花が、何輪も咲いていた。いつもの朝顔だ。一般に、草木は水を絶たれると、弱って枯れる。しかし、突然根が切られた危機では、緊急指示で、最後の花が咲いたのか？

一般に、開花指示の「植物ホルモン」は、葉から出るとされる。根が切られた時、花に使用予定の水や養分は、葉やつるに残っていたのだろう。根が切られた緊急時に、葉から開花指示があったなら、例年通りの花が咲き、不思議ではなかった。稲も、刈り取りで水は絶たれるが、「天日干し」では、養分がもみに移動、米が美味しくなるとされる。干し柿も、生体化学反応で、渋味が消え甘くなる。「根無し朝顔の花」は、奇跡的で信じにくいが「事実は事実」で、記憶に残った。

19-7 「原子‐分子‐生物‐地球」の時計…「自然の時計」に非線形微分方程式!?

誰でも時間は気になる。また、時計はいろいろ作られ、便利に使われてきた。暦やカレンダーも重宝である。現在人間の持つ、最も正確な時計は、「原子時計」である。しかしこの時計は、時間間隔が細かすぎ、季節や環境変化を知るには不便でもある。生物は、長短どちらの時間も大切である。生物は、活動リズムを刻む「生物時計」をどこかに備えているらしい。この生物時計は、通常の時計と異なり、自然の時間変化とともに生まれた。それは、生物進化の初期から、まず細胞の遺伝子に組み込まれ。進化の長い歴史も示す時計なのだろう。

生物の進化：生物進化では、ダーウインの進化論が有名である。これは自然淘汰（選択）説といわれ、環境に適した生物が選択され、進化・繁栄するという。つまり「適者生存」説である。他方で、木村資正博士の「分子進化の中立説」（1968年）がある。この説では分子レベルの進化は、大部分が、生存に有利でも不利でもない中立という。進化で、偶然や確率が重視されたのである。ダーウイン以後1960年代では、進化が分子レベルで研究された。そして遺伝はDNA上の遺伝子によること、突然変異もDNAの塩基対の置換によるとされるようになった。

生物進化の「分子時計」：「中立説」には、「分子時計」の現象が含まれる。そして「人類の起源」生物分化の「系統樹の推定」に使われている。分子時計とは、生物のDNA配列の違いが、共通の祖先から分岐してからの時間に比例する現象とされる。この時計は、確率的で誤差もあるが、ほぼ正確と認められている。なかでも精度のよい分子時計は、ミトコンドリアの遺伝子とされている」。この分子時計で、人類と他の霊長類の分岐が分かり、現代人の祖先はアフリカで現れたといわれる。しかし何百、何千万年単位の「進化の時計」では、個々の生物は測れない。日常生活に合う、もっと短い時間単位の時計が必要になる。

生物の「体内時計」：人間など哺乳類では、「時計の中枢」は、脳の中の奥深い場所１～２mmの小部分にあるとされる。そこで、約２万個の神経細胞集団が、24時間の概日（サーカディアン）リズムを刻むという。周期が約１日なので「概日時計」ともよばれている。これは一個の時計ではなく、神経細胞それぞれが時計で、全体が「シンクロ（同調）」して振動する。心臓にも約１万個の「ペースメイカー細胞」があるといわれる。

概日時計は、生物固有の自律的なペースメイカーである。ガやショウジョウバエでも、脳に時計がある。ホウレン草や単細胞生物にも、時計遺伝子があるとされる。概日時計の実態は、時計遺伝子とよばれる遺伝子、その複雑なネットワークである。

植物の成長と体内時計：植物は、光合成の糖分で体を作る。エネルギー獲得も、太陽光で昼間のみである。しかし、成長は昼夜にわたる。タケノコなど、「朝メシ前」に大きく成長する。このエネルギーや栄養源は、どこか？ 地下茎に貯蔵されたもので、この移動や成長は、体内時計（概日時計）で制御・調整されるまず、地下茎のデンプンは、水溶性の庶糖に分解され、移動、成長とエネルギーで使われる。このデンプンの貯蔵、庶糖への分解、成長の過程が、体内時計でどう制御されるのか？ これは、モデル植物「シロイヌナズナ」などの実験と対比して計算もされているようだ。水に溶けないデンプンのままでは、成長に使えない。庶糖への分解過程や濃度は重要で、適当な釣合がいる。一般に、生物は環境に応答し、体内も調節して生活する。そのさい、体内時計は、不可欠なのだ。

概日「体内時計」はノーベル賞：「概日リズムを制御する分子メカニズムの解明」で、米国の３氏がノーベル生理学・医学賞を受賞した（2017年）。体内時計の役を担う時計遺伝子は、哺乳類だけでも20個近くあり、脳の「中枢時計」で働く。その神経細胞群は、２万個もあるとされる。生物は、地球の24時間周期に合せ、環境に適応しないと生きられない。生きるように進化して、それとともに体内時計も多数形成されてきたらしい。太古からの歴史的な産物なのだろう。植物にも、体内時計とは驚くが、当たり前ともいえる。生物は、環境に適応して、水と栄養分を摂取しないと生きられない。遺伝や進化も起らないだろう。

不思議な秩序「シンクロ現象」：この現象は、脳波、蛍の光、体内時計など、広く存在するといわれる。また、この現象は、非線形微分方程式、通称「蔵本・シバシンスキー方程式」で解明され、近年「非線形科学」という分野が大きく発展してきている。ここで線形とは、「作用と効果」が比例する関係、例えば、バネの「力とのび」の関係である。非線形とは、比例関係でない場合をいい、微細な変化から不思議な「同期現象」も起こる。同期現象では、「お遊戯」「お手玉」遊びなどもある。はじめは「バラバラ」ながら、その内、調子が合う。非線形現象や非線形科学は、**第5話**「音と水、カオス現象」もある。

生物時計の「振り子」：この「振り子」の役割は、蛋白質であるとされる。この濃度が、約24時間周期で増減するのである。哺乳類や昆虫では、「ピリオド」「クロック」とよばれる蛋白質があり、この複合が、負の「フィードバック」ループを作るという。このループは、ある成分が増えると、逆の成分も増える性質を持つ。これは、「振り子作用」だろう。なお外部時刻と生物時計の調節では、光の影響が最も強いという。光に敏感な蛋白質が、生物時計につながっている。哺乳動物の目の網膜には、色や形を見分ける視細胞の外に、体内時計を調整する光センサー細胞がある。また光の感知は、「メラノプシン」という蛋白質で行われ、この物質は昆虫などにもあるらしい。

原始で最小「生物時計」：最近、シアノバクテリア(藍藻)で、生物時計が解明された(名古屋大学)。これは、生物の「最小の時計」「原始の時計」であるだろう。20数億年前、地球で原始の生命が誕生した。藍藻は、初期の単細胞生物で、太陽光で光合成をはじめ大繁栄した。この「原始の時計」は、3種の蛋白質とエネルギー源のアデノシン3リン酸(ATP)と水だけとされる。この混合液では、蛋白質が、ATPのリン酸化と脱リン酸化を、ほぼ24時間周期で繰り返すという。

「サンゴやウナギ」の産卵の時計：世界最大のサンゴ礁(豪)で国際的研究が行われ、産卵の合図は、満月の明るさとされる。10～11月の満月の後に、一斉に産卵である。この引き金が光センサー役の遺伝子で、これが新月から満月にかけて活性化することになる。月単位では、月が一番便利な時計である。ウナギの産卵は、深海で、これは新月に合わすという。ウナギでは、東大の水産研で詳しい研究がある。ウナギは昔から高級魚で強く、中々取れない魚だった。「うなぎ登り」は不思議で力強い。万葉時代には、夏ばてによいと、「筒焼き」で食べたらしい。

水は生物界の「標準時計」!?：人間は精密な「世界標準時」を決めているが、生物界の共通の「標準時計」は何だろう？「地球の水」は、「生物の諸活動」のリズムを刻んでいる。「潮の干満」は、年月日の長周期の運動を示す。水分子は、生命活動に密接な熱運動や「赤外線の振動」も現す。水は、この広範囲の状態変化を現し、長短の時間を刻んでいる。

この「水の振舞」は、生物共通の「地球の標準時計」といえるだろう。水は、もともと「いのちの水」「いのちの源」だ。いのちに、密接な時間も刻んでいる。さらに命の元を辿ると、太陽光にたどり着く。全生物の「エネルギー源」である。水や生物時計の基本周期は、「日の出入り」「昼夜24時間」に合わされているようだ。

19-8　枝葉にも数学!?…「うさぎの問題」「美しい形」「黄金比」「ヒマワリ」

昔は「植物と数学」は、そう関係がなかった。しかし、近年はそうでもない。その例は「葉や花」のつき方、「木の枝」の分れ方などである。見ると、何か特徴や規則がある。ここに「フィボナッチ数列」が潜むという。また、「黄金比」や「美しさ」とも結びつくとされる。フィボナッチは、イタリアの数学者で、約800年前「うさぎの問題」を扱い、この数列を紹介したとされる。

数学「うさぎの問題」：うさぎの増え方の問題である。一つがいのうさぎが毎月一つがいの子を産み、その子うさぎも翌月から毎月一つがいの子を産むとする。その「つがいの数」は、どう増えるか―その数の問題である。この答になる数列は１、２、３、５、８、13…」と続く。これが「フィボナッチ数列」。第１番と第２番目の数をたすと第３番目。第２と第３番を足すと第４番の数、つまり直前の数の和が次の数である。

二つの異なるものから、新しいものが誕生する。これは、「うさぎ」に限らず、発展・増殖の典型例だろう。うさぎの話は、子どもの頃に飼っていた。子うさぎが増えるのは楽しみだが、うさぎの数は指で数える算数で十分である。大変なのは、タンポポなどの「餌集め」と「小屋掃除である」。兎に「数学がひそむ」とは信じ難いが、「フィボナッチ数列」は自然に広く現れる。しかも、美しさとも関係が深い。そうなると「数・自然・美」は、根底では深く結びつき、現れているようだ。

植物の「葉のつき方」：葉のつけ根を下から辿ると、茎の周りを何回か廻って、もとの葉の真上に戻る。この「回転数と葉数」に「フィボナッチ数」が出る。イネやササ（１、２）。ブナ（１、３）。サクラ、カシ、ナラ、リンゴ（２、５）。ダイコン、ナシ、ポプラ（３、８）。タンポポ、ヤナギ（５、13）。ケヤキの「枝分れ」では90％以上、この数列に従うとされる。

「フィボナッチ数列」と美「黄金比」：フィボナッチ数では、隣り合う数の比は、大きな数になると、有名な黄金比「縦：横＝８：５」である。正確には無理数も入る。この比の長方形は、「最も美しい」とされている。ダ・ヴィンチの女性像「モナ・リザ」、エジプトのピラミッド、ギリシャ神殿なども、この比が多いという。人体の構造にもかなりあるらしい。

「黄金比」「黄金分割」「星形５角形」の不思議：黄金比の発見者は、古代ギリシャの数学者ピタゴラスとされるが、彫刻家ペイディアスともいわれる。黄金比は多くの場面で現われるので、各分野で古代から知られていたらしい。ただ無理数も含む黄金比の発見は、ピタゴラスであろう。この学派のシンボルは、星形五角形とされる。

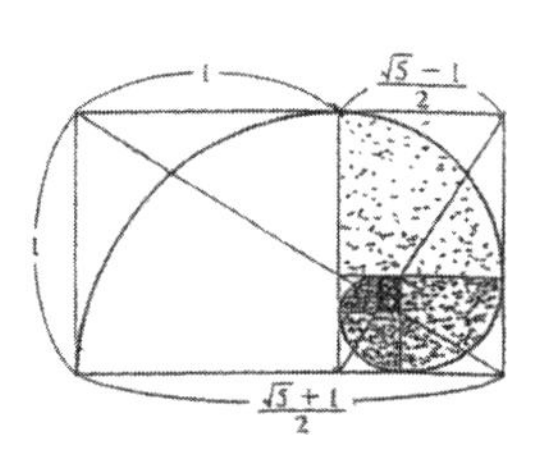

▶ 黄金比の美しい形「渦巻」の誕生：縦と横が黄金比の長方形は最も美しい四角形といわれる。黄金比には無理数√5（=2.2360679……フジサンロクオームナク）が含まれている。この長方形を図の様に分割し続けると自己相似の長方形と正方形が渦巻で現れる。分割を逆に辿ると、長方形や正方形が渦巻状に次々に誕生し成長する。渦巻は自然に多い。渦巻からは不思議な形が無限に現れ、また無限小に折りたたまれ吸い込まれる。

▶ 輝く「星型五角形」：正五角形やキラキラ星には、辺の比の中に「黄金比（1:1.6…）」が含まれている。この星形からは大きな星が渦巻で誕生、あるいは逆に小さく消えていく。

不思議なことに、星の先端を一つおきに結ぶと、小さな星が無限に生まれる。逆に五角形の辺の延長では、大きな星も無限に誕生する。渦巻状に回転しながら、無限に生成・消滅する。どれも相似形で、三角形の線分は黄金比である。シンボルの星には、「健康」の言葉も刻まれている。健康を大切にしながら「グルグル」巡ると、新しい展望も出るのだろう。「ピタゴラスの定理」は**2-3**。

浮世絵…「黄金比」「水の美」：葛飾北斎の浮世絵「富嶽36景」も、広重の「東海道53次」も、枠の形はほぼ黄金比である。またどちらの浮世絵も、「水の情景」が多い。雨・雪・雲・川・海・波…。富士山も多く描かれている。特に北斎は、富士山を好んで描いた。「赤富士」「山下白雨」には、「山頂の白雪、裾野の「赤い土」「雷と驟雨」も現れる。「凱風快晴」には、雪の少ない赤茶色の富士が、高空の「イワシ雲」「うろこ雲」へ静かにそびえる。裾野は緑の原生林である。凱風は、南風のことらしい。富士山は**16-1**。

広重の画は雨、雪や霧、自然の変化が多い。「広重の魔術」ともいう。「土山春の雨」「庄野白雨」「三島朝霧」「箱根湖水図」「蒲原夜の雪」。雪は音もなく降る。蓑や傘まで寒そ

▶ 葛飾北斎筆。「山下白雨」冨嶽三十六景の一作品。

▶ 葛飾北斎筆「東海道江尻田子の浦略図」：富士が美しく見える場所として『万葉集』にも詠われた田子の浦。

うだ。雨は「びっしり」と、直線でうめつくす。霧は「うっすら」景色を消し、また現わす。「東海道五十三次」は、日本橋(江戸)を出発し、五十三の宿場を通り京都に至る。これが五十五枚の浮世絵で描かれている。

▶ 広重筆。左から「土山春之雨」「庄野白雨」「蒲原夜の雪」：雨や雪は単純で複雑。どのように描かれているだろう？

無限の拡大・縮小…「自己相似形」「フラクタル図形」：「黄金比の長方形」から正方形を切取ると、残りは元の長方形と相似になる。切り取りを続けると、小さくなるが、相似形が無限に現れる。倍率を変えても、同じ形である。どこまでも続くとは不思議な形だ。この黄金比には無限に続く無理数も入る。$\sqrt{5}$＝2。2360679…「フジサンロクオームナク」である。「自然数や無理数」「数と図形」は**2-3**。

直線や三角形からも、簡単な規則で不思議な自己相似形が生まれる。「コッホ島(雪片曲線)」などである。この周囲を細かく測ると、無限に、不思議なことが起こる。この種の図形は、「フラクタル図形」「自己相似形」とよばれる。なお自然には、自己相似形は少なくない。海岸線、結晶成長パターン、樹木、稲妻や神経細胞の分岐、川の流れ雲の形もあげられる。コンピュータでの計算もある。

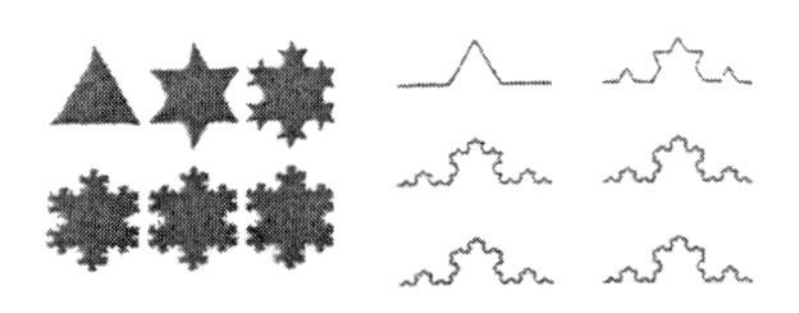

▶ 自己相似形（フラクタル）：自己相似形の「コッホ島（雪片曲線）」と「コッホ曲線」。最初の６段階を表している。正三角形の辺を３等分して、真中を除き、これを底辺に正三角形を作る。この手続きを続けると、自己相似の正三角形が無限に現れる。自己相似形は自然の中に多く見られる。

自己相似形の例：松ぼっくり、カタツムリやオーム貝など。ここにも「フィボナッチ数」が潜むらしい。この渦巻は、角度とともに巻幅が変り「デカルトの渦巻」(対数らせん)で近似される。この渦巻形は、北斎の浮世絵「波の絵」にもあるとされる。なお渦には、「蚊取り線香」形、等間隔の渦もある。これは「アルキメデスの渦」といわれる。この形の「渦巻き結晶」は「ひも状高分子」のポリエチレンなどで発見されている。

ヒマワリ「明るく渦巻く花」：「ヒマワリ」は明るく元気だ。渦巻もある不思議な花である。キク科で北米原産。高く育ち、日傘のような花である。葉も花も太陽に向って、動き大きく広がる。根の吸収力は強く、雑草も負けるほどである。木のように強く、不思議な草である。ゴッホの絵「ヒマワリ」も燃える勢いがある。花の終りでは、向きはまちまちである。お日様への「最後の御挨拶」は、どこ向きも自由らしい。「台風にへし倒されしひまわりをやっと起せばゴッホが笑う」(白桂)。

広がるひまわり：ヒマワリは、大小さまざま、黄や赤、黒など、数十種ある。ヒマワリ畑は各所にあるが、兵庫県南光町(現佐用町)の「ひまわり祭」では、約170万本の花に10万人以上が参加したという。茨城県筑西市「ひまわりの里」では約150万本の八重咲きひまわりが見られる。栃木県野木町も、約70万本の「ひまわりの里」がある。埼玉県秩父市「奥秩父のヒマワリ畑」は、50種の世界のヒマワリが見られる。

成長と形…自然の法則：生長には、「エネルギーと物質」の補給が必要である。また時間もかかる。これらの補給と成長が効率よく進む方向に形が作られ、枝葉も伸びる。渦巻も出る。そこには、数学の「フィボナッチ数列」「自然の法則」も潜むらしい。「稲の開花」の場合も、ほぼ決まった順序があるようだ。稲穂の小花は、100～200個である。「稲の花や実」にも、「黄金の稲穂」の数列が隠れているかも知れない。

第20話

植物の威力「炭酸同化作用」…糖分の「光合成」

田畑の農作物、庭の草木や街路樹、野山や森林、これらの「緑の植物」には心も安らぐ。それもそのはず、人間をはじめ動物は全て、食べものや環境を植物に依存している。肉食動物も食物連鎖を辿ると、食ものの大もとは植物になる。他方、植物は緑の「葉っぱ」で、自ら糖類を「光合成」して、それで繁栄している。「根っこ」は、草木を支え、土から水、肥料やミネラル分を吸収、各所に送る。

さらに植物は光合成で、大気中の二酸化炭素(炭酸ガス)を吸収して、酸素ガスを排出している。つまり「空気の浄化」を進め、環境を整えている。特に森林は、大気中の「二酸化炭素の削減」「地球の温暖化防止」に不可欠とである。植物の活動、特に光合成の働きは極めて大きい。

20-1　心の安らぐ草木の緑…魔法のような「光合成」

草木の葉には、小部屋の細胞が並び、その中に緑色の葉緑素「葉の緑の素」が詰まっている。ここで、「植物の光合成」が進められる。太陽光の下、「水と二酸化炭素（炭酸ガス）」から、糖類が合成され酸素ガスが排出される。これは「炭酸同化作用」とよばれる。また糖類には、ブドウ糖、デンプンやセルロースなどがあり、炭水化物といわれる。

糖類は、まず生物の栄養・エネルギー源である。食べものとして欠かせない。またセルロースは、植物繊維や木材の主成分で、長鎖状高分子である。これらの糖類は、日常生活「衣・食・住」全てにかかわる。これらが、「空気と水」から静かに生産される。同時に酸素ガスの排出は、空気や環境の浄化になる。これら草木の光合成は、植物の威力で、魔法も超えるだろう。水は「いのちの源」で、同時に「食べものの源」である。

糖は生物のエネルギー源：ブドウ糖は、単糖で生物の活力源である。また糖類の基礎単位で、この構造がつながると、果糖や砂糖（蔗糖）など多糖類になる。さらに多数連結すると、長鎖状糖類で、高分子に含まれる。この例は多く、穀物のデンプン、植物の細胞膜や繊維の「セルローズ」などがある。これら繊維分は、植物体を構成する主成分で、強くて柔軟だ。親水性もあるが、耐水性で水に強く溶けない。和紙、木綿や麻の繊維、建材の木材も、強く自然に優しい。

ブドウ糖の光合成：光合成は、太陽光の下で複雑な化学反応だが、化学式で簡潔に表される。

$6H_2O$（水）$+6CO_2$（炭酸ガス）$=C_6H_{12}O_6$（ブドウ糖）$+6O_2$（酸素ガス）

この式の左側は原料の「水と炭酸ガス」。右側は「生産物のブドウ糖」と「排出の酸素ガス」を表す。H、OとCは、それぞれ水素、酸素と炭素原子の元素記号。また下つきの数字は原子数を表す。

「自然の大原則」「物質保存の法則」：化学反応の前後、化学式の左右を比べると、原子の種類と個数は同じである。変わるのは、原子の組み合わせや分子の種類である。つまり光合成では、原子の増減はない。これは「物質保存の法則」の例で、この法則は、「自然の大原則」とされている。なおこの光合成反応には、廃熱用の水「仮想水」も必要とされる。しかし簡潔のため、化学式では省略されている。

光合成の不思議「魔法の種」は？：草木の光合成は、不思議な威力で「超魔法」ともいえる。その種は何か？ まず原料の水を微細に分けると、水分子「一粒の水」になる。これは強固な球形分子、チャーミングな「二つ目」だが、特に「魔法の種」はない。ところが水分子間が接近すると「二つ目」が「クルクル」動く。同時に不思議な「水素結合」の出現で、水分子は「強く弱く」、無限に連結する。集団で激しく踊る。これで水は「大きく小さく」、自由自在、自然の水になる。水に「魔法の種」はないが、働きでは不思議が続いている。身近な水の性質じたいが不思議といえる。

「緑の葉」の光合成：植物の光合成では、身近な水がそのまま使われる。そして水は植物の緑「葉緑素」で、「生成・消滅」「神出・鬼没」に働く。この過程で、糖分が、太陽光のエネルギーで光合成される。原料は、水と空中の炭酸ガスである。水には、「魔法の種」はないが、そのような不思議な活動がある。特に水素結合の働きは大きい。

水は原料の原子・分子を水素結合で包み、水和構造で化学反応を円滑に進めている。水は、「世界の不思議」とされる。また葉緑素は、「色素タンパク複合体」で、解明が進んでいる。昼夜にわたり「速く遅く」、魔法を超える働きが多い。

光合成の「仮想水」…生成・消滅「ドロン」！：光合成で、「水と炭酸ガス」は身近なものである。無色透明で無味無臭だ。いくらかき混ぜても、糖分は作れない。しかし植物は静かに光合成を進め、化学式にも示される。しかし光合成には、この式より多量の水分子が必要とされる。穀物生産などで注目される「仮想水」である。仮想水は、葉緑素の入口では原料で入り、出口では排出される。

この過程で、水分子は「ドロン」と生成・消滅しながら通過する。その時、生成熱も廃棄する。生物は、熱に敏感、熱がたまると、生命活動は続かない。この廃熱では多数の水分子が仮想水として使用される。仮想水は、穀物の場合、生産物の数百〜数千倍という。「仮想水」を含め身近な水だが、光合成は水分子多数の共同・連携の働きになる。どの水も「魔法の種」はないが、連携すると、活力も出る。

20-2　火の利用と大気汚染…植物の「大気浄化」「光合成」の発見

人間は他の動物と違って、太古から火を使い大切にした。火は食べ物の煮炊き、明かりや暖房にも使われる。危険ながら不思議で役立つ。人間は火やエネルギーを利用して、生活を向上させ文化も築いてきた。18世紀後半には、イギリスで産業革命がはじまっている。ここでは、ワット（英）により蒸気機関が発明され（1769年）、それを動力源に、紡績などの近代産業が興された。蒸気機関は、石炭燃焼による「火と水蒸気」の利用である。これは水車や風車を超えた動力である。これで工業は手工業から近代工業へ、機械を使う大工業に発展した。しかし他方で、大気の汚染が大問題となった。

蒸気機関「火と蒸気の動力」と大気汚染：蒸気機関では、木材や石炭を大量に燃焼させる。その熱エネルギーを気体の機械的エネルギーに変換する。これで、人力、牛馬、水車や風車などを上まわる動力を獲得した。この生産力の向上で、近代化の道が開かれた。しかし、燃焼は大気を汚染する。見える汚染では、煙、つまり微小粒子のばい煙や粉塵の発生がある。見えない汚染では、二酸化炭素（炭酸ガス、CO_2）、一酸化炭素（CO）や窒化物（NOX）の発生と酸素ガス（O_2）の減少がある。火力による産業革命の進展で、大気汚染が広がり、対策が切実になってきた。蒸気機関や汽車は**第6話**。

近代の「産業革命」「化学革命」：18世紀後半は、「産業革命」「フランス革命」とともに、「化学革命」も起きた。化学革命では、見えない空気も実験で分析的に研究され、新しい気体が発見されている。ブラッグが「固定空気（二酸化炭素）」を、キャベンディシュが「可燃性空気（水素）」、プリーストリーが「火の空気（酸素）」を発見した。彼は、力学、電気や熱などに視野を広げ、「空気ポンプ」「起電機」などの実験器具を使い、研究を進めたとされる。この研究は、今日の環境化学やエコロジーの分野であるだろう。ラボアジエは、「燃焼の研究」で、酸素や「物質保存の法則」も発見した。化学は、「錬金術」を脱し、近代化学が開かれた。

植物の「空気浄化作用」：人間には、「動力が必要」だ。同時に「清浄な空気」も欠かせない。火の使用とともに空気浄化の研究も進められた。そこで偶然に、牧師で解剖学者プリーストリーが植物の「空気浄化作用」を知ったとされる（1772年）。飼育ネズミの死で、その「汚れた空気」を研究中らしい。その後、赤い水銀（酸化水銀）を太陽光に当て、出た気体から「酸素ガス」も知ったとされる（1774年）。これは「汚れのない空気」「火の空気」「脱フロギストン空気」とよばれ、この空気でネズミが長生きすることになった。

科学史では、プリストリーは「酸素の発見者」で、研究は「光合成の発見」の糸口とされる。植物があると、光合成で空中の二酸化炭素（炭酸ガス）が吸収され、酸素ガスが放出される。これが、「空気の浄化」になる。当時、燃焼の仕組みは分らず、燃素（フロギストン）によるとされた。また空気の研究も、「清浄と汚染」「燃素の有無」の立場で、化学の発展前になる。

「水の泡」から大発見…緑の葉の「光合成」：空気浄化の研究は、インゲンホウス（オランダ）に受けつがれた。彼は、「緑の水草」（オオカナダモ）の実験で、水草から「気泡の発生」を観察した。そして空気浄化が、日光下でのみ起ると知り、「光合成と呼吸」を分離した（1779年）。日光下の「光合成の発見」につながった。呼吸は昼夜にわたるが、光合成は日光下でのみ起る。どちらも酸素ガスと炭酸ガスが関係するが、別現象であった。

この大発見は、身近な「水草の気泡」から行われている。「水の泡」は、田んぼや川で容易に見られる。このありふれた現象の中に、「酸素ガスと光合成」が現れていた。通常「水の泡」は「はかないもの」、無駄の意味にも使われる。しかし、新現象と糖類の誕生を示していた。「水の泡」からの大発見である。

燃焼の研究…「酸素ガス」「酸化・還元」の発見：水の泡から光合成が発見されたが、他方で化学者ラボアジエ(仏)が「燃焼の研究」から酸素を発見した(1789年)。また空気は、「酸素と窒素」の混合ガス、炭酸ガスと水は、それぞれ「炭素と酸素」「水素と酸素」の化合物と分かってきた。「呼吸や燃焼」では、酸素が消費され、炭酸ガスが放出される。

逆に、光合成では、炭酸ガスを取り入れ、酸素ガスを放出する。これらの化学反応には酸化(酸素との化合)と、逆の還元反応(水素との化合)が関わっていた。なお「酸化と還元」は、原子で考えると、電子が離れる側が酸化、受ける側が還元とされる。結局、化学反応は、原子間の電子のやり取りで起る。18世紀末からは、近代化学と結びつき「植物や環境」の研究が大きく発展した。

大気汚染の公害：石炭などの大量燃焼は、大気汚染の公害も起す。現代の大都市での大気汚染では、ゼンソクなどの公害患者がふえた。四日市、千葉、大阪や川崎などで裁判もあった。古くは工場のばい煙が原因とされたが、自動車の普及とともに、自動車の排ガス、特にジーゼル車の排ガスが大きな汚染源となった。

今日の大気汚染の原因物質は、微小な浮遊粒子状物質(SPM)、窒素酸化物(NOx)、硫黄酸化物(SOx)、光化学スモッグの原因となる光化学オキシダント(Ox)など多くの物質があげられている。いずれも、分子レベルの微小粒子で、酸性雨にもなる物質である。現代の公害物質は、極微で特定しにくいが、「空気と水」の安全は誰にも欠かせない。調査・研究を進め、公害規制は強める必要がある。

20-3　歴史にみる「光合成の研究」…見える「デンプン粒や葉緑素」

緑の「葉っぱ」の光合成では、19世紀になると、ソシュール(スイス)が定量的な研究を進めた。日光下で、そら豆の水中栽培を行い、原料と生産物の重量比を詳しく調べたのである。「定量」とは、重さなどの「量」の測定、「定性」は、色など性質から物質を調べる。科学には定量分析と定性分析があり、両方法で理解が進む。一般に物質には「量と質」があり、その両面や相互関係が探究されてきた。

光合成研究の進展…そら豆の水栽培：ソシュールのそら豆の水中栽培では、空中の二酸化炭素（炭酸ガス）と根で吸収した水から、植物体の炭素化合物が作られ、酸素ガスが排出される。この実験の原料と生産物の関係が、重さの測定から解明された（1804年）。しかし、葉の中は容易に分からない。その後の「光合成の研究」は見えにくいまま、数十年が過ぎた。

ソラマメ：追加。漢字は「空豆」。花は白や薄紫。さやは上向き。実は丸や平形。いり豆のおやつやビールのつまみなどになる。

デンプン粒の検出…単純明快な「ヨード法」：19世紀後半になると、植物生理学者のザックス（独）が「画期的な研究」を出した。単純明確な「ヨード法」の開発である（1882年）。彼はポーランド生まれで、殆んど独学らしい。この「ヨード法」で光合成の大枠が明確にされた。色による、敏感な定性分析である。つまり光合成には、「炭酸ガスと水」「光と葉緑素」の４要素が必要なことが分かり、また生産物の「デンプン粒」が染色され、見えてきた。

▶ユリウス・フォン・ザックス：観察と記述を中心としていた植物学の中に、実験科学である植物生理学を確立した。近代植物生理学の祖。

これは、生産物も含めた、明確な「光合成の発見」だろう。その後、デンプン粒は、大きな分子なので、より小さな糖分子ができるという意見が出た。これにはザックスも賛成で、タマネギの光合成実験で、糖分の生産を知ったという。確かにタマネギは、甘味の野菜である。

タマネギ：ユリ科の多年草で、西アジア原産である。世界中で広く栽培されている。葉は中空になっている。小さな花が多数、丸くなって咲く。中空の葉は、光合成の緑の表面が大きく、曲げにもかなり強い。「玉ねぎのはち切れる畑に日は輝りて土の香りのむんむんとする」（白桂）。

▶タマネギ：ユリ科の多年草。西アジア原産、世界中で広く栽培。葉は中空、小さな花が多数。丸くなって咲く。

見える光合成―「デンプン粒」：「緑の光合成」は小・中学生も教わる。「ヨード法」は、小・中学生の理科実験でも広く使われる。この実験法は、デンプンがヨードの水溶液で紫色に染まるのを利用している。デンプン粒は染色されると、顕微鏡でよく見える。光合成の生産物は、まずブドウ糖である。それが多数つながりデンプン粒になる。これは水に溶けないので、その形で植物に貯えられている。

デンプン粒の形：顕微鏡で見ると、円、卵形や多角形などいろいろである。穀物や根菜など、種類により特徴的な形である。まずジャガイモは、貝やたまご型で縞もある。サツマイモは、五角形や丸形である。カボチャは、大小の「丸い泡」形だ。イネ、ムギやアワなどの穀物は、小さな粉がつながり、ばらけて「せんべいのかけら」にも見える。マメ類、スズメノエンドウやトウモロコシは、「しわや凹み」の「まんじゅう形」である。なおデンプンは、ラセン型の高分子で、ヨード法の染色は、そのラセン空間にヨードが吸着されるためとされる。

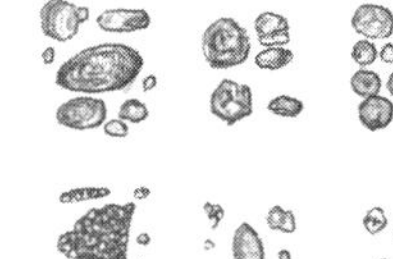

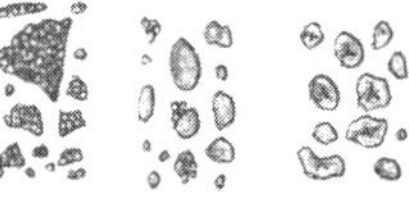

葉緑素とは何だろう？：「デンプン粒」が見えると、デンプン生産には、葉緑素「葉の緑」が必要である。それが欠けると、デンプン粒も生じない。では、葉緑素とは何だろう？ この解明は20世紀で、現代科学の発展による。まず葉緑素の分離・純化が必要である。この実現は、旧ソ連(ロシア)の「クロマトグラフィー」「色素分析法」の開発による(1906年)。微量物質を吸着物質に通すと、吸着の度合で成分が分離する。これを固定して、分析される。

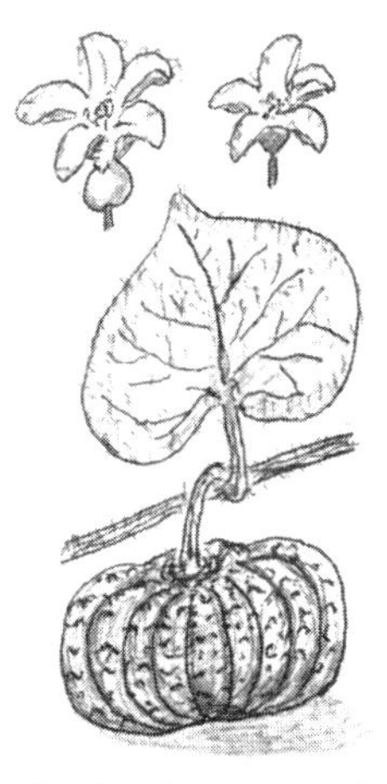

▶「カボチャ」という語はポルトガル語の「Cambodia ab óbora」(「カンボジアのウリ」の意)の後半が略されたもの。北米では果皮がオレンジ色の種類は「パンプキン」、その他のカボチャは全て「スクァッシュ」と呼ばれる。上段左が雌花で、右が雄花。

葉緑素の解明「分子式や構造」の決定：色素分析法はさらに、ドイツのウイルシュテッターやフィッシャーにより改善され、葉緑素の純化や構造が研究された。遂に「葉緑素の分子式」が決定された。この研究は1915年と1930年のノーベル化学賞に輝いている。葉緑素は複雑な分子である。つまり炭素、水素、酸素、窒素のほか、金属のマグネシュウム(Mg)も含む100個以上もの原子の化合物(色素タンパク複合体)だった。なお極微の原子・分子構造の研究には、X線や電子線回折などの構造解析が欠かせない。葉緑素の解明は、生物－化学－物理…広い分野の協力による。

20-4　光合成の循環回路…闇夜も大切「こんばんは」！

「葉緑素の構造」とともに、他方で「葉緑素での化学反応」が研究されている。研究は、極めて「困難な道」だった。反応は、酵素が関与する生体反応で、取出すのが難しい。また光合成は、昼夜で「明反応」「暗反応」があり、一様でない。闇夜も「大切な時間」だった。この研究には色素分析法とともに、新たに「放射性同位元素」が利用された。同位元素には放射能の寿命があり、半減期で表されている。半減期は、例えば放射性酸素^{19}Oは26.9秒、炭素^{14}Cは5.73×10^{3}年である。その時間変化で、「元素の移動」が追跡できるとされる木の構造と年代は22-2。

光合成「明反応と暗反応」…「大麦やクロレラ」で研究：ルーベン（米）は放射性酸素を使い、「大麦やクロレラ」を研究した。そして、昼の「明反応」での「水の分解」「酸素の発生」、水素イオンを利用した「ATP（アデノシン3燐酸）の生成」を解明した（1939年）。クロレラは、淡水産の単細胞緑藻で、光合成の能力が高い。そのため研究や食糧としても注目された。

ATPは、「生物のエネルギー源」「細胞のエネルギー通貨」といわれる。3個の燐酸がついており、ATPの一個の燐酸が加水分解でとれる時に、エネルギーを放出する。逆に「ブドウ糖の分解」では、エネルギーが発生する。これが、ATPにも蓄積される。夜の「暗反応」では、このATPのエネルギーが使われ、ブドウ糖が合成される。合成は、何段もの過程を通る。

細胞内のエネルギー源「ATPの合成」：小器官ミトコンドリアの二重膜で行われる。ATP合成酵素の助けである。膜に外から水素イオン（プロトン）が流れ込む時、酵素分子の回転で、ATPが合成される。これはエネルギーの溜め込みである。逆の場合、プロトンが外部に運ばれる。光合成の大もとは太陽光だが、このエネルギーは高く、一度には使えない。触媒作用と合せて何段かで「ジワジワ」使われている。植物の光合成は、「速く遅く」「複雑な回路」で一巡する。

光合成の循環「カルビン・ベンソン回路」：一連の光合成はM。カルビン（米）らにより、放射性炭素を使い、「大豆やクロレラ」で詳細に研究され、「カルビン・ベンソン回路」とよばれる（1954年）。これは「植物による炭酸同化の研究」としてノーベル化学賞に輝いた（1961年）。この回路を一巡りすると、二酸化炭素の1分子がATPを消費して、ブドウ糖に取り込まれる。

回路とはいえ、電子のほか、原料や生成物も出入りする。多数の酵素とつながり、動いたり、止ったり、整理も行われる。「速いと遅い」の両過程で複雑多様な回路である。この中で水は原料で、物質輸送で働き、また排出物にもなる。そして水は、生成・消滅を繰り返している。なおクロレラは、葉緑素の濃密な「ツブツブ」の細胞で、光合成の詳細な研究に使われた。

20-5　葉緑素の不思議…「こんにちは」「葉は静か光合成は超高速」！

葉緑素での光合成は、大切で不思議な働きである。この機構の研究は、200年余の困難な道を経て、20世紀中頃には、「光合成の回路」が分かってきた。この回路を昼夜で一巡して、糖類が生産される。その毎日の循環や積上げが、「植物の生長」「穀物や芋」「果物の実り」になる。その後、光合成はさらに微細に、構造や働きが研究されてきた。

葉緑素での光合成…中心は「色素タンパク複合体」：葉緑素は微粒子。微細構造ではコンピュータなどの半導体素子が有名である。ここには、微細な素子が何十万と並び、電子が超高速で動く。しかし、植物の光合成は、さらに微細になる。近年の研究によると「光合成の反応中心」は色素タンパクの複合体である。大きさは5～10nm（ナノメートル：10^{-9}m）程度だ。葉緑素（クロロフィル分子）は、その複合体を構成する分子とされる。

葉緑素の「昼と夜」：「葉緑素の分子」は昼間、光を受けて「活性クロロフィル」となる。そしてピコ秒（10^{-12}秒）程の超高速で「光電子」を放出する。この光電子が「カルビン・ベンソン回路」に伝達され、複合体分子間を移動する。この昼の「明反応」で「水と二酸化炭素」が還元・分解される。他方、ミトコンドリアでは、プロトンの移動で「エネルギー源のATP」が作られる。夜の「暗反応」では、分解物が組み合わされ、ブドウ糖が合成される。ここでATPの分解エネルギーが利用される。

他方、光合成の先端の活性クロロフィルは、水を酸化（水から電子をとる）して、もとのクロロフィル分子にもどる。これで「光合成の回路」は一巡する。この間に糖類が生産され、酸素ガスが放出される。光合成の大もとは太陽光だが、強くて一度には使えない。触媒の作用で、「ジワジワ」使われるとされる。

光合成の効率：植物の太陽光利用は高度である。理論的には、最高効率は6～7％と計算されている。利用は可視光の領域で、太陽光全体の半分程度だ。そのうち約2割は葉で反射、残り約8割が葉緑体に入る。この光の3割程度で、ブドウ糖が合成される。しかし合成したブドウ糖は4割程度が、生物活動のエネルギー源になる。

結局、光合成の効率は数％とされる。「生態系の効率」では、最大の熱帯雨林で1.5％、温帯林や北方針葉樹林は0.6～0.7％程度。これら光合成の効率は大きくはないが、生命活動で使うのは熱エネルギーで、本来、効率は機械や電気的エネルギーと比べ劣る。植物は、自らの生命を維持しつつ、動物の食べものも生産している。生命を守り育てる上では、植物は、太陽光を最高度に利用しているのである。

光合成研究「水の分解」に迫る：光合成には、①水を「酸素と水素イオンと電子」に分解する光化学反応、②この電子を使いATP（アデノシン３リン酸）を作る反応、③ATPを使い、大気の二酸化炭素を糖にする反応「カルビン回路」がある。最近、岡山大と大阪市立大の研究グループが、①の光化学系の水分解機構を微細に解明した。

この研究は、１フェムト秒（10^{-15}秒）の極短パルスのレーザーを葉緑体の中心に当て、反応の「コマ撮り」で微細構造解析をしたものである。他方で、反応を担う蛋白質の触媒分子「マンガンクラスター」の結晶構造を突き止めたとされる。微細構造解析は、兵庫の放射光施設「スプリング８」で行われた。この成果は米科学誌『サイエンス』では、2011年の「10大ブレイクスルー」になった。「再生可能でクリーンなエネルギーを作る」カギの構造と高く評価されたのである。

水分解の「マンガンクラスター」の構造：水分解で、触媒部分にあたる酸素発生中心は、マンガン、カルシウム、酸素原子が連なるMn_4CaO_5クラスターとされる。これは、結合距離が不ぞろいで、「ゆがんだ椅子」と名付けられたという。この「椅子」は、光を吸収するごとに形を変えて、５段階で元に戻る。この１回転で水分子２個から、酸素分子１個、水素イオン４個と電子４個が発生する。

クラスターの構造は複雑で、不安定さが触媒作用の背景にあるとされる。触媒は、反応の前後で変わらないが、反応中には微細な揺動がある。この微細構造まで、光合成研究が進展したらしい。なお、この節は、「日本の科学者」特集「生命を担うタンパク質の科学」（本の泉社、2018年8月）を参考にした。水分解・酸素発生反応：$2H_2O \rightarrow 4H^+$（水素イオンの陽子）＋４e−（電子）＋O_2

奥深い「草木の葉」「静かな緑」：五感では分からないが、葉の中では、光合成が超微細・超高速、循環回路で延々と続けられている。そして昼夜にわたり、「糖類の生産」「空気の浄化」が行われている。全体に「静かさ・安全・効率」が保たれている。「葉は静か光合成は超高速」だ。光合成は、緑の「植物の威力」、超「魔法」ともいえる。「自然の不思議」だろう。原料は身近な水と空気だけである。

「光合成」…「糖類生産」「空気浄化」「静浄・安全・効率」：植物の光合成は極めて重要で、また広い学問分野にわたって、研究が進められて来た。ノーベル賞も、10個におよぶ。1960年頃まではクロロフィルやカロティノイドなど、光合成色素の精製、構造決定や合成の研究がなされてきた。その後は色素タンパク複合体の構造と機能、電子移動などの研究がノーベル賞に輝いた。なお植物細胞は**第20話**。「自然と人工」の光合成の比較や光合成の「国家プロジェクト」は**20-5**。

第21話

稲・米・水田は「日本の宝」…主食の価値は？

「空気や水」とともに「食糧の大切さ」は誰でも分かる。欠乏はただちに困る。しかし今世紀は「水と食糧」で「地球規模の危機」と警告されている。世界的な人口増に加え「地球温暖化」に伴う「異常気象」「水の汚染」によるとされる。食糧の大もとは農産物や水産物。特に「農業や農産物」の大切さを、改めて考えさせられる。そもそも農業とは、どんな仕事や産業か、農産物はどのように生産だろう？

21-1　農作業の思い出…「お米一粒、汗千粒」「お水も千粒」！

食べものの生産に必要な「時間・物質・エネルギー」は、巨大である。農産物は、容易には作れない。ばく大な「てまやひま」、仕事やエネルギー、原料や物質が必要となる。それに天気・天候など、自然環境の影響が大きい。現代の農業でも、食糧生産に必要とする「時間・物質・エネルギー」は、昔とそう変わらないだろう。農業労働は機械化などで軽減されたが、農業生産に必要な物質やエネルギーは大量である。また水や土、環境問題など、複雑さも基本は変わらない。農作物は生きもので、その生産には、さまざまなものが大量に必要とされる。

一粒の「米と水」：米粒は五感で分かるが、水分子「一粒の水」は見えない。しかし、水を微細に調べる中で、水分子が現れた。強固な微粒子でチャーミングな「二つ目」である。この水分子が集団になると、不思議な「水素結合」が現れ、水分子は無限に連結「大きく小さく」自由自在になる。そして万物を潤し生命も支える。稲・米の生産には、太陽光と「大小の水」が、大量に必要とされる。水分子も出番、生産の最先端になる。

８月１日は、「水の日」、八朔「田の実の節句」である。鹿児島県・三島では、県無形民俗文化財「八朔太鼓踊り」も勇壮に続く。秋は、「収穫の秋」「食欲の秋」である。各地で、「五穀豊穣」の祭が行われる。神輿、笛や太鼓で大勢が賑わった。通常、五穀は「米・麦・豆・キビ・アワ」のことである。昔も今も「水と食」は、生活の土台になっている。

昔の「稲と米」作り：田を耕し水田作り、苗作りと田植をする。その後の「水の管理」「田の草取り」「堆肥作り」「草刈り・干草」や「害虫の駆除」がある。干ばつの時は、お年寄りを先達に、松明を灯した「山上の雨乞い」もあった。炎天下で田畑の雑草取りは大仕事である。力仕事には、牛馬も使われたが、多くは人力だ。田は、棚田や湿田も多い。農繁期には、朝早くから夜おそくまで仕事が続く。稲刈り、脱穀や乾燥。籾すりもある。稲の収穫後も「麦作り」が続いた。冬に「山仕事」もあった。

子どもも働いた。どれも重労働だ。米一俵(60kg)を動かし、担ぐのが目標だが、これには体力、経験や技術も必要で、とても無理だ。ただテコや斜面を利用すると「ゴロゴロ」動かせた。農山村では「田や山」の神様も、どこかで大活躍だろう。健康と協力、天の恵み、五穀豊穣など、願いや期待は大きかった。

「お米一粒　汗千粒」：稲・米などの農産物は、生命を持つ複雑な生産物である。容易には作れない。「お米一粒　汗千粒」といわれる。八十八歳を祝う「米寿」があるが、「米つくり」も88回、心や手をかけるといわれた。「米の生産」には、それだけの内容や価値がこめられていたのだろう。稲・米は主食として、数千年の日本人の命を支えてきたのである。「一粒の米」も貴重品で、「もったいない」は、子どもにも分かった。斎藤茂吉は「粒粒皆辛苦すなはち一つぶの一つぶの米のなかのかなしさ」と詠む。

「お米一粒　お水千粒」…「仮想水」の話：穀物の生産には、大量の水が必要である。一部は米の原料になるが、大部分は流れ去る。この水は「仮想水」といわれ、穀物の収穫量の千倍以上とされるこの水は穀物に留まらないので、見落しやすい。しかし食糧生産は生体化学反応で、熱の出入りがある。また水や適温、時間もはぶけない。

農業の現代化：機械の導入、化学肥料や農薬が使用された。これで、人間の労働、仕事は軽減した。それは科学・技術の成果で、驚くべき変化である。しかし、「農産物の生産」では、機械、電力やガソリンなどで、全体に莫大なエネルギーを使用する。有機肥料また化学肥料でも、作物には営養分、物質やエネルギーが必要なのである。太陽の光、肥えた土や良質の水など、「天地の恵」は欠かせない。これらの事情は、昔も今も、基本は変わらないだろう。

「人間と社会」の持続…まず「水と食」：米作りでは、「お米一粒、汗千粒」の労力・エネルギーのほか、安全な仮想水「お水千粒」も必要である。21世紀は、世界的な「水の危機」「農業・食糧の危機」が警告されている。社会の持続には、まず安全な「水と食糧」を守ること。「水と主食」の価値を正当に評価し、将来も生産を維持しなければならない。ペットボトルの水より安い米は作れない。日本は食糧を大量に輸入している。仮想水の輸入も世界一である。「食糧と水」の二重の危機になる。この危機に備えるには、自給率の向上が欠かせない(21-3)。

21-2　子どもの夢物語「水をガソリンに」！…故郷の自然・伝統・歌声

子どもの頃には、「古い農具」もいろいろあって、便利に使われていた。「トウミ」(唐箕)は、風を起し穀物を選別するもので、子どもは、「遊び道具」にも使った。唐臼(トウス)は、もみ(実)を玄米にする「もみすり臼」である。これは粉引きの石臼と違って、もみを壊さず、皮を取る臼である。歯は樫の木で石より柔らかい。しかし、摩擦が大きく、子どもでは動かせない。大人2人で回していたが、昔は牛が回したと聞いた。米つき・精米にも水車や、それ並の仕事量と技術が必要で、とても無理だ。そこを何とかしたいと、子どもも夢物語がひらめいた。

米一俵：4斗の米、約60kgが入る。1斗＝10升。1升＝10合。1石＝10斗は大人の年間食糧の目安である。10万石の殿様は、約10万人の食糧を支配することになる？ 俵は、乾燥のわらで編んだ保存袋である。立派な細工の民芸品だ。わらは、わら屋根、蓑や笠、むしろ、畳、草履やわらじ、縄や運搬かご、案山子、牛や馬の装備など、農具や生活用に用途が多い。神社の太い「しめ縄」も、わらで締められる。

▶ 米一俵：この中には米60kg（4斗）が入っている。包装はわら細工。

農山村の「自然・苦労・価値」：「米を食べる」までには田植え、田草取りからはじまり「きつい仕事」が多かった。仕上げは「お祭り」、神輿も踊る。当時の小学校跡には北和気郷資料館・美術館が置かれている(岡山県美咲町立)。そこには、古い農機具や民芸品、子どもの作品や大人の手芸・美術品なども展示されている。過去から現在へと絵画、書道、写真、アートフラワー、パッチワーク、陶芸や「百々人形」の復活もある。

▶ 田の神：日本の農耕民の間で、稲作の豊凶を見守り、豊穣をもたらすと信じられてきた。農神、百姓神とも呼ばれる。

「百々」は「どうどう」と読むが、起源は分からない。「昔のもの」では唐箕（とうみ）や足踏脱穀機、耕作農具、機織機、衣類、食器類、文具や教科書類、おひな様や泥天神…。わら細工には、箕（みの）や傘（かさ）、縄、草履、むしろや俵などいろいろある。これらは農山村の自然、苦労と価値を思い出させ、語り伝える。この資料館設立には、友人の「ボランティア」館長の力量と貢献が大きかったように思う。

▶ 唐箕：円筒形の風洞の中には4枚の扇板が取り付けられていて、手動でこの羽根を回転させ、風を起こす。上にある漏斗状の口から穀物を入れ、ストッパーを調節しながら少しずつ落下させていく。箕や篩を用いて行っていた従来の作業能率が数倍も向上し、たいへん革命的な進歩をみせた道具である。

食糧難の中の「子どもと自然」：ここでは、小学校の先生（北旅山人、白桂）の歌集『北和気抄』を引用させて頂く。晩年、手作りの冊子を頂いたのである。残念ながら、私の記憶には、「てくてくと歩くは楽し」の言葉ぐらいしかなかった。しかし、歌全体は郷土資料館ともつながり、情景は凡そ浮かぶ。また「歩く」は、自ら山野を歩き走り回った。先生の歌は穏かだが、当時は大戦後の荒廃したなかで、農山村も飢餓状況にあった。給食のミルクは、米国の余剰農産物の粉乳「ブタのエサ」、教科書は黒塗りである。勉強の記憶は少ないが、山や川で遊んだ記憶は多い。

▶ グミ：グミ科グミ属の植物の総称で、赤い果実は食用になる。「ゆすら梅」と同様、赤い実が多い。小さな花に大きなだんご蜂も来て蜜を吸う。子どもは野いちごとともに注目の的。柚子は（10-4）

子どもの情景「自然や村落」の賛歌：先生から教わったのは、「カエルの歌」、自作の「ドングリの歌」「村の数え歌」、壊れた窓に壁画の共同制作「木と葉っぱ」などだった。自然の歌声、子どもの情景や村の讃歌だろう。歌の中の和気や北和気は、昔の「郷や村」の名である。「和気」は、奈良時代の廷臣、和気清麻呂（県南部の備前出身）に関係するらしい。なお先生の教育方針は、ペスタロッチの4Ｈ（頭・心・手・健康）を重視しているとも聞いた。英語の頭文字は、「4Ｈ」（Head、Heart、Hand、Health）だろう。この方針は知らなかったが、まずは「遊び」。みんな楽しく「生き生きとしていた。

白桂：「黒板にずらり並んで背伸びしてオカッパ振りふり絵を画く子供」「ゆすら梅鈴なる下にわらんべの背伸びする手よ手よ伸びよ」「さやさやにポプラゆすぶる秋風の後追いかくるわらんべの声」「白梅とまごふ茶の花小春日の農家の背戸の生垣に咲く」「夕日あびて風に流れる赤とんぼ群て乱れて乱れて群れる」「秋雨に

打たれて落ちる柴栗に毬ふみ越えて急ぐ山路」「峠路の柿の木末に百舌鳴きて北和気の村霧晴れわたる」「柚子の実のきらら輝く山狭にただ黙々と麦を打つ人」「畑をうつ鍬音山にこだまして熟柿輝く和気の山路」「てくてくと歩くは楽し楽しくててくてく歩く和気の山路」「稔り穂の金の鈴なり北和気の山狭の村秋雨注ぐ」「北和気は光の村よ北和気は稔りの村ようまし北和気」。

子どもの夢物語「水をガソリンに」！：戦後は農業機械の先端で、原動機付きの「籾（もみ）すり機」が現れた。籾はたちまち玄米になり、米選機を「サラサラ」と流れた。これは米の滑り台で、弦楽器のような音を出した。私は籾すり機の威力に驚くとともに、「ひらめき」も出た。この「機械の威力」のもとは、ガソリンや灯油だ。水に似た透明な液体である。「水をガソリンに」変えると、「きつい仕事」が楽になる！

これを思いついた時の「ウキウキ」気分や情景、その記憶は今も残る。現代は、農業機械はコンバイン、田植え機、草刈り機などさまざまである。これら「きつい仕事」が、昔はほぼすべて人力であった。米つきは水車だが、「足ぶみ」も使用していた。すべて重労働で厳しい。

子どもの「夢と結末」：空想も含め、子どもの夢は多い。他の夢には「蛍を飼って、明りにする」。10匹飼えば、夜も明るい。「氷でガラス瓶を作ってアリや魚を飼う」など、当時は停電が多く、石油ランプ、提灯や行燈も大切だった。ガラスも貴重品で、宝石のようなものである。ガラスびんでは、魚も大きく見える。それらの物は、敗戦後の物不足の中で、強い願望だった。しかし「子どもの夢」は、はかなく消えた。そんな話は誰もしない。「必要は発明の母」といわれるが、この発明は難題で、「手足や頭」も働かなかった。

植物の威力…光合成と化石燃料：「水とガソリン」は全く異なる物質で、水は燃料にならない。逆に、消火に使われる。これは、経験や科学で分かったことだろう。「子どもの夢」は、無知から出た夢だが、よかったこともあった。歳月とともに、「植物の威力」に気づかされた。「緑の葉」の「糖類の光合成」である。太陽光の下、水と炭酸ガス（二酸化炭素）を原料に、糖類が生産される。これは「農業や農産物」の大もととされる。

この光合成には、「水をガソリンに」と類似の働きが含まれていた。つまり植物の光合成では、太陽光で「水の分解」が起り、糖類が生産される。そこでは、「燃えない水」が分解され、エネルギー源に変えられている。もともと化石燃料、石油や石炭などは、光合成の産物とされる。太古の微生物やシダ類などの変性による。植物は、太陽光を効率的に利用している。植物の「緑の威力」である（20-1）。

日本の「石炭と石油」の歴史：日本書紀（668年）にさかのぼるという。越の国（新潟県）から「燃える土」「燃える水」が献上されたとされる。しかしブームは明治時代で、行燈や石油ランプが広がった。これらの照明器具は、戦後も重宝に使われていた。

燈火の歴史、照明の発展：人間をはじめ生物には明かり・燈火が欠かせない。この歴史は松明、行燈や提灯、石油ランプ、電燈、蛍光灯や「発光ダイオード」などに変った。近代から現代への発展になる。燈火・照明は、まず明るさ（照度）で表されている。これは単位面積あたりの光の照射量で、単位は通常「ルクス」である。ロウソク１本程度の明るさである。行燈はロウソクの十倍、電気スタンドは百倍、オフィスは千倍程度とされ、近代から現代へと、日常生活は数百、千倍に明るくなった。

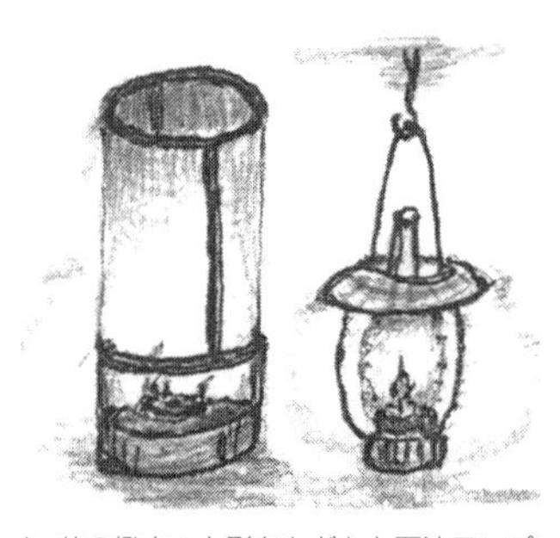

▶ 昔の燈火：丸形あんどんと石油ランプ。

自然の光では、直射日光は10万ルクス程度である。また、満月の夜は１／10ルクス程度、星空は１万分の１ルクス程度らしい。人間は、このごく弱い光、月や星空まで見える。これは不思議、超能力といえる。この高感度は「光の一粒」（光量子）のレベルで、現代物理の分野に入る。

光は日常生活：光（太陽光）は、有難い「天の恵み」だ。太陽光は白色とされるが、「虹の７色」などの混合光である。光には、「３原色（赤・緑・青）」があり、組合せで天然色になる。現代では、人工の電灯－蛍光灯－発光ダイオード（LED）が発展した。LEDは熱い電灯と異なり、電気を直接光に変える。冷たく「明るい光」、効率的で「省エネ」である。青色LEDの発明で３原色がそろい、急激に普及した室内外の照明、携帯電話、大型カラーテレビ、信号機、医療、農漁業、おもちゃ…。

21-3 「農は国のもと」…恐ろしい「米・食糧の自給率低下」

人間には、まず「安全な食糧」の生産・供給が欠かせない。「１人１人の生活」「国の存亡」にもかかわる。日本はどうだろうか？ 渡辺忠世『農は万年、亀のごとし』という本がある。風変わりな表題。これを見て、童謡「うさぎとかめ」の連想から、農業の「のろさ」を論じた本かと誤解した。農業は「種から実り」まで、半年１年以上かかる。この期間は、そう変えられない。農産物には「てまひま」がかかる。しかしその間持続して、貴重な価値が込められている。

〈うさぎとかめ〉石原和三郎作詞・納所弁次郎作曲：「もしもし　かめよかめさんよ　せかいのうちに　おまえほど　あゆみののろいものはない…　なんとおっしゃる　うさぎさん　そんなら　おまえと　かけくらべ　むこうの小山のふもとまで　…ピョン　ピョン…」。

貴農論「鶴亀のたとえ」：「農は万年、亀のごとし」は、農の「のろさ」の話ではなかった。新渡戸稲造「貴農論」の「農は万年を寿く亀の如く、商工は千歳を祝う鶴に類す」から、「鶴亀のたとえ」だった。また「貴農の思想」「工業と農業」の豊かな共存・両立を説かれている。日本の「農業や林業」の衰退、農産物の輸入自由化で生じた「食糧自給率の急落」である。このままでは、「日本はそら恐ろしい国になりかかっている」。現在は、もっと進んでいると語る。

鶴：ツルは「健康と長寿」の鳥、古く中国では「天人の使い」とみなされた。北海道・釧路湿原の丹頂鶴は頭が朱色で、羽根は白と黒。鹿児島県・出水市のナベズルは頭と首が白で羽根は黒色。どちらも特別天然記念物で「音の風景」百選に選ばれている。鶴の図は**1-5**。

亀：鶴とともに長寿で目出度い。カメは、爬虫類で世界に２百種以上ある。起源は中生代の約３億年前、昆虫や両生類の後に出現した。日本では、固有種のニホンイシガメ、ニホンスッポンなどがいる。クサガメは黄色模様で臭く、東アジアからの外来種である。近年、恐いカミツキガメやアカミミガメ(ミドリガメ)など、北米原産種が増加している。捨てた輸入ペットいう。昔の話では、子どもの頃の作文「ぼくはカメです」が出てきて驚いた。水田の畔豆(あぜ豆)を食べた亀が、生きる厳しさを語っている。子どもは自然や遊びで動物は仲間だった。そこで亀に、人の危害になるな、と教えるつもりで書いたらしい。

稲・米は「日本の宝」：米は日本の主食で宝だ。稲・米は、「食の安全」「栄養と味」「自然と国土」を守る宝である。春から夏、「猫の手も借りたい」田植を過ぎ、やがて水田は緑に広がる。夏は太陽の炎天下、緑の葉では糖分の光合成が活発に進む。夜は、「蛍の舞」「蛙の合唱」。この中で、稲は涼みの「お月見」をする。この冷気で、病虫害が減るという。

稲・米の風景：子どもの記憶に残る風景では、「田植え雨霧立つ山に百合の花」「日は昇り緑一面稲の波」「泥に汗田の草取りで曲がる腰」「稲の影メダカに蛙光るフナ」「蛍舞い蛙の歌で涼む稲」「稲育つ蛙は合唱空は星」「伸びる稲昼はお日さま夜は月見」「稲の花匂うそよ風イナゴ飛ぶ」「穂は静かああ驚いた跳ねる鯉」「秋風に黄金の穂波赤トンボ」「実る秋米に大根芋や豆」「米一俵力相撲で押しや吊り」「お祭りだ五穀豊穣鳴る太鼓」。これらは、懐かしい風景である。

「食の大切さ」は「不動の原理」：西欧では、すでに18世紀、フランスの思想家ルソーは、「あらゆる技術の中で第一の、そして最も尊敬に値するものは農業である」と説き、教育では、「自然教育」の大切さを強調している。その頃は、技術が発展途上とはいえ、あらゆる文化は「食や自然」が土台にある。「自然や農業」の大切さは、国や時代を超える。「食の大切さ」は、人間や生物の「不動の原理」であるだろう。

低い！…日本の食糧自給率：農林水産省の公表では、「日本の食糧自給率」(2003年)は、カロリーベースで40％、穀物は27％で、前年度から１％下がっている。世界の178国中で130番目の低さ、人口１億人以上の国では最低で、３割を切っている。他の先進諸国の穀物自給率は、フランス175％、ドイツ132％、アメリカ127％。イギリスでも88％である。

日本の食糧自給率は、調査開始の1960年度の79％をピークに、長期低落である。農林水産省の目標は、2010年度までに45％に引上げだったが、2007年度では39％に下がっている。2016年度では、15年度から１％減って38％である。2019年度には37％になり、過去最低になった。日本は先進国中最低水準、主食の穀物は自給率28％だ。

国際専門機関の警告：21世紀の「水と食糧の危機」を警告している。将来の人口増加、異常気象、農用地の制約などからである。「地球温暖化」とともに、異常気象「大洪水と大干ばつ」もふえている。地球は広いといえ、「水・空気・土地」は有限である。「水や土」の汚染、塩害や砂漠も広がっている。どこの国でも「水や主食」は、毎日大量に必要とされる。農業生産はもとより、農産物の大量輸送は難しい。先進国も、農業保護と自給率向上に力を注いでいる。主食は、世界企業の利益優先、「グローバリゼーション」には任せられない。

21世紀の「水と食糧」の危機：食糧、特に米など主食にかかわる「自給率低下」はおそろしい。外国の農産物は安いという。特にアメリカは、農産物の貿易自由化を主張して、圧力を加えている。しかし、将来とも他国に「安く安全な食糧」を輸出・供給できる国が、どこにある？ アメリカ、中国やインドなどの穀倉地帯も、水の大量消費と枯渇が深刻という。川あるいは地下水にしろ、水は容易には得られない。特に地下水は何千、何万年間で貯められた資源である。「化石水」ともいわれ、消費とともに枯渇する。

穀倉地帯の水：アメリカの中西部の「大地下水層」は、トウモロコシやムギの大量生産に使われるが、約30年で枯渇とされる。中国では農牧地の過剰開発や化学肥料・農薬多投のため、土地の劣化や砂漠化が進む。特に北部は、水不足で川も断水、南部は大洪水の被害が続く。砂漠化を防ぐため、日本の技術も入り「植林や造林」が進められている。「水や天候」は「天の恵み」で、どこの国でも自由には手に入らない。

「農と食」は「国のもと」：本来「農業や主食」は、「国の基幹産業」で、高い役割りと価値を持つ。農産物は人工物のようには作れない。どこの国でも農業は「土と水や天候」の、自然の恵みがないと成り立たない。古来「万物の根源」「空気・火・水・土」は全部、しかも大量に必要とされる。人の労働また機械にせよ、農業生産や輸送には、莫大な「エネルギー・物質・時間・空間」が必要である。これらは安く買えない。安いのは一時のみ、である。農産物には、それだけ「高い価値」が込められている。

「食糧主権」…「人と国」の権利：21世紀の世界的な食糧危機の中では、食糧、特に主食は自国で守るものである。命と健康、安全の基本とされる。世界の中でも、「食糧主権」の考えは広がっている。この考えは1996年に世界的な農民組織「ピア・カンペシーナ（スペイン語で農民の道）」が提案、その後農業・食糧関係、環境関係のNGOの人たちに広がったとされている。

食糧主権の内容：食糧と農業にかかわる政策や方針を「自主的に決める権利」である。また農民には、「自分たちの作りたいものを生産する権利」、消費者には「自分たちの食べたいもの、食習慣や民族の伝統や食文化を守り、安全・安心なものを食べる権利」である。

この権利は、国連の人権委員会（2004年４月）で、日本も含む世界51ヶ国が賛成し、圧倒的多数で採択されている。また世界貿易システム（WTO）にも、緊急の対処を求めている。国により発展の差はあるが、他国に食糧を持続的に供給できる国はないであろう。また水や主食は、毎日大量に消費する。とても輸入に頼れない。自国で守るのが最も有利で、安全だろう。

日本の「農業と食糧」…有利さと期待：日本には、「恵まれた自然」「温暖で湿潤」「米作りの伝統」「高度の技術力」がある。「日本の米生産量」は、1961年には千万トンを超え、史上最高を上げていた。この量は、１人あたりでは約１石（150kg）。１石は殿様・大名の時代から、１人分の食料と見積られ、俵では２俵半である。米のみで全人口を養える生産量に達していた。

以後、食料自給率は落ち続けたが、圧倒的多数の国民は「自給率向上」「安全良質な食糧」の安定供給を望んでいる。また「食品安全基本法」（2003年）、「食育基本法」（2005年）も制定されている。ここでは、「国民の健康の保護が最も重要である」とし、国民全体に「食教育」「食べる」大切さの教育も大切とみなされていた。

21-4 「農業と工業」の違い…光合成に見る「自然と人工」

科学・技術や工業の発展によって、社会は便利になった。なかでも、この半世紀の半導体工業の発展は目ざましい。コンピュータ、情報通信、交通運輸の発達をはじめ、農業の現代化にも役立った。半導体工業は、新現象の発見からわずか半世紀で、日常生活から宇宙探査におよぶ技術にまで発展した。半導体はゲルマニューム(Ge)、シリコン(Si、ケイ素)や化合物半導体。これらの材料がコンピュータ、光素子や太陽電池などで、電子素子に使われている。

野菜の「植物工場」:ここでは、温度、湿度、炭酸ガス濃度や肥料の管理などが、コンピュータで行われている。サラダ菜やレタスなどでは、かなり多くの工場が稼動といわれる。栽培光源には、半導体の赤色発光ダイオードやレーザーが並べて使われている。太陽光と関係なしに、昼夜にわたる計画栽培である。しかし、植物工場で作れるのは、ごく限られた野菜で、とても主食などは作れない。必要な原材料やエネルギー、つまり「水や光や養分」の量が「ケタ違い」である。また、工場の「光や水」は安くない。

農業と工業…生産物と生産過程の差異:どちらも精密、微細で安全に向かうが、生命を持つかどうかで大きな差異がある。微細では、半導体工業の製品、例えばコンピュータには、微細で多数の素子が組み込まれている。そこに電気が流れ、複雑な計算や情報の処理が行われる。製品の高度化とともに、素子は微細で多数になる。この微細加工には高エネルギーの電子線やX線などが使われる。しかし生命は熱に弱く、生産現場では、工業のような高エネルギーは使えない。生物は黒こげ、丸焼けになる。

農業生産ー緑の威力:農業では、稲など「生長や実り」は「生きいき」と五感で分かる。それを育てる農具なども見やすい。しかし、葉の中の生産現場は、立ち入れない「極微の世界」になる。その微細・複雑さは、半導体の微細加工をはるかに越える。作物の奥を知り育てるには、高度の五感、経験の蓄積や農業技術が必要であろう。

「農業の大もと」ー「糖類の光合成」:この生体反応は、緑の葉の中、葉緑素で行われている。その葉緑素は微細な分子の複合体で、「半導体の素子」よりケタ違いに微細構造である(~10^{-9}m:ナノメートル)。その分子間を動くのは、電気だけではない。熱、原料や生産物、廃棄物も動いている。変化は、超高速から低速まで広範囲にわたる。生物の微細構造や生産活動は、生体化学反応で、農業は工業のように短時間で、効率的な生産はできない。

「天の恵み」「水と太陽光」：「太陽光と水」は「天の恵み」で、生物に欠かせない。水は「大きく小さく」自由自在である。さらに太陽熱で、「三態の変化」「天の恵み」となって循環する。「大地の恵み」も物質循環と、多様な生物の共生で維持される。そして水は、多様な性質で生命も支えており、昔から、太陽は「お日さま」とあがめられてきた。太陽光は、生物の活力源である。天気や天候、農産物も太陽光で激変する。穀物、糖類の生産は、太陽光での光合成による。

稲干し、わら干しの小積（ワラグロ）：稲刈りの後、稲を天日で乾燥。稲束を竹竿などに並べて乾燥する。この「天日干し」で、養分が葉や茎から、もみへ移動する。米が熟成して、おいしくなるという。米・稲には、辛苦とともに貴重な価値「安全とおいしさ」「自然の味」が込められる。現在、稲・もみは、殆んど機械乾燥で、失った味もあるだろう。小積（ワラグロ）は、ワラの小積で、雨を流す形の帽子を被った形に積まれている。これでワラを乾燥させ、保存する。自然と合せた有効な乾燥・保存法だ。昔は各地で見られた風景である。

「農業と工業」の重要性：食糧には「工業の効率」で測り切れない、食物としての「多様な価値」が込められている。「農業と農産物」の価値は、正確に評価して「、食糧や農業」を守らなければならない。工業は、現代生活に欠かせない。しかし工業は、食糧を含め、原材料と廃棄物処理がないと続かない。現代生活には、「農業と工業」はどちらも不可欠で、相補って人間生活は維持されるのだろう。

「農業と工業」の持続的発展：生物の成長、食糧の生産には、適温や時間、天気や天候、土地、生物多数の共生も必要になる。昔、万物の根源とされた「空気・火・水・土」が全部かかわる。農業の基礎、植物での糖分の光合成は、長い進化の歴史を通り、自然エネルギーを有効利用している。その機構は複雑で、まだ工業生産から遠い。農業も工業も、持続的発展には、まず自然の理解、独自の役割りと実情に応じた相互協力が大切である。特に自然環境「水や大気」が汚染されると、生活は成り立たない。

農業生産…光合成は高効率：農業生産は、ばく大な資源やエネルギーや時間も必要とする。そのため、工業と比較すると、「生産性や効率」が低いとされる。しかし光合成の第一段「水の分解」でさえ、容易ではない。植物は長い進化で、すでに太陽光を効率よく利用して、生き続けてきた。生物と無生物は、生産過程や内容、効率は大きく異なる。「食糧の生産」を微細に見ると、難しさが何段あるか分からない。特に主食では、生産に良質の「水や土」が大量に必要とされる。昔から「万物の根源」とされた「空気・水・土・火」はすべて必要なのだ。人間の知識や働きのほかに、「自然の恵」が欠かせない。

「人工の光合成」「光電気化学」のはじまり：この第一段の実験は70年代初めに、日本で成功した。葉緑素の代わりに、半導体の二酸化チタン(TiO_2)を光触媒にして、水を「水素と酸素」に分解した。水槽のTiO_2と白金(Pt)電極をつなぎ、TiO_2に光照射で水素と酸素ガスの泡が発生した。これは「ホンダ・フジシマ効果」として世界的に有名で「光電気化学」のはじまりとされる。

太陽光での「水の分解」は、植物の光合成と共通し、光合成の第一段だろう。電気分解とは異なる、新しい「水の光分解」である。また水素ガス発生は、「新エネルギー」源として注目された。この研究は中東戦争と「オイルショック」の頃で、特にエネルギー源で注目された。

光触媒と「水の分解」：触媒は微量物質ながら、化学反応を円滑に進める。反応前後で、触媒は変わらない。白金など金属もあるが、酵素など有機物もある。細菌の活動や醸造では、酵素が触媒で広く働く。触媒が光で働く場合は、光触媒といわれる。水の電気分解は容易だが、熱や光による分解は難しい。水は可視光に透明で反応しないが、紫外光ではTiO_2が触媒で、水が分解された。

光触媒「研究の変遷」：この研究では、水分解の効率が上がらず、重点は「水の分解」による「水素エネルギー」より、「環境浄化」に移っている。有害有機物の酸化・分解・除去などである。近年では「空気汚染の除去」「トイレの脱臭」など、「環境浄化の光触媒」の研究が盛んで、日本は光触媒分野の先進国とされる。

光触媒の「水の分解」：二酸化チタンでは、利用できる光は紫外光に限られ、太陽光で豊富な可視光部は利用されていない。そこで効率向上では、可視光部の光触媒が種々研究されている。実用化が進むと、持続的な「クリーンエネルギー」になるだろう。しかし、人工触媒のエネルギー変換効率は、植物の光合成での効率(数%)に対して、まだ「ケタ違い」とされる。植物の光合成は、長期にわたる歴史的産物で、この効率に近づくのは容易ではない。

光触媒の作用原理：酸化チタンに紫外光を当てると、電子(エレクトロン)や正孔(ホール)が誕生する。これは「バンドギャップ励起」とよばれ、半導体の特徴である。電子や正孔は電気の運び手で、それぞれ負と正の電荷を持つ。この動きを制御して、半導体はさまざまに利用されてきた(第15話)。さらに「電子と正孔」には「還元と酸化」の働きもある。光触媒は、この化学反応を利用している。

「電子と正孔」による酸化・還元「水の分解」：酸化チタンは、比較的バンドギャップの大きい半導体で、紫外線の励起で、還元性の電子と酸化性の正孔が生じる。この「電子と正孔」は反応性が高いが、すぐには再結合しない。酸化チタンと水の接触では、界面で電荷が移動して「空間電荷層」という障壁が作られる。この障壁で電子と正孔が分離して寿命がのびる。

このため、通常起らない酸化・還元反応が発生する。つまり周辺や別の電極で、水の還元・分解、有機物の酸化・分解が起ることになる。この場合、電子は水中の水素イオン(H^+)を還元して、H原子を生成する。正孔は、水酸イオン(OH^-)を酸化して、OHラジカルを生成する。これらは、最後には「水素や酸素」ガスに分解する。つまり、「水の分解」である。なお、半導体の「電子や正孔」は**第14話**。

光合成「国家プロジェクト」：当面、人工触媒の効率向上やプラスチックの光合成が目標という。また理研と東大のグループも、人工マンガン触媒の開発に成功した。光合成では、陽子と電子の移動のタイミング調節のアミノ酸もあり、この機能物質の添加で、水分解が大幅に促進したという(英科学誌『ネイチャー』)。マンガン系触媒は、光合成のはじまりの藍藻を使った。水分解の「マンガン・クラスター」の構造は**20-5**。

21-5　米と麦の起源と生産…稲・水田・棚田は「共同の宝」

稲作と「米の食文化」は、長年の「日本の宝」といわれる。水田は緑に広がり、やがて「黄金の穂波」が揺れる。「日本の原風景」である。稲・米は栄養価の高さ、おいしさ、生産性の高さ…など、極めて優れた作物とされる。長い間品種改良や土地改良が続けられ、精魂をこめて作られてきた。主食として「黄金の宝」「日本の宝」にふさわしい。また水田は「いのちの水」を貯え、まわりの動植物、自然環境を維持している。人間生活の宝「共同の宝」「多面的な宝」だろう。どこの国でも、主食は大切に守らなければならない。

稲、花から実へ：花は受粉すると花が閉じ、子房で、胚乳と胚も成長して種ができる。胚は芽、葉や根のもとで、ミネラル分も豊富だ。胚乳には養分、光合成のデンプンなどが集積する。種子は、鋭いもみ殻で保護されている。殻は強固、土の成分－ガラス質の二酸化ケイ素(SiO_2)も含む。

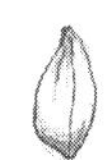

▶ 穀物の種：コメ(上左)、コムギ（上右)、オオムギ(下左)、ソバ（下右)。

麦も大切：米は大切である。おいしく栄養価が高い。同時に麦、小麦はパンや麺類など広く使われる。大麦は食物繊維が多く含まれ、胃腸の掃除、生活習慣病（がん、心臓病、糖尿病など）の予防に役立つとされる。「麦とろ」などは人気料理である。裸麦も、麦ごはんや味噌の原料になる。麦は、米の収穫後の裏作で耕作できて、有利である。「麦ふみ」の効果は、不思議だった。踏むと、根が張り強くなる。

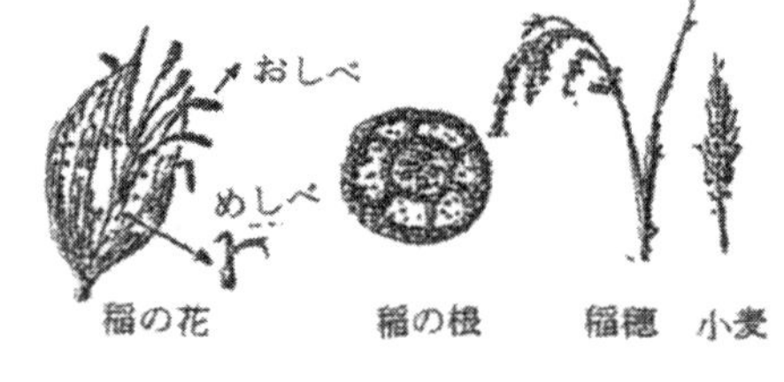

▶ 黄金の「稲や麦」：稲の葉やモミは固い珪酸体で保護されている。茎や根には空洞があり、葉から取り入れた酸素が根にも供給される。したがって稲は水田で酸欠の「根ぐされ」はしない。小麦の茎は大きな空洞を持ち、軽い割には強い構造である。麦わら帽子や籠、屋根ふきなどに使われた。

稲は砂も食べる!?：土は砂や粘土で作られている。つなぎの有機物もあるが、ケイ酸やアルミナなど無機物が主成分である。通常、生物は、石や土を食べない。特にケイ酸は、水に溶けないガラス質である。ところが、稲の葉や実（もみ）には、ケイ酸を含む堅いとげがある。鶏は砂嚢を持ち、小石も食べ、消化に役立てる。人間も、石臼で粉を作り、料理する。植物も、石を防護するのに役立てるらしい。珪酸の多い珪藻や珪藻土もある。

細胞の細道「土の道」は？：長い生物進化で、稲、竹やススキなどは、土の成分も取り入れ防護に生かすらしい。しかし口無しで、どこで食べる？ 生物には、「水の道」「イオンの道」が発見されている（23-2）。植物は、大きな石を食べないが、細胞には、「ケイ酸・土の道」も可能だろう。酸化ケイ素（SiO_2）が微粒子になると、水分子に包まれ細道も通り易くなる。実際、光合成の二酸化炭素（CO_2）や糖分も、水に包まれ、細胞を出入りするだろう。「土の道」の研究も期待される。

「稲と麦」の歴史を辿る：「麦作の発祥」は昔、約１万２千年前の西アジアとされる。地中海気候の地帯にムギ類の野生の元祖があるらしい。「コムギ類の起源」では、カラコルム・ヒンズークシ地帯が注目された。京大の木原均博士らの探険調査と、染色体・遺伝子による研究は、世界的とされる。麦も大麦、小麦や裸麦などいろいろである。最近の研究、農耕発祥の地、シリアやトルコの遺跡調査では、農耕のはじまり以来数千年は、小麦の野生種と栽培種が混在した。野生種は、実が熟すと「バラバラ」落ちるが、栽培種は落ちないという。祖先の野生種と栽培種が分れたのは、約１万年前らしい。

「コムギゲノム」の解読：最近（2018.8）、解読が完了。国際プロジェクトによる発表である（米科学誌『サイエンス』）。遺伝には、染色体があり、祖先が交雑で、染色体数が２倍になった「２倍体」があり、育種などにも利用されてきた。コムギでは、２倍体の出現は、数百年前らしい。それから４倍体の「タルホコムギ」ができて、さらに6倍体の「パンコムギ」が出現した。約800年前という。これが6倍体であることは、京大の木原均博士らの報告(1930年)、で分かった。「ゲノム」という言葉も使われたらしい。

倍数体になるにつれ、その解読が課題になる。そこで、まず染色体の大きさの分別からはじめ、次いで、次いで一括処理技術の開発に進んだ。大まかな分別から、段々と的を絞り、ミクロな染色体や遺伝子探究に進む。染色体数は、トウモロコシ20、イネ34、コムギ42本である。この複雑な解読が国際協力で成功し、品種改良が期待されている。

「稲作の起源」：中国の雲南省から、インドのアッサム地域で、約5千年前とされてきた。しかし近年、稲作では、中国の長江(揚子江)の中・下流域で、稲作遺跡や農具の発見が続き、約1万年前の遺跡もあるという。そして畑作中心の「黄河文明」に対し、稲作の「長江文明」の説も出された。これは、氷河期から温暖化に移る時期で、野生のイネの北限の地域とされる。籾殻は、ジャポニカ米(短粒種)とインディカ米(長粒種)の両特徴を持つという。遺跡の年代測定は、炭化米の「加速器質量分析法」や「プラントオパール分析法」によっている。

「プラントオパール」：イネに含まれるガラス質細胞の微化石である。稲の「葉や籾」は、鋭くけがもする。それは、細胞にある珪酸体というガラス成分である。硬い石英の成分で、何万年も腐らない。化石の証拠になる。珪酸体は、土に多い成分ながら、吸収や合成も容易ではないだろう。稲は、この強固な成分で、葉や茎、実も守っている。

日本の稲作の発展…「縄文と弥生」時代：日本では、「野生の稲」はなかった。ジャポニカ米の稲は約1万年前に長江流域で栽培されはじめ、約3千年前に日本に伝来。いわゆる「弥生文化」で、稲作が水田作りとともに、大きく発展したとされる。弥生稲作では、「登呂遺跡」や「吉野ヶ里」など、大規模な遺跡も発掘されている。水田稲作で共同が進み、共同体も大きくなったといわれている。

縄文稲作：近年、4〜6千年前の縄文稲作も証明された。これも、プラントオパールの発見からという。この成分が、縄文遺跡で細胞の形で発見された。さらには縄文稲作では、土器に「稲もみの圧痕」が発見されている。これは、縄文後期の岡山県の南溝手遺跡、縄文中期(約4〜5千年前)の熊本県大矢遺跡から出土し、電子顕微鏡で撮影された。圧痕は、土器が軟らかい製作時しか強くつかない。

また、稲は外来種なので、縄文稲作の可能性は高いという。日本の稲作の起源は何千年もさか上り、また縄文稲作は、焼畑に近いとされる。稲には「畠の陸稲」と「水田の水稲」があるが、水稲が発展した。子どもの頃は、陸稲もあった。昔々から、稲は「日本の宝」である。

水田稲作「水と土」：弥生時代の水田作り、その後の新田作りも大仕事で、共同や技術が必要である。現在の水田では、貯水能力は非常に大きい。水の管理、分配や速度調整も必要だ。水田は、生活用水や工業用水以上の水を貯め、地下水にも供給する。さらに「水田の土」は「作土・鋤床・心土」の層がある。水田は、単なる水溜りではない。適度に水が侵出し、その間養分の維持、酸化還元、廃棄物の分解が行われる。これで、「稲の連作」が長期間維持されてきた。通常、作物の連作は、廃棄物が溜まり、難しい。

農業の多面的機能：日本学術会議の評価（2000年）では、貯水能力など「農業の多面的機能」は、ダム建設費換算で「５兆円を超える」とされる。これには、「生態系や国土」保全、「食糧安保」は含まれていない。それは大きく、複雑すぎて計算できないとされる。

また農林省の会議資料「農林業の持つ環境保全機能の評価と開発」（1988年）では、農林業が現状維持されるだけで、「年々36兆円」の環境保全機能が働くとされる。水資源保全、大気浄化や保健休養など、機能は大きい。稲作・水田は、やはり「巨大な宝」「多面的な宝」である。森林の多面的機能も数十兆円の価値があるとされる。

棚田「水のピラミッド」：エジプトの三大ピラミッドは、世界遺産である。巨大な石が積まれている。これと対比して、棚田は「水のピラミッド」ともいわれる。棚田は水を保ち、稲・米などを生産する。水田は、「水と土」も生きた「宝や技術」である。「固体の石」と「液体の水」は、性質が異なる。水は、小さな穴でも漏れ出して、空になる。また水が集ると、巨石より重く破壊力は大きい。「貯水や治水」の技術は、石と異なる「高度な技術」である。同じ「ピラミッド」でも、「石と水」の技術と文化は異質である。それぞれが高度だろう。

▶ 棚田：傾斜地にある稲作地のこと。傾斜がきつい土地で、耕作単位が狭い田が規則的に集積し、それらが一望の下にある場合は千枚田と呼ばれる。英語では、「riceterraces」と表現される。

各地の棚田「原風景と文化的景観」：棚田は、山の斜面にあり、曲った田が階段状に作られている。俳人・芭蕉は棚田で、「田毎の月」を詠んだという。棚田近くで歩くと、田に映る月も動き、「田毎の月」になる。長野県千曲市の千枚田「姨捨」は「田毎の月」で、国の名勝とされている。石川県「能登千枚田」、千葉県「大山千枚田」」、三重県・熊野の「丸山千枚田」、岡山県の吉備高原や美作町大垪和西、佐賀県「蕨野の棚田」や熊本・大分県の阿蘇・九重山麓などが有名だ。「蕨野の棚田」は、江戸時代から昭和にかけて開墾、石垣は玄武岩の自然石で、「日本一の高石積み」の棚田である。石佛群や「滝百選」もある。

世界の棚田：中国・雲南省には、棚田が連なり、「麗江」は世界遺産である。雲南省は、「稲作の起源」とされ、「茶の道」もあったという。多くの少数民族が住み、古くから稲作生活が残っている。この農村風景は、アジアの「心の古里」ともいわれる。米は、「白米・黒米・紫米」である。発酵食物は、「納豆や味噌」などだ。実りの大もとは、まず高山の雪解け水とされる。祭りも「水かけ」で、「豊かな実り」と「厄はらい」らしい。

この地域は、「稲作文化と風景」で注目されるが、市場経済の影響や困難も大きいという。フィリピンの「コルディリエーラの棚田群」も世界遺産である。約2000mの高地で、住居は高床式である。田の畦をつなぐと地球半周するといわれている。しかし、高地の不便さ、棚田農業の困難さから、絶滅危惧の世界遺産らしい。労働力不足と森林伐採で水不足であるといわれている。

第22話

樹木を訪ねて「こんにちは」！…森林、自然と文化の遺産

木には、数センチの小さなものや何十メートルの巨木もある。もともと人間は、森や林、草木とともに生活してきた。そして「衣・食・住」の全面で、草木の「お世話」になっただろう。さらに、森林は空気を清浄化し、水源にもなっている。特に動物には、やすらぎの場である。「木の精」「こだま」「水の精」「森の魔術師」もすむという。奥深く不思議も多い。大樹には風雪に耐えた生命力と伝統がある。「竹や芦」には柔軟な力、雑草にも「踏まれても生きる」力がある。まず身近な樹木や草木は、どんな種類があり、活動だろう？

▶ 愛知万博のイメージキャラクター「モリゾーとキッコロ」。モリゾーは万博の会場にある森の精のおじいちゃん、キッコロは森の精の子ども。

22-1　木の種類と生長…「針葉樹と広葉樹」「木の細胞の成長」

樹木を大まかに分けると、年中緑の常緑樹と、葉の落ちる落葉樹がある。葉の形

で区別すると、針葉樹と広葉樹になる。針葉樹は葉が細く堅い。松、杉や檜など。針葉樹の実は裸で「松ぼっくり」などがある。太古を辿ると、この裸子植物は、約４億年前に誕生、１億３千万年前頃に全盛であった。中生代（２億5000万年～6500万年前）は、恐竜の時代である。恐竜は、針葉樹を食べたとされる。

広葉樹は、約１億年前に誕生し、針葉樹から約５千万年後に広葉樹の時代になった。葉が広くて比較的薄い。花や実をつけ、繁栄した。実は、かなり堅い皮で覆われ、被子植物とよばれる。ドングリ、クリ、ブナ、ケヤキ、キリ、モミジやカエデ、果樹のウメ、モモ、リンゴなどが多い。昆虫も多く誕生した。樹液を吸い実も食べる。

「広葉樹と針葉樹」「ユーカリ」：ユーカリは広葉樹、約７千万年前に出現した。オーストラリアで繁茂、人気のコアラもすむ。厚い２枚葉（茎に直角）が交互に並び、枝や幹も緑色で光合成を行った。成長が速く、世界最高の100ｍにも達する。種類は、約300種ある。紙の原料で重宝だが、開発で森林やコアラも減り、自然保護が必要とされる。昔、コアラは数百万頭いたが、毛皮乱獲などで数千頭に激減、現在は保護動物になっている。なお、この森林では2019年、大火災が続き、コアラなど、動物を含め大被害となった。鎮火後も、大雨で水害の大被害をうけた。この被害実態をどう復活できるかは、まだ分からない。

「樹木化石」：樹木をさかのぼると、古生代の石炭紀（３億６千万年前～３億年前）で、シダに似た樹木から石炭ができたとされる。さらに古い時代では、アメリカのニューヨーク洲の「最古の森」という。約３億8千万年前（古生代、デボン紀）の地層から樹木化石が発見され、高さ約８ｍ、シダ類に似た植物。枝が長い幹の上にまとまり、全体はヤシの木状らしい。当時は恐竜の出現前で、動物は昆虫が主といわれる。

植物が、海から陸へ進出したのは、約４億５千万年前とされる。これは大気圏にオゾン層が形成され、有害な紫外線がカットされたためとされる。続いて無脊椎動物も上陸した。また身近な木にもどると、黄色並木のイチョウがある。これは落葉樹であるが、通常の広葉樹ではない。

イチョウ「生きた化石」：イチョウも恐竜時代、ジュラ紀（２億年前～１億4500年前）や白亜紀の古代植物とされる。一風変って雌雄異株である。銀杏（ぎんなん）のなる木と、ならない木がある。雄株の花粉に精子があり、雌株が受粉して、実の「ぎんなん」ができる。「イチョウの精子」は、旧東京帝大の平瀬作五郎助手が発見した（1896年）。東京・小石川植物園の大イチョウに寝泊りして、調査とぎんなん採取に苦労したといわれている。

黄色の紅葉とともに、銀杏も落ちて来る。イチョウの原産は中国で、鎌倉時代に日本に伝来、さらに長崎から西欧に広がったという。全国で、約60万本といわれている。並木では、東京は明治神宮、大阪は御堂筋が有名である。北海道大学など大学構内にも多い。イチョウは、街路樹に多いが、多量の水を含み火に強く、防災になるとされる。それに美しい紅葉が加わると、並木に最適だろう。ただ葉っぱの焼却処理は難しい。通常、葉は枝から出るが、太い幹からも直接出る。光合成の能力が高いということだろう。

広葉樹…「花や実」で繁栄：広葉樹はさまざまだ。ケヤキ、ドングリなどの雑木、紅葉やカエデ、サクラやウメ、桐、柳やポプラなどもある。実がなるには「桃栗３年、柿８年、ゆず20年」といわれる。ユズには、黄色の実と香りがある。成分には、シトラール、リモネンやビタミンCが含まれ、肌の新陳代謝にもよいという。冬至の「ユズ湯」もある。モモやユズは中国原産である。イチジク(無花果)は、ブドウやザクロとともに「世界的な果樹」である。

▶ イチョウ：右上は精子

▶ クリ

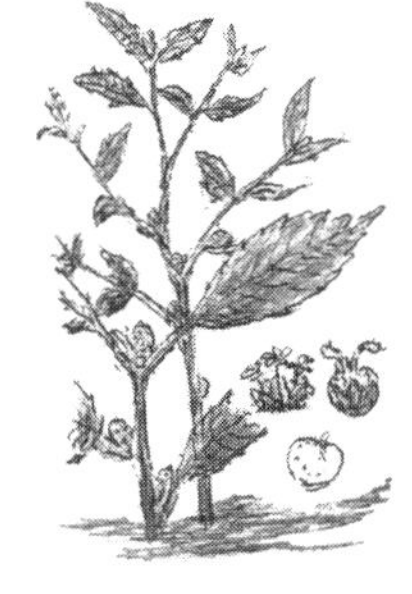
▶ ケヤキ：右下は花や実

▶ ドングリの実をつけるアベマキ：ブナ科の落葉高木。クヌギとよく似ているが、樹皮のコルク質がより発達している点や、葉の裏が白っぽく見えるなどの点で区別できる。

イチジクは、クワ科で西アジア原産。どこが花か実か分かりにくいが、内側に多数隠れている。小さな蜂が入り、授粉らしい。ザクロも西アジア原産で、花、実や味も一風変っている。平安時代に日本渡来したらしい。これら広葉樹の多くは、春とともに芽吹いて活動する。「蕾・花・実」「若葉から紅葉」へ、四季折々に変化する。周りにはさまざまな昆虫、鳥や獣も生活している。

ザクロ　イチジク：ザクロはザクロ科、ペルシャ・インド原産。イチジクはクワ科、西アジア原産。果実は江戸時代から「不老長寿」の薬扱い。活性酸素を消す抗酸化物質や蛋白質分解酵素も多いという。活性酸素は酸化で細胞を老化させる。

キリ：桐の模様（紋）。ゴマノハグサ科の落葉高木で、中国原産である。淡紫色の筒状花が咲く。木材は軽く白色で、耐火性があり、吸湿性も少ない。そのため、タンス、琴、下駄や箱などに利用される。魚釣の浮きも作った。樹皮は染料になり、葉は除虫用になる。

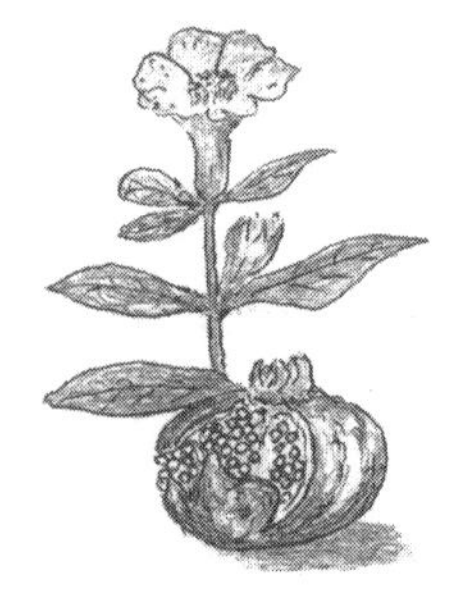

▶ザクロ

▶イチジク

柳とポプラ：柳は、北半球を中心に約400種、日本にも約100種があるという。シダレヤナギ、ネコヤナギやカワバタヤナギが代表である。この木は柔軟で、器具や細工に使われてきた。ポプラも、ヤナギの一種である。昔、通った小学校には、「柳とポプラ」の大木があり、遊び場所だった。

近代化学の開始「柳の実験」：ヤナギは、水辺でよく成長する。この「成長の素」は何か？ 錬金術の化学者ヘルモンドは、「柳の実験」を行い、「成長の素」は水分であると結論した。これは、水と生命の関係や物質の探究で画期的とされる。成長に伴う水分や炭素分（糖分など）の重量測定と定量分析である。ここで「生命の水」が改めて重視され、水分子の出現で、原子・分子の「ミクロの世界」が開かれた。化学は、「錬金術」から近代化学へ、物理学も、「ミクロの世界」へ発展し、諸分野の交流で新世界が開かれた。

木の成長：大きな木も、種から芽が出て大きくなる。一般に、生物は細胞から出発して、成長する。細胞は、「生物の基本単位」で、普通の細胞は小さいが、種子は「大きな細胞」である。この細胞が分裂で増大、生長する。原料は、葉で取り入れる空気と根から吸い上げる水、養分や肥料である。植物は、生長とともに葉、枝、幹や根も、それぞれ大きくなる。とりわけ「芽や根」の先端は生長点で、若々しく伸びる。

幹や茎「成長・働き・構造」：幹で見えるのは樹皮である。これが樹木を守っている。この皮の内側では、葉で光合成の糖分が下降する。また根から吸収した水や養分は、幹の木部の外側を上昇する。この上下の通路の境界は、形成層とよばれる。ここでは、養分をもとに細胞分裂が盛んで、「幹の細胞」が誕生する。この細胞は、水平方向に最短距離で内外に送られる。外側に送られた細胞は樹皮になり、樹木を守る。内部に送られた細胞は、大きくなり木が太る。

樹皮の「利用と観察」：何年もたつと、厚い層になる。「厚い皮」では、黒松がある。この樹皮は厚いが削りやすく、小舟など子どもの遊び道具になった。「杉や檜」の皮は、神社など屋根葺きに使われる。強く長持ちである。また「ワインの栓」は、コルク樫の樹皮である。この樹皮の顕微鏡観察から、フック（英）は、植物の「細胞を発見」した（1669年）。

幹の細胞の変化：形成層から「木の内部」に送られた細胞は、大きくなり木を太らせる。その後細胞膜が厚くなり、木質化した木部になる。年月とともに、ここの細胞は枯れるが、その前に、細胞では、防腐作用の色素樹脂が作られ、濃い赤茶色になる。これは心材といわれ、「虫も食えない」強さと色彩がある。これで、「美しい置物」などが作られている。松や檜の心材は、濃い色で、もみじやケヤキは、薄黄茶色で優雅である。針葉樹と広葉樹の違いだろう。なお、木材の主成分は、セルロースで炭水化物である。

松（マツ）：山野に多くある最も普通の常緑樹である。マツ科植物で、富士山の樹海などに多い。「松かさ」は、ラセン状に巻く特別の形をしている。松原では、静岡の「三保の松原」が５万４千本ほどある。江戸時代からの防風林で、富士を望み、世界文化遺産だ。秋田・能代海岸は、「白砂と青松」百選に選ばれている。ここの「風の松原」は、江戸時代に作られ、国内最大級で黒松700万本が風に向う。黒松は、葉や樹皮や強く堅い。子どもの頃、小舟を作って流して遊んだ。

松茸は赤松山：マツタケは「高嶺（値）の花」だが、昔は近くの赤松山で取れた。「山の幸香り松茸味しめじ」「松茸や枯れ葉押上げむっくむく」「松茸が出た出た月も高平に」「松茸だ山は紅葉風の音」。山には、松茸や土中の菌類の活躍がある。

マツ枯れ：この被害で松茸は生えなくなった。松枯れは、マツノマダラカミキリの運ぶマツノザイセチュウ（北米原産）によるとされる。船材に付着、特に戦後木材の輸入自由化で被害が拡大したといわれる。農薬散布で、松枯れは減少したが、90年代に、また松枯れが増えた。現在も原因は未確定で、「森の感染症」ともいわれる。

22-2　木の構造と年代…「年輪や木目」「樹液の循環」

「松や杉」などの針葉樹には、年輪がある。ケヤキやブナなど広葉樹には、木目がある。これは何だろう？ 針葉樹には栄養物を貯える柔細胞があり、その外側に仮導管とよばれる細胞がある。これは水を吸い上げ、また木の重さを支えている。この仮導管が年輪とされる。仮導管が誕生するのは、樹皮の内側の形成層で、そこから内部に送られる。春から夏にかけては「早材」、夏から秋は「晩材」が送られる。早材の細胞は大きく白っぽい。晩材の細胞は小さく、細胞壁が詰まって黒く見える。

年輪や木目：木を切ると、種類や角度で、さまざまな色模様が現れる。横切りの場合、杉や松は、多くの輪が出る。これは、年１輪で成長し、年輪とよばれる。この数で樹齢が分かる。

「木目」「白木」模様：広葉樹の「ケヤキやブナ」などは、仮導管を持たない。代わりに、導管とよばれる細胞がある。この季節変化は、仮導管のような「粗密の変化」ではなく、誕生する「細胞数の変化」で、不規則な木目模様になる。この模様は、「細胞の並び方」で光の反射や吸収が変わるためとされる。「年輪や木目」は、木の種類により形や色彩はさまざまである。けやきは強固で、「美しい木」の代表とされ、柱や碁盤などに使われる。日本では、「白木」を生かす伝統もある。白木は、ヒノキ、スギなどを削ったものである。これらの木は削り易く、木ざわりや木目に特徴がある。

仏像や建築物では、飛鳥時代はクスノキ、奈良・平安時代以降はヒノキが現れたとされる。さらに、白木は食器類の「桶や樽」、身近な「割り箸」にも広がった。木の「年輪や木目」には、「自然の変化」「生長の歴史」が記録されている。美術品や生活用品に生かされてきた。

「年輪年代法」とは？：「年輪の模様」には「季節や気候」の変化、「自然の歴史」が刻まれている。これから年代を推定するのが「年輪年代法」である。年輪の放射性炭素を調べると、何年頃の年輪かが分かる。放射性物質には、長短の寿命があり、それが基準にされる。放射性炭素の半減期は約６千年である。炭素年代測定法はリビー（米）により開発され、ノーベル化学賞に輝いた（1960年）。

なお同位元素や放射性炭素は、**11-2**、岩石の年代測定はウラン（U）による。「杉や檜」などでは、紀元前千年くらい迄、年輪年代法のデータが蓄積され、これで古い神社や寺などの建立も分かった。京都・宇治上神社は、世界文化遺産で、日本最古の神社建築である。建立は1060年である。宇治川を挟む平等院の建立が、1052年建立である。これらの建立は、年輪年代法による。

草木は「生きいき」「樹液の循環」：草木は「水や樹液」を保ち、循環で生きている。循環は、導管や仮導管による。この解明は、ヘイルズ（英）が行っており、『植物静力学』を出版した（1738年）。リンゴの木やヒマワリでの実験で、樹皮に切れ目を入れて液の動きを調べ、また葉から蒸発する水を集め、蒸発量を実証したとされる。「草木の樹液」には、まず上向きの動きがある。つまり、根から水と養分の吸収して、幹や茎を移動、葉から水を蒸発させた。これで廃熱も行われる。また樹液の下向きの移動もある。葉で生産された糖分は、水とともに移動して、根にも貯蔵される。つまり樹液には、上下の動きと循環がある。この実証は、画期的で「植物生理学」のはじまりとされる。

ドングリの木の昆虫：ドングリの樹液には、昆虫が多く集まる。ここは、「昆虫レストラン」とよばれる。集まるカブトムシは強いが、昆虫は、それぞれ防御手段を持つ。ジャノメチョウも、「パッ」と羽を広げ、黒白、大小の「蛇の目」を見せる。子どもは、「化け物」がとびっくり。小鳥も、大目玉にはひるむだろう。カブトムシは、止まる時は硬い前羽をたたみ、飛ぶ時は軽く強い後羽根で羽ばたく。トンボは前後の羽根を調節し飛び方は異なる。なお地球は、「昆虫の惑星」ともいわれる。昆虫は、3～4億年前に出現した。動物の半分、名のあるのが約100万種という。それぞれ特徴を持ち、進化した。生態は不思議が多い。

22-3　樹木の強さと貯水「天然の水がめ」…法隆寺の古木、和紙の製造と木材の利用

「木の強さ」は、まず細胞壁にある。その原料はセルローズとリグニンである。セルロースはデンプンや砂糖と同様の炭水化物で、葉から送られた糖分で作られる。しかし分子の長さ・大きさは何千倍もある。衣類の木綿や麻は、殆んどセルロースである。これらの繊維は長く、水にぬれて、も強くて柔軟だ。それぞれ高級繊維で、織物や衣類もさわやかな貴重品である。和紙は「世界文化遺産」だ。リグニンは、プラスチック、樹脂に似た物質とされる。

紙の「製造と細胞壁」「和紙は世界遺産」：「和紙作り」では、コーゾ、ミツマタやクワなど、木の皮の繊維が使われる。美濃和紙など、各地の和紙は長い伝統や技術を持ち、国の無形文化財である。また、世界文化遺産にも登録された。糊も含め全て天然もの、一枚一枚、丹念に手すきされる。宝物の巻物などの紙で、千年も輝きを保つという。

一般に、和紙やパルプの製造では、草木の皮、木材のセルロースが利用される。パルプは、木を機械的・化学的に処理してセルロースを取り出し、これで紙が作られる。セルロースは、植物の細胞壁の主成分である。なおコウゾは、クワ科の落葉木である。葉や実は、クワに似ている。花は淡黄緑色だ。ミツマタは、ジンチョウゲ科の落葉木で、中国原産である。葉に先立ち、黄色の筒状の小花が咲く。枝は、三叉に分かれる。

細胞壁のリグニン：樹脂に似た高分子のプラスチックである。渋味のタンニ

ンとともに、草木や果実の防御物質で、ポリフェノールとよばれる。セルロースは水となじむ親水性である。リグニンは、水をはじく疎水性である。「親水性と疎水性」は相反し、相補う性質がある。樹木は、セルロースの束の間にリグニンを埋め込み、さらにセルロースの規則的な結晶構造で固まっている。樹木は、縦横、何重もの積層構造で、からまり合いが強化されている。川や海を汚染する「ヘドロ」には、リグニンが溜っている。

和紙で巨大「風船爆弾」：現在、和紙は、貴重な世界文化遺産である(22-3)。しかし過去、太平洋戦争末期、和紙産地に、女学生も動員された。和紙をコンニャク糊ではり合わせ、秘密兵器「風船爆弾」が製造（９千発）された。約千発が米国に飛び、死傷者や山火事も起したとされる。この秘密兵器開発は、陸軍では登戸研究所で行われた。現在は、明治大学平和教育登戸研究所資料館で、2010年開館され展示がある。

ここで研究のスパイ生物化学兵器は、無色・無味・無臭の毒薬の開発と、中国で人体実験だったとされる。非人道、恐るべき秘密研究である。作物を枯らす昆虫や細菌の開発、また風船爆弾や偽札も製造された。ここに理工系の人材、日本のトップクラスの大学教授も動員されていた。

和紙も「戦争はノー」：風船爆弾は直径10mもあり、高度１万m、零下50℃で偏西風に乗せ、9000km飛ばしたとされる。科学技術者や女学生も戦争にのまれ「戦争に勝つため」に、人間性も失わされた。和紙は、現在は世界文化遺産だが、戦争では人を殺し文化の破壊に使われた。本来、和紙は「戦争ノー」、その方向でこそ、久しく百年、千年と輝くのだろう。

日本学術会議の声明：「軍事研究は行わない」旨の声明である(2017年)。これは、1950年と67年の２声明を継承して、前大戦の科学者の戦争協力への深い反省が込められている。今回の声明には、再び同様の事態への懸念がある。防衛庁の研究制度も、「政府による研究への介入が著しく問題が多い」とし「民生分野の研究資金の一層の充実」こそ必要と提起している。さらに「研究成果は、時に科学者の意図を離れ軍事目的に転用され、攻撃的な目的にも使用されるため、まずは入口で研究資金の出所等で慎重な判断が求められる」とする。

ここには民生が軍事に転用される「デュアルユース」問題も含まれる。また軍事研究は、「社会とともに考え続けなければならない」とする。現代戦争は核兵器を含み、人類の死滅の危険もある。研究者は、社会的責任や倫理も厳しく問われる。この声明はガリレオの説く「科学の使命」ともつながる(22-4)。

政府による圧力：菅首相が発足早々、日本学術会議の数名の会員の任命を拒否した。理由もつけず強権的介入である。これには国内から反対の声が多くあがったが、英科学誌『ネイチャー』でも問題視されている。学術会議は、学問の自由の保障のもとに、科学の成果を社会に生かす組織である。この科学や専門家を尊重しないで、当面の重大課題「コロナとの闘い」に有効に対処できるのか。感染拡大、切迫する救急医療に不安が強まり、「後手後手」の政府に強い批判がある。

日本の森林：日本は、国土の約７割が森林、四季の変化も豊かである。森林は大気の浄化、地球温暖化の抑制、また水源として一層大切になっている。生存に不可欠な「大気と水」、そして国土を維持している。不法伐採の外材の輸入を止めると、日本の林業も守れるという。日本では、木質バイオマスも、住居をはじめ、燃料や生活素材に活用されてきた。その伝統もある。森林は巨大な価値を持つ持続的資源である。新技術開発とバイオマスの有効利用が、強く期待される。化石燃料の大量消費では、資源はやがて枯渇する。温暖化などで、地球環境の維持も難しくなる。

森林は「自然のダム」「樹木の貯水」：樹木の「強さ・重さ・軽さ」は、強い細胞壁で固められた構造による。水も大量に保たれる。通常、木のセルロースには、30％程度の結合水がつくとされる。もっと多くの自由水もある。この水はセルロース、リグニンの性質が相補い保たれる。親水性のセルロースばかりでは、水が洩れる。またリグニンのみでは、柔軟性に欠け、ひび割れで水が保てない。

「森林の木々」では、保つ水は何百、何千トンだろう。この水は高山でも、高く引上げられ、安定に保たれる。特に「ブナの木」は「水がめ」だ。大きなブナは、一本あたり稲田一枚分の水を保つという。また日照りでは、葉から大量の水が蒸発し、気温が調整される。森林は、「自然のダム」「緑のダム」といわれ、生命の水を保ち環境も調節する。「自然のダム」は山の上、「人工ダム」は山の麓。それぞれの役割を担っている。

法隆寺の「伝統の美」「樹木の寿命」：法隆寺は、世界最古の木造建築で世界文化遺産である。東アジアの仏教木造建築と飛鳥文化を伝える。五重塔は、下層から順に「土・水・火・風・空」を表し、九輪から頂上の宝珠に至る。この「法隆寺を支えた木」－五重塔の心柱（中心の柱）は、「檜の古材」という。これは1400年経ながら、新材より強いとされる。けやきと檜は建材として強く、実験によると、加工後にも強度を増すという。長い年月の熱変化で、セルロースの結晶領域が増えるとされる。

最古の木造建築を生んだ「日本の伝統技術」は、世界の誇りである。一般に、木造の三重塔や六重塔は、台風や地震にも強いとされる。これらの塔は各階独立で、中心に心柱がある。振動実験では、各階は互い違いに「くの字」形に揺れ、心柱は動かない。「法隆寺の強さ」の秘密は、木材をよく知り、柔構造で生かした伝統技術にある。

▶ 五重塔

廃材の「水熱反応」「分解や再利用」：廃材は、「材質の強固さ」から再利用は難題である。これまで木材は、「アルカリや酸」で分解され、セルロースから「パルプや紙」が作られる。しかしリグニンは廃液にまじり、利用が難しい。最近、この壁を越える「水熱反応」がはじまったという。具体的には、木材を細かく砕いて水にまぜる。それに数十気圧をかけ、200 ～ 300℃で加熱する。これで木材は完全に分解され、液状化、油状の層が分離して浮くという。

この液はリグニンの分解物で、残る液はセルロースが糖に分解したものである。それぞれの溶液から、「木質プラスチック」と「アルコール燃料」が作られる。このプラスチックは「油や熱」に強く、「時計の歯車」も作れるらしい。高温高圧下では、水分子の分解力は極めて強い。

「バイオマス」の有効利用…水熱で「木の強化」：バイオマス」は、林業や農業で生産される有機物で、木くずやごみなども含まれる。この有効利用では、燃料がえられ、発電もできる。化石燃料も、元はバイオマスである。問題は効用だが、「水熱反応法」は酸・アルカリの方法に比べクリーンである。そして木材は、バイオマスとして「捨てるところのない」とされる。なお、「水蒸気圧縮法」もあり、「木の強化」の現代技術という。木を水蒸気で蒸し、高圧をかけて固化するのである。この方法で、杉が欅のように強化され、「杉の木目」も生かされるという。

「森林産業のノーベル賞」「ナノファイバー」(CNT)：草木の細胞膜や繊維はセルロースである。果物や穀物の糖やデンプンとともに、糖類で、葉の葉緑素で光合成される。また日常「衣・食・住」で広く使用する。この木の繊維をほぐした素材がセルロース・ナノファイバー (CNT)。太さは髪の毛の約１万分の１で、極細い。この省エネ製作法の発見で、東大の磯貝明教授らが、アジア初の「森林産業のノーベル賞」に輝いた。

これまで、製紙などパルプ利用では、高温、高圧で強い酸・アルカリの薬品が使われた。1990年代に触媒を使う方法が試みられたが、悪戦苦闘している。その後06年に、パルプをミキサーにかける方法で、常温・常圧のままほぐし、CNT

の取り出しに成功したとされる。CNTは、硬軟の性質で、用途は広い。強さや軽さは、炭素繊維に匹敵する。軽い自動車部品や包装材、紙おむつなどにも利用できるといわれている。

「白い紙」「透明の紙」：通常、紙は白い。紙の繊維「セルロース」間は、「水素結合」で接着剤なしで結合している。しかし、数ミクロン程度のすき間があり、空気や湿気は通る。また、太陽光の乱反射で、紙は白色である。ところが最近、細胞膜の機械・化学処理で、極微の「ナノセルローズ」(4〜15nm)が発見された。この繊維による紙「ナノペーパー」は透明、軽く柔軟で強固、耐熱・絶縁性で電子デバイス用に期待される。水素結合の密度も高く、すき間も強固に埋まる。紙の新機能で期待されている。

硬軟の木の利用：木からナノファイバーの取り出しで、木の利用法が増えたらしい。柔軟な製品で、紙オツや電子機器などに用いられる。強固では、プラスチック、強化タイヤや軽い車体などにも使われるという。もともとセルロースには、親水性と疎水性の部分があり、分子間の結合は、主に水素結合とされる。パルプにミキサーの効果は、まだ分かりにくいいが、帯電が起こる場合、水分子の双極性から、帯電物をほぐす効果もあるだろう。水は、容易にはイオン化しないが、高速回転では可能性もある。入道雲は「もみくちゃ」になると、雷が発生する。つまりイオンが発生、分離して、集積する。雷も発生する。

22-4　ガリレオの「新科学対話」「スケール効果」…木は「天まで」伸びる？

童話「ジャックと豆の木」は、天まで伸びる高さと勢い。子どもにも魅力だろう。高く上ると、はるかな景色が望める。おいしい実もあるかも知れない。しかし通常「木のぼり」は、数mでも大変だ。だんだん力が抜けて危なくなる。高くなると風も吹く。「猿も木から落ちる」という。「木のぼり」はさておき、木はどこまで高く伸びるだろう？ この木の「高さの限界」は、ガリレオ(伊)により「スケール効果」で解かれている。

世界最高の巨木…「木の高さ」の限界は？：「巨木の最高記録」は、カルフォルニア杉のセコイアで、110m余りといわれる。セコイア国定公園の「シャーマン将軍の木」は「地上最大の巨木」とされる。体積は約1500立方m、推定樹齢は2300〜2700年という。巨木が並びそびえているらしい。日本にも、50mを超す杉がかなりあるという。これらを身近で見ると、木は「天まで上る」迫力だろう。

木の「高さの限界」をどう見積るか？

ガリレオの「新科学対話」「科学革命」：木の高さの問題は、17世紀に解明され、ガリレオ『新科学対話』には、「スケール効果」の話がある。ガリレオ（伊）はニュートン力学の基礎を築き、「近代科学の祖」といわれる。コペルニクスの「地動説」を支持したため、宗教裁判で有罪となった。しかし『新科学対話』は、その迫害を超越した内容だろう。晩年の軟禁や娘の死、失明を前に、精魂をこめて書かれ、外国で出版されたといわれている。

▶ 晩年のガリレオ：『新科学対話』は宗教裁判で有罪となり、晩年の幽閉中に書かれたとされる。逆境を超越した内容だろう。厳密な科学書であるとともに、わかりやすく書かれた文芸書といわれる。また2009年はガリレオの望遠鏡観察から400年目の「世界天文年」である。自作の望遠鏡で世界を変える驚異的な発明をした。

これは「科学の書」であるが、同時に会話による文芸作品ともいわれる。性格や考えの異なる３人が登場、科学や数学、哲学などの対話で、事実や論理をつきつめている。しかし対決的な論争ではなく、基礎からの対話なので、分かり易い。なおこのガリレオ裁判では、前ローマ法王パウロ二世が誤りを謝罪した（1983年）。

ガリレオが語る「スケール効果」「自然が分かる手段」：この効果」は、同じ形でも、スケール（大きさの尺度）により効果が変わることである。例えば、同じ形では、長さが２倍になると表面積は「タテ×ヨコ」の２乗で、２×２＝４（倍）、体積は「タテ×ヨコ×タカサ」の3乗で、２×２×２＝８（倍）に変化する。この効果は、動物、植物の大きさ、重さ、耐圧、それを支える筋肉にも関係する。この効果によると、木の高さが２倍になると、体積や重さは８倍に急激に増える。それに応じ底面にも強度がないと、自らの体が支えられない。底面は４倍なので、８倍の重さに耐えられない。

木の「高さの限界」：ガリレオの「スケール効果」による計算では、「高さの限界」は約100m。現存の巨木の最高記録はカルフォルニア杉のセコイアで、110m余りといわれる。計算とよく合っている。高さの限界を決めるには、木の強さの実験も必要であろう。なお同じ重さでは、中空の方が曲げに強い。実際「竹や麦」の茎は、軽い割に折れにくい。特に、竹は丈夫な材料の代表で、曲げに強い節もある。

「算数や図形」の力：ガリレオは、「自然という書物は数学の言葉で書かれており、その文字は三角形、円、その他の幾何学的図形であり、それらの手段がなければ、人間の力ではその言葉を理解できないのです」（偽金鑑識官）と語る。数学は、「１、２、３…」の算数や、「○や△や□…」の図形ではじまる。三角定規など大いに役立つのである。

現代の子どもにも、この「算数や図形」は遊びからはじまり身近なことだろう。ガリレオは、その手段を習得して、自然と対話すると、人間を超える力も出せると語る。「数学や論理」「科学の力」だろう。天才の知恵も、その辺りからはじまるらしい。ガリレオは、実験と考え（論理）を、科学の方法として強調して、自ら実行した。

広く働く「スケール効果」：「クジラ・昆虫」の動きにも関係する。クジラは、「地球最大の動物」である。過去の巨大恐竜よりも大きい。広い海を自由に泳げるのは、「水の浮力」が全体を柔軟に支えるためである。体重と浮力は。体積に比例するので、大きな重いものでも、同様に浮力が働く。スケール効果である。このクジラの上陸には、トラックのような足が多数必要となる。通常の筋肉では、体重が支えられない。バッタ、カブトムシやアリなどの昆虫は、それぞれ強い。高くジャンプしたりして、自重の何倍もの重さを軽々と動かす。超能力のように見えるが、昆虫は小さいので動ける。しかし、人間のように大きくなると、昆虫の脚は自重に耐えられないだろう。

飛ぶ「種・チリ・雲」：タンポポ、キク、アザミ、ススキ、モミジやマツなど、種子は風とともに遠くに飛んでいる。子どもも、タンポポの綿毛を吹いて遊ぶ。「パラシュート型」で「フワフワ」だ。モミジやマツは、種に薄い翼がある。昆虫の薄い羽と似ている。風に揺られて回って飛ぶ。なおチリは羽根なしに飛んでいる。水も微細な水滴－水玉になると、雲として空高く「ポッカリ」浮く。

自然と論理の理解：自然ではいろいろな現象や出来事が起る。森羅万象といわれ、不思議も多い。そこでは、子どもから大人まで、「なんで？」「どうして？」など、疑問が起り、対話や交流がある。素朴な問いからはじまり、理屈や理由も問われる。これは「論理性」といわれる。また科学では、原因や将来予測も問われる。これに応え科学では、考えや論理の正しさを、実験で検証されなければならない。そこまで確かめると、科学は信頼されるだろう。

科学は「万人のもの」：科学の分かる方法やレベルは、「子どもと大人」など、さまざまだろう。しかし、科学は誰でも分かる「万人のもの」である。科学は、具体的事実や実験で確かめられる。これは、理解の大きな助けになる。「ウソ」「ゴマカシ」は必要ないので、分かり易くできる。とりわけ学校の理科、その基礎教育はそうだろう。まず問い、考えと論理が大切になる。

ただ現代では、天気や地震をはじめ、将来予測には確率も入る。科学では「原因と結果」が「１対１」で正確に決まる場合に留まらず、確率の入る場合に広がっている。そして「確率は科学」として大切になった。ただ確率は、「ゴマカシ」にも使われるので、注意が必要になる。

科学の使命…「科学や技術」は「両刃の剣」：ガリレオは、「論理や科学」の力を語るとともに、「科学の使命は、人間の幸せに役立つことだ」とも語る（ブレヒト『ガリレオの生涯』での言葉）。重い言葉で、現代では科学や技術の使い方を誤ると、「人間の幸せ」どころではない。自然や地球、人類の破滅にもつながる。特に非人道の核兵器、原発の事故「メルトダウン」、また地球温暖化も地球規模に広がっている。これはガリレオ時代と異なる現代の危機だろう。

科学や技術は、人間にとって「正と負」「善と悪」の二面を持ち、両面とも極めて強力である。現代社会では、科学と実用の間が縮まっており、科学と技術の区別は難しい。科学も「両刃の剣」で「悪」にも急速に転化する。この正負両面を分かり易くして「人間の幸せ」の探究、平和と地球環境の維持が極めて重要になった。

諸学会の行動：日本物理学会は「行動規範」を決めて、会員の使命、責任や権利の自覚をうながした（2007年）。使命は、「真理の探究」「人類の福祉」に資する「科学技術の発展」などである。また行動規範は、社会での「使命と責任」「公開と説明」「研究活動」「共同研究」「研究環境の整備」「人材育成、教育活動」「差別の排除」などとされる。学会全体の日本学術会議では、「科学者憲章」（1980年）で「人類と平和に貢献」「学問の自由を擁護」などが謳われている。

現在さらに、「行動規範」が必要とされ、新草案が議論されている。最近、学術会議は前大戦を振り返り、「軍事研究は行わない」と、決意を表明した（22-1）。また「原発のあり方提言」で「原発は工学的に未完の技術」「再生エネルギーを基幹的エネルギーに」と強調した。

22-5　木の「分子ポンプ」の話…水は「木のぼり」上手？

一般に、高い所に水を引上げるのは大仕事で、エネルギーがいる。山登りでも、水運びは大変だ。水漏れしない容器も必要となる。森林は、その水運びを静かに続けている。樹木は、ポンプもなしで、水を引上げている。水は、巨木も登る。「木のぼり」上手か？　子どもの頃は、木のぼりでよく遊んだが、巨木は仰ぎ見るのみしかできない。その巨木を、水は静かに上るのである。これは日夜を通して行われており、珍しくない。しかし何が、また誰が水を運ぶのか、不思議は続いている。

水の「木のぼり」の不思議：草木の水は、根から吸上げられ、幹の導管や仮導管を通って上下に動く。そしていろいろの働きの後、水は、「葉の気孔」から大気中に蒸発する。天気の時は、蒸発量は大きい。特に夏の「カンカン照り」では、草木は大量の水の蒸発で、体を冷して守るとされる。この蒸発の勢いで、水も引上げられる。また根にも浸透圧があり、水を吸収する。この圧力で水も押上げられる。この「葉と根」の働きで、水が上昇するともいう。しかしこの仕組みで、水は巨木を上れるか？ 幹にも水があり、とても重い。

水は「木のぼり」上手!?：「葉や根」には、水の押上げ・吸上げの「機械的ポンプ」はない。また機械ポンプの能力は「井戸水のポンプ」とほぼ同じである。水は約10mの高さしか引上げられない。力学では、「水の上昇限界」は大気圧で決まっている。根での浸透圧は、大気圧も超えるが、根の表面膜の強さなどの制限がある。水を何十mの高さにまで押し上げられない。それでも、水は「巨木を上る」!? なお「浸透圧」は**19-4**。

「分子ポンプ」「プロトン・ポンプ」：水の動きで注目されるのは、木全体にある微細な細胞である。その細胞膜には、極微の「分子ポンプ」、特に「プロトン・ポンプ」がある(22-5)。これは蛋白質のポンプで、数千個の原子からなり、ナノメートル(10億分の1m)の大きさである。草木の「水の通路」の導管や仮導管も、「一本道」の「チューブ」や「水道」ではない。

細胞は、小さな細胞で仕切られており、水の「出し入れ」は、極微の細道「分子ポンプ」になる。「プロトン」は正電荷の陽子で、水中では、水素イオン(H^+)として電気も運ぶ。そして「プロトン・ポンプ」は、細胞へプロトンを出し入れするが、合わせて水分子も運ぶ。水は双極性分子でイオンと結合しやすい。

分子ポンプと機械ポンプ：プロトン・ポンプが働くと、電流が流れ、細胞膜内外に電位差が作られる。つまり、電気力や電池作用が起こる。この電気力は機械力と異なり、微細に働き、イオンや水分子を一個、一個を強力に動かす。水は力学的な機械力だけでなく、電気化学的な作用で細胞間を動くことになる。これは水の「木のぼり」「水の馬力」になるであろう。機械的ポンプと分子ポンプは、大きさや個数、働き具合も大きく異なる。

水の「木登り」術：巨木の「分子ポンプ」の働きは、実験や計算になりにくい。しかし、単純な類推はできる。高い山や高層ビルでも、水は運べる。一本のパイプで一気には運べないが、少量ずつ多数個に分割して、一服しながら「ジワジワ」段階的に運べばよい。「巨木の水」も同様だろう。水も、巨木を一気には登れないが、分子ポンプは無数で昼夜にわたり働く。細胞間を動く水は極微だが、無数の分子ポンプが連動すると、その量と働きは巨大になる。

分子ポンプ全体の働きで、水は細胞間を「ジワジワ」と、大量に上る。通常、水は水素結合で連結しているので、動きにくい。しかし「分子ポンプ」では、水分子ごと切断が繰り返され、細胞間を通過するらしい。この可能性は、生物細胞で、最小の「水の道」「イオンの道」の研究に出されている。細胞の「水の道」などは、最近のノーベル賞研究である(23-2)。

22-6　風雪の巨樹を訪ねる…杉・桜・ぶな、世界遺産「屋久島と日光」

巨木・巨樹の中で高位は、樹齢では杉、桜、太さでは楠やしいとされる。高さでは杉、いちょうやけやきが多い。環境庁の調査(2001年)では、巨木・巨樹は、全国で6万本以上ある。種類は約70種という。また巨樹は、地上1.3m(目の高さ)の位置で、幹周りが3m以上の樹木とされる。巨樹は、風雪に生き抜いた生命力がある。また森林は、大気を清浄化し、水を大量に保つ。人間に安らぎや大切な木材を与え、不思議な働きも多いだろう。「木の精」「こだま」「森の魔術師」もすむという。しかし現在、日本の巨樹の衰えは深刻だ。原因は大気汚染、地球温暖化や獣害とされ、それぞれ保全対策が必要とされる。

「縄文杉」：鹿児島県屋久島は、世界自然遺産である。縄文杉は国天然記念物、島の「守り神」だ。屋久島は、準亜熱帯湿潤多雨の島で、動植物が多様とされる。周囲16.4m、高さ25m、樹齢2180年以上である。放射性炭素の測定法では、樹齢は現存部分が2180年、空洞を考慮して3500年とされる。樹齢3000年という「大王杉」「紀元杉」、2000年の「翁杉」、「夫婦杉」(夫2000年、妻1500年)、1800年の「仏陀杉」「二代大杉」…樹齢千年以上の杉が約2千本という。

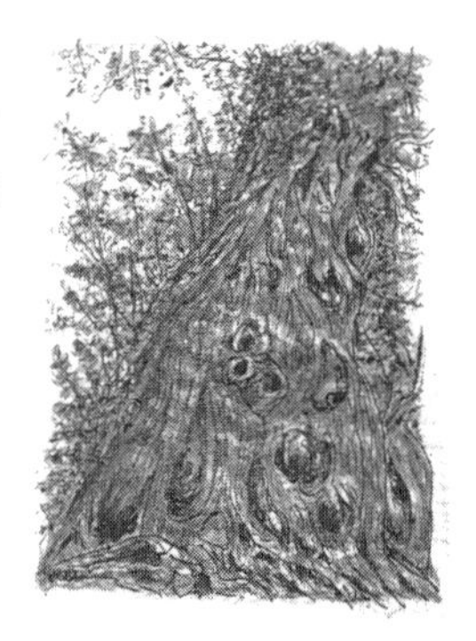

▶ 縄文杉：屋久島に自生する最大級の屋久杉。天然記念物。

屋久島は、年間降雨量1万mm、東京の約6倍である。この中で、巨樹が表情も豊かに個性的に育ったという。年輪は緻密で、樹脂が多い。屋久島は花崗岩の岩山である。そこに水を保ち大樹も育てたのは、まず地衣類やコケ類とされる。スギゴケは、杉の葉のような形で一面に繁り、各地の森で見られる。コケの地面には、段々と大きな植物も育った。何千、何万年の歴史を担っている。

仰ぐ杉「巨樹や美林」

「杉の大杉」：高知県／特別天然記念物。15.6m、57m、3000年。

「将軍杉」：新潟県／天然記念物。19.3m、1400～2000年。

「杉沢の大杉」：福島県／国天然記念物。12m、46m、1000年。

「岩倉の乳房杉」：島根県・隠岐の島／天然記念物。9.7m、38m、800年。

「蓬莱寺山の傘杉」：愛知県／天然記念物。8.1m、61m、800年。

「大氷川の三本杉」：東京都で最高の樹高。奥多摩の奥氷川神社の神木。３本に分岐し真直ぐ伸びる。樹齢約650年、樹高約50m。

「清澄の大杉」：千葉県／国天然記念物。14.6m、42m、400年。

「きみまち杉」：秋田県／植物群落保護林。5.2m、58m、250年。日本で一番高い杉。秋田の「スギ林」は木曾の「ヒノキ林」、青森の「ヒバ林」とともに「日本３大美林」。また「秋田杉」は奈良の「吉野杉」、大分の「日田杉」とともに「杉の３大美林」。京都の「北山杉」も美林で「重要文化的景観」。

「日光の杉並木」：栃木県には、樹齢370年の杉が１万本以上ある。この杉並木も世界文化遺産である。総延長約37kmで、「世界一長い並木」とギネスに認定されている。江戸時代は約５万本あったといわれている。

世界文化遺産「日光と文化的景観」：日光は徳川家康の墓地で、約千二百年前の建造物である。日光東照宮、日光二荒山神社、日光山輪王寺には、国宝９棟ある。重要文化財は94棟である。これらを取り巻く文化的景観が、世界世界文化遺産である。表玄関は、大谷川にかかる朱塗りの「神橋」である。日本三大奇橋（山口・錦帯橋、山梨・猿橋）の一つで、「はね橋」形式で日本最古とされる。東照宮はきらびやかな建築である。有名な三猿は、子どもは悪いことを「見ざる聞かざる言わざる」がよいと教える様子とか、いわれる。「眠り猫」「鳴き竜」など、５千余の精巧な彫刻が並ぶ。全て７色の岩絵具という。宝石などの粉で、紫外線を通さず長寿命とされる。白い貝の粉、漆塗りは彩色の世界である。漆は、木材の保護と美観に使われる。日本産は貴重品で、主に岩手県産とされる。

輪王寺：比叡山などと並ぶ「天台宗の三本山」である。薬師堂の天井には、「鳴竜」が描かれ、さまざまに鳴くという。拍子木の打ち方や聴く位置で微妙に変わるらしい。「リ　リ　リン…　シュワシュワ…ルルル…」と澄んだ響きである。

また「ビョビョーン」とほえる凄みも…。輪王寺・逍遥園は、水面にも映る紅葉の名所だ。神社の「杉並木街道」は、「道・街路樹の百選」に選ばれている。曲りくねりの「いろは坂」も、「道百選である。秋は、朱や黄、紅葉が広がる。「日光を見ずして　結構というなかれ」（詠み人知らず）。

日光国立公園：霊峰・男体山（百名山）、中禅寺湖や「華厳の滝」「霧降の滝」「裏見の滝」など、「日光四十七滝」がある。四季とともに表情が大きく変化する。日本は「楓の王国」とされるが、日光「いろはもみじ」は周囲3.14m、高さ18m、樹齢2百年の巨木だ。日光の東は鬼怒川、龍王峡や鬼怒川温泉。鬼怒川の渓谷、「象岩」「ゴリラ岩」などの奇岩は溶岩台地の浸食とされる。そこを「鬼怒川ライン下り」が通る。日光街道を東に向かうと「杉や櫻」の並木で「街路樹・櫻・道」の百選とされる。

▶ 那智の大滝：熊野の原生林からとどろく滝。「音の風景」百選。

宇都宮では、大谷石や鹿沼土が有名である。大谷石の山は、国の名勝で、「陸の松島」といわれる。大谷寺、観音様や磨崖佛などが岩の中にある。「鹿沼ぶつかり祭り」は、江戸の伝統、国の無形文化財とされる。龍や獅子の豪華な彫り物を乗せ、屋台が笛や太鼓で賑やかに動く。

春は桜…「野にも山にも」

「山高神代ザクラ」：山梨県／国天然記念物。日本最古最大のエドヒガン桜。開花は農耕のサインで農事暦。周囲13m、高さ９m、樹齢1800年。

「根尾谷淡墨桜」：岐阜県／国天然記念物　エドヒガン桜。蕾は淡紅、満開は白、散る時は薄墨色に変化。10.5m、27m、1500年。

「三春滝桜」：福島県／国天然記念物。ベニシダレ桜。7.9m、19m、800年。近くの永泉寺の枝垂れ桜は姉妹樹とされる。

「高玉薬師堂の桜」：山形県の天然記念物。推定樹齢1200年で「置賜さくら回廊」の最古木。この回廊は山形鉄道そいに数十キロ続き、鳥帽子山千本桜」「久保の桜」「釜の越桜」「最上川堤防の千本桜」などがある。

「久保の桜」：山形県／国天然記念物。別名「お玉桜」。高さ16m、樹齢1200年。

「阿智村の一本桜」：長野県　エドヒガン桜。別名「駒つなぎの桜」といい、源義経が駒をつないだという。樹齢800年の巨木。

「醍醐の桜」：岡山県／県天然記念物　エドヒガン桜。7.6m、15m、700年。この桜は御醍醐天皇の「島流し」の頃の伝説がある。

「ひょうたん櫻」：高知県／県天然記念物　蕾がひょうたん形。8m、30m、500年。

「常照皇寺の九重ザクラ」：京都府／国天然記念物　シダレ桜。4.6m、410年。

「越代の桜」：福島県／ヤマザクラ。7.2m、20m、400年。

「盛岡石割桜」：岩手県／国天然記念物　エドヒガン桜。23m、1.7m、350年。花崗岩を真二つに割る桜。少しずつ石を広げているという。

ツツジ一面…赤や白、明るく華やか

「ツツジの群生」：群馬県の「つつじが丘公園」には、山ツツジや大山ツツジなど約58種、1万株が咲く。群馬・赤城山は「百名山」、レンゲツツジと山ツツジも咲き誇る。浅間連山の湯の丸高原は、レンゲツツジ80万本の群生（天然記念物）である。長野・那須高原には樹齢300年以上、3万株ほどのゴヨウツツジが群生し、純白の花が咲く。八幡温泉の群落は、約10万株で赤い花である。

奈良・葛城山は、「一目百万本」のツツジに燃えるという。徳島・高越山の船窪ツツジ公園は、1万2千株の「オンツツジ群落」で、国の天然記念物になっている。北海道の活火山恵山にも、60万本のエゾヤマツツジやドウダンツツジが咲く。長崎・雲仙の仁田峠は、ミヤマキリシマ（雲仙ツツジ）が10万本もある。長崎県花である。東京都の「練馬ツツジ公園」は、約600種、1万株で樹齢百年、高さ3mもある。区の花だ。ツツジは、各地に広くあり親しまれている。

藤の花は野にも山にも…静かで優雅に垂れ下る

「春日大社の藤」：奈良県／春日大社は原生林に囲まれ自生の藤が多い。藤は平安時代の藤原氏のシンボルである。「砂ずりの藤」は、樹齢800年といわれ、多くの人が訪れる。

「牛島の藤」：埼玉県にあり、国の特別天然記念物である。樹齢1200年余、面積7百平方mに広がる。

「大フジ棚」：栃木県の「あしかがフラワーパーク」では7種の藤が約300本。薄紅、紫、白、黄と順々に楽しめる。重要文化財天然記念樹の大藤（樹齢140年以上）をはじめ、八重黒龍藤、野田白藤、黄花藤などである。中央には大フジ棚があり、幹周り約4m、広さ250～500畳分の枝ぶりで、約2mの花房が薄紫に揺れる。この大藤の移植を成功させた女性樹木医は、「人も木も命として同じ」「自然に学ばさせてもらう」という。みごとな樹木は、「樹木と人」一体で支られている。

藤の花は日本各地の山を色どり、垂れ下がる。どこからか「藤娘」も現れるような雰囲気である。平安時代の随筆「徒然草」の清少納言によると、藤は「あて（上品）なるもの」という。なおフジは大豆などとともにマメ科植物で、根粒菌と共生、窒素同化作用も進めている。マメ科植物は貴重な蛋白質も生産しており、動物の世界を広げるのに、大きく役立っただろう。動物の体は大部分が蛋白質とされる。

ブナは「水たっぷり」…「若葉と紅葉」で輝く

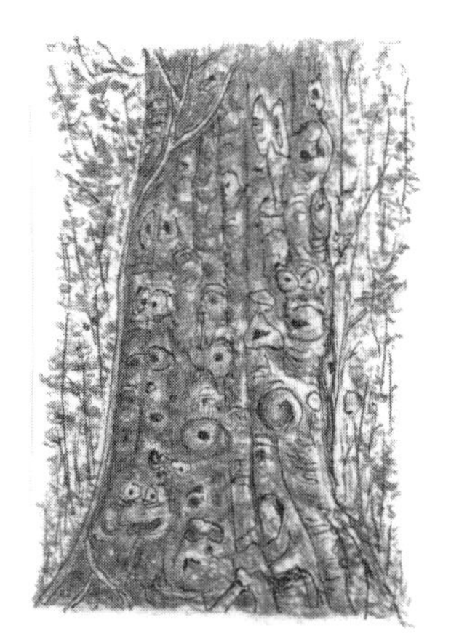

▶ ブナ「白神のシンボル」：白神山地は世界遺産。

「白神のシンボル」：秋田県の白神山地にある4.8m、26m、400年の樹木である。岳岱自然観察教育林の「森の巨人たち100選」に選ばれている。秋田・青森の白神山地「ブナの森」は、世界自然遺産である。春の若葉、青葉、黄色の紅葉。ブナは「水たっぷり」で、柔軟で強い。家具などが作られる。　図アリ。

「日本一のブナ」：秋田県／8.6m、4m、樹齢700～800年である。白岩岳中腹にあり、穏かな威厳を持つ。

「あがりこ大王」：秋田県／7.6m、25m、樹齢300年で、「日本一太い」ブナともいい、鳥海山獅姿である。湧水「出壷」湧水池には、苔「鳥海マリモ」もある。鳥海山は日本の「百名山」にあげられている。

クス（楠）は堂々…「大きさ一番」

▶ 蒲生の大クス」

「蒲生の大クス」：鹿児島県／国天然記念物。周囲33m、高さ27m、1500年。全樹種で「大きさ日本一」とされ、後には八幡神社。年約十万人が訪れるという。幹の下部には約8畳敷きの空洞がある。枯死の危機は「樹木の手術」や「土の改良」などで生き返った。

「川古のクス」：佐賀県／国天然記念物。21m、25m、3000年。

「武雄のクス」：佐賀県／市天然記念物。19m、30m、3000年。

「阿豆佐和気神社の大クス」：静岡県／国天然記念物。18.3m、36m、2000年。

「大宰府神社の大クス」：福岡県／国天然記念物。14.6m、33m、2000年。

「本庄の大クス」：福岡県／国天然記念物。1.2m、27m、1900年。

「加茂の大クス」：徳島県　国特別天然記念物。樹高28m、枝は東西50mに広がる「大クス公園」。

「山王神社のクスノキ」：長崎県／樹齢400～600年。原爆で神社は全壊、2本のクスの巨木が生き残り再び芽吹いた。市民に守られ千羽鶴に飾られ、子ども達のかくれんぼの場所になってきた。小鳥のさえずりとともに「平和の祈りを包む葉音」が広がる。

イチョウは「黄色の葉っぱ」…風で「ヒラヒラ」「生きた化石」

「北金ヶ沢のイチョウ」：青森県／国天然記念物。22m、40m、1000年以上。「垂乳根のイチョウ」とよばれ、出産・授乳に御利益という。気根が発達、地面に向って伸びている。

「苦竹のイチョウ」：宮城県／国天然記念物。8.2m、35m、1000年。

「法量のイチョウ」：青森県／国天然記念物。14.3m、33m、1000年。

「長泉寺のイチョウ」：岩手県／国天然記念物。14.8m、25m、1000年。

「菩提寺のイチョウ」：岡山県／国天然記念物。12.5m、42.5m、850年。

「善福寺のイチョウ」：東京都港区／国天然記念物。10.4m、20m、750年。

「ケヤキとカツラ」「モミとカヤ」…若葉と高い木質

「東根の大ケヤキ（欅）」：山形県／国天然記念物。15.7m、26m、1000年。

「三恵のケヤキ」：山梨県／国天然記念物。14.6m、20m、1000年。

「白山神社の大ケヤキ」：東京都／国天然記念物。拝殿に2本。1083年、源義家が奉納という。近くに練馬区「けやき公園」もある。

「赤谷十二社の大ケヤキ」：新潟県　県天然記念物。10m、46m。社殿を見下ろす高さと勢い。

「森の神様」：桂（カツラ）。北海道／11.5m、31m、900年。大雪山麓。一度倒れ、その株から3本になって萌芽、四方に広がった。

「コモチカツラ」：石川県／15.6m、43m、1000年。

「権現山の大カツラ」：山形県／13.4m、25m、1000年。

▶ 東根のケヤキ：日本最大といわれる。幹の周囲は15.7m。

「太郎モミ」：栃木県／5.3m、30m、350年。

「ハリモミ純林」：山梨県／国天然記念物。富士山麓に数千本。樹齢350年もある。

「横室の大カヤ」：群馬県／14m、24m、1000年以上。天然記念物。

身近な「ドングリ・トチ・クリ」

「志多備神社のスダジイ」：島根県／11.4m、20m。地上約3m付近から四方に張り出す枝には、「八岐大蛇藁の大蛇が巻きつけられる。毎年「総荒神祭り」で奉納という。

「御蔵島の大ジイ」：東京都／13.8m、24m、800年。「日本一のシイノキ」とされる。

「吾妻のミズナラ」：山形県／7.2m、30m、500年。

「大山のミズナラ」：鳥取県／7.3m、20m、400年以上。

「小黒川のミズナラ」：長野県／国天然記念物。7m、20m、300年以上。幹が捩れて広がる。

「千本ナラ」：北海道／4.8m、18m。国定公園暑寒別連山　新日本名木百選大木3本並ぶ。。

「アカガシ」：鹿児島県／4.5m、20m、200年。

「見倉の大トチ」：新潟県／8.5m、25m、500～800年。

「トチの木」：山地に自生。種子は赤褐色で食用。

「臥牛山のアベマキ」：岡山県／4.7m、30m、350年。

「昭和の森のクリ」：北海道／4.5m、18m、800年。

「大井沢のクリ」：山形県／8.5m、15m、600年。

「日本一のクリ」：秋田県／8.1m、300年。栗は強く三内丸山遺跡などにも使われた。

檜と松…昔から「建築で貴重」

「大久保のヒノキ」：宮崎県／国天然記念物。周囲7.8m、高さ39m、樹齢800年。

「倉沢のヒノキ」：東京都／6.3m、34m。都天然記念物、秩父多摩甲斐国立公園内。

「十二本ヤス」：青森県／7m、33m、800年以上。「ヒノキアスナロ（ヒバ）。12本に分れ魚を取る「ヤス」に似ている。新しい枝が出ても、常に12本で、「ヒバの香」の神木とされる。

「馬場山のアカマツ」：青森県／6.6m、28m、700年。

「ジャンボカラ松」：長野県／4.1m、34m、250年。

森と自然の「物語」

ソロー『森の生活』：生誕200周年（2017年）で話題となった。ソローは思索家、アメリカの片田舎、湖畔に住み隠遁者と見られた。しかし個人の自由と権利を尊重して、奴隷制や戦争に抵抗した。投獄もされたという。良心にもとづく反権力と不服従は、インド独立運動のガンジーや米国公民権運動のキング牧師にも、大きな影響を与えたとされる。森林には、多くの動植物が活動、不思議な生気や親しみがある。森林では、遊び、考えや対話もあるだろう。この本を読んだ記憶ははっきりしないが、戦後の教科書の、断片かも…。子どもの頃、どことなく、農山村での生活体験とも合い、著者・表題は、不思議に記憶に残った。

ロシアの物語「森は生きている」：巨木や森の話では、マルシャーク『森は生きている』がある。スラブの昔話「まま娘いじめ」が、もとという。ロシア(旧ソ連)の童話や戯曲である。ここには、「自然の共生と不思議」も描かれただろう。第2次大戦後、日本でも広がり、最近も復活したらしい。森の妖精も出現、「まま娘」を凍えないように助けている。娘も自然を大切にする仲間だった。ロシアの科学物語では、化学者イリーンの「人間の歴史」「燈火の歴史」「時計の歴史」などもある。イリーンはマルシャークの実弟である。どちらの著作も、森や自然、子ども達が大切にされている。その森では、妖精も活躍らしい。

西欧の科学物語「ロウソクの科学」：電磁気で天才的実験家・ファラデーの『ロウソクの科学』、物理学者ブラッグの『音の世界』や数学者スミスの『数と数学』などは有名。これらの著作にも森や川、昆虫…が生き、その中で人間が活躍している。自然への理解と共感だろう。科学では、妖精や悪魔は表に出ないが、自然の不思議や神秘性はつきない。また大人も子どもも、自然での共存が欠かせない。

森の物語や「ロウソクの科学」も、自然の成り立ちや構造を語っている。身近な自然から出発していて、子どもにも分かりやすい。ファーブルの『昆虫記』も森や自然に深く結びつき、分かり易く語る。特に『ロウソクの科学』は、現代の「地球温暖化」を考える上でも大切な内容であろう。

第23話

水の多様性とノーベル賞

水は「生命と健康」の大もと。「いのちの源」で、大切で不思議で美しい。水はいつも身近に「こんにちは」で、みんなが知っている。大地の変動と環境緩和での役割も極めて大きい。水とは何か？ 水は「大きく小さく」自由自在、さらに熱による「三態の変化」で変幻自在である。このように多様に変化する物質は、水以外に存在しないだろう。また水は、他物質と相互作用が強く、強固な岩石・岩盤も、水の作用で、長期にわたり大きく変化した。

地球誕生以来、激しい火山・地震活動、地殻変動とともに水の作用で、緑の地球が作られた。水の三態変化は「気体(水蒸気)－液体(水)－固体(氷)である」。この変化で、水の性質は激変する。水はこの変化をくり返し、地球を循環、環境を緩和・調整している。そして自然を緑に整え、動植物の活動も支えているだろう。水蒸気は見えないが、水分子「一粒の水」の集団で、大気中に大量に含まれ、天気・

天候に直接影響する。また水は、「風化作用」が強く、岩石から土も作られてきた。

水の特異性「双極性と水素結合」：水分子（H_2O）は、擬人化すると強固な微粒子で、チャーミングな「二つ目」である。目には、水素原子（H）の原子核－正電荷の陽子（プロトン）がある。他方、酸素原子（O）側は、外殻電子に包まれ負電荷に偏る。この偏り（双極性）から水分子間に電気力が働く。この電気力で水分子には、水素結合が現われ、無限に連結する。これは「水素結合網」といわれる。水の不思議な性質の大もとである。なお水分子の構造や双極性は、デバイがX線・電子線回折で解明して、ノーベル化学賞を受賞した（1936年）。

23-1　水にかかわるノーベル賞Ⅰ…「水溶液の不思議」「水・氷の多様性」「新しい科学の誕生」

ノーベル賞は世界的な賞で、「人類の福祉に最も貢献した人々」が対象とされる。「世界平和と科学の進歩」「人類文化の理想的発展」を願ったA.ノーベル（1833～1896）の遺言による。ノーベルは、スウェーデンの化学技術者・発明家・工業家である。「ダイナマイト」の発明と製造で巨万の富を得たといわれる。その発明は、道路工事、鉱山などの産業で大きな開発力で役立った。しかしやがて戦争にも使われてきた。ノーベルは、強力な爆薬を持てば、恐怖で戦争はなくなると信じていたという。しかし、戦争に爆薬が大量に使われ、甚大な犠牲となった。この中で、未来に期待して、ノーベル賞が残されたという。

A.ノーベル：「世界平和と科学の進歩」を願いノーベル賞が新設された。

ノーベル賞メダルの「二人の女神」：物理学と化学賞のメダルには、表にノーベルの横顔のレリーフがある。裏には２人の女神像がある。左に、女神Natura（ナツーラ）がベールをかぶって直立している。右には、女神Scientia（スキエンティア）がナツーラのベールを持ち上げて顔をのぞいている。これらの女神像は、ベールで素顔を隠している自然（nature）と、この姿を段々と明らかにする科学（science）の関係の象徴されている。

▶ A.B. ノーベル

ノーベル平和賞：受賞は国連機関が多い。もともと国連は、世界大戦の大惨禍の中から国際平和をめざした組織であり、平和を護ることが中心任務である。国連の第1号決議は、「原子兵器の一掃であった」。最近では、国連本体（2001年受賞）、IAEA（国際原子力機構、05年、IPCC（気候変動に関する政府間パネル、07年）が受賞した。1995年には、科学者の「パグウォッシュ会議」が受賞して、「核兵器の廃絶」をめざした。過去ではUNHCR（国連難民高等弁務官事務所、1981年、1954年受賞）、ILO（国際労働機関、69年受賞）、UNICEF（ユニセフ、国連児童基金65年受賞）などが受賞している。

ノーベル化学賞のポーリング博士（米）は、平和賞も受賞した（1963年）。これは「ベトナム反戦」「ノーモア　ウオー」の諸活動と平和への貢献による。米軍がベトナムの内戦に介入し、「枯葉作戦」などで森林も破壊して、泥沼に陥いり、核兵器使用の危険もいわれていた。これに反対して、日本でもベトナム反戦「10・21統一集会」など広く取り組まれた。最近の平和賞は、国際平和組織「I CAN（アイキャン）」が受賞した。これは、「核兵器禁止条約」成立への貢献で、共感と喜びは世界に広がった。

ダイナマイト：ノーベルの発明で、ニトログリセリンを珪藻土にしみ込ませたものである。ニトログリセリンは大きな爆発力で、油状で非常に危険である。ダイナマイトは、固体状で、点火装置をつけ安全で便利な爆薬物である。珪藻土は微細な穴の並ぶ固い土である。珪藻群が堆積・変性したもので、主成分は珪酸（SiO_2）で、土の成分である。ダイナマイトの材料になるが、削り易いので彫刻や工作などで使われる。焼き物料理の「七輪」もある。

水溶液の不思議とノーベル賞：生命と水は一体である。とりわけ水溶液は生命活動とつながり不思議が多い。J.ファントホフ（オランダ）は、「浸透圧の発見」（1886年）で、第1回のノーベル化学賞を授賞した。S.アレニウス（スウェーデン）は、「浸透圧や電解質溶液理論」（1883年）で、またW.オストワルド（ドイツ）は「溶液や触媒、コロイド化学」で、それぞれ化学賞を授賞した。これらの研究は、「水溶液の不思議」を解明し、同時に原子・分子の世界に迫っている。生命の不思議との関係も深い。

コロイド溶液：固体や液体の微粒子が分散した溶液である。生体は、大部分コロイド状態とされる。原子や水分子は見えないが、コロイドの微粒子は、顕微鏡で観察できる。「ブラウン運動」はコロイド溶液での発見である。

「ブラウン運動」の実験：この運動は、水中の微粒子の乱雑な「ジグザグ」運動で、ブラウンが花粉などの顕微鏡観察で、発見した。実験には、花粉中の微粒子やコロイドの分散粒子が使われた。

「ブラウン運動」の解明：この現象は20世紀はじめ、アインシュタインの「ブラウン運動の理論」で解明された。つまり、「水分子の衝突」によるもので、その「乱雑な働き」や「分子の世界」を広げたとされている。ここには古典力学と異なる、自然の新しい姿が現れていた。通常、運動には、「原因と結果」がある。また古典力学では、地上や天体の運動まで、正確に計算されてきた。これは、古典力学による「決定論」といわれている。しかし自然には、正確に定まる運動のほか、乱雑が多い。「花粉の乱舞」は決定論から外れ「偶然や確率」が含まれていた。

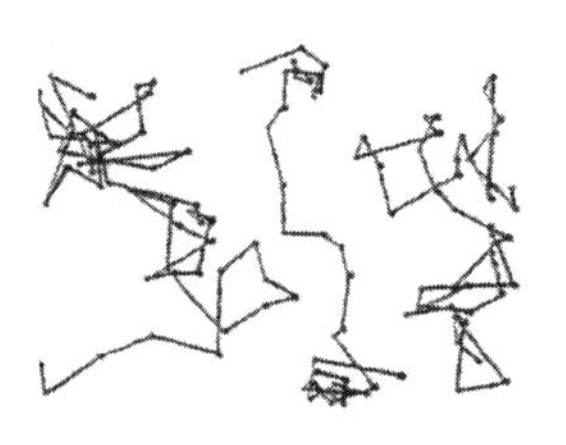

▶ 花粉の乱舞「ブラウン運動」：ペランの実験から花粉の運動例。この実験と「アインシュタインの理論」から、水分子の存在が確認された。また分子数の目安を示す巨大な「アヴォガドロ数」が見積られた。

「ブラウン運動」と「アボガドロ数」：J.B.ペラン(仏)が「ブラウン運動」から、「アボガドロ数」の決定や「分子の存在」を立証して(1908年)、ノーベル物理学賞に輝いた。理論に留まらず、花粉の微細な運動を結びつけ、巨大な「アボガドロ数」を決定した。この定数は、分子の個数を数える基準とされている。

アボガドロ数は、1モル(水では18g)中の水分子数で、約6×10^{23}個である。また18gをアボガドロ数で割ると、水分子1個の質量が約3×10^{-23}gとなる。五感では感知できない「極微と巨大」である。

なお「シャボン玉」は、光の干渉で虹色に見える。ペランは、この現象からも膜厚の最小単位(分子)を類推したという。シャボン玉と光の干渉は4-5。

氷の不思議「多種・多形・多彩」：氷は超高圧下で、どう変化するか？ この研究は、19世紀末らはじまり、P.ブリッジマン(米)で飛躍したとされる。超高圧の実験で、多様な「氷Ⅳ～Ⅷ」を作り、ノーベル物理学賞を授賞した(1946年)。現在まで氷は13種同定され、「氷のポリモルフィズム(多形)」とよばれる。普通の氷Ih(六方晶系の結晶)以外、水より密度が高い。

水分子は、水素結合で氷の結晶を作るが、この結合は「強く弱く」柔軟である。そのため、温度や圧力で伸縮、「多種の氷」に相転移する。正方晶系の氷Ⅶや氷Ⅷは、密度が約1.5の重い氷で、相転移は0℃近辺とされる。これらは結晶構造が重なる二重、組子細工や重箱型の貫入構造とされる。身近な水の「4℃の謎」も0℃近辺で起るが、まだ「世界の不思議」とされる(7-3、13-1)。

多様な氷：多様な氷の相転移は、熱や電気測定などでも検出される。特に水分子は、双極性なので、電気作用でよく回転する。このため、普通の水・氷では、低周波交流で、誘電率が約100で異常に高い。これは、水素結合が無秩序になり、水分子がよく回転、水素結合のプロトンも連動するためとされる。氷Ⅶから氷Ⅷ

への相転移では、水素結合が秩序化、水分子の回転が難しくなり、誘電率も激減する。さらに、誘電率には温度による履歴現象もある。これは、プロトン再配置に時間がかかるためで、相転移に安定と準安定の状態があるとされる。

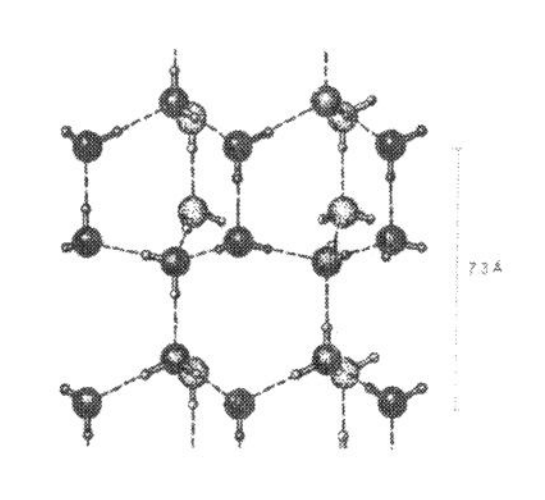

▶ 氷の結晶構造：氷は水分子が格子状に並んだ結晶である。身近な氷（Ih）は六方晶系の結晶で、底面や側面の酸素原子をつなぐと六角形や四角形が現れる。雪の結晶も六角、四角が微細に現れる。「雪の結晶」写真は多数あるが、「千差万別」で同じ形はない。単位 A（オングストローム）は 10^{-8}（1億分の1）cm。

水分子の構造と双極性：デバイが、X線・電子線回折で解明して、ノーベル化学賞受賞した（1936年）。この頃、バナールとファウラーは、水の「構造モデル」を提出した（1933年）。液体の水分子の配置について、「無秩序の中の秩序」を示した。つまり液体の水分子は、乱雑だが、水素結合で連結する。平均では、「正四面体構造」の配置とされる。この水の構造は柔軟で、多様性の大もとである（第12話）。「水と電気」の関係は**第14話**。

水の多様性「自由自在」「水素結合網」「複雑系液体」：水分子は双極性で、正負電荷の偏りがある。この電荷の引力で無限に連結し、水素結合（網）を形成する。水素結合は、「強く弱く」柔軟で、矛盾・対立する両面が相補い、多様性が現れる。生命も支える万能性だろう。まず水は、「三態の変化」で地球を巡り環境緩和、自然を緑に整え生命も支えている。水分子1個は、比較的単純ながら、集団は複雑・多様な性質になる。科学で、水は「複雑系液体」といわれる。

水・水素結合とタンパク質：L.ポーリング（米）は、「化学結合の本性と応用」でノーベル化学賞に輝いた（1954年）。この化学結合には、化合での強固な共有結合のほか、「水や氷」での、弱い水素結合も、「静電相互作用」として導入されている（23-1）。ポーリングは、「DNAのラセン構造」や「全身麻酔の機構」でも、先端的に探究した。タンパク質と水分子の相互作用、構造化や相転移が必要とされる。ここにも水素結合が関係した。

23-2 「水にかかわる」ノーベル賞Ⅱ…「水の道」「イオンの道」の発見

水は「生命の水」「いのちの源」である。生命と健康の大もとである。通常気にしないが、生物体内には、微細な「水の通路」が不可欠だ。また水中のイオンも、感覚と情報伝達に欠かせない。これらの大切さは生命の誕生以来、変わらないだろう。最近、米国のP.アグレ博士とR.マキノン博士が「生体細胞膜に存在する物質の通り道の研究」で、ノーベル化学賞を授賞した（2003年）。アグレ博士は、赤血球の細胞膜から、水だけ通る「水の細道」（水チャンネル）のタンパク質を発見（1991年）、「アクアポリン」（AQP）と名づけている。マキノン博士は、「カリウムイオンの通路「イオンチャンネル」を発見（1998年）、原子構造を解明した。これら細胞の細道は、「生命と健康」を支える「最小の道」である。この発見は、生命科学で画期的とされた。水「いのちの源」の通る最小の道になる。

画期的な発見…「生命と健康」の細道：生物の最小単位は細胞である。この細胞膜には、生命に不可欠な水や養分などの出入りの細道がある。この細道が細胞内外をつなぎ、生命を保っている。これら細胞膜の「水・物質の輸送路の発見」は、生命科学で歴史的とされる。これは、生物の活力にかかわる。この細道の存在は、昔から推定されただろう。しかし「ミクロの世界」に入り、神秘のままだった。この細道が、雑草のナズナ「春の七草」などで、多数発見された。そして「生命と健康」の維持、病気との関連など、研究は多方面に発展してきた。

細胞膜は半浸透性：生物細胞はすべて、この膜を持っている。この膜は、水は通すが、他の物質は容易に通さない。細胞が生きるには、必要な分子やイオンの摂取と不要物の排出が必要となる。この選別は、半浸透性の細胞膜で行われている。この膜で、「水の道」「イオンの道」が発見され、その仕組みが微細に解明されてきた。多彩な生命現象は、これらの道でさまざまな物質が運ばれ支えられているのだろう。生体物質の運搬は、常に水とともにある。

「水の道」「イオンの道」：生物細胞には最小の「水の道」「イオンの道」がある。リボン状のタンパク質で、この中を水分子やイオンが、１列で高速通過する「生命と健康」を守る細道である。この「水の道」のタンパク質の発見は、アグリ博士で「アクアポリン（AQP）」と名づけられた。図は英科学誌『ネイチャー』の論文（K.Murata et al, 2000年）による。

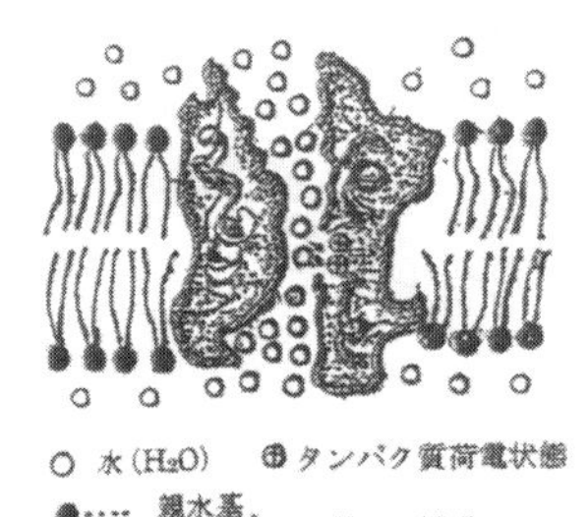

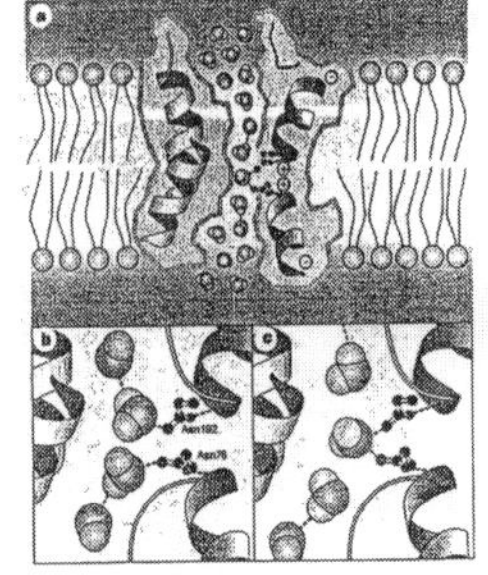

▶「アクアポリン」の配置と働き：略図は K.Murata et al 英科学誌『ネイチャー』の 2000 年の論文などから作成。

「細胞の細道」の構造解析：「水の道」などの解明には、日本人の貢献も大きいとされる。特にAQPの構造解析は、京大の極低温電子顕微鏡で行われ、水分子の選別の仕組が解明された。また、兵庫県播磨の放射光施設「スプリング８」では、強力X線で、「カルシウムイオンの通路」が解明された。ここは、世界最大の放射光施設で、地球から天体にもおよぶ微粒子について、超微細構造解析が進められてきた。筋肉の収縮を調節するのは、細胞内のカルシウムイオン濃度とされ、中心は、「トロポニン」とよばれるタンパク質とされる。

ナズナは歌う「水の道」：ナズナは「春の七草」で、雑草「ペンペン草」である。農山村から都市まで広く分布している。アサガオとともに、小学校でも理科や生活科で出番となる。このナズナがノーベル化学賞につながった。これらは、「生命と健康」の細道である。水分子は一列で、高速通過する。自然を生き生き語り、歌う。「なずな花仲よし小道水の道」「水の道なずなペンペン弾き語り」「なずな咲き七草の説く水の道」。芭蕉は「よく見ればなずな花咲く垣根かな」と詠んでいる。

▶ シロイヌナズナ

カエルやナズナの「水の道」：両生類も腹の皮膚などに水適応の独特のAQP機構があるらしい。自ら移動できない植物には、30数種見つかり、シロイヌナズナでは、35種あるとされる。これらのAQPの仲間には、それぞれ番号が付けられている。特に植物には、多種のAQPがあり、大量の水を効率よく輸送・循環する。稲の耐冷性、冷害への強さとも関係するらしい。水は温度調節と活力の維持では不可欠で、その給排水にAPQが直接かかわるとされる。カエルは2-4。

「水の道」は全生物に存在：水は、「みずみずしさ」「生物の活力」のもとである。また「水の道」は、細菌から動植物まで、全生物にあるとされる。ウイルスにはないが、大腸菌には２種、ショウジョウバエには８種あるという。ウイルスは増殖するが、代謝がない。そのため生物ではないとされている。「水の道」の有無は、「生物と無生物」の境界らしい。ウイルスは他細胞に入り、そこの水や栄養を直接利用して増殖する。

健康と万病に関わる「水の道」：「水の道」は、全生物にあるが、哺乳類では10数種発見され、全身の内臓や皮膚にも分布している。特に腎臓は、水代謝の中心的な臓器で、水を１日に150リットルもろ過する。この臓器には、AQPが７種もあり「アクアポリン２」は水の再吸収をになうという。脳は85％も水を含み、記憶などの活動も、水と関係が深いといわれる。そして「アクアポリン４」は、脳のタンパク質「アセンブリー」と一致するという。

脳の活動も、「水の道」で支えられている。また腎臓病、心臓病、白内症、ドライアイ、ドライスキン、脳障害や神経疾患など、病気との関係も研究中とされている。肌の潤い・水みずしさも、表皮細胞のアクアポリンによるとされる。水や「水の道」は、健康と万病にかかわるだろう。

「水の道」と「生長・代謝・増殖」：これらは「生物の特徴」とされる。そこでは、細部まで水が必要で、この「生命の水」が「水の道」で供給・排泄されている。特に腎臓では、大量の水が調節されている。水の欠乏は、脱水症で危険である。血液の水分が減り、栄養分や廃物の輸送・交換ができなくなる。腎臓の細胞内には、アクアポリン(AQP)が多くあり、脱水状態になると、脳の指令で、細胞膜に「水の道」が作られ、尿の水が血液に補給されるという。脱水時には、尿でも緊急にろ過され使用らしい。AQPは各種あり、働きや機能が異なるという。廃物ろ過は腎臓の糸球体、ここの毛細血管には、ろ過の道(穴)が無数にあるらしい。

「水の道」の構造：ラセン状タンパク質で「関所」もある。極めて奇妙、不思議な道らしい。この構造や機能をアクアポリン(AQP1)で見る。この道は、最初に発見され、生物に広く分布するとされる。「高速の輸送機能」で、毎秒10^9個の水分子を通すとされる。また「高度の水選択性」があり、水素イオン(H^+) –陽子(プロトン)は通さない。大きな水分子を通し、小さな陽子を通さないという。陽子は、どこにでも付きやすい。「水の道」の穴の広がりは、水分子の大きさ程度、約3A(オングストローム、10^{-8}cm)。また密度は膜表面1μm^2(千分の1ミリ平方)あたり千個程度とされる。これは、イオンチャンネルの千倍の高密度らしい。

「水の道」「関所つきラセン構造」：極低温電子顕微鏡によると、AQP1は数百のアミノ酸を含むタンパク質とされる。ラセン状の構造が組み合わされ、中の小さな穴が細い通路とされる。この通路には「くびれ」があり、そこが「水分子の関所」らしい。水分子だけを通し、陽子を持つ水分子(H_3O^+)は通さない。この選別は、「水の道」の大きさだけでなく、荷電状況による。

水分子は、電荷の偏る双極性分子である。また、水素結合で連結している。「水の道」の「くびれ」では、この双極性の電気作用で水分子が回転し、水素結合が切断される。そして水分子の1個1個が選別され、「水の道」を通過するらしい。通常の水や氷では、水分子は、水素結合で連結している。その鎖では、「水の道」は通れないので、切断されながら通過する。

さまざまな「水の道」「イオンの道」：「水の道」は、AQP1の外にも、多種あるとされる。水のみ輸送の「アクアポリン」と、グリセリンや他の巨大分子の輸送の「アクアグリセロポリン」の二群に分けられるという。グリセリンは、3価のアルコールで、油脂成分などに含まれる。この「水の道」で、有機物も通り選別らしい。

「イオンの道」では、ガスの通路もある。植物では、二酸化炭素やアンモニアが通過する。細胞の細道は、糖類の光合成や窒素同化作用にかかわる。それに応じた大きさや構造だろう。

「イオンの道」では、イオンの通過が細胞内外の電位を変える。それとともに情報も伝達される。なお「カリウムチャンネル」では、イオンK^{+}は通るが、それより小さいイオンNa^{+}は通らないという。「イオンの水和構造」がかかわるらしい。イオンの周りは、水分子が囲み、水素結合で水和構造が作られる。イオンは単独でなく、「水の衣」を着けて動いている。細胞の細道は、どれも分子レベルで、通る物質に応じた固有の太さになり、それで、水質も選別されているだろう。

水素結合－「電子と陽子」の共同：水中の水分子は柔軟に無限に連結、「水素結合網」を作る。そこでは、異質の素粒子「電子と陽子」が、「相互協力」「相補的関係」で共同する。これで水は、「強固で柔軟」、自由自在である。生命も支える万能性になる。この水とともに諸物質が、「細胞の細道」を通ることになる。水素結合は、「強く弱く」柔軟、極めて不思議な化学結合である。

「細胞の細道」での「水質の選別」：この細道は、通過物質に固有で、日常の水道とは異なる。水道では、水道管より小さい物をすべて通過する。成分の選別はない。他方、細胞の細道では、極微な物質も固有の通路に合わない場合、ほとんど通過しない。したがって、水質も選別された細胞に出入りする。それは、水中の物質には、水素結合による張力が、四方から働くためで、水の表面張力と同じであろう。水素結合網が破れないと、微小物も単独では動けない。「ミクロとマクロ」の世界の違いだろう。

水和構造と「水分子の回転」：食塩（NaCl）を水に溶かすと、正負イオンに分かれ、周りを水分子が取り囲み、「水和構造」が作られる。これで、電気作用は緩和され、イオンも安全に生体内を動ける。この構造が「イオンの道」を通ることになる。また水質やイオンの選別にもなるのだろう。

この水和構造は、１兆分の１秒程度で起こり、水分子は、高速回転するといわれる。この現象を、オランダの研究チームがとらえた。図は、千分の１ピコ（10^{-12}）秒の超高速測定からの想像図（米科学誌『サイエンス』2010年）である。上は、陽イオンNa^{+}、下は陰イオンCl^{-}の周りの水和構造である。小さな丸は水素原子、円環はその回転状況である。

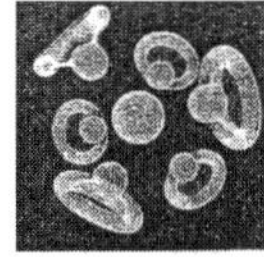

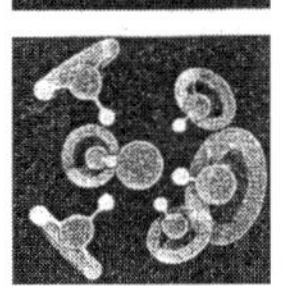

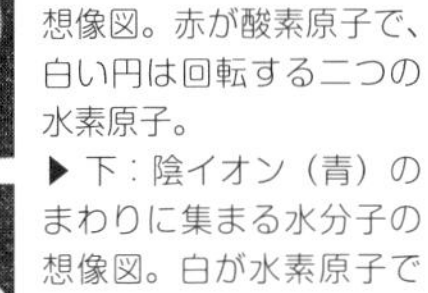

▶上：陽イオン（緑）のまわりに集まる水分子の想像図。赤が酸素原子で、白い円は回転する二つの水素原子。
▶下：陰イオン（青）のまわりに集まる水分子の想像図。白が水素原子で赤が酸素原子、白い円は回転する水素原子（図はともに ©Amolf/XKP）

お笑いの「イグ・ノーベル賞」：ノーベル賞には、パロディー版として「イグ・ノーベル賞」がある。「人々を笑わせ、考えさせてくれた研究」に送られる。第１回化学賞（1991年）の授賞は、フランスの化学者で「水に記憶する能力がある」とする実験。この研究は、英科学誌『ネイチャー』に掲載されたが、何千の追試でも確認されず、削除された。水は、複雑多様で水分子の塊「クラスター」がある。「履歴や記憶」と見える準安定状態の可能性はあるだろう。しかし、その確認には、多数の実験が必要で、また結果も確率を含む場合もある。

日本は「イグ・ノーベル賞」大国：医学、生物、化学、平和賞などいろいろ受賞している。平和賞は、「カラオケの発明」「100円で５分間歌って楽しめる」という。2007年には、「牛のふんからバニラの匂いの抽出」で女性研究者が化学賞を授賞した。2008年には、「迷路を通る粘菌」の研究も授賞した。粘菌には「知性か？」とも、新聞で報道された。粘菌「森の魔術師」の研究は、明治時代の博物学者・南方熊楠が世界的に有名である。熊楠は、環境保全でも闘った。

パンダからも「イグノーベル賞」：パンダのフンから、生ゴミ分解の「細菌の発見」（2009年）、タマネギを切ると涙の出る成分の解明（2013年）、バナナの皮の滑りの研究など（2014年）は、日本人の受賞である。バナナの皮にはゲル状物質の微小カプセルがあり、踏むと壊れて潤滑効果がある。これは人工関節に生かせるという。パンダは、竹林で生活する。竹や笹は繊維が強く、食べる動物はシカぐらいという。パンダはササ分解の細菌と共生するらしい。さらにフンも自ら分解となると、環境に優しく山奥でも清潔に持続可能だろう。

山奥のパンダの生活：他のクマとの生存競争に敗れ、ササの高山生活になったという。闘いは少なく、自立生活らしい。上野のパンダの赤ちゃんも、最近、2018年末には、自立に向い、訓練や別居もはじまった。パンダは成長すると、全て自立生活するといわれている。食べ物がササに限られると、そうなるらしい。

パンダの赤ちゃん「可愛さと不思議」：東京・上野動物園のジャイアントパンダの赤ちゃん「シャンシャン（香香）」と母親「シンシン」が一般公開された（2017.12.19）。父親は、「リーリー」。６月に150g未満で小さな誕生した。誕生日には、10kgを超え、すごい成長である。竹の食べ方など、母親と並んでよく学び、よく遊ぶ。竹をくわえて、木のぼりもできる。この状況は、テレビや新

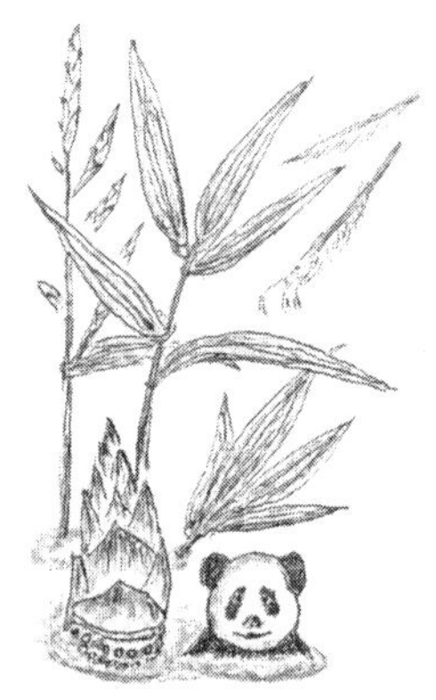

▶ 赤ちゃん「シャンシャン」
▶ モウソウチク（孟宗竹）：タケ類の中で最大で、高さ25mに達するものもある。竹の子は食用で広く栽培。竹の花はまれに咲く（右上）。笹はパンダの主食。

聞で報道され、人気はますます上昇した。公開を祝い、「こんにちは」「シャンシャン祭り」も大賑わい。パンダへ共通の声は「かわいい」ということパンダのしぐさは、自然ながら、楽しく、愛くるしく、不思議でもある。自然の行動が、思わず「可愛さ」「笑顔」を呼ぶらしい。

水はみんなのもの…「水の価値」「世界の人権宣言」：水は「生命の水」「いのちの源」である。生物細胞の「水の道」も発見された。「安全と健康」を支える「生命の細道」である。水分子が一列で通る道である。道は多種多様。「多くの道」で、相互交流が広まる。水も、多くの道を通り、循環して自然を潤し、生命も支えている。そして、新しい生命も生まれる。水は、「子どもと大人」一人ひとりに必要不可欠なものだ。また「みんなのもの」で「多様な道」でつながっている。

水は日常生活の土台ながら、身近で、「水の価値」を忘れ易い。しかし、五感には、いつも働きかけているのだろう。「水の伝言・物語」は、光や音、風や雲にも乗って、「極微から宇宙」におよぶ。ともかく、水、そして「水の科学」は万人のもの。より多くを知り、生かすものである。水は、人間の権利の基本で、「世界人権宣言」にも掲げられている。

地球は「水惑星」「生命の水」：地球は、太陽系の中で、約46億年前に誕生したとされる。太古から、水は豊かで、ほぼ一定という。この地球では、川や湖など、淡水はわずか１％程度で、海水が地表の２／３に洋々と広がる。そして水は、「大きく小さく」、自由自在である。三態変化で、地球を巡り、万物を潤し、自然を整え、生命も支えている。水と生命は一体である。水には、「水和構造」があり、他物質と相互作用も強い。そして水の影響は、「森羅万象」におよび、交流・共生では情報源にもなっている。

水分子「一粒と集団」「緑の自然」：水分子(H_2O)は水素原子(H)と酸素原子(O)の化合物で、単純・強固な球形分子とされる。擬人化するとチャーミングな「二つ目」だが、この目も容易には動かない。しかし水分子が集団になると「二つ目」が「クルクル」よく動く。同時に不思議な「水素結合」が現われ、水分子は柔軟に無限に連結する。そして水は地球を循環し緑に整え、奥深い自然を造っている。水は「大きく小さく」自由自在で、生命も支えている。科学では、水は「世界の不思議」で「複雑系液体」ともいわれている。

〈あとがき〉　水はいのちの源
——科学・技術は「両刃の剣」「自然の反逆」

農山村に生まれた私は、自然に親しみながら育ちました。特に水は、いつも身近にありました。魚取りや水泳をはじめ、遊びや学校生活でも、また田畑で働く時も、水が大きくかかわりました。都会生活でも、水が何だか気になったものです。水の「大切さ・不思議さ・美しさ」には、多くの思い出があります。まず水は、「健康と生命の水」「いのちの源」で、誰にも欠かせません。また水は天地を巡り、天気・天候を変え、地球環境を緩和・調整します。そして緑の自然で、生命活動が続けられているわけです。やはり地球は、「水惑星」「生命の星」なのでしょう。

水の概観では、拙著・水物語「こんにちは」(全５冊、本の泉社)があります。しかし出版直後に、東北の大地震と津波の大被害があり、また福島原発の「メルトダウン」の衝撃的事件が起こりました。さらに、地球温暖化とともに、暴風雨などの異常気象と大災害も激増しています。本書では、この現状をふまえ、改めて「水とは何か？」を考えました。水は特異で、多様性を持ち、これで生命を支えています。水は、「いのちの源」です。この水の物性では、新しく「水素結合」を重視する必要に気づき、その働きを、本書の各所で書き込みました。

水素結合は、水を特徴づける化学結合で、「不思議の大もと」です。しかし、理科の教科書にもないために、一般には知られておらず、「名無し」の状態です。これでは、水の理解は進みにくい。水は「無味・無臭・透明」なので、奥に隠れている場合が多い。しかし、水は生命と一体、無限の水素結合(網)を持ち、「強固で柔軟」に生命を支えている。やはり、水は「いのちの源」です。本書は、主題として

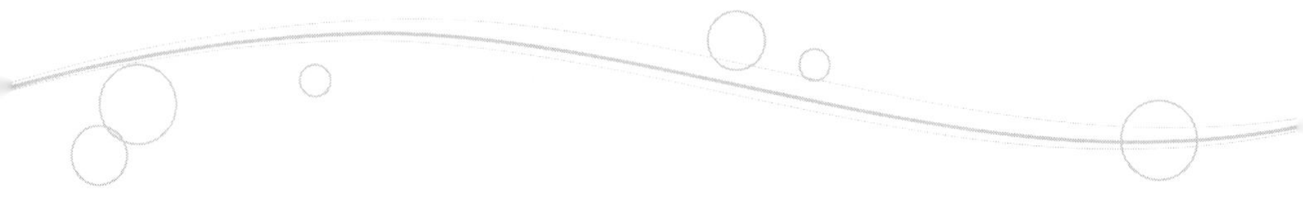

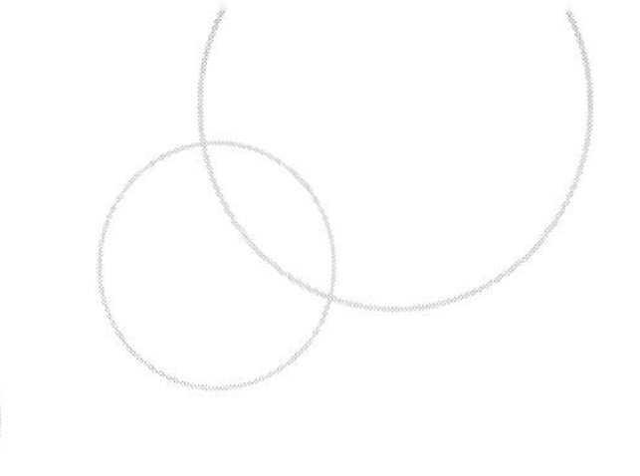

「いのちの源」を取り上げ、水素結合の重要な役割も述べています。

水は誰でも知っており、「五感や常識」で理解できるものです。しかし、「水とは何か？」となると、回答はさまざまだろう。水の性質は複雑・多様で、簡単にはまとめられない。水は、誰にも易しく、また難しい。通常、水は「人や環境」に優しいが、その使用や科学・技術の適用を誤ると、水は荒れ狂う。地球温暖化とともに暴風雨も増え、人間に大被害をもたらす。これは「自然の反逆」といわれる。自然の法則性を示す科学とそれを利用する技術は、人間には「正負」両面で働き、「両刃の剣」ともいわれる。人間は自然のごく一部なので、この二面性は当然なのかも知れない。

水や水素結合は特異で、多様な働きで難しい。本書では、そこを分かり易くしたいと、努めたつもりです。

「子どもと大人」「文科と理科」を問わず、それぞれに水の理解を広げ、地球環境の持続、平和と福祉・教育の向上に生かしたいもの。水はみんなのもの、また一人ひとりに不可欠です。この本が「こんにちは」「こんばんは」で、「水や自然」の理解「交流や共生」に、何か役立つとありがたいと、思っています。

なお本書の出版・編集では本の泉社代表、新船海三郎氏（文芸評論家）と岩佐茂氏（一橋大学名誉教授、社会哲学）には、大変お世話になりました。厚くお礼申し上げます。

著者略歴　**山下詔康**（やましたあきやす）

1936年　岡山県北部の農山村に生まれ育つ。県立津山高校卒業。
1959年　京都大学理学部物理学科卒業。
1961年　同大学院修士課程修了。
　　　　電電公社電気通信研究所入所。半導体物性の研究で、理学博士。
1996年　NTT基礎研究所退職後、数年間、湘南工科大学非常勤講師。
　　　　現在は日本物理学会、応用物理学会、日本科学者会議の各会員、
　　　　また環境・環境教育研究会に参加。

水はいのちの源
水の「大切さ・不思議さ・美しさ」を考える

2021年7月21日　第1刷発行

著　者　　山下詔康
発行者　　新舩 海三郎
発行所　　株式会社 本の泉社
　　　　　〒113-0033 東京都文京区水道2-10-9 板倉ビル2F
　　　　　TEL.03-5810-1581　FAX.03-5810-1582
印刷・製本　亜細亜印刷 株式会社
DTP　　　木椋 隆夫